AF216089

# Das Phänomen "LEBEN"

## Fundamentales Konzept einer Neuen
## "Ganzheits – Medizin"

## Die SUCHE
## nach der SEELE ist zu Ende

### L. W. Göring

1.Auflage 2008
2. Auflage 2020
ISBN 978-3-7504-1433-4


**Copyright © H&H Clausen**

Herstellung und Verlag:
BoD- Books on Demand, Norderstedt


Alle Rechte liegen bei H&H Clausen

Nur durch den Geist der Dich formt,
wirst Du zu dem was Du bist
und immer warst:

## „Energie"

Erkenne - Verstehe -

Verzeihe & Helfe

als kosmischer Träger
Deiner Verantwortung

im Damals,
im Jetzt
und der Zukunft

## sei & wirke

# 3. Buch

## Eine "Einheitliche Theorie der gesamten Materie"

## 4. Buch

## Die Entstehung aller biologischen Systeme
## Die Suche nach der Seele ist zu Ende

## Vorwort

Seit geraumer Zeit versucht der Mensch aus einem inneren Antrieb heraus hinter das Geheimnis des Lebens zu kommen. Dabei gestaltet sich die Suche hiernach zur Gralsfrage unserer Existenz. Denn wenn wir wüssten, woher wir kommen, wohin wir gehen und was der Sinn des dazwischen liegenden sehr begrenzten Zeitabschnitts, kurz gesagt LEBEN, ist, käme dies einem gewaltigen Bewusstseinssprung gleich.

Manch einer wird sich bereits an dieser Stelle fragen, auf welche Weise „Wissen" bzw. ein tieferes Verständnis der dem LEBEN zugrunde liegenden Prinzipien fast automatisch zu einem Bewusstseinssprung führen kann und wird?

Schlägt man heutzutage ein gängiges Lehrbuch aus dem Bereich der Naturwissenschaften (z.B. Biologie, Biochemie, Medizin) auf, um etwas (Erkenntnis-) Licht in dieses (Mysterium-) Dunkel zu bringen, wird der emsige Forscherdrang schnell ausgebremst. Auf die einfache Frage, was denn Leben sei, erhält man dort zum Beispiel folgende Definition als Antwort:

*„Lebende Organismen sind **komplexe, organisierte chemische Systeme**, die sich **vermehren, wachsen,** einen **Stoffwechsel haben**, ihre Umgebung ausnutzen und **sich** vor ihr **schützen,** die sich **entwickeln** und sich in Reaktion auf langfristige Änderungen der Umgebung **selbst ändern.** "*

*Noch kürzer formuliert heißt es dort an anderer Stelle:*

*„**LEBEN** ist ein **Verhaltensmuster,** das chemische System zeigen, wenn sie eine bestimmte Art und ein **bestimmtes Niveau von Komplexität erreichen.** "(aus "CHEMIE- eine lebendige und anschauliche Einführung"; Dickerson/Geis; 1999)*

Wieso hilft uns diese Definition nur bedingt weiter?

Die Antwort hierauf klingt zwar vordergründig banal, aber bei näherer und genauerer Betrachtung erschließt sich uns die ganze Tragweite.

Obwohl sich LEBEN durch Prozesse wie Stoffwechsel, Wachstum, Vermehrung, Reaktion auf Umweltreize und einen hohen Grad an Komplexität dem Betrachter/Forscher offenbart, bleibt die Frage nach dem WAS (der Ursache des LEBENS) geschweige denn nach dem SINN hierdurch weiterhin unbeantwortet. Die obigen Definitionen geben stattdessen sehr gute Antworten auf das WIE, d.h. Wie präsentiert sich uns das LEBEN? Was sind seine Merkmale? Wodurch ist es gekennzeichnet? Wie funktionieren bestimmte Teilprozesse und Abläufe?

Allein, was in diesen Bereichen vor allem im vorherigen Jahrhundert in akribischer Fleißarbeit an unglaublichen Erkenntnissen zu Tage gefördert wurde, verdient hohe Anerkennung und Bewunderung!

Bis in die feinsten Molekularstrukturen drang der neugierige Blick des Menschen vor, nur um mit tiefem Erstaunen die wohlgeordneten und schon seit Jahrmillionen einwandfrei ablaufenden Prozesse innerhalb lebender Organismen zu ergründen bzw. wieder zu entdecken.

In dieser Hinsicht gestaltet sich aber die heutige Situation unserer Schulwissenschaft irgendwie paradox. Denn obwohl die Datenmenge bezüglich all der unzähligen Teil-Bereiche und -prozesse tagtäglich weiter anwächst, scheitert die heutige Wissenschaftselite an der Beantwortung der einfachen Frage nach dem WAS (…ist das Leben bzw. der Sinn des Lebens?) kläglich.

Eine Schuldzuweisung ist mir an dieser Stelle völlig fremd, denn niemand allein trägt die gesamte Verantwortung für bestimmte Entwicklungsrichtungen. Dafür sind _immer_ Mehrheiten innerhalb bestimmter Gruppierungen zuständig. Minderheiten geben zwar die Richtung vor, die aber nur dann weiter verfolgt wird, wenn die große Masse der Mitmenschen entweder aktiv sich auch dorthin orientiert und bewegt oder, was heutzutage leider mehrheitlich der Fall ist, sich passiv einfach im Strom mittragen lässt.

Auch darf hierbei nicht außer Acht gelassen werden, dass das heutige wissenschaftliche Denken bezüglich der Herangehensweise an Fragestellungen und Probleme, noch aus dem späten 17. Jahrhundert stammt, aus einer Zeit, die maßgeblich geprägt wurde durch Geistesgrößen wie Newton und Descartes sowie Charles Darwin im ausgehenden 19. Jahrhundert.

Bis auf den heutigen Tag sind Biologie und Physik sowie die daraus abgeleiteten Unterdisziplinen Biochemie und Medizin Handlanger des von Isaac Newton entworfenen Weltbildes, das im Kern ein Weltbild des Getrenntseins erzeugt. Newton beschrieb eine materielle Welt, in der individuelle Materiepartikel bestimmten Gesetzen der Bewegung durch Raum und Zeit folgten - sozusagen das Universum als riesige Maschine.

Auch Rene´ Descartes trug seinen Anteil hierzu bei, indem er die Dualität von Geist und Körper propagierte und dadurch die Auffassung verschärfte, wir Menschen seien lediglich ein Geist, der uns zum Denken befähigt, welcher wiederum getrennt von der leblosen, unbeteiligten Materie unseres Körpers existiere.

Als dann noch Charles Darwin auf den Plan rückte, wurde unser

Selbstbild noch trostloser und trister. Seine Theorie der Evolution war und ist der Entwurf eines Lebens, das auf Zufall, dem Recht des Stärkeren, der Sinnlosigkeit und der Einsamkeit beruht. Nach dem Motto:
„Sei der Beste, oder du wirst nicht überleben.
Du bist nichts weiter als ein evolutionärer Zufall."
Diese Paradigmen – die Welt als riesige Maschine, der Mensch als eine in ihr enthaltene Überlebensmaschine – haben zwar zu einer technologischen Beherrschung unserer Umwelt geführt, aber uns nur zu wenig echtem, wirklich für uns bedeutsamen Wissen verholfen. Von einer spirituellen Ebene aus betrachtet, hat dies zu einem höchst verzweifelten und brutalen Gefühl der Isolation und Sinnlosigkeit geführt.

Gut zwei Jahrhunderte lang entfernten sich die Menschen durch diese Denkweise immer mehr von ihrem Göttlichen Ursprung.

Erst die Pioniere der Quantenphysik (E. Schrödinger, W. Heisenberg, N. Bohr, M. Planck, W. Pauli) zu Beginn des 20. Jahrhunderts gelangten durch vielfältige völlig neuartige Experimente zu ganz anderen Erkenntnissen hinsichtlich des Aufbaus der Welt und ihrer Geschöpfe. Je tiefer sie in das innerste Herz der Materie zu blicken begannen, desto mehr waren sie verblüfft über das, was sie dort vorfanden. Die winzigsten bis dato bekannten Materieteilchen (Atome) waren ganz plötzlich gar keine „feste" Materie mehr, sie waren nicht einmal mehr ein bestimmtes Etwas, sondern manchmal das eine und manchmal etwas ganz anderes.

Auf ihrer elementarsten Stufe ließ sich die Materie nicht in noch kleinere Einzelteile zerlegen, sondern war vollkommen unteilbar. Das Universum ließ sich nur noch als ein dynamisches Gewebe der Wechselwirkungen von so genannter Quantenenergie verstehen, die ständig fluktuiert und dabei Informationen mit allem und jedem (Lebewesen, Menschen) unermüdlich austauscht. Der Mensch wurde fortan als eine Ansammlung von hoch verdichteter Quantenenergie verstanden. Man fand heraus, dass sämtliche Lebewesen eine sehr schwache Strahlung („Biophotonen" vgl. die Arbeiten von F.A. Popp) abgeben und hierdurch Informationen zwischen den verschiedenen Strukturebenen des Lebens ausgetauscht werden.

Denken, Fühlen und alle höheren kognitiven Funktionen entstehen und wirken durch den Fluss dieser Quantenenergie (=Lebensenergie), die simultan durch unser Gehirn und unseren Körper pulsiert und dadurch alle Prozesse bewirkt und am „LEBEN" hält. In diesem Sinne soll wohl auch der Satz „Alles LEBEN heißt Veränderung gleich Bewegung gleich Dynamik" verstanden werden.

Die fundamentalste Erkenntnis aber war der Nachweis, dass wir alle durch das Grundgerüst unserer Existenz miteinander und der Welt verbunden sind und über die Wechselwirkungen mit dem Meer der Quantenenergie buchstäblich in Resonanz mit der ganzen Welt stehen. Fortan existierten menschliche Wesen nicht mehr getrennt voneinander; es gab nicht mehr uns und die anderen, vielmehr erhielten wir wieder Anschluss an unseren Göttlichen Kern und wurden wieder aktive Mit-Schöpfer der äußeren und inneren Umstände dieser Welt. Aus der Verantwortung konnten und können wir uns aufgrund dieser Erkenntnisse daher nicht mehr ziehen.

Vielmehr folgte aus diesem Wissenszuwachs eine große Verantwortung dem Ganzen gegenüber!

Spätestens an dieser Stelle müssen wir uns erneut die SINNFRAGE stellen, nur um zu erkennen, dass die Grenzen unseres Denkens in der Dualität liegen und eine Erweiterung dieser Selbstbeschränkung nur möglich ist, wenn wir vorurteilsfrei und offen an diese völlig neuen Ansätze herangehen. Unser angelerntes „Schablonendenken" würde uns hierbei nur den Blick auf diese gänzlich neuartigen Denkmodelle versperren und dadurch diese neue Geistesströmung bereits im Keime ersticken.

Lothar W. Görings vorliegendes Werk setzt diese zu Beginn des letzten Jahrhunderts neu begründete oder vielmehr wieder entdeckte Tradition fort, indem er gerade diese fundamentalen Fragen des Lebens (das „WAS") angeht und zu Erklärungen kommt, die mit dem Verstand logisch nachvollziehbar sind und hierdurch die Grenzen unseres bisherigen Denkens sprengen werden.

Wie einst Hermann Hesse sagte, „wohnt jedem Anfang ein Zauber inne".

Lassen Sie sich, lieber Leser, von Lothar W. Görings Ausführungen im Folgenden auch ein wenig verzaubern, nur um dadurch sich selbst und die Welt um Sie herum anders als bisher zu betrachten und zu verstehen. Denn wenn das Leben einen tieferen Sinn besitzt und davon bin ich mehr als überzeugt, muss dieser Sinn im Leben selbst zu finden sein. Auf diese Weise wird das „PHÄNOMEN LEBEN" zum SELBST-Studium.

Wer das Leben in seiner ganzen Tragweite erfassen möchte, braucht letztendlich nur eine andere Herangehensweise, um so seinen Mitmenschen und Mitgeschöpfen in Toleranz, Liebe und tiefer Verbundenheit neu zu begegnen.

**Raik Garve**                    **Kiel, im Februar 2008**

# 1. Buch

## Das PHÄNOMEN "LEBEN"

### Das Janus-Gesicht

Die Lösung des Rätsels um das Phänomen "Leben" ist eine Sache, die auch Sie betrifft, denn Sie sind ein Teil dieses Rätsels.

Solange wir jung und gesund sind, befassen wir uns in Gedanken kaum mit seiner Lösung, da wir Menschen dieses große Geheimnis in der Dualität erleben.

In der Dualität "Ich" und "Du", die gleichzeitig "Innenwelt" und "Außenwelt" bedeutet, wobei leider in der heutigen Zeit, gesellschaftlich bedingt, dass "Ich" im Vordergrund steht.

Die Frage nach dem Sinn und Zweck unseres Seins sowie Fragen über den Ablauf unseres Lebens, die eingebunden sind in das Rätsel des Phänomens "Leben", stellen wir erst dann, wenn uns das Leben vor Tatsachen stellt, die wir nicht erwartet haben.

Es spielt dabei keine Rolle, ob wir die Tatsachen geistig, seelisch, psychisch, körperlich oder materiell in der Form von geistigem Erkennen (Intuition) eines sinnlosen Tuns, einer seelischen Not, einer psychischen bzw. körperlichen Krankheit oder durch materielle Armut erleben.

Solange es nur den anderen trifft und der Ablauf sein Leben verändert, tun wir so, als würden wir uns mitfreuen oder mitleiden, wobei mitfreuen und mitleiden eine Unmöglichkeit ist, da wir die Gefühle eines anderen weder geistig noch körperlich fühlen oder miterleben können.

Wird auf diesem Wege jedoch unser Leben einschneidend verändert, dann beginnen wir meistens erst damit, Fragen zu stellen nach dem Sinn und Unsinn unseres Seins. Fragen, auf die es in unserer sogenannten realen Welt kaum Antworten gibt.

Es bleibt sich dabei gleich, ob wir psychisch oder körperlich krank geworden sind oder dass wir in dem uns umgebenden materiellen Reichtum Not leiden. Auf diese und auf unzählige andere Fragen finden wir keine Antwort.

Bedingt dadurch versuchen wir, anderen, also der Außenwelt, die Schuld an dem Leid, das uns persönlich trifft, zuzuweisen. Nur dann, wenn es uns zum Vorteil gereicht, waren es nicht die anderen, sondern wir schreiben es unseren eigenen Fähigkeiten zu.

In dieser unserer sogenannten realen Welt verhindern wir durch falsche Gedankenbilder jedes wahre Erkennen und entfernen uns immer mehr von unserem göttlichen Ursprung.

Jeder von uns ist ein Individuum, das eingebunden, ist in seine eigene Gedankenwelt, bestehend aus einer "natürlich materiellen Seele", die durch den Geist (Gedanken-Kraft) unseres Schöpfers als Ur-Form - =Gerüst - erschaffen wurde, in der und um die sich der physische Körper, bestehend aus den Atomen der Elemente der sogenannten "toten" Materie, aufbaut.

Das, was im einzelnen Individuum das Phänomen "Leben" bewirkt, ist einmal die geistige Kraft der Seele, die nach dem Gesetz der Resonanz - umschrieben nach der Prämisse "Ernte, was Du gesät hast" - unser physisches Erdenleben bestimmt.

Zum anderen ist es die kosmische Kraft, die wir als "Energie" bezeichnen, die als "Ionisations-Energie" die Aufspaltung der Moleküle der "toten" Materie, aus denen sich der physische Körper zusammensetzt, bewirkt und diese "tote" Materie "lebendig" werden lässt.

Das bedeutet für jeden Einzelnen, dass jeder von uns, dessen Seele vom Ur-Schöpfer als Individuum - = geistig materielle Seele - erschaffen wurde, für sich selbst verantwortlich ist.

Er formt und gestaltet sein Sein mit der Kraft seines Geistes, = Gedanken-Kraft, im geistigen (seelischen), psychischen (Gedankenspeicher), körperlichen (physischer Körper) und materiellen Bereich (Umwelt) in sich selbst so, wie er es während seines Erdenlebens leben muss.

Dieses Buch beinhaltet die Lösung aller Rätsel, die das Phänomen "Leben" betreffen. Es gibt Antworten auf alle Fragen, gleich ob wir sie uns schon gestellt oder noch nicht gestellt haben.

Das bedeutet für Sie, dass, wenn Sie dieses Buch gelesen haben, dass Sie alle Antworten auf die Fragen wissen, die Sie zu irgendeinem Zeitpunkt Ihres Lebens stellen werden.

Sie werden verstehen und begreifen, wodurch die Zustände bewirkt werden, die wir mit den Begriffen "GESUNDHEIT" und "KRANKHEIT" umschreiben, gleich ob es ein Zustand ist, der Ihren physischen Körper, Ihre Psyche oder Ihre geistig materielle Seele betrifft.

Das Gleiche gilt für Ihr Leben auf der materiellen Ebene. Unsere heutige medizinische Wissenschaft betrachtet und bewertet das biologische System Mensch nicht als ein einheitliches GANZES, sondern sucht in Teilbereichen die Ursache der Entstehung, wobei sie die Entstehung mit der Ursache verwechselt, um hinter das Geheimnis des Phänomens "Leben" zu kommen.

Dies ist eine logisch bedingte Entwicklung, da der Mensch seine Forschung im Makro-Bereich begann.

Um hinter das Geheimnis des Lebendigen zu kommen, gab es nur den Weg, den physischen Körper biochemisch molekularmäßig in Teilbereiche aufzusplitten, um Zusammenhänge zu erkennen und zu verstehen.

Die Vielfältigkeit der Systeme, aus denen sich das biologische System des Menschen aufbaut, führte automatisch zu dem Janusgesicht der etablierten Hochschulmedizin, dem Spezialistentum.

Die daraus resultierende bruchstückhafte klassisch-mechanistische Betrachtungsweise, die sich in der ausschließlichen Beschäftigung mit den Organen und den Regelkreisen äußert und die Bereiche Geist - Seele - Psyche nicht mitberücksichtigt, verhindert letztendlich das Finden eines "Ganzheitlichen Konzeptes", auf dessen Basis der Mensch als GANZES betrachtet und behandelt werden kann - und muss.

Auf dem Weg des Spezialistentums, auf dem sich unsere heutige medizinische Forschung befindet, kann somit das Phänomen "Leben" nicht entschlüsselt werden.

Erschwert wird dies noch dadurch, dass sich in allen Fachbereichen eine eigene Begriffssprache entwickelt hat, was dazu führte, dass ein Fachbereich kaum noch den anderen versteht.

Für den Biologen, Physiologen, Mediziner usw. sind zum Beispiel die Erkenntnisse der Physik, die überwiegend in einer Formelsprache abgefasst sind, Erkenntnisse, die ihr Bio-Chemisches Wissen überfordern.

*Jedoch ohne die Erkenntnisse der klassischen Physik und der Hochenergie-Physik kann die Medizin nur Stückwerk sein.*
Erst wenn die forschenden Wissenschaftler der Medizin die Kräfte - = Energien - mit in das Studium der Atome und Moleküle, aus denen das biologische System Mensch besteht, einbeziehen, werden sie in der Lage sein zu begreifen, dass das Lebendige des physischen Körpers des Menschen sowie aller biologischen Systeme nur durch ENERGIE bewirkt wird sowie bewirkt werden kann.

Da das Denkschema der heute forschenden medizinischen Wissenschaft jedoch die Kraft gleich Energie, die allein in der Lage ist, Atome zu ionisieren, zu Molekülen zu binden und diese wiederum aufzuspalten und umzuformen, kaum mit einbezieht, kann ein **Ganzheitliches Denken**, auf dessen Basis das Lebendige nur erklärt werden kann, nicht erwartet werden.

Es ist im Grunde genommen darum nicht verwunderlich, dass das Denken der Wissenschaftler, die sich mit der Erforschung des Lebens befassen, auf der linearen Kausalität der NEWTON'schen Mechanik abläuft.

Auch wenn viele Mediziner und Wissenschaftler, die im Bereich der Medizin forschen, behaupten, dass es wichtig ist, Quanten-Physikalische Erkenntnisse in das Denkmodell der medizinischen Grundlagenforschung mit einzubeziehen, um ein "Ganzheitliches Konzept" zu finden, so sind das leider nur Lippenbekenntnisse, denn die Realität sieht bedauerlicherweise anders aus.

Neunundneunzig Prozent aller wissenschaftlichen Arbeiten fußen immer noch auf Bio-Chemischen Denkmodellen und sind meistens Arbeiten, die etwas Bekanntes, aus einem anderen Blickwinkel betrachtet, beleuchten und zu erklären versuchen.

Dass von Seiten der Bio-Chemie große Leistungen erbracht worden sind, steht außer Frage und ist unbestreitbar, aber, und das muss auch der absolut orthodox eingestellte Wissenschaftler akzeptieren, das Geheimnis, was das Phänomen "Leben" bewirkt, konnte trotz aller Versuche der Bio-Chemie auf der Basis ihrer Denkmodelle nicht entschlüsselt werden.

In dieser Niederschrift möchten wir, aufgebaut auf Bio-Physikalischen Erkenntnissen, ein **"Ganzheitliches Konzept"** zur Diskussion stellen, durch das das "Leben" mit all seinen Phänomenen, mit dem Verstand nachvollziehbar, denkbar gemacht und entschlüsselt wird.

16

Damit auch der mit physikalischen Erkenntnissen nicht vertraute Wissenschaftler sowie der nicht vorgebildete Laie das in Folge Geschriebene begreifend versteht, haben wir versucht, dieses von uns entwickelte **"Neue Fundamentale Konzept einer Ganzheitlichen Medizin"** soweit wie möglich ohne Fachjargon und Formelsprache, mit einfachen Worten erklärend, niederzuschreiben.

Wir glauben, dass, wenn jemand etwas fundamental Neues zu berichten hat, er dies, wenn möglich, in einfache Worte kleiden sollte, da dies ein Weg ist, auch die Menschen daran teilhaben zu lassen, die mit wissenschaftlichen Begriffen, Formeln und fachbezogenen Fremdworten nichts anfangen können.

Unsere heutige Medizin besitzt, speziell in den Bereichen Notfall-, Intensiv- und Coronar-Medizin sowie Chirurgie, einen Wissens- und Leistungsstand, dem man mehr als Hochachtung darbringen muss.

Die Leistungen, die von den Ärzten und ihren Mitarbeitern, den Schwestern und Pflegern, in diesen Fachbereichen erbracht werden, überschreiten oft die Grenzen des Möglichen.

Dies bedeutet aber auch, dass das Spezialistentum eine Seite besitzt, die unser resonanz-bedingtes Leben gleich Karma benötigt, damit das Gesetz der Resonanz, das in der Progression die geistige Evolution bewirkt, gelebt wird.

In der Allgemein-Medizin, gleich ob praktischer oder klinischer Arzt, sieht im Grunde genommen die Situation jedoch immer noch so aus, wie sie VOLTAIRE vor vielen Jahren schon beschrieben hat:

*"Ärzte schütten Medikamente, .... von denen sie wenig wissen,*
*zur Heilung von Krankheiten, .... von denen sie noch weniger wissen,*
*in Menschen hinein, .................. von denen sie gar nichts wissen."*

An diesem Zustand trägt nicht der Arzt die Schuld, denn jeder berufene Arzt hat das Bedürfnis, bei seinem Patienten nicht nur Schmerzen zu beseitigen, sondern ihn in den Zustand, den wir als "Gesundheit" bezeichnen, zurückzuführen.

Würde er seine eigene Erfahrung, die er erst nach ein paar Jahren Praxis besitzen kann, in das Behandeln seiner Patienten nicht mit einbringen, sondern nur mit dem Wissen diagnostizieren und therapieren, das er von der Lehrschulmedizin während seiner Ausbildung vermittelt bekommt, dann gäbe es in einem zivilisierten

Land wie Deutschland fast nur noch kranke Menschen.

Kein einfacher praktischer Allgemein-Arzt ist heute noch in der Lage, sich durch den Wust medizinischer Erkenntnisse durchzulesen, die er täglich auf seinen Schreibtisch erhält.

Erschwerend kommt noch hinzu, dass, wenn er Abhandlungen über neue Forschungsergebnisse liest, er dafür allein ein neues Lexikon braucht, in dem die vielen Begriffe erläutert werden, mit denen oft eine einzige Sache von verschiedenen Wissenschaftlern bezeichnet wird.

Nehmen wir zum Beispiel das Forschungsgebiet, das in den letzten 3 Dezennien von fortschrittlichen Wissenschaftlern für die Grundlage einer Neuen Medizin tiefgehend experimentell erforscht wurde, für das von der orthodoxen Lehrschulmedizin der Begriff "weiches Bindegewebe" verwendet wird.

Dieses sogenannte "weiche Bindegewebe" wird zum Beispiel mit folgenden Begriffen, die alle das Gleiche betreffen, bezeichnet:

- Zwischenzellsubstanz
- Innerer Kreislauf
- Extrazelluläre Gewebeflüssigkeit
- Ubiquitäres Grundgewebe
- Basis- Bio- Regulations-System

- Grundsubstanz
- Fliess-System
- Mesenchymales Gewebe
- Matrix  und

Es ist also nicht verwunderlich, wenn ein Allgemein-Mediziner, der seine Freizeit opfert, um sich wissenschaftlich allgemein, nach Möglichkeit umfassend, weiterzubilden, es bei dieser Begriffsverwirrung an irgend einem Tag aufgibt, sich auf den neuesten Stand der Wissenschaft zu bringen.

Letztendlich bleibt ihm nichts anderes übrig, als zum Rezeptblock zu greifen und die Medikamente zu verschreiben, die ihm die Pharma-Industrie zur Verfügung stellt.

Das soll nicht heißen, dass die Mittel, die von der Pharma-Industrie entwickelt werden, schlecht sind. Im Gegenteil.

Wissend, WIE, WO und WARUM sie wirken, und dann in der richtigen Dosis eingesetzt, können sie im physischen Körper des Menschen Störungen regulierend heilend beeinflussen und den Menschen wieder in den Zustand der Gesundheit zurückführen.

Aber leider sieht es mit dem WIE, WO und WARUM immer noch so aus, wie es VOLTAIRE mit seinem Ausspruch ausdrückt.

Erkennt ein Arzt seine Situation, weil er nicht nur nachdenkt, was andere vordenken, sondern sein Gehirn zum "Darüberhinaus-Denken" einsetzt, und sucht er eine Lösung seines Problems in der Form, dass er erfolgreiche sogenannte "nichtwissenschaftliche" Diagnose- und Therapieverfahren erlernt und damit seine Patienten erfolgreich behandelt, wobei er auch nicht weiß, WIE, WO und WARUM zum Beispiel eine Therapie hilft, dann wird er von den orthodoxen nicht-wissenden Ärzten als "Außenseiter" deklassiert und als Verräter gebrandmarkt.

Automatisch wird er in den Augen der Nicht-Wie-Wo-und-Warum-Wissenden dadurch zum Verräter, dass er erfolgreiche empirische Erfahrungs-Diagnose- und Therapieverfahren bei seinen Patienten einsetzt, obwohl er doch genau weiß, dass diese "wissenschaftlich nicht bewiesen" sind, unabhängig davon, dass die sogenannten "wissenschaftlich bewiesenen" Diagnose- und Therapieverfahren mehr Nebenwirkungen besitzen, als sie Erkenntnisse und Heilungen bewirken.

Eine Änderung zum Nutzen der Patienten kann unserer Meinung nach nur dann eintreten, wenn die forschende medizinische Wissenschaft bereit ist, tolerant und undogmatisch alle sogenannten "Außenseiter-Methoden" und Forschungsergebnisse im Bereich der sogenannten "Außenseiter-Medizin" in ihre Denkabläufe mit einzubeziehen und zu überprüfen.

An dieser Stelle sei darauf aufmerksam gemacht, dass fast alle großen Entdeckungen, auf deren Grundlage die heutige Wissenschaft forscht, Entdeckungen und Erkenntnisse sind, die von Außenseitern bzw. von Einzelpersonen gemacht wurden, die teilweise Autodidakten waren und keine universitäre Ausbildung besaßen.

Wer die Geschichte der medizinischen Forschung kennt, muss, und kann nur bestätigen, dass die wichtigsten Erkenntnisse und Entdeckungen empirisch im Bereich der Erfahrungs-Medizin gefunden worden sind.

Dogmatisches Denken und starres Festhalten an wissentlich Falschem aus Ich-Bezogenheit hilft keinem Menschen, auch Ihnen nicht, wenn Sie zu irgendeinem Zeitpunkt Ihres Lebens selbst zum Patient werden.

Da uns meistens die Begriffssprache daran hindert, etwas zu verstehen, möchten wir direkt am Anfang ein paar Phänomene, aus unserer Sicht gesehen, erklären, die die Wissenschaft bis heute daran gehindert haben, eine **"Einheitliche Theorie der Materie"** sowie ein verständliches "Denkmodell der Entstehung aller biologischen Systeme" zu entwickeln.


## Nach-Denkens-Wert

Nehmen wir zum Beispiel die Hypothese von EINSTEIN, in der er behauptet, dass
*"Masse, also Materie, in Energie umgewandelt werden kann, entsprechend der Äquivalenz von Materie und Energie".*
Die klassische Physik sowie die Hochenergie-Physik gehen davon aus, dass der Ur-Stoff der Materie letztendlich nur Energie sein kann.
Im Bereich der Hochenergie-Physik ist es gelungen, so wird berichtet, Teilchen-Strahlen, die aus sehr vielen Anti-Protonen bestehen, herzustellen. Wenn man solche Strahlen zum Beispiel auf ein Target, einen Eisenblock, schießt, vernichten sich angeblich die Anti-Protonen und Protonen paarweise.
Am Ende dieses Vorgangs, wird gesagt, erhält man "'Energie in Form von Strahlung, bestehend aus Photonen, Elektronen, Positronen und den sogenannten Neutrinos".
Allein in dieser Aussage liegt der Widerspruch.
Denn wenn bei einem Prozess Protonen und sogenannte Anti-Protonen, also Materie-Teilchen, durch die Einwirkung von Kraft gleich Energie so weitgehend aufgespalten und verändert wurden, dass am Ende des Prozesses wiederum Materie-Teilchen, Elektronen, Positronen, Neutrinos usw. entstanden sind, dann kann man nicht behaupten, dass Materie in Energie aufgespalten wurde, nur weil man den Begriff "Strahlung" verwendet.
Die Materie-Teilchen, die bei diesem Vorgang am Ende des Prozesses entstehen, als "Energie in Form von Strahlung" zu bezeichnen, ist einfach falsch, wenn man den Begriff "Energie" unter dem Aspekt "Kraft, die eine Veränderung bewirkt" betrachtet.
Auf der Grundlage des heute gültigen Denkmodells ist diese Erklärung absolut korrekt, da man diesen Vorgang mit den existierenden Begriffen nur so erklären kann.


20

In unserer **"Einheitlichen Theorie der gesamten Materie"**, die in der Mitte des Buches offengelegt wird, führen wir Beweis, dass auf der Grundlage unseres Denkmodells dieser Vorgang nichts anderes ist als die Veränderung von zwei Mengen Quarks, den Ur-Teilchen der Materie, die in der Form, wie sie existieren, mit Energie nichts zu tun haben.

Das bedeutet also, die Protonen und Anti-Protonen bestehen aus nichts anderem als aus Quarks, was heißt, beide Sorten bestehen aus Materie, wobei die Anti-Protonen auch nur Protonen sind.

Dass man sie fälschlicherweise als Anti-Protonen bezeichnet, liegt an der heute gültigen Modellvorstellung der Atome, auf deren Grundlage das Proton noch als Teilchen und nicht als rotierende Welle betrachtet wird, wie wir es in dem von uns postulierten Atommodell beschreiben.

Unabhängig davon ist allein schon die Behauptung, dass Anti-Protonen existieren, in sich widersinnig.

Warum, ist einfach erklärt.

Von der klassischen Physik wird den Protonen als Elementarteilchen eine positive (+) Ladung zugewiesen. Außerdem besitzen sie nach dem heutigen Denkmodell als Teilchen einen Spin, also einen eigenen Drehmoment, einfach ausgedrückt, eine Eigenrotation.

Wie man weiß, stoßen sich 2 Teilchen mit gleicher Spinrichtung voneinander ab.

Werden sie mit Energie, also Druck, aufeinandergeschleudert, so zerstrahlen beide Teilchen, da sie gleichen Spin besitzen.

Das heißt, die Rotation kommt zum Stillstand, und die Teilchen werden in subatomare Teilchen aufgespalten.

In einem mehrwertigen Atom, bei dem eine größere Anzahl von Protonen und Neutronen, die den gleichen Spin besitzen, den Kern bilden, nimmt man an, dass der Abstoßungsmoment durch die sogenannten Kernkräfte überwunden wird.

Da man es sich nicht anders erklären kann, glaubt man, dass die Protonen aufgrund dessen, dass ihr Spin durch die Kernkräfte überwunden wird, nicht zerstrahlen.

Ein Denkmodell, wie das effektiv funktioniert, existiert für diese Behauptung nicht.

Nach dem heute gültigen Atommodell geht man also davon aus, dass bestimmte Kernkräfte den Rotationsstillstand im Nukleon eines Atoms, also im Kern, verhindern.

Wenn aber Protonen als Teilchen existieren und man diese vom Kern abspalten kann, dann können diese hypothetischen Kernkräfte unserer Meinung nach nicht mehr wirken, da sie aus dem wechselwirkenden Ordnungsgefüge der Einheit des Atoms entfernt wurden.

Nehmen wir trotzdem einmal an, dass zum Beispiel die sogenannten Protonen, die experimentell aus dem Kern entfernt werden, Rotationsrichtungen aufweisen (jeweils entgegengesetzte Rotation), wodurch sie sich selbst in ihrer Rotation bewirken, dann bleibt immer noch die Frage offen, was für besondere Merkmale die sogenannten Anti-Protonen aufweisen.

Eine logische Schlussfolgerung ist, dass, wenn 2 Protonen bzw. 2 Mengen von Protonen durch eine starke Kraft gleich Energie, benutzen wir den Begriff "Druck", aufeinandergeschleudert werden, diese beiden Protonen keine Verbindung eingehen, sondern zerstrahlen, da ihre Eigenrotation zum Stillstand gebracht wird, wobei als Endprodukt Elementarteilchen wie Elektronen, Photonen, Neutrinos usw., wie experimentell bewiesen, entstehen.

Dies liegt, wie schon gesagt, daran, dass in dem Moment, wo 2 Teilchen oder Wellen, die die gleiche Rotationsrichtung besitzen, aufeinanderprallen, die Rotation angehalten wird und, wie in unserem Beispiel, die Protonen, die aus Quarks bestehen, auseinanderfallen.

Das heißt, nach dem Ablauf des Vorgangs existieren nur noch Quarks, die Ur-Teilchen der Materie, die sich dann nach bestimmten Gesetzmäßigkeiten zu den Teilchen zusammen schließen und nach den gesetzmäßigen Bewegungsabläufen sich selbst bewirkende Teilchen aufbauen, so, wie sie anschließend im Experiment gefunden wurden. Dass die Protonen zu anderen eigenständigen Elementarteilchen geworden sind, die begrifflich z.B. als Elektronen, Photonen, Neutrinos usw. bezeichnet werden, ist wiederum eine logische Schlussfolgerung, denn Materie kann nicht zu Energie werden bzw. zerstrahlen.

Die Eigenenergie, die sich in den Protonen befunden hat - letztendlich in jedem einzelnen Quark, aus dem sich nach dem heute gültigen Atommodell das Proton als Teilchen aufbaut *(nach unserer Erkenntnis ist ein Proton nur eine Verdichtung in Form einer rotierenden Welle, bestehend aus Quarks)* -, geht nicht verloren, sondern befindet sich in den Elementarteilchen - wodurch sie sich aufbauen -, die in diesem Experiment nachgewiesen wurden.

Die reine Energie, also die Kraft gleich Druck, die für die Beschleunigung der Protonen aufgewendet worden ist, existiert nach dem Experiment als separate "strukturierte Energie" weiter und kann aus bestimmten Gründen, die im Folgenden noch erklärt werden, nicht von den entstandenen Elementarteilchen aufgenommen werden.

Wenn bei diesem Experiment, das von den Hochenergie-Physikern durchgeführt worden ist, behauptet wird, dass Anti-Protonen existieren, dann stellt sich die Frage, warum sich nicht die Protonen und die Anti-Protonen in reine Energie verwandelt haben, sondern nach der Zerstrahlung wiederum Elementarteilchen entstanden sind.

Nehmen wir einmal an, Anti-Protonen besitzen gegenüber Protonen entgegengesetzten Spin, dann würden beide Protonenarten, wenn man sie ohne große Gewalt aneinanderbringt, nicht zerstrahlen, sondern eine Einheit bilden, da 2 Teilchen mit entgegengesetzten Spin sich gegenseitig bewirken.

Werden jedoch mit hohem Druck 2 Sorten von Protonen mit entgegengesetztem Spin aufeinandergeschleudert, kommt es wiederum, wie vorab beschrieben, zu einer Zerstrahlung in Materie-Ur-Teilchen mit anschließender Neubildung von Elementarteilchen.

Für das alte Denkmodell, bei dem man den Teilchen einen Spin zuweist, also eine eigenständige Rotationsrichtung, gilt diese Erklärung genauso wie für das von uns postulierte Atommodell, bei dem das Proton, wie schon gesagt, aus einer Masse von Quarks besteht, die sich als rotierende Welle in der Spitze der Pyramiden einer Elementareinheit befindet.
(Die Struktur einer Elementareinheit eines Atoms wird im nächsten Abschnitt grafisch dargestellt.)

Das bedeutet, alle Protonen weisen *eine* Spinrichtung auf, gleich ob wir sie theoretisch als Teilchen oder als in sich rotierende Welle betrachten. Im ordnungsgemäßen Zustand ohne Krafteinwirkung stoßen sich Teilchen, die denselben Spin (Eigenrotation - Eigendrehimpuls), genauso wie Wellen, die die gleiche Rotationsrichtung besitzen, ab.
Keines der Elementarteilchen, z.B. Proton (positive ($^+$) Ladung) oder

Elektron (negative (⁻) Ladung), besitzt irgendeine Ladung, die etwas mit Energie zu tun hat.

Die in diese Elementarteilchen interpretierten Ladungen werden durch nichts anderes bewirkt als durch die Sogwirkung der rotierenden Wellen der Quarks.

Wie dies genau abläuft, wird in der "Einheitlichen Theorie" erklärt.

Es sind also Teilchen, die aus *reiner Materie* bestehen.

Die einzige Energie, die in den Elementareinheiten der Atome existiert, ist die Energie, die die Quarks, aus denen die Elementareinheiten der Atome bestehen, nach bestimmten gesetzmäßigen Bewegungsabläufen in bestimmte rotierende Wellen versetzt, durch die sich die Struktur der Elementareinheiten der Atome aufbaut.

Zusammenfassend heißt das:

Werden mit Gewalt bzw. hoher Energie gleich großem Druck Elementarteilchen gleich welcher Art aufeinandergestrahlt bzw. auf ein Target (Eisenblock) geschleudert, so zerstrahlen sie immer proportional zur Größe der Energie, die eingesetzt wird, in kleinere Elementarteilchen bis hin zum Ur-Teilchen und bilden nach dem Ablauf der Zerstrahlung wiederum durch die Energie, die in ihnen enthalten war, neue Elementarteilchen der verschiedensten Arten.

Das bedeutet aber auch, dass Anti-Materie bzw. ein Anti-Proton nicht existiert und dass nur fälschlicherweise ein Wirkungsphänomen begrifflich als Anti-Materie interpretiert wird.

Nach dem Ordnungsgesetz, durch das die Atome der Elemente existieren, bestehend aus einer bestimmten Menge an Ur-Teilchen (Quarks), müssen sich, wie wir im folgenden noch beweisen werden, Atome bzw. Elementarteilchen, wenn sie in einem Experiment mittels einer hohen Energie auf ein Target geschleudert werden, nach ihrer Zerstrahlung sofort wieder zu verschieden großen Einheiten - =Elementarteilchen - zusammenfügen, da die Energie, die die Ur-Teilchen in Bewegung hält, diese wieder zu Elementarteilchen verbindet.

Unserer Erkenntnis nach sind *Materie und Energie* in der Form, wie wir sie als Atome der Elemente sowie als Energie in verschiedenen Wirkungen wahrnehmen, *zwei grundverschiedene Einheiten.*

24

Dies bedeutet, dass die Hypothese von EINSTEIN, die in der Gleichung $E = mc^2$ ausgedrückt wird, nicht stimmen kann.

Damit jeder die Bedeutung der Aussage über die Äquivalenz "Energie und Materie" versteht, so, wie sie nach dem heutigen Denkmodell gedeutet wird, möchten wir kurz den Stand der Wissenschaft darlegen.

<u>Stand der Wissenschaft</u>

In der Physik wird "Energie" immer im Zusammenhang eines ablaufenden Prozesses gesehen, bei dem die Energie aktiv ein Phänomen bewirkt, das wir wahrnehmen, bei dem diese Energie aber immer erhalten bleibt.

Die Erhaltung der Energie ist eines der wichtigsten Gesetze des heute gültigen Denkmodells der Physik.

Mit dem Begriff "Energie" werden nach der heute gültigen Modellvorstellung alle Naturerscheinungen beschrieben, die uns bekannt sind und die wir mit unseren 5 Sinnen wahrnehmen.

Da die Energie auf verschiedenen Wegen Phänomene bewirkt, nimmt man an, dass sie in verschiedenen Formen existiert und auftritt. Es kann z.B. Energie sein, die Bewegungen verursacht, oder Wärmeenergie, elektrische Energie, chemische Energie, Gravitations-Energie, Magnetfeld usw., usw..

In der klassischen Physik wurde Masse (=Materie) als materielle Substanz betrachtet, bei der man annahm, dass sie letztendlich unzerstörbar ist und nicht verloren gehen kann.

Das Gleiche gilt für die Energie. Denn wie schon gesagt ist die Erhaltung der Energie eines der wichtigsten Gesetze der Physik.

Das gilt für alle bekannten Naturerscheinungen, da bis heute keine Abweichungen von diesem Gesetz beobachtet werden konnten.

Gleichzeitig nimmt man an, dass die Energie in den Atomen enthalten ist und dass diese Energie all die uns bekannten Phänomene bewirkt, die durch Energie bewirkt werden.

Das, was man bis heute nicht konnte, ist, den Nachweis zu erbringen, dass die Energie aus einer "strukturierten Einheit" besteht.

Uns ist es gelungen, die "strukturierte Form" zu entdecken, aus der die Ur-Energie besteht, die all die Phänomene bewirkt, die wir mit vielen Begriffen umschreiben. Das Gleiche gilt für die Struktur der Ur-Teilchen, aus denen sich die gesamte Materie aufbaut.

Gehen wir kurz in den Bereich der Hochenergie-Physik.

Auf der Grundlage der Relativitäts-Theorie nimmt man an, dass die Materie in ihrer Ur-Form letztendlich nichts anderes ist als Energie.

Nach dieser Theorie kann Energie nicht nur die verschiedenen in der klassischen Physik bekannten Formen annehmen, sondern auch selbst in einem Objekt, das aus Masse gleich Materie besteht, enthalten sein.

Nach EINSTEIN bedeutet das, dass die Menge an Energie, die z.B. in einem Teilchen enthalten ist, gleich der Masse » m « des Teilchens, x $c^2$, dem Quadrat der Lichtgeschwindigkeit ist, die in der Gleichsetzung von Masse/Energie durch die mathematische Gleichung

$$E = mc^2$$

die EINSTEIN aufgestellt hat, ausgedrückt wird.

Betrachtet man erst einmal Masse als Energieform, so bleibt als logische Schlussfolgerung, dass Masse gleich Materie nicht länger unzerstörbar ist, sondern in andere Energieformen umgewandelt werden kann.

Im Bereich der Hochenergie-Physik führte dieses Denkmodell dazu, folgende Phänomene als Beweis zu betrachten.

Trifft z.B. in einer Blasenkammer eines Teilchenbeschleunigers ein Proton auf ein Atom, schlägt ein Elektron heraus und stößt danach mit einem anderen Proton zusammen, so entstehen bei diesem Kollisionsvorgang neue Teilchen.

Die Menge der Teilchen, die bei diesem Vorgang entstehen, ist proportional abhängig von der Höhe der Geschwindigkeit, in die das Proton gebracht wurde, und mit welcher Gewalt es auf das Atom bzw. Proton trifft. Bei einer solchen Kollision werden Teilchen zerstört, und man nimmt an, dass die in diesen Teilchen enthaltene Energie in kinetische Energie umgewandelt wird, die dann in die an der Kollision beteiligten Teilchen einstrahlt.

Desgleichen glaubt man, dass die Energie, die aufgewendet wurde, um die Teilchen aufeinander zu schleudern, nach der Kollision zur Masse neuer Teilchen wird.

Die Zerstörung und Erzeugung von Materieteilchen auf diesem Wege wird auf der Grundlage der Relativitäts-Theorie fälschlicherweise als eine der eindrucksvollsten Konsequenzen der Gleichung von Masse und Energie betrachtet.

26

Man sagt weiterhin, dass bei diesen Kollisionsvorgängen der Hochenergie-Physik die Masse nicht mehr erhalten bleibt.

Die Teilchen, die zusammenstoßen, werden zerstört, und ihre Massen können teilweise in die Massen der neuen Teilchen und teilweise in die kinetischen Energien der neu entstandenen Teilchen umgewandelt werden.

Nur die Gesamt-Energie, die an solch einem Vorgang teilnimmt, also die gesamte kinetische Energie, die aufgewendet wird, um z.B. ein Proton auf ein Target zu schleudern, plus die in allen Massen enthaltene Energie bleibt erhalten.

In der Hochenergie-Physik hat diese Theorie dazu geführt anzunehmen, dass Masse gleich Materie keine materielle Substanz mehr ist, dass also alle Elementarteilchen und subatomaren Teilchen nicht aus irgend einem Grund-"Stoff" bestehen, sondern letztendlich nur "gebündelte Energie" sind.

In unserer "**Einheitlichen Theorie der gesamten Materie**" führen wir Beweis, dass die Relativitäts-Theorie, speziell die Aussage, dass die Menge an Energie, die in einem Teilchen enthalten ist, gleich der Masse des Teilchens, mal $c^2$, dem Quadrat der Lichtgeschwindigkeit sei, falsch ist.

*Denn würde diese Aussage stimmen, würde ein Sein in diesem Universum nicht existieren.*

Eine nicht separat strukturgebundene Energie ist nicht in der Lage, gesetzmäßige physikalische Abläufe zu bewirken und eine gesetzmäßige Ordnung »Struktur und Form« in unserem Universum aufrechtzuerhalten.

Die Dualität "Chaos und Ordnung", in der alles Sein wechselwirkend abläuft, unterliegt einem Ordnungsprinzip, dessen Ordnungshüter nur die Kraft sein kann, die wir mit dem Oberbegriff "Energie" umschreiben.

Theoretisch und experimentell wurden von den Elementarteilchen-Physikern bei der Erforschung der Atome die Teilchen der Materie, aus denen die Atome aufgebaut sind, die sogenannten "Quarks", die 1964 von Murray GELL-MANN und Georg ZWEIG postuliert wurden und die die kleinsten Teilchen der Materie sind, entdeckt und nachgewiesen.

Die von uns entwickelte "**Einheitliche Theorie der gesamten Materie**", die auf diesen Erkenntnissen aufgebaut wurde, überschreitet die Grenze des Standes der Wissenschaft, denn wir behaupten und werden im folgenden nachweisen, dass nicht nur das Ur-Teilchen der Materie, das Quark, sondern auch die Atome aller Elemente eine gleiche dynamisch geometrisch strukturierte Form in der Gestalt von 2 mit der Spitze verbundenen kubischen Pyramiden besitzen.

Außerdem behaupten wir, dass der "Stoff der Materie" - wir bezeichnen ihn als "Ur-Plasma" - nicht in Energie umgewandelt werden kann, sondern dass im Raum unseres Universums eine nicht veränderbare Menge einer Kraft existiert, die nur dann als "Energie" die Phänomene, die uns bekannt sind, bewirken kann, wenn sie eingebracht wurde in eine Trägersubstanz.

Die Trägersubstanz dieser "Freien Energie" sind die "neutralen Neutrinos", die aus Ur-Plasma bestehen. Aus dem Ur-Plasma, aus dem sich auch die Quarks, die Ur-Teilchen der Materie, nach bestimmten physikalischen Gesetzen entwickelt haben.

Das bedeutet - und damit legen wir uns fest -, dass im Raum unseres Universums zwei verschiedene Arten von Ur-Stoff existieren.

1. *Ein strukturiertes Ur-Plasma als Teilchen, die begrifflich von uns als "neutrale Neutrinos" bezeichnet werden und die durch bestimmte gesetzmäßige physikalische Abläufe, in "Quarks" umgewandelt, die Ur-Teilchen sind, aus denen sich die Atome der Elemente gleich Materie aufbauen.*
2. *Eine unstrukturierte Kraft, die zwischen den neutralen Neutrinos als Kraftfeld existiert.*
   *Diese Kraft bewirkt als Energie die Phänomene, die wir kennen und wahrnehmen, nur dann, wenn sie durch bestimmte gesetzmäßige physikalische Abläufe eingestrahlt wurde in die neutralen Neutrinos.*

Zusammenfassend heißt das: Die neutralen Neutrinos werden in dem Moment, wo das Ur-Plasma, aus dem sie bestehen, frequenz- und amplitudenmässig durch bestimmte gesetzmäßige physikalische Abläufe verändert wird,

- einmal zu den *"Ur-Teilchen der Materie"* und

- zum anderen zu der *"Trägersubstanz"* der *freien Kraft,* die wir mit dem Oberbegriff *"Energie"* bezeichnen, durch die die vielfältigen Phänomene, die wir in unserem Sein wahrnehmen, bewirkt werden.

Damit Sie das folgende gedankenbildlich nachvollziehen und genau verstehen können, möchten wir Sie zuerst einmal mit der dynamisch strukturierten geometrischen Form bekannt machen,
*IN der und DURCH die* alles Sein in unserem Universum bewirkt wird.


## Struktur der Atome

In der folgenden Grafik erkennen Sie die grafische Darstellung eines Atoms so, wie es heute gelehrt wird.

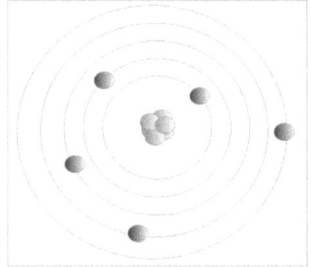

Auf der Grundlage dieses heute gültigen Atommodells forschen die klassische Physik, die Bio-Chemie sowie auch die medizinische Wissenschaft.

Das, was die Masse der in der Physik nicht vorgebildeten Laien sowie auch viele Wissenschaftler anderer Fachgebiete nicht wissen, nicht beachten oder nicht in ihre Denkabläufe miteinbeziehen, ist, dass das Wissen über die Beschaffenheit unserer Atome der Elemente nur ein **theoretisches Arbeitsmodell** ist, das entwickelt wurde, um bekannte Phänomene gedankenbildlich beschreibbar zu machen.
Dass die Struktur der Atome der Elemente so aufgebaut ist, wie es zum Beispiel durch das RUTHERFORD / BOHR'sche Atommodell dargestellt wird, ist nicht bewiesen, sondern nur ein Denkmodell, das ausreicht, um annähernd ein paar Phänomene der Atome der Elemente zu beschreiben.
Im Bereich der Hochenergie-Physik, also in der Elementarteilchen-Physik, widerspricht dieses Modell sogar allen in diesem Bereich gefundenen Erkenntnissen.

29

Aus der Sicht dieser Fachrichtung kann man mit dieser Modellvorstellung der Atome nichts anfangen, aber sie beeinflusst trotzdem, da von der Grundlage dieses Atommodells ausgegangen wurde, die gefundenen Erkenntnisse.

Nach dem heute gültigen RUTHERFORD / BOHR'schen Atommodell wird die innere Struktur des Atoms wie folgt beschrieben.
99 Prozent der Gesamt-Masse des Atoms besteht aus dem positiv ($^+$) geladenen Kern, der von einer aus negativ ($^-$) geladenen Elektronen bestehenden Hülle umgeben ist.
Der Atomkern besteht aus 2 Arten von Elementarteilchen, und zwar aus den positiv ($^+$) geladenen Protonen und den neutralen Neutronen. Zusammengefasst werden diese beiden Teilchen auch als Nukleonen bezeichnet.
Das heißt, einfach ausgedrückt, bis auf das Atom des Elementes (H) Wasserstoff bestehen die Atome aus einem Kern von neutralen Neutronen und positiv ($^+$) geladenen Protonen sowie aus negativ ($^-$) geladenen Elektronen, die in Schalen bzw. Orbitalen, um sich selbst rotierend, diesen Kern umkreisen.
Nach der Aussage dieses Atommodells besitzen die neutralen Atome immer die gleiche Menge an Neutronen, Protonen und Elektronen.

Zum Beispiel besteht das (O) Sauerstoff-Atom aus 8 Neutronen, 8 Protonen und 8 Elektronen.
Zusammengefasst im Periodensystem der Elemente klassifizieren sich die Atome der Elemente durch die jeweilige gleiche Anzahl der Neutronen, Protonen und Elektronen.
Das (O) Sauerstoff-Atom besitzt, da es von jedem 8 aufweist, die Ordnungszahl 8.
Das Element Lithium hat z.B. die Ordnungszahl 3, da es je 3 Neutronen, Protonen und Elektronen besitzt.
Da 99 Prozent der Masse des Atoms aus Neutronen und Protonen besteht, sind die Elektronen nach dieser Modellvorstellung sehr leichte Elementarteilchen (d.h. Teilchen von sehr geringer Masse).
Gemäss der Äquivalenz von Masse und Energie (die, wie wir beweisen werden, nicht stimmen kann) werden im Bereich der Hochenergie-Physik die Massen in Energieeinheiten umgewandelt und beschrieben.
Des Weiteren sagt man, dass die Atome elektrisch neutral sind.

Das bedeutet, von der elektrischen Ladung her gesehen, dass die negativ (⁻) geladenen Elektronen, z.B. beim (O) Sauerstoff 8, die gleiche Ladung haben wie die 8 positiv (⁺) geladenen Protonen des Sauerstoffs.

Das heißt, die elektrische Ladung des Protons ist, abgesehen vom Vorzeichen (⁺), gleich der elektrischen Ladung des Elektrons (⁻).

Bis heute hat man noch nicht verstanden - obwohl die Elementarteilchen-Physiker viel über die Beschaffenheit der Protonen und Elektronen herausgefunden haben -, warum Proton und Elektron eine gleich große Ladung besitzen, wobei zu beachten ist, dass das Proton ca. 1.000 mal schwerer ist als das Elektron.

Auf der Grundlage des heute gültigen Atommodells kann dieses Rätsel auch nie gelöst werden, da, wie wir im Folgenden beweisen werden, das RUTHERFORD/BOHR'sche Atommodell nicht stimmt.

Auf der Grundlage unserer Erkenntnisse, die eingebunden sind in ein neues Atommodell, findet nicht nur dieses Phänomen seine Lösung, sondern auch all die widersprüchlichen Erkenntnisse der Hochenergie-Physik werden verstandesmäßig nachvollziehbar und begreifbar.

Damit Sie von vorneherein nicht auf den Gedanken kommen anzunehmen, dass das im folgenden Geschriebene Utopie ist, sondern akzeptieren, dass es einen Sinn hat, darüber nachzudenken, und dass es eine absolut realitätsbezogene Grundlage besitzt, möchten wir Ihnen im nachfolgenden die Ablichtung von Elementareinheiten von Atomen vorlegen, die mittels eines Raster-Tunnel-Mikroskops aufgenommen wurden.

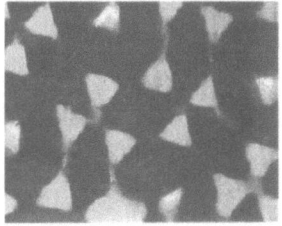

Wie Sie selbst erkennen können, hat die reale Form der Elementareinheiten von Atomen mit der heute gültigen Modellvorstellung nicht das Geringste zu tun.

Im Bereich der Physik war die Ablichtung der Atomeinheiten mittels eines Raster-Tunnel-Mikroskops, die erst vor ein paar Jahren gelang, zwar eine Sensation, aber sie konnte bis heute, da keine Grundlage bzw. kein Denkmodell existierte, noch nicht interpretiert werden.

Dass man von Seiten der Physik und Hochenergie-Physik bis jetzt zu dieser Erkenntnis noch nicht Stellung bezogen hat, liegt vielleicht jedoch auch daran, dass, wenn man diese Struktur akzeptiert, man das ganze Denkmodell der klassischen Physik, verbunden mit der Bio-Chemie, sowie die Erkenntnisse der Hochenergie-Physik revidieren muss.

Wer von den etablierten Wissenschaftlern würde schon dieses Risiko eingehen?

Für uns ist diese Raster-Tunnel-Mikroskop-Ablichtung jedoch nur eine Bestätigung, da wir seit 25 Jahren wissen, dass die Elementareinheiten der Atome "kubisch pyramidenförmige" Strukturen besitzen, bei denen immer 2 kubische Pyramiden an der Spitze miteinander verbunden sind.

Bewirkt wird diese dynamisch strukturierte Form durch einen gesetzmäßigen Bewegungsablauf, durch den sich die Quarks, also die Ur-Teilchen der Materie, aus denen die Elementareinheiten bestehen, rotierend bewegen und, sich gegenseitig von Pyramide zu Pyramide bewirkend, in Bewegung halten.

In den folgenden Grafiken haben wir diese Struktur, so weit wie grafisch möglich, dargestellt, damit Sie gedankenbildlich das, was in Folge geschrieben wird, nachvollziehen können, denn in diesem Buch erklären wir den geistigen und materiellen Sinn und Zweck Ihres Seins in diesem Universum und auf unserer Erde.

Es geht um Ihr Leben und Sterben, um Ihr Wohlbefinden, das wir mit den Begriffen "Gesundheit" und "Krankheit" umschreiben, und um das, was Sie als Glück oder Leid bezeichnen.

Das, was wir Ihnen am Anfang als Einführung bzw. als Vorspann vor dem Buchteil "Der physische Körper des Menschen" in Kurzausführung schildern, wird in der Mitte des Buches in dem Buchteil "Einheitliche Theorie der gesamten Materie einschließlich der Entstehung aller biologischen Systeme" ausführlich beschrieben.

Wenn Sie also auf Wiederholungen stoßen, so möchten wir jetzt schon erklären, dass wir diese absichtlich eingefügt haben, damit Sie die physikalischen Abläufe auch als Laie genau verstehen.

Sollten Sie Fehler finden, so sind sie aufgrund der Vereinfachung der Schilderung entstanden. Wenn sich jedoch jemand an diesen Fehlern festhalten möchte, so soll er einfach annehmen, dass wir diese absichtlich eingefügt haben, denn es gibt genügend Menschen, die neue Erkenntnisse nur auf Fehler untersuchen, damit sie überhaupt etwas zu sagen haben.

Wir glauben, dass das, was in diesem Buch geschrieben steht, als Ganzes gesehen, eine in sich geschlossene Einheit darstellt, die eines Nachdenkens würdig ist.

Auch wenn es den meisten Menschen nicht bewusst ist, der Körper des Menschen besteht aus den gleichen Atomen und Molekülen der sogenannten "toten" Materie, aus denen all die Materialien und Gegenstände aufgebaut sind, die uns umgeben.

Wenn wir sagen, dass dies "tote" Materie ist und die biologischen Systeme wie Pflanzen, Tiere und der Mensch aus "lebendiger" Materie bestehen, so ist das leider nur eine begriffliche Definition, denn letztendlich besteht auch der Körper des Menschen sowie aller anderen biologischen Systeme aus nichts anderem als aus den Atomen und Molekülen, die wir als "tote" Materie bezeichnen.

Das Phänomen "Leben", wodurch diese "tote" Materie, also die Atome und Moleküle, zur sogenannten "lebendigen" Materie wird, konnte von der Wissenschaft bis heute noch nicht entschlüsselt werden.

In diesem Buch überschreiten wir diese Grenze und führen Beweis, dass die von der Wissenschaft noch nicht gefundene Seele eine "natürliche materielle" Seele ist, die, bestehend aus Ur-Teilchen der Materie, vom "Geist" gleich "Gedanken-Kraft" in die Form gebracht wurde, in der sie als Gerüst für den physischen Körper aller biologischen Systeme einschließlich des Menschen sowie als Gerüst eines jeden Gegenstandes, der eine Form besitzt, bewirkt wird.

Wir führen Beweis, auf welchem Wege der "geistig-seelische", der "psychische" sowie der "physische Körper" des Menschen funktioniert und dass das physische Leben sowie das Phänomen "Leben" an sich einem nachweisbaren physikalischen Ablauf unterliegt, der durch die Kraft bewirkt wird, die als "strukturierte Energie" die Atome und Molekülen des Körpers des Menschen zur sogenannten "lebendigen" Materie werden lässt.

Außerdem führen wir Beweis, dass die Zustände, die wir mit den Begriffen "Gesundheit" und "Krankheit" umschreiben, Zustände sind, die einzig und allein durch die "strukturierte Energie", die wir in vielfältiger Wirkung als Phänomene mit unseren 5 Sinnen wahrnehmen, bewirkt werden.

Auf der Grundlage der von uns im Folgenden vorgestellten Erkenntnisse haben wir ein
**"Fundamentales Ganzheitliches Konzept einer Neuen Medizin"** entwickelt, das nicht nur den physischen Menschen, sondern auch die "Psyche" sowie die "geistige Seele" mit einschließt.
Ein "Fundamentales Ganzheitliches Konzept", auf dessen Grundlage wir die URSACHE der Entstehung sowie die ENTSTEHUNG aller Krankheitsbilder mit dem Verstand begreifend verstehen können.

Betont sei noch, dass alle bis heute wissenschaftlich gefundenen Erkenntnisse aus allen wissenschaftlichen Disziplinen miteinbezogen wurden. Sie widersprechen bis auf wenige Ausnahmen in keiner Form der von uns entwickelten Grundlage.
Das, was sich lediglich an den gefundenen heute gültigen Erkenntnissen ändert, ist, dass sie auf einer Grundlage bestätigt werden, bei der die URSACHE, z.B. die Ursache der Entstehung, die Entstehung selbst sowie der Verlauf eines spezifischen sowie unspezifischen Krankheitsbildes, genau nachvollzogen werden kann.
Wenden wir uns nunmehr der von uns gefundenen Struktur zu, die das Ur-Teilchen der Materie, das neutrale Neutrino, besitzt.
Auch wenn wir im Laufe der Niederschrift noch genau erklären werden, auf welchem Wege unser Universum und die Elemente der Materie, also die Atome, entstanden sind, so soll trotzdem hier am Anfang die Frage vorgelegt werden,
"Aus welchem Ur-Stoff kann oder könnte das bestehen, was wir als materielle Welt bezeichnen und wahrnehmen?"

## Ur-Stoff der Materie

In der heutigen etablierten Wissenschaft existieren zurzeit zwei Meinungen.
In einer der auf diesen zwei Meinungen fußenden Theorien geht man davon aus, dass der Ur-Stoff der Materie Energie ist.
Es existiert jedoch keine Vorstellung bzw. kein Denkmodell, auf dessen Basis sich Energie so weitgehend strukturmäßig beschreiben lässt, dass man sie gedankenbildlich erfassen kann.
In der anderen Theorie nimmt man an, dass am Anfang eine verdichtete Ur-Masse existierte, also Materie, die zu irgendeinem

34

Zeitpunkt auseinander barst ("Ur-Knall") und aus der sich in Folge die Elemente der Materie bildeten.

Aber auch bei diesem Denkprozess existiert keine Vorstellung darüber, wie der Ur-Stoff ausgesehen haben könnte, aus dem sich die Atome der Elemente sowie die Materie entwickelt haben.

Jede kosmologische Theorie muss aber davon ausgehen, dass die bekannten physikalischen Gesetze im Weltall universell, dass heißt räumlich und zeitlich als unveränderbar gelten.

Existieren Gesetze, die uns nicht bekannt sind, so dürfen die Spekulationen und Hypothesen nicht zu Widersprüchen führen, die den gefundenen physikalischen Erkenntnissen widersprechen.

Aus diesem Grunde versucht man, mit möglichst wenig einschneidenden Annahmen aus den existierenden physikalischen Grundgesetzen hypothetisch Weltmodelle zu konstruieren.

Diese Weltmodelle vergleicht man mit Beobachtungsdaten und entscheidet dann, inwieweit sie einer Wirklichkeit entsprechen können. Dabei wird meistens stillschweigend vorausgesetzt, dass die Materie im Kosmos gleichmäßig verteilt ist.

Bei der Konstruktion werden die Elemente einfach als homogenes Medium behandelt, bei denen man die atomare oder molekulare Struktur übersieht und nicht mitberücksichtigt.

Da man in diesem Bereich in Raum-Dimensionen vordringt, bei denen die alltäglichen Vorstellungen versagen, kann man unsere Raum-Anschauung der täglichen Erfahrung jedoch nicht ohne weiteres auf die unendliche Dimension des Kosmos übertragen.

In einem **"Ganzheitlichen Fundamentalen Medizinischen Konzept"** kann man nicht nur den aus Atomen und Molekülen bestehenden physischen Körper forschend betrachten, sondern, will man das Phänomen "Leben" entschlüsseln, muss man die Bereiche miteinbeziehen, die man mit den Begriffen "Seele", "Geist" und "Psyche" umschreibt.

Um überhaupt hinter das Geheimnis dieser Phänomene zu kommen, muss man bei der Entstehung der biologischen Systeme beginnen. Da jedoch ohne Materie, die letztendlich nur die Trägersubstanz des Geistes, der Seele und der Psyche sein kann, keine biologischen Systeme existieren würden, muss man zuerst einmal ein Denkmodell entwickeln, um zu erklären, wie das Medium entstanden sein könnte, also die Materie, in der und durch die diese Systeme existieren.

Die erste Frage muss also lauten, "Aus welchem Ur-Stoff entstanden im Raum unseres Universums die Atome der Elemente, in dem und durch den erst das Universum zu einem strukturierten Universum werden sowie alles Sein entstehen konnte?"

Beginnt man, ein Denkmodell in dieser Richtung zu entwickeln und zu überdenken, muss man auf alle Fälle dabei berücksichtigen, dass aus einem unstrukturierten Ur-Stoff, bezeichnen wir ihn einfach als Ur-Plasma, keinerlei strukturierte Formen entstehen können, so, wie wir sie vom Atom der Elemente bis zu den Planeten in unserem Universum mit unseren 5 Sinnen wahrnehmen.

Es müssen also geometrische Formen, bestehend aus diesem Ur-Stoff, existieren, die die Fähigkeit besitzen, sich miteinander so zu verbinden, dass die in unserem Universum wahrnehmbaren Formen entstehen können.

Das heute existierende Atommodell der Elemente sowie die Erkenntnisse der Elementarteilchen-Physiker fußen im Endeffekt auf der geometrischen Form der *Kugel*.

Bei diesem Denkmodell nimmt man an, dass kugelförmige Elementarteilchen, die sich selbst um eine Achse in Rotation befinden, in bestimmten Schalen bzw. Orbitalen ellipsenförmig einen Kern umkreisen. Die gleiche gedankliche Vorstellung als Grundvorstellung hat man von den Teilchen, die im Kern selbst existieren, also von den Protonen und Neutronen.

Die Idee, dass der Ur-Stoff, aus dem die Ur-Teilchen bestehen, wiederum aus subatomaren Teilchen besteht, die auch um sich selbst rotieren, gibt immer noch keine Antwort auf die Frage, aus welchem Ur-Stoff diese subatomaren Teilchen aufgebaut sind.

Eine unstrukturierte kugelförmige Masse - unabhängig davon, ob sie selbst aus kugelförmigen Einheiten besteht -, die um sich selbst rotiert, bricht immer auseinander, da die Fliehkraft der Rotation die Masse auseinander strahlt.

Wenn das nicht passiert, bedeutet das, dass entweder außen eine Schutzhülle oder Kraft existiert, die dies verhindert, oder dass im Kern selbst eine Kraft vorhanden ist, die die Masse so stark anzieht, dass sie nicht auseinander strahlen kann.

Beide Möglichkeiten sind denkbar, aber doch sehr unwahrscheinlich.

Unserer Meinung nach ist das Denkmodell, also das RUTHERFORD /

BOHR'sche Atommodell für die Konstruktion eines Denkmodells, auf dessen Grundlage die Entstehung des Universums erklärt werden kann, nicht geeignet, auch wenn man in den letzten Dezennien versucht hat, hypothetische Abläufe und Gesetze zu konstruieren, die annähernd die Phänomene, die sich widersprechen, erklären könnten.

Es besitzt einfach in sich zu viele Widersprüche, die von der Logik her verstandesmäßig gedankenbildlich nicht nachvollziehbar sind.

Auf der Grundlage der Überlegungen, die uns zu diesen Erkenntnissen führten, wurde uns klar, dass die geometrische Form, in der das Ur-Plasma, also der Ur-Stoff der Materie, existieren muss, nicht die Kugelform sein kann.

Das bedeutet, dass die Struktur der Atome auf der Grundlage einer anderen geometrischen Form, die in der Lage ist, Formen zu bewirken, existieren muss.

Aufgrund von Aussagen und Unterlagen, auf die wir am Ende des Buches noch näher eingehen werden, erkannten wir, dass die *einzige Form*, in der eine unstrukturierte Masse einmal durch eine Kraft (Ruhe-Energie der Atome) in Bewegung gesetzt und durch bestimmte gesetzmäßige Bewegungsabläufe in Bewegung gehalten wird, nur die Form sein kann, die wir in der nachfolgenden Grafik dargestellt haben.

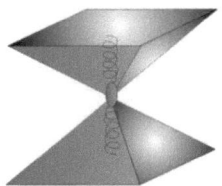

Wie Sie an der grafischen Darstellung erkennen können, besteht die Form aus 2 kubischen Pyramiden, die an der Spitze miteinander verbunden sind.

Das gesamte Sein in unserem Universum wird IN und DURCH diese Form bewirkt.

Das heißt z.B., dass das unstrukturierte Ur-Plasma am Anfang der Zeit durch die Einstrahlung einer Kraft so in gesetzmäßige Bewegungsabläufe versetzt wurde, dass es die dynamisch strukturierte geometrische Form von 2 an den Spitzen verbundenen kubischen Pyramiden angenommen hat.

Wie dieser Vorgang am Anfang der Evolution genau abgelaufen ist und durch welche Kraft es bewirkt wurde, wird in der "Einheitlichen Theorie" ausführlich geschildert.

Das Gleiche gilt für den gesetzmäßigen Bewegungsablauf, der verantwortlich ist für die Bildung der dynamisch strukturierten geometrischen Form.

Vorgreifend auf die Erklärungen in der "Einheitlichen Theorie" sei jedoch vorab folgendes bemerkt:

1.  Die Form, in der die Ur-Teilchen der Materie existieren, ist keine starre Form, sondern eine dynamische Form.

    Das heißt, das Ur-Plasma bewirkt sich als Form dadurch, dass es sich in sich gegenseitig bewirkenden rotierenden Wellen bewegt und so die Form bildet.

2.  Durch die sich gegenseitig bewirkenden rotierenden Wellen, in denen sich das Ur-Plasma als Ur-Teilchen in der Form von 2 kubischen Pyramiden, die an der Spitze miteinander verbunden sind, bewegt, entstehen an den 8 Ecken Bindungskräfte.

    Die Stärke der Bindungskräfte ist von verschiedenen Faktoren, die noch genau erklärt werden, abhängig.

    Maßgebend dafür, dass Bindungskräfte überhaupt existieren, ist jedoch die Größe der Frequenz und Amplitude der rotierenden Wellen des Ur-Plasmas im Ur-Teilchen bzw. der rotierenden Wellen, bestehend aus Quarks, in den Elementareinheiten der Atome, da die "Elementareinheiten" der Atome gleich strukturiert sind, also die gleiche Form besitzen wie die Ur-Teilchen.

Die aus Ur-Plasma bestehenden Ur-Teilchen der Materie sind die Teilchen, die von den Physikern als "NEUTRINOS" bezeichnet werden.

Von uns werden sie jedoch mit dem Begriff "NEUTRALE NEUTRINOS" bezeichnet, da sie die Ur-Teilchen sind, die, wenn ihre Frequenz und Amplitude verändert wird, in den Atomen der Elemente zu "QUARKS" bzw., wenn sie als Träger von "Freier Energie" benutzt, zu der "STRUKTURIERTEN ENERGIE" werden, die in vielfältigen Arten von Verbindungen die Phänomene bewirkt, die wir wahrnehmen und durch die alles Sein erst existieren kann.

Das heißt, die "NEUTRALEN NEUTRINOS" bestehen aus dem Ur-Stoff der Materie, aus Ur-Plasma, und werden durch die *Veränderung ihrer Frequenz und Amplitude* einmal zu den Ur-Teilchen, aus denen sich die Atome der Elemente aufbauen, und zum anderen als Trägersubstanz von der "Freien unstrukturierten Energie" benutzt, die zwischen den neutralen Neutrinos existiert.

In den Atomen integriert, wurden bzw. werden die neutralen Neutrinos also zu Quarks und bilden in bestimmten Mengen von Elementareinheiten die Atome der Elemente, die der Mensch mit seinen 5 Sinnen wahrnimmt.

Das bedeutet:
Die Atome aller Elemente bestehen aus Materie, also aus Quarks bzw. aus frequenz- und amplitudenveränderten neutralen Neutrinos.

Die Quarks selbst sowie die Quarks in den Elementareinheiten der Atome werden durch Kräfte bewirkt, die nichts mit der "Freien" sowie der "strukturierten" Energie zu tun haben.

Diese Kräfte bewirken in den Quarks den gesetzmäßigen Bewegungsablauf des Ur-Plasmas und in den Elementareinheiten der Atome die gesetzmäßigen Bewegungsabläufe, durch die sich die Struktur und Form der Ur-Teilchen sowie der Elementareinheiten der Atome der Elemente aufbaut.

Gesagt werden muss, dass der gesetzmäßige Bewegungsablauf in den Elementareinheiten der Atome der gleiche ist wie der, in dem sich das Ur-Plasma in den neutralen Neutrinos, in den Quarks sowie in den Elektron-Neutrinos (Erklärung folgt) bewegt.

Die gewöhnliche Masse in unserem Universum, also die Elemente, aus denen die Materie besteht, macht nur, wie mathematisch berechnet, 3 Prozent der gesamten Masse unseres Universums ans. Von der Masse her gesehen verändert sie sich ununterbrochen, was heißt, dass laufend neue Atome von Elementen im Universum aufgebaut, aber dass auch laufend Atome der Elemente wieder in Ur-Teilchen aufgespaltet werden.

Einfach ausgedrückt bedeutet das:
Alle Atome der Elemente, aus denen unsere Materie besteht, bilden eine Masse, die sich innerhalb unseres expandierenden Universums verkleinern und vergrößern kann. Vergrößern kann sie sich nur von der Masse der Elemente her. Verkleinern kann sie sich nur soweit, dass sie wieder zu neutralen Neutrinos wird, das heißt, sich zurückverwandelt in den Ur-Zustand des Stoffes, aus dem 97 Prozent der Masse unseres Universums besteht. Also in die "NEUTRALEN NEUTRINOS".

Diese Vorgänge laufen wie folgt ab:

Wenn z.B. durch hohe Kräfte Atome von Elementen aufgespaltet werden in Quarks, die in den Sonnen wieder zu neutralen Neutrinos umgewandelt werden, verringern sich die 3 Prozent der gewöhnlichen Masse, die aus den Atomen der Elemente besteht.

Durch den gesetzmäßigen Bewegungsablauf, in dem in den Galaxien die Sterne und Planeten von der Sonne neutrale Neutrinos aufnehmen und frequenz- und amplituden-veränderte Neutrinos, also Quarks, durch die Anziehungskraft der Sonne in die Sonne eingestrahlt werden, erfolgt in der Sonne wieder eine Umwandlung in neutrale Neutrinos.

Alle Quarks, gleich ob in den Elementareinheiten der Atome gebundene oder freie, durch eine hohe Kraft aufgespaltete Quarks (z.B. durch Atomkernspaltung), besitzen immer die gleiche Frequenz und Amplitude der Gesamtschwingungsfrequenz, in der das Element selbst schwingt, aus dem das Quark stammt.

*Diese jedem Element eigene Schwingungskraft (Frequenz und Amplitude) ist das Merkmal, durch das sich das Atom des Elementes klassifiziert.*

Eine genaue Erklärung folgt in der "Einheitlichen Theorie".

Neue Elemente entstehen, nehmen wir zum Beispiel den (O) Sauerstoff, in der Ozonschicht.

Nachdem sich im Laufe der Evolution um unsere Erde die Atmosphäre gebildet hatte, entstand im obersten Bereich der Atmosphäre eine Verdichtung von $(O_2)$ Sauerstoff-Molekülen.

Warum und wie diese Sauerstoff-Schicht entstanden ist, wird auch noch in der "Einheitlichen Theorie" näher erklärt.

Diese Sauerstoff-Schicht ist die Schicht, die heute als "OZON-Schicht" bezeichnet wird und die uns, den Menschen, sowie alle anderen biologischen Systeme vor zu hohen Energiestrahlen der Sonne (UV-Strahlungen) gleich Ballungen von Elektron-Neutrinos schützt.

Die von der Sonne abgestrahlten neutralen Neutrinos prallen auf die Elementareinheiten der $(O_2)$ Sauerstoff-Moleküle bzw. (O) Sauerstoff-Atome und werden in die Frequenz und Amplitude - das, was das Element (O) Sauerstoff klassifiziert - umgewandelt.

In dem Moment, wo ein neutrales Neutrino in ein (O) Sauerstoff-Atom einstrahlt, wird es in die Frequenz und Amplitude des (O) Sauerstoffs eingeschwungen und ein Quark, das im (O) Sauerstoff existiert -

bezeichnen wir es als "Sauerstoff-Quark", da es die Frequenz und Amplitude, also die Gesamt-Schwingung des Elements (O) Sauerstoff besitzt - aus dem (O) Sauerstoff ausgestrahlt.

Dieses ausgestrahlte Ur-Teilchen gleich Quark reißt jedoch nicht vom (O$_2$) Sauerstoff-Molekül ab, sondern bleibt an diesem (O$_2$) Sauerstoff-Molekül angebunden. Dieser Vorgang wiederholt sich so lange, bis sich auf diesem Wege ein komplettes (O) Sauerstoff-Atom gebildet hat.

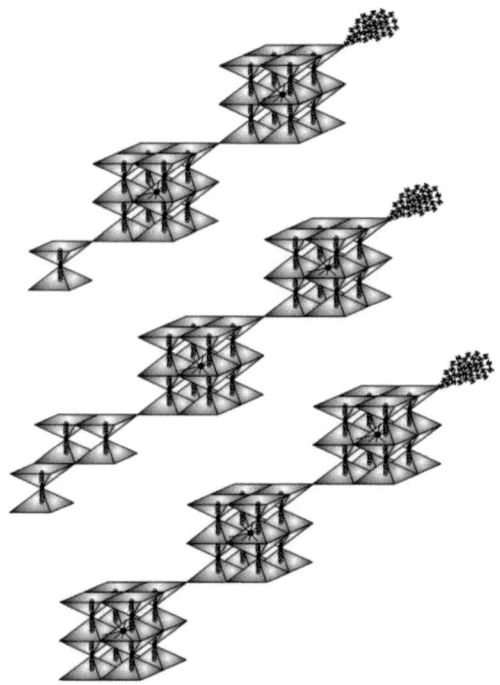

Auf diese Weise entsteht ein *dreiwertiges* aus Sauerstoff-Atomen bestehendes (O$_3$) Sauerstoff-Molekül, das als "Ozon" bezeichnet wird. In dem Moment, wo nunmehr neue neutrale Neutrinos in dieses Molekül einstrahlen, reißt ein (O) Sauerstoff-Atom vom (O$_3$) Ozon-Molekül ab, und es entstehen ein (O$_2$) Sauerstoff-Molekül und ein (O) Sauerstoff-Atom, an dem sich durch die Einstrahlung von neutralen Neutrinos wiederum ein neues (O) Sauerstoff-Atom bildet.

In der Grafik ist dieser Ablauf soweit wie möglich dargestellt.

Diese Aussage bedeutet, dass unsere Ozonschicht in erster Linie die Produktionsstätte des atomaren (O) Sauerstoffs ist, in der neue Elemente aus neutralen Neutrinos aufgebaut werden.

Der Sinn und Zweck dieses Schutzschilds der Erde liegt aber nicht nur in der Produktion von (O) Sauerstoff-Atomen, sondern er ist auch aus folgendem Grunde entstanden.

41

*Würde diese* (O) *Sauerstoff- bzw. Ozonschicht nicht existieren, wäre die Existenz von biologischen Systemen auf der Erde aus folgenden Gründen nicht möglich.*

Die neutralen Neutrinos, die nach einem gesetzmäßigen Bewegungsablauf von der Sonne ausgestrahlt in die Erde einstrahlen, würden, wenn die "Fänger- und Umwandlungs-Funktion" des (O) Sauerstoffs (Ozonschicht) nicht existierte, von den gasförmigen Elementen der Atmosphäre abgebremst, und es käme zu laufenden Kollisionen zwischen den gasförmigen Elementen, den Elektron-Neutrinos und den neutralen Neutrinos.

Da auch in unserer Atmosphäre zwischen den gasförmigen Elementen die "Freie Energie" existiert, würden durch die laufenden Kollisionen von Neutrinos Energiequanten (Elektron-Neutrinos) in einer Größenordnung entstehen, die alle Atome aller Elemente mehrfach ionisieren würden, so dass die Atome nicht mehr in der Lage wären, neutrale Moleküle bindungsmäßig aufzubauen, was heißt, es könnten keine Formen mehr aus Materie entstehen.

Damit Sie gedankenbildlich genau nachvollziehen können, welche *Form von strukturierter Energie* das "Lebendige" in den Molekülen der biologischen Systeme, also auch im Körper des Menschen, bewirkt, und wie diese "Strukturierte Energie" aus "Freier Energie" entsteht, möchten wir diesen Ablauf etwas näher erläutern.

Zwischen den neutralen Neutrinos, die von der Sonne ausgestrahlt werden, existiert, wie vorab schon geschrieben, eine Kraft, die wir als "Unstrukturierte Freie Energie" bezeichnen.

Im freien Raum unserer Galaxis gehen diese neutralen Neutrinos, da sie keine Anziehungskraft bzw., wenn wir den alten Term benutzen, keine Polarität besitzen, keine Verbindung ein.

Erst wenn sie zum Beispiel auf gasförmige Elemente aufprallen oder beispielsweise durch einen starken Druck (Sonneneruption) aufeinandergeschleudert werden, erfolgt eine Verbindung sowie eine gleichzeitige Umwandlung ihrer Frequenz und Amplitude. Der Prozess der Umwandlung der neutralen Neutrinos in "Elektron-Neutrinos", also in "Strukturierte Energie", die von der heutigen Wissenschaft als "Energiequanten" bezeichnet werden, läuft wie folgt ab.

Bei der Kollision zweier neutraler Neutrinos, die durch Druck aufeinanderprallen, wird die "Freie Energie", die zwischen den Neutrinos existiert, in die Neutrinos eingestrahlt bzw. eingedrückt, was dazu führt, dass die rotierenden Wellen des Ur-Plasmas durch diese *zusätzliche* "Freie Energie" in eine höhere Geschwindigkeit gleich *veränderte Frequenz und Amplitude* gebracht werden.

Beide Kollisionspartner verbinden sich miteinander, da sich das Ur-Plasma beider Teilchen wechselwirkend in einer höheren bzw. veränderten Frequenz und Amplitude gleich Geschwindigkeit befindet und dadurch Bindungskräfte an den jeweiligen 8 Ecken der 2 Neutrinos entstehen.

*Das heißt, es bleibt zwar die Form eines jeden Ur-Teilchens für sich bestehen, aber das Ur-Plasma beider Teilchen rotiert wechselwirkend miteinander.*

Da sich die "Freie Energie" nunmehr als zusätzliche Kraft in diesen Ur-Teilchen der Materie befindet, wurden die neutralen Neutrinos zu den Trägern der "Freien Energie", also zu "ELEKTRON-NEUTRINOS", die die "Strukturierte Energie" ist, durch die all die Phänomene bewirkt werden, die wir in unserem Sein wahrnehmen. Wie z.B. Elektrizität, chemische Energie, elektromagnetische Strahlungen, Bewegungsenergie, biologische Energie usw.

In der folgenden Grafik ist die mögliche Verbindung von Elektron-Neutrinos einfach dargestellt.

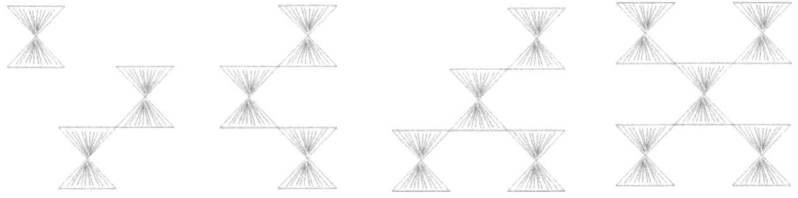

Wie Sie an der Grafik erkennen können, bestimmt die Menge der Elektron-Neutrinos die Stärke der Energie.

Würde also die Ozonschicht nicht existieren, dann würden die neutralen Neutrinos mit voller Wucht auf die gasförmigen Moleküle der Atmosphäre auftreffen und, da die "Freie Energie" auch zwischen den Atomen und Molekülen, aus denen die Atmosphäre besteht, existiert, Energiequanten aus Elektron-Neutrinos in einer

Größenordnung entstehen, die die neutralen Atome und Moleküle ionisieren würden.

*Ein physisches Leben auf dem Planeten Erde wäre nicht möglich.*

Die Ozonschicht ist also nicht nur die Produktionsstätte der Atome des (O) Sauerstoffs, sondern auch ein Schutzschild, das eine Bremswirkung besitzt, damit die neutralen Neutrinos und die Energiequanten nicht mit voller Wucht in die Atmosphäre einschlagen.

In der Ozonschicht wird somit ein großer Teil der neutralen Neutrinos in (O) Sauerstoff umgewandelt.

Die außerhalb der Ozonschicht entstandenen Elektron-Neutrinos werden durch die Ozonschicht abgebremst und vergrößern sich nur geringfügig auf dem Weg durch die Atmosphäre zur Erde.

Die neutralen Neutrinos, die nicht in der Ozonschicht in den (O) Sauerstoff integriert wurden, werden teilweise innerhalb der Atmosphäre umgewandelt in Elektron-Neutrinos.

In der naturgegebenen Ordnung verdichten sie sich zu den Größen an Energiequanten, die wir Menschen sowie alle biologischen Systeme für die Aufspaltung von neutralen Molekülen im Körper benötigen, wodurch die "tote" Materie zur "lebendigen" Materie wird.

Die Elektron-Neutrinos, die von den biologischen Systemen nicht verwertet werden können bzw. die überschüssig sind oder durch den Um- oder Abbau von Molekülen freiwerden, werden von den biologischen Systemen wieder abgestrahlt.

Diese Abstrahlung, die man im Hochfrequenzfeld sichtbar machen kann, bezeichnet man als "Aura".

*Alle Energiequanten, also Verbindungen von Elektron-Neutrinos, bis 13,56 eV (Elektronen-Volt), die IONISATIONS-Energie des (O) Sauerstoffs, sind die Energiequanten, durch die das Phänomen "Leben" in den biologischen Systemen bewirkt wird.*

In der medizinischen Forschung wird richtigerweise behauptet, dass zum Beispiel die IONENKONZENTRATION des ($H^+$) Wasserstoffs verantwortlich ist für ein ordnungsgemäßes Funktionieren des biologischen Systems Mensch.

In der gesamten Literatur findet man jedoch keine Aussage, *wie, wo, auf welchem Wege und durch welche Energie* der molekulare ($H_2$)

Wasserstoff in ($H_2^{++}$) Wasserstoff und 2 x (e⁻) (Elektron) aufgespaltet wird.

Das Gleiche gilt für die Mineralstoffe, also die Elektrolyte.

Es stellt sich also die Frage,

*"Wo kommt die IONISATIONS-Energie her, die benötigt wird, damit der ($O_2$) Atmungs-Sauerstoff im biologischen System zu ($O_2^{--}$) und ($O_2^{++}$) sowie das ($H_2$) Wasserstoff-Molekül in ($H_2^{++}$) und ($H_2^{--}$) bzw. in 2 x (e⁻) aufgespaltet werden können?"*
*Die gleiche Frage stellt sich für die Aufspaltung der Mineralstoffe in Elektrolyte wie z.B. ($Na^+$)Natrium, ($K^+$)Kalium, ($Ca^{++}$) Calcium, ($Mg^{++}$)Magnesium und ($Cl^-$) Chlor.*

Da in der heutigen Medizin überwiegend nur auf bio-chemischer Grundlage geforscht wird und bio-physikalische Aspekte, speziell die IONISATIONS-Energie, in das heute gültige Denkmodell kaum miteinbezogen werden, hat man diese Frage sowie viele andere nicht geklärte Abläufe, die die Energie betreffen, einfach außer acht gelassen.

Man spricht von "Katalysatoren", von "Enzymen", "Vitaminen" und "Elektrolyten", die verantwortlich sind für die Aufspaltung sowie für den Umbau von Molekülen, ohne dabei zu berücksichtigen, dass jedes neutrale Molekül nur mit einer bestimmten Menge an Energie, der sogenannten Ionisations-Energie, die bei allen Atomen verschieden ist, aufgespaltet werden kann.

Der Grund, warum das bis heute so abgelaufen ist, liegt unserer Meinung nach daran, dass man effektiv annimmt, dass Masse, also Materie gleich Energie ist - nach der Gleichung von
EINSTEIN $E = mc^2$.

In dieser Niederschrift werden wir Erkenntnisse offen legen, die unseres Erachtens genügend Aussagekraft besitzen, um die Wissenschaftler, die nicht nur nachdenken, was andere vorgedacht haben, zu animieren, darüber hinaus nachzudenken.

Denn wir glauben, dass es Zeit wird, die heute gültige medizinische Grundlage *Bio-Physikalisch* zu überprüfen, da auf biochemischer Grundlage das Phänomen "Leben" nicht entschlüsselt werden kann.

Kurz noch etwas zur Ozonschicht.

Weist die Ozonschicht Löcher auf bzw. existiert sie nur in einem verdünnten Zustand, dann entstehen auf dem Wege, wie beschrieben, Energiequanten, die wesentlich größer sind als, sagen wir, 13,6 eV.

Strahlen Energiequanten, die mehr als 13,6 eV besitzen, in den menschlichen Körper sowie in andere biologische Systeme ein, dann werden von dieser IONISATIONS-Energie Elemente - zum Beispiel der (N) Stickstoff - ionisiert sowie ununterbrochen SINGULETT-Zustände in den Molekularstrukturen bewirkt, aus denen der Mensch und die biologischen Systeme wie z.b. Pflanzen und Tiere bestehen.

Unkontrollierte Oxidation und Reduktion bewirkten dann, dass die molekularen Strukturen auseinanderbrechen, so dass lebenswichtige Funktionsabläufe im Bereich der spezifischen Organzellen, in der extrazellulären Gewebeflüssigkeit, kurz in den gesamten Kreisläufen, die das biologische System z.B. des Menschen betreffen, nicht mehr aufrecht erhalten werden können. Einfach ausgedrückt:

Ein Feuerwerk von Energiequanten zerstört von innen heraus - man kann auch sagen verbrennt oder löst auf - die Ordnung und letztendlich das biologische System selbst.

Dass diese Aussage der Realität entspricht, hat fast jeder von uns schon einmal am eigenen Leibe selbst erfahren.

Immer dann, wenn wir unseren Körper längere Zeit ungeschützt direkt den Sonneneinstrahlungen, die aus hohen Energiequanten, also aus Elektron-Neutrinos bestehen, die man als "UV$_B$-Strahlen" bezeichnet, aussetzen, entsteht ein "Sonnenbrand" bzw. ein "Sonnenstich" bis hin zu innerlichen Verbrennungen, die als unspezifische Krankheitsbilder erkennbar werden, einhergehend mit Schüttelfrost, hohem Fieber usw..

Auch wenn die Ozonschicht hundertprozentig intakt als Schutzschild wirkt, so entstehen trotzdem in unserer Atmosphäre höhere Energiequanten als diejenigen, die die lebendigen biologischen Systeme benötigen.

Verschiedene Kriterien verhindern jedoch, dass sie ununterbrochen in die biologischen Systeme, die auf der Erde existieren, einschließlich der Mensch, einstrahlen.

Zum Beispiel eine Wolkenschicht, die Luftfeuchtigkeit bzw. der Abstand der Sonne von der Erde im rhythmischen Zyklus der Jahreszeiten.

Sie verursachen zwar dadurch eine hohe Energiedichte in unsrer

Atmosphäre, die die biologischen Systeme auch beeinflusst, aber sie bewirken keine Zerstörung der biologischen Systeme.

Im Hochsommer, wenn die Sonne in unseren Breitengraden dem Erdkubus am nächsten ist, sind wir am stärksten gefährdet, da in dieser Zeit höhere Energiequanten in unserer Atmosphäre entstehen als im Frühjahr, Herbst oder Winter. Zu dieser Jahreszeit schützen Menschen und Tiere sich instinktiv vor diesen hohen Energiequanten dadurch, dass sie sich nach Möglichkeit nicht direkt der Sonne aussetzen.

Bei den biologischen Systemen der Pflanzen erkennen wir, dass diese Aussage stimmt. Denn erhalten in den Hochsommermonaten die biologischen Systeme der Pflanzen keine, sagen wir, Regenerationsphasen, zum Beispiel durch Wolken, die in der Lage. sind, diese hohen Energiequanten zu absorbieren und festzuhalten, dann kann man zusehen, wie die Molekularstrukturen der biologischen Systeme der Pflanzen und Bäume verbrennen und zerstört werden, außer sie haben einen Schutzmechanismus entwickelt, der dies verhindert.

Die hohen Energiequanten besitzen jedoch auch einen wichtigen Nutzeffekt, da sie verantwortlich für die Wolkenbildung sind. In der Atmosphäre ionisieren sie den (H) Wasserstoff, (O) Sauerstoff und (N) Stickstoff sowie andere Moleküle, was zu den Molekularverbindungen führt, die wir als "Wolken" bezeichnen. Ist das Energieaufkommen in den Wolkenschichten sehr groß, dann entsteht eine so hohe Energiedichte - bedingt durch die Ionisations-Energie, die in den Molekularverbindungen der Wolken ununterbrochen Ionisationen und Singulett-Zustände bewirkt -, dass sich in dem Moment, wo ein Schwellpunkt erreicht wird, diese Energie in eine Einheit bindet und als "Blitz" abstrahlt.

Ist eine gewisse Menge dieser hohen Energie abgestrahlt, bindet sich der (H) Wasserstoff mit dem (O) Sauerstoff - ein Ionisations-Vorgang - zu ($H_2O$) Wasser und fällt aufgrund seiner Molekulardichte als Regen zur Erde.

Fassen wir noch einmal zusammen.

Im Gegensatz zur stofflichen Materie existiert in unserem Universum nur eine unveränderliche bestimmte Menge einer Kraft - "Energie" -, die in der Lage ist, in vielfältigen Formen all die Phänomene zu bewirken, die wir wahrnehmen, wenn sie sich in der Trägersubstanz, in den neutralen Neutrinos, manifestiert hat, wodurch die neutralen Neutrinos zu "Elektron-Neutrinos" werden.

Das heißt, das, was wir als Energie bezeichnen, existiert auf zwei Arten:

Einmal als *"nicht strukturgebundene Energie'"* gleich Kraftfelder zwischen den neutralen Neutrinos, aus denen die 97 Prozent Masse besteht, die als sogenannte "verborgene Masse" die Hauptmasse unseres Universums darstellt.

Zum anderen aus *"strukturierten Ur-Teilchen der Materie"*, den neutralen Neutrinos, die, wenn sie zu Trägern von "Freier Energie" geworden sind, zu den Teilchen werden, die der Physiker mit dem Begriff *"Elektron-Neutrinos"* umschreibt.

Wie schon gesagt und von der Astrophysik her bekannt, da mathematisch nachgewiesen, besteht die gesamte Masse, die im Raum unseres Universums existiert, zu 97 Prozent aus neutralen Neutrinos und zu 3 Prozent aus den Atomen der Elemente, die selbst wieder aus neutralen Neutrinos bzw., frequenz- und amplitudenmäßig verändert, aus Quarks bestehen.

Diese 97 Prozent Masse wird, wie schon gesagt, im Fachjargon auch mit dem Begriff "verborgene Masse" bezeichnet.

Im Grundzustand existieren die neutralen Neutrinos im Raum unseres Universums als einzelne Ur-Teilchen gleich neutrale Neutrinos, die miteinander keine Verbindung haben.

Die Zwischenräume zwischen diesen neutralen Neutrinos werden von einer unstrukturierten Kraft ausgefüllt, die letztendlich die Kraft ist, die wir als "Energie" bezeichnen und die wir in vielfältigen Formen als Wirkung wahrnehmen und erkennen können. Dabei muss betont werden, dass diese "Freie Energie" nur existiert, aber in der Form, in der sie existiert, nicht in der Lage ist, etwas zu bewirken.

Erst wenn diese "Freie Energie" in neutrale Neutrinos zusätzlich zu der Bewegungs-Energie eingestrahlt ist und die neutralen Neutrinos frequenz- und amplitudenmäßig verändert, werden diese zu "Elektron-Neutrinos", also zu der "strukturierten Energie", die die Phänomene bewirkt, durch die alles Sein erst existieren kann.

Im Bereich der Chaos-Forschung behauptet man, dass, wenn im Energie-Haushalt unseres Universums ein Schwellpunkt erreicht ist,

*"der Flügelschlag eines Schmetterlings schon ausreicht, eine Naturkatastrophe auszulösen."*

Für jeden normalen Menschen ist diese Aussage abstrakt, da er sich von diesem Vorgang keine gedankenbildliche Vorstellung machen kann.

Der Flügelschlag eines Schmetterlings wird bewirkt durch Energie-Quanten gleich Elektron-Neutrinos, die im biologischen System des Schmetterlings, eingestrahlt bzw. mit der Nahrung zugeführt, existieren.

In dem Moment, wo der Vorgang des Flügelschlags abgelaufen ist, lösen sich nicht etwa die Elektron-Neutrinos, die die Bewegung bewirkt haben, wieder in "Freie Energie" auf, sondern sie werden in die Atmosphäre abgestrahlt.

In die Atmosphäre abgestrahlt, treffen sie auf die "Freie Energie" und bewirken diese dahingehend, dass sie zum Beispiel, wie schon beschrieben, ein neutrales Neutrino auf ein anderes schleudert.

Bei der Kollision eines neutralen Neutrinos mit einem anderen entsteht ein Widerstand für die "Freie Energie", was dazu führt, dass die "Freie Energie" in das neutrale Neutrino eingestrahlt wird und es frequenz- und amplitudenmäßig in ein Elektron-Neutrino umwandelt.

Gleichzeitig bewirken nunmehr die entstandenen Elektron-Neutrinos wieder einen Druck, der sich fortpflanzt, so, dass durch den Flügelschlag eines Schmetterlings "Freie Energie" laufend in "Strukturierte Energie" umgewandelt wird, was zu einer Vergrößerung des Energie-Haushaltes in unserer Atmosphäre führt und Naturkatastrophen bewirken kann.

Wenn ein Flügelschlag also schon an einem gewissen Schwellpunkt ausreichen kann, um eine Naturkatastrophe auszulösen, dann wird es Zeit, einmal darüber nachzudenken, welche Energiedichte wir Menschen mit unserer Technologie im Kubus unserer Erde verursachen.

# IONISATIONS-ENERGIE

Die "Freie Energie" in unserem Universum wird also erst dann zu einer *"Wirkenden Energie"*, wenn sie sich in der Trägersubstanz des neutralen Neutrinos manifestiert, wodurch das neutrale Neutrino zu einem *"Elektron-Neutrino"* (im folgenden E.-Neutrino) wird. Maßgebend dafür, dass ein Elektron-Neutrino nicht als fester Bestandteil in die Elementareinheit eines Atoms integriert werden kann, ist die Frequenz und Amplitude des Elektron-Neutrinos. Durch die Einstrahlung der "Freien Energie" wird die Geschwindigkeit der rotierenden Wellen, in denen sich das Ur-Plasma im E.-Neutrino bewegt, größer als die Geschwindigkeit der rotierenden Wellen einer aus Quarks bestehenden Elementareinheit der Atome der Elemente.

Elektron-Neutrinos ab einer bestimmten Menge, die in eine Elementareinheit eines Atoms einstrahlen, drücken am entgegengesetzten Ende eine bei allen Atomen festliegende Menge an Quarks ("Elektron") aus dem Atom.
In dem Moment, wo die E.-Neutrinos das Atom durchlaufen haben, strahlen sie aus dem Atom aus, und das Elektron, bestehend aus Quarks, wird von dem betroffenen Atom wieder angezogen und in den Bewegungsablauf eingefügt.
Diesen Vorgang bezeichnen die Physiker als "SINGULETT"-Zustand.

Die *Abspaltung eines Elektrons* von einem Atom wird erst dann bewirkt, wenn eine Menge an E.-Neutrinos in das Atom einstrahlt, die in der Lage ist, die Bindungskräfte des Atoms zu überwinden. Da die Größenordnung der Bindungskräfte bei den Atomen aller Elemente verschieden ist, werden verschiedene Mengen von E.-Neutrinos benötigt, um ein Elektron vom Atom abzuspalten.
Die Menge dieser E.-Neutrinos, die für die Abspaltung eines Elektrons benötigt wird, misst man in Elektronen-Volt (eV) und bezeichnet sie als "IONISATIONS-ENERGIE". Wie die Bindungskräfte in den verschiedenen Elementen zustande kommen, wird zu einem späteren Zeitpunkt ausführlich erklärt.
In der folgenden Tabelle haben wir die "IONISATIONS-Energien" sowie die "RESONANZ-Energien" der ersten 20 Elemente aufgeführt.

Unter "RESONANZ-Energie" versteht man die Menge an E.-Neutrinos, die benötigt wird, um einen "SINGULETT -Zustand" zu bewirken. Das heißt, die jeweils angegebene Menge an "Resonanz-Energie" in Form von E.-Neutrinos ist nur in der Lage, die Menge an Quarks, die ein Elektron ausmacht, aus dem Atom herauszudrücken.

Werden weniger E.-Neutrinos als die Menge der Resonanz-Energie eingestrahlt, durchlaufen diese E.-Neutrinos die Elementareinheit des Atoms, ohne dass Quarks aus dem Atom herausgedrückt werden.

Die Energie-Veränderungen, die bewirkt werden, wenn eine Menge an E.-Neutrinos eingestrahlt wird, die unter der Resonanz-Energie liegt, sind trotzdem für alle biologischen Systeme wichtig.

Leider haben wir mit der heutigen Technologie nicht die Möglichkeit, ihren Wirkungsbereich so weitgehend nachzuweisen, dass man die Werte für Diagnose- und Therapieverfahren einsetzen könnte.

Tabelle der IONISATIONS-Energien und
RESONANZ-Energien der ersten 20 Elemente

| Z | Symbol | Element | Resonanz-Energie in eV | Ionisations-Energie in eV |
|---|---|---|---|---|
| 1 | H | Wasserstoff | 10,19 | 13,53 |
| 2 | He | Helium | 21,2 | 24,56 |
| 3 | Li | Lithium | 1,85 | 5,37 |
| 4 | Be | Beryllium | 5,28 | 9,48 |
| 5 | B | Bor | 4,96 | 8,4 |
| 6 | C | Kohlenstoff | 7,48 | 11,25 |
| 7 | N | Stickstoff | 10,3 | 14,54 |
| 8 | O | Sauerstoff | 9,52 | 13,56 |
| 9 | F | Fluor | 12,98 | 18,6 |
| 10 | Ne | Neon | 16,84 | 21,5 |
| 11 | Na | Natrium | 2,1 | 5,14 |
| 12 | Mg | Magnesium | 4,34 | 7,61 |
| 13 | Al | Aluminium | 3,14 | 5,96 |
| 14 | Si | Silicium | 4,92 | 7,39 |
| 15 | P | Phosphor | 6,94 | 10,3 |
| 16 | S | Schwefel | 6,86 | 10,31 |
| 17 | Cl | Chlor | 9,21 | 13,02 |
| 18 | Ar | Argon | 11,53 | 15,69 |
| 19 | K | Kalium | 1,61 | 4,34 |
| 20 | Ca | Calcium | 2,93 | 6,11 |

Werden zum Beispiel in ein (H) Wasserstoff-Atom 13,53 eV Ionisations-Energie eingestrahlt, dann drückt diese Ionisations-

Energie, bestehend aus E.-Neutrinos, 1 Elektron, bestehend aus Quarks, aus der Elementareinheit des (H) Wasserstoffs.

Das Elektron reißt vom (H) Wasserstoff ab und wird zu einem "freien Elektron" (e⁻), das dann zum Beispiel von der Bindungskraft eines ($O_2$) Sauerstoff-Moleküls angezogen und gebunden wird.

Das (H) Wasserstoff-Atom, aus dem das Elektron abgespalten, das also ionisiert wurde, bezeichnet man nach Ablauf des Vorgangs als Wasserstoff-ION und belegt es mit dem Zeichen ($H^+$).

Das Gleiche gilt für alle Atome, bei denen ein Elektron durch die Einstrahlung von Ionisations-Energie abgespaltet wurde.

Dieses ($^+$)-Zeichen bedeutet aber auch, und das ist das Wichtigste an der ganzen Erklärung, dass

*alle IONEN, die dieses ($^+$)-Zeichen besitzen,*

*Träger dieser "strukturierten IONISATIONS-Energie" sind,*

da die Ionisations-Energie, wenn sie das Elektron aus der Elementareinheit des Atoms herausgedrückt hat, selbst wieder aus der Elementareinheit ausstrahlt, aber an dieser Einheit angebunden bleibt.

Aus diesem Grunde sind alle IONEN, die mit dem Zeichen "$^+$" versehen werden, wie z.B. das ($H^+$) Wasserstoff-ION, "Träger von Energie" in dynamisch strukturierter Form.

Das Gleiche gilt für die Elektrolyte ($Na^+$)Natrium, ($K^+$)Kalium, ($Ca^{++}$)Calcium und ($Mg^{++}$)Magnesium.

Bei den Elektrolyten ($Ca^{++}$)Calcium und ($Mg^{++}$)Magnesium, die 2 ($^{++}$)-Zeichen besitzen, bedeutet das, dass aus diesen Atomen 2 Elektronen mittels Ionisations-Energie verschiedener Größenordnung abgestrahlt wurden.

Beim ($Ca^{++}$)Calcium wurden für die Abspaltung des ersten Elektrons 6,11 eV Ionisations-Energie aufgewandt und für die Abspaltung des zweiten Elektrons 11,88 eV Ionisations-Energie. Das heißt, das ($Ca^{++}$)Calcium-ION ist somit Träger einer Gesamt-Ionisations-Energie von 17,99 eV.

Beim ($Mg^{++}$) Magnesium wurden für das erste Elektron 7,61 eV und für das zweite Elektron 14,98 eV Ionisations-Energie aufgewendet. Es besitzt somit eine Gesamt-Ionisations-Energie von 22,59 eV.

Die freien Elektronen, die bei einem Ionisations-Vorgang abgespaltet wurden, werden durch die Bindungskräfte eines neutralen Atoms angezogen und von diesem an einer ihrer Elementareinheiten angebunden. In dem Moment, wo die Bindung stattgefunden hat, wird das neutrale Atom zu einem ION, das mit dem (ˉ)-Zeichen versehen wird.

*Das Wichtigste dabei ist, dass dieses sogenannte negativ (ˉ) geladene ION <u>nicht</u> "Träger von Energie" ist, sondern nur, von der Masse her gesehen, zusätzliche "Materie", bestehend aus einer bestimmten Menge an Quarks gleich Elektron, besitzt.*

Die "Freien Elektronen", also Materie, werden nur von bestimmten Atomen, gleich aus welchen Elementen sie stammen, durch ihre Anziehungskräfte gleich Bindungskräfte angezogen und an bestimmte Elementareinheiten dieser Atome angebunden.
Diese, sagen wir, "Träger-Atome" von freien Elektronen sind zum Beispiel, wie bis heute bekannt, im biologischen System des Menschen NUR die Atome der Elemente (O) Sauerstoff und (Cl) Chlor.

Fassen wir das Gesagte noch einmal zusammen, da das genaue Erkennen dieses Vorganges für die nachfolgende Erklärung wichtig ist.
Bestimmte festliegende Mengen an Ionisations-Energien, bestehend aus strukturierten E.-Neutrinos, bewirken, wenn sie in Elementareinheiten von Atomen eingestrahlt werden, die Abspaltung einer bestimmten Menge an Quarks, aus denen die Atome bestehen.
Die Menge an Quarks (Materie), die abgespaltet wird, ist bei allen Atomen eine feste Größe, die man mit dem Term "Elektron" bezeichnet.
Die aufgewendete Ionisations-Energie ist dagegen bei allen Atomen unterschiedlich und wird bestimmt durch die Bindungskräfte, durch die die Elementareinheiten, aus denen die Atome bestehen, miteinander verbunden sind.

Wichtig dabei ist, dass die Ionisations-Energie, die ein Elektron aus der Elementareinheit eines Atoms abgespaltet hat, zum Bestandteil dieses Atoms wird.
Sie befindet sich jedoch nicht IN der Elementareinheit eines Atoms, sondern wird aus der Einheit ausgestrahlt und bleibt AN dieser Einheit angebunden.

Das liegt daran, dass durch die hohe Frequenz und Amplitude gleich hohe Geschwindigkeit, in der sich das Ur-Plasma im E.-Neutrino in rotierenden Wellen bewegt, sich diese miteinander verbundene strukturierte Energie nicht in die rotierenden Wellen der Elementareinheiten der Atome einfügen kann.

Bemerkt werden sollte noch, dass ein (H$^+$), also ein sogenanntes positiv ($^+$) geladenes Wasserstoff-ION, das fälschlicherweise als "Proton" bezeichnet wird, kein Proton ist, sondern ein (H) Wasserstoff-Rest-Atom, bei dem eine bestimmte Menge an Masse gleiche Materie gleich Elektron fehlt, das aber dafür zum *"Energie-tragenden Atom bzw. ION"* geworden ist.

Das heißt, es besitzt eine bestimmte Menge an E.-Neutrinos gleich Ionisations-Energie, die in dem Moment frei wird, wo ein freies (H) Wasserstoff-Elektron oder ein (O$^-$) Sauerstoff-Elektron wieder in das Atom einstrahlt.

Maßgebend dabei ist immer, dass ein freies Elektron von einem positiv ($^+$) geladenen ION nur dann aufgenommen werden kann, wenn es dieselbe Frequenz und Amplitude wie das ION besitzt.

Die einzige Ausnahme in dieser Regel liegt beim (H) Wasserstoff und (O) Sauerstoff vor, da die Elementareinheiten beider Atome dieser Elemente gleiche Strukturen besitzen.

Wie diese Strukturen aussehen, darauf kommen wir im Folgenden noch zurück.

Diese von uns gefundene nachweisbare Tatsache ist eine der Erkenntnisse, die von der etablierten Wissenschaft falsch interpretiert wird.

Es ist vor allem einer der Gründe dafür, dass speziell in den Bereichen der chronischen Krankheiten sowie bei KREBS, Herzinfarkt usw. die Forschung stagniert.

Verdeutlichen wir dies einmal an einem Beispiel:
Wird ein freies Elektron, das an einem (Cl) Chlor-Atom anhängt, wodurch das Chlor-Atom zu einem (Cl$^-$)-ION geworden ist, von einem "Energie-tragenden" (K$^+$)Kalium-ION übernommen, so kann dieses vom (K$^+$)-ION nur dann aufgenommen und integriert werden, wenn das Elektron einem Atom des Elements (K) Kalium entstammt.

Ist dies nicht der Fall, so kann es zwar aufgenommen werden, sich aber aus zwei Gründen nicht in das ($K^+$)-ION integrieren, sondern es wird sofort wieder abgestoßen, es bewirkt also nur einen "Singulett-Zustand", und das ($K^+$)-ION übernimmt wieder die freie Energie.

Der 1. Grund dafür, dass das Elektron nicht integriert werden kann, ist der, dass die Frequenz und Amplitude des Elektrons nicht übereinstimmt mit der Frequenz und Amplitude des Atoms des Elementes, von dem es aufgenommen und integriert werden soll.

Der 2. Grund ist der wichtigere, denn wenn beispielsweise ein ($H^+$) Wasserstoff-Elektron, das mit einer Ionisations-Energie von 13,53 eV aus einem (H) Wasserstoff-Atom abgespalten wurde, von dem Elektrolyt ($K^+$) Kalium-ION integriert werden könnte, das nur 4,34 eV Ionisations-Energie besitzt, die dessen Elektron abgespalten hat, dann würde das bedeuten, dass eine Ordnung im Energie-Haushalt der Elemente nicht mehr gewährleistet ist.

Entstammt zum Beispiel das freie Elektron, das am ($Cl^-$)Chlor-ION angebunden ist, einem Atom des Elements (Na) Natrium, so kann es nur von einem ($Na^+$) Natrium-Elektrolyt aufgenommen und festgehalten werden.

Wird also bei der Erstellung eines Parameters ($Na^+$) Natrium-Mangel festgestellt, so muss ein Faktor existieren, der bewirkt hat, dass z.B. ($Na^-$) Natrium-Elektronen, die vom (O) Sauerstoff und (Cl) Chlor als freie Elektronen festgehalten und transportiert werden, vom ($Na^+$)Natrium aufgenommen wurden.

Bringt man in vitro, also im Reagenzglas, die Elektrolyte ($Na^+$) und ($Cl^-$) zusammen, so entsteht nach einer gewissen Zeit das Molekül (NaCl) Natrium-Chlorid.

Dies ist ein natürlicher Vorgang, der bedeutet, dass das ($Cl^-$) Chlor in der freien Natur der Träger der durch kosmische Energie abgespalteten Elektronen des ($Na^+$)Natriums ist.

Bei der Aufnahme des Elektrons durch das ($Na^+$)wird die am ($Na^+$) hängende Ionisations-Energie von 5,14 eV frei und strahlt in die Atmosphäre ab, so dass nach Ablauf des Vorgangs, wie schon gesagt, als Endprodukt eine (NaCl) Natrium-Chlor-Verbindung übrigbleibt.

Läuft dieser Vorgang im biologischen System des Menschen ab, so strahlt die freiwerdende Ionisations-Energie in der Größe von 5,14 eV in die Nervenendfasern ein und wird über das Nervensystem in die Schaltzentrale, also in das Gehirn, transportiert. Im Gehirn wirken die ankommenden Energiequanten als Information dahingehend, dass sie von da aus über die Nervenbahnen in einen Körperbereich transportiert werden, in dem (Na) Natrium-Atome vorhanden sind. Die wiederum von den Nervenendfasern in die extrazelluläre Gewebeflüssigkeit abgestrahlte Ionisations-Energie in der Größe von 5,14 eV ionisiert nunmehr in diesem Bereich ein (Na)-Atom in der Form, dass ein Elektrolyt $(Na^+)$ sowie ein freies Elektron entsteht, dass sich entweder an ein (Cl) Chlor-Atom, wenn vorhanden, oder an ein (O) Sauerstoff-Atom bindet.

Das (O) Sauerstoff-Atom, das nach der Ionisation das Elektron bindet, ist ein Sauerstoff-Atom, das Bestandteil der Proteoglykane (Mukopolysaccharide) oder der Glykosaminoglykane, der Bestandteile der extrazellulären Gewebeflüssigkeit, also der Grundsubstanz des Grundsystems, ist. Innerhalb des Grundsystems führt dieser Ablauf dann zu einem Ausgleich des (Na) Natrium-Haushaltes, da überschüssige $(Na^+)$-IONEN in die Bereiche abgegeben werden, in denen ein Mangel an $(Na^+)$Natrium besteht.

Dieser körpereigene Regulations-Vorgang ist einer der Vorgänge, die die sogenannte "Selbst-Heilung" bewirken.

An dieser Stelle sei vorgreifend schon bemerkt, dass unser Nervensystem in Verbindung mit dem Hirn, das als Organisations-Zentrum wirkt, das System ist, das auch verantwortlich ist für die Energie-Speicherung und den Energie-Transport der strukturierten biologischen Energie, die laufend von außerhalb (sogenannte kosmische Strahlungen) als Energiequanten in unseren physischen Körper einstrahlt. Das Gehirn selbst ist nicht, wie fälschlicherweise angenommen, der Wissensspeicher, sondern nur die Schaltzentrale des biologischen Systems des Menschen, wie wir es im folgenden noch beweisführend erklären werden.

Der Wissensspeicher des Menschen befindet sich mit in dem System, das heute noch - nicht transparent - als "Seele" bezeichnet wird, aber in der realen Wirklichkeit eine "natürliche materielle Seele" ist, die als Gerüst für den physischen Körper eines jeden biologischen Systems und darüber hinaus auch als Gerüst für jede Form real existiert.

Alle aus der Außenwelt in unseren physischen Körper eingestrahlten Energiequanten gelangen zuerst in die extrazelluläre Gewebeflüssigkeit und werden da von Nervenfaserenden in das Nervensystem eingespeist.

Im Nervensystem werden sie über die Schaltzentrale Gehirn benutzt, um Energiegrößen zu liefern, die zur Ionisation und zur Funktion bzw. Regulation der Funktionsabläufe innerhalb des biologischen Systems benötigt werden.

Das bedeutet, die Informationen, die autonom ablaufen, also nicht bewusst vom Gehirn gesteuert werden, sind keine Botschaften, sondern Energiequanten verschiedener Größenordnungen, die im Feedback in die extrazelluläre Gewebeflüssigkeit einstrahlen oder von den Endfasern des Nervensystems aus der extrazellulären Gewebeflüssigkeit aufgenommen werden.

Für den ordnungsgemäßen Ablauf im Energie-Haushalt des Körpers ist, wie schon gesagt, die Schaltzentrale Gehirn verantwortlich.

Wichtig ist, und auch darüber werden wir im nachfolgenden noch berichten, dass das sogenannte "autonome System" auch bewusst gesteuert werden kann.

In unzähligen Experimenten haben wir nachgewiesen, dass man z.B. den Bestand der Leukozyten, eine bestimmte Verbindung von Molekularstrukturen, bestehend aus den Atomen der Elemente, mittels der Gedanken-Kraft beeinflussen kann.

Aber gehen wir erst einmal zurück zu der biologischen Energie, die verantwortlich ist für das Phänomen "Leben" des physischen Körpers des Menschen.

Unsere Erkenntnis gipfelt in der Behauptung, dass der Stoff, aus dem sich die Elemente der Materie aufgebaut haben - wir bezeichnen ihn als Ur-Plasma -, nur etwas bewirken kann, wenn er in einer "dynamisch strukturierten Form" existiert.

Das heißt, dass er einmal nach bestimmten gesetzmäßigen Bewegungsabläufen, durch eine Kraft in Bewegung gesetzt, sich selbst so bewirkt, dass eine dynamisch strukturierte Form entsteht, die in der Lage ist, gleichgeartete Teilchen zu binden.

*Die einzige Form, in der ein gesetzmäßiger Bewegungsablauf eine unstrukturierte Masse in Bewegung hält und sich selbst bewirkt, ist die Form zweier kubischer Pyramiden, die an der Spitze miteinander verbunden sind.*

Im Grunde genommen kann man diese Behauptung als Gesetz umschreiben, da eine unstrukturierte Masse, z.B. der Ur-Stoff der Materie, durch den alles Sein bewirkt wird, nicht in der Lage ist, beispielsweise die Struktur der Atome der Elemente zu bilden.

Das Gleiche gilt für die Kraft, die wir mit dem Oberbegriff "Energie" umschreiben, durch die auf vielfältige Arten Phänomene bewirkt werden, die unser Sein bestimmen.

*Auch diese Kraft gleich Energie kann nur in einer dynamisch strukturierten Form wirken.*

In der folgenden Grafik haben wir noch einmal die von uns gefundene dynamisch strukturierte Form, in der das Ur-Plasma nur etwas bewirken kann, dargestellt.

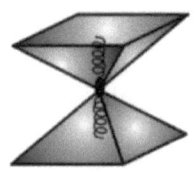 

Strukturiertes Ur-Teilchen
des Ur-Plasmas

Statische Struktur     Dynamische Struktur

Dieses aus Ur-Plasma bestehende sich in der Form dynamisch selbst bewirkende Ur-Teilchen, das wir als "neutrales Neutrino" bezeichnen, ist das Teilchen, aus dem sich die Materie aufbaut und das die "Freie unstrukturierte Energie" als Trägersubstanz benutzt, wodurch diese Energie erst zu einer "wirkungsfähigen Energie" wird.

Inwieweit das Ur-Plasma in sich selbst wiederum Strukturen aufweist, wollen wir hier vernachlässigen, auch wenn dadurch die Möglichkeit besteht, die Behauptung aufzustellen, dass letztendlich das Ur-Plasma in sich selbst aus einem Stoff besteht, den man als "Energie" bzw. "Geist" bezeichnen kann.

Wir wissen zwar, dass auch das Ur-Plasma in sich wiederum die gleiche strukturierte Form besitzt wie das Ur-Teilchen selbst, aber für die Vorgänge und Abläufe, die in diesem Buch erklärt werden sollen, reicht es aus, wenn wir von den Ur-Teilchen, den sogenannten "neutralen Neutrinos" ausgehen.

Mit diesem Denkmodell, das nicht von uns selbst erdacht wurde, sondern dessen Grundlagen Unterlagen entnommen wurden, die

Tausende von Jahren alt sind, soll der logische menschliche Verstand angesprochen werden.

Das beinhaltet auch die Grenze der Denkbarkeit, auf der jedes Denkmodell aufbaut, denn es bringt uns nicht weiter, wenn wir zum Beispiel behaupten - was richtig wäre -, dass das Ur-Plasma in sich selbst die gleiche Struktur aufweist und diese Struktur wiederum eine Struktur usw..

Akzeptieren Sie einfach vorab einmal, dass sich das Ur-Plasma in der in der Grafik dargestellten Form bewegt und es durch die gesetzmäßigen Bewegungsabläufe, in denen sich das Ur-Plasma befindet, diese dynamisch strukturierte Form bewirkt.

Die Ur-Teilchen, die am Anfang der Zeit entstanden sind - der Physiker bzw. Hochenergie-Physiker bezeichnet sie als "Neutrinos" - wir bezeichnen sie als "neutrale Neutrinos" -, sind, und das wollen wir im nachfolgenden beweisführend belegen, die Ur-Teilchen, IN denen und DURCH die alles Sein auf der geistigen und materiellen Ebene bewirkt wird.

In der Astro-Physik, in der man versucht, Beweis zu führen, wie unser Universum entstanden ist, wurde theoretisch und experimentell nachgewiesen, dass das Gas - also die gasförmigen Atome und Moleküle - in unserem Universum überwiegend aus (H) Wasserstoff besteht. Außerdem ist bekannt, und die wissenschaftlichen mathematischen Ergebnisse sind zwingend, dass auch außerhalb, also nicht nur innerhalb der Galaxienhaufen eine Masse existiert, die als "verborgene Masse" bezeichnet wird. Bekannt ist auch, dass die Schwerkraft der Neutrinos für die heutige Expansion des sich in Bewegung befindenden Universums verantwortlich ist.

Wobei wir an dieser Stelle schon betonen möchten, dass die Schwerkraft der Neutrinos nicht existiert, sondern dass sich die neutralen Neutrinos im Universum in einem gesetzmäßigen Bewegungsablauf bewegen, der verantwortlich ist für die Phänomene, die wir als "Gravitation" sowie "Schwerkraft" bezeichnen.

Die gewöhnliche Masse der Materie, also die Elemente, macht nur 3 Prozent der gesamten Masse unseres Universums aus.

Die restlichen 97 Prozent bestehen aus neutralen Neutrinos.

Es ist also nur normal, wenn die Wissenschaft sagt, dass unser

Universum hauptsächlich aus Neutrinos besteht.
Die Expansion unseres Universums, das sich nachweislich in Bewegung befindet, wird somit nicht durch die Schwerkraft der Neutrinos bewirkt, sondern durch den gesetzmäßigen Bewegungsablauf, in dem sich die gesamte Masse gleich Materie sowie die Kraft der freien und strukturierten Energie bewegt.

## Das Atom

Das 1. Element, das sich im Laufe der Evolution unseres Universums gebildet hat, ist, wie allgemein bekannt, das gasförmige Element (H) Wasserstoff.

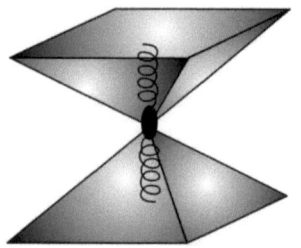

Dieses Atom, im Periodensystem der Elemente das 1. Element, besitzt, wie wir in der "Einheitlichen Theorie" beweisen werden, genau die gleiche Struktur wie das Ur-Teilchen der Materie, das neutrale Neutrino.

(H) Wasserstoff-Atom

Das (H) Wasserstoff-Atom besteht aus nichts anderem als aus neutralen Neutrinos, die sich in dem gleichen gesetzmäßigen Bewegungsablauf befinden wie das Ur-Plasma im Ur-Teilchen selbst.
Verantwortlich für die Phänomene, die heute von der Physik als Elementarteilchen klassifiziert und mit den Begriffen "Elektron" und "Proton" umschrieben werden, sind keine Teilchen im herkömmlichen Sinn, sondern sie werden wie folgt bewirkt.
Das "Proton" ist eine Zusammenballung von Quarks gleich einer rotierenden Welle in den beiden Spitzen der dynamisch strukturierten Form der 2 Pyramiden, die als Elementareinheit zusammenwirken. Diese Welle entsteht durch die jeweils gegenseitig rotierenden Wellen, bestehend aus Quarks, die durch den gesetzmäßigen Bewegungsablauf aus den Diagonalen in die Spitze eingestrahlt werden.

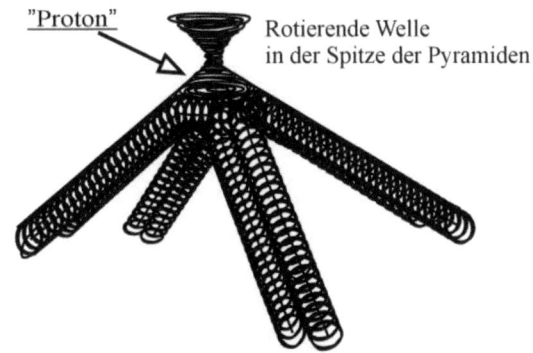

"Proton"

Rotierende Welle
in der Spitze der Pyramiden

Die "Elektronen", die angeblich für die Bindungskräfte der Atome verantwortlich sein sollen, sind innerhalb des Atoms nicht existent, sondern das Phänomen der Bindung zwischen Atomen zu Molekülen wird durch die Kraft des Soges bewirkt, der durch die rotierenden Wellen entsteht, die sich gegenseitig bewirken und an den 8 Ecken Bindungskräfte erzeugen.

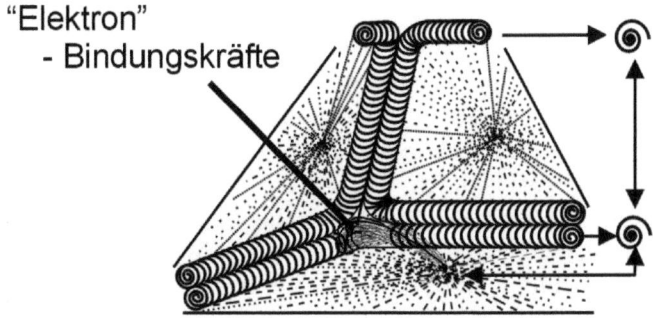

"Elektron"
- Bindungskräfte

Die "freien Elektronen", die effektiv existieren, sind Ur-Teilchen, die aus dem Bewegungsablauf der Atome durch strukturierte Energie herausgedrückt werden und sich außerhalb in die gleiche Form einschwingen, wie sie das neutrale Neutrino und das Atom des (H) Wasserstoffs besitzen.

Diese Elektronen können von bestimmten Atomen bestimmter Elemente wie z.B. (O) Sauerstoff durch Sogwirkung angezogen und gebunden werden.

In der folgenden Grafik ist dies gedankenbildlich nachvollziehbar dargestellt.

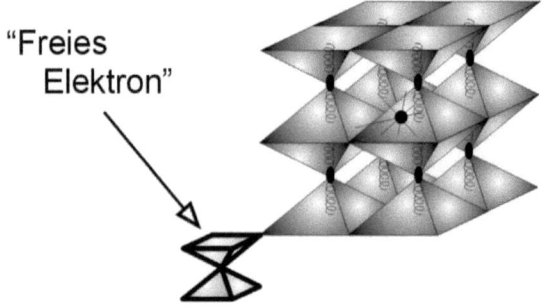

"Freies Elektron"

Das neutrale Neutrino, das aus Ur-Plasma besteht, entsteht, wie schon kurz erklärt, in seiner dynamisch strukturierten Form durch bestimmte gesetzmäßige Bewegungsabläufe, in denen das Ur-Plasma in sich gegenseitig bewirkende rotierende Wellen versetzt wird. Diese rotierenden Wellen besitzen in allen neutralen Neutrinos gleiche Frequenz und Amplitude.

Die am Anfang der Zeit in das bewegungslose Ur-Plasma eingestrahlte Kraft, die das Ur-Plasma in den gesetzmäßigen Bewegungsablauf gebracht hat und in ihm hält, ist die Energie, die man im Bereich der Physik als "Ruhe-Energie" der Atome bezeichnet.

Eine zweite Kraft, die nach der Entstehung der neutralen Neutrinos in unser Universum einstrahlte, bewirkte die Entstehung des gasförmigen Elements (H) Wasserstoff dadurch, dass sie eine bestimmte Menge an neutralen Neutrinos in den gleichen Bewegungsablauf versetzte wie das Ur-Plasma in den neutralen Neutrinos. Das (H) Wasserstoff-Atom besitzt also, bedingt durch die gleichen gesetzmäßigen Bewegungsabläufe, die gleiche dynamische Struktur wie das neutrale Neutrino.

Die neutralen Neutrinos, aus denen sich das (H) Wasserstoff-Atom aufgrund des gesetzmäßigen Bewegungsablaufes (rotierende Wellen) strukturmäßig aufbaut, schwingen sich ein in die Frequenz und Amplitude der rotierenden Wellen des Elements, wodurch sie zu Quarks werden und sich, zu diesem Element gehörend, klassifizieren.

Das heißt, die Ur-Teilchen, die neutralen Neutrinos, aus denen das (H) Wasserstoff-Atom besteht und die von der Hochenergie-Physik als "Quarks = Ur-Teilchen der Materie" bezeichnet werden, tragen nunmehr selbst die Frequenz und Amplitude des (H) Wasserstoffs.

Das bedeutet einmal, dass jedes Element eine ihm eigene Frequenz und Amplitude besitzt, und zum anderen, dass die neutralen Neutrinos, in Zukunft als "Quarks" bezeichnet, wenn sie in einem Element integriert sind, nach der Integration die gleiche Frequenz und Amplitude wie das Element selbst besitzen.

Diese Erkenntnis gibt uns die Möglichkeit, z.b. im medizinischen Bereich Therapien wie Homöopathie, Farb-Frequenz-Therapie, Bach-Blüten-Therapie sowie viele andere Therapien, die als "Außenseiter"-Medizin abqualifiziert werden, verstandesmäßig nachzuvollziehen und zu verstehen.

Die Ur-Teilchen gleich neutralen Neutrinos, die sich also in die Frequenz und Amplitude eines Elements eingeschwungen haben und zum Bestandteil dieses Elements wurden, sind somit nicht mehr die neutralen Neutrinos, die die "verborgene Masse" unseres Universums ausmachen, sondern sie sind begrifflich zu den Teilchen geworden, die der Hochenergie-Physiker als "Quarks" bezeichnet. Das bedeutet, in dem Moment, wo ein neutrales Neutrino in einem Element = Atom integriert ist, wurde es zum "Quark".

Dies bedeutet aber auch, da alle Atome der Elemente nur aus Quarks bestehen, dass die sogenannten "subatomaren" Teilchen, die z.B. im Teilchenbeschleuniger experimentell als Bestandteil der Atome gefunden wurden, nichts anderes sind als Verbindungen bestimmter Mengen von Quarks.

Grundsätzlich existieren in unserem Universum nur 3 verschiedene Arten von Ur-Teilchen.

1.  Das Haupt-Teilchen ist das "**Neutrale Neutrino**", IN dem und DURCH das alles Sein in der geistigen und materiellen Ebene erst entstehen konnte.

2.  Das 2. Teilchen, das ursächlich jedoch auch ein neutrales Neutrino war, ist das "**Quark**", das dadurch zum Quark, also zum "**Ur-Teilchen der Materie**" wurde, da es innerhalb des Atoms, *frequenz- und amplitudenmäßig verändert*, als Bestandteil einer größeren Elementareinheit bewirkt wird und Wirkung bewirkt.

3.  Das 3. Teilchen, das wiederum ursächlich ein neutrales Neutrino war, ist das Teilchen, das letztendlich dafür verantwortlich ist, dass Atome zu größeren Molekülen und

Moleküle zu gestalteten Formen verbunden werden können.

## - Das "Elektron-Neutrino".

Das E.-Neutrino entsteht dann, wenn neutrale Neutrinos, bewirkt durch Kraft in Form von Druck, aufeinander geschleudert werden, wobei bei dieser Kollision "freie Energie" in die neutralen Neutrinos einstrahlt, wodurch die freie Energie zur *"strukturierten Energie"* wird und die neutralen Neutrinos zu *"Trägern der freien Energie"* werden.

Die in die neutralen Neutrinos eingestrahlte Energie bewirkt eine Frequenz- und Amplitudenveränderung des Ur-Plasmas, das als gegenseitig rotierende Wellen die Struktur des Ur-Teilchens bewirkt.

Das heißt, das Ur-Plasma wird durch die zusätzlich eingestrahlte freie Energie in einen so schnellen Bewegungsablauf gebracht, dass sich die Frequenz und Amplitude verändert.

Gleichzeitig bedeutet das, dass diese Frequenz und Amplitude gleich hohe Geschwindigkeit verhindert, dass E.-Neutrinos mit Quarks, den Ur-Teilchen der Materie, eine Verbindung eingehen oder sich in die Frequenz und Amplitude des Atoms eines Elementes einschwingen.

Werden also E.-Neutrinos = strukturierte Energie - in der Physik wird dieser Vorgang, wie gesagt, als "Ionisation" bezeichnet - in die Elementareinheit eines Atoms eingestrahlt, so drücken diese Elektron-Neutrinos gleich "IONISATIONS-Energie" Quarks aus dem Atom, da eine Elementareinheit eines Atoms immer nur eine ganz bestimmte Menge an Teilchen besitzen kann. Da sie sich nicht in die Frequenz und Amplitude der Elementareinheit des Atoms einschwingen können, werden die E.-Neutrino's gleich Ionisations-Energie auch wieder aus der Elementareinheit des Atoms ausgestrahlt.

Alle freien Elektronen, gleich von welcher Elementareinheit eines Atoms eines Elementes sie abgespaltet werden, bestehen aus der gleichen Menge an Quarks. Es kann also z.B. ein halbes Elektron, eine halbe Menge an Quarks, nicht von einem Atom abgespaltet, sondern immer nur eine genau festliegende Menge an Quarks, die als Einheit mit dem Begriff "Elektron" umschrieben wird, aus dem Atom herausgedrückt werden.

Wie Sie in der Grafik "IONISATIONS-Energien der ersten 20 Elemente" sehen konnten, benötigt jedes Element, um ein Elektron abzuspalten, eine verschiedene Menge an Ionisations-Energie. Das bedeutet grundsätzlich, dass die Menge der Elektron-Neutrinos gleich Ionisations-Energie diesen Vorgang nicht proportional zur Menge des Elektrons, bestehend aus Quarks, bewirkt.

Maßgebend für die Menge an Ionisations-Energie, die aufgewendet werden muss, um ein freies Elektron, also eine bestimmte Menge an Quarks, abzuspalten, ist die *Bindungskraft,* die die Elementareinheiten, aus denen die Atome bestehen, zusammenhält.

Dieser Vorgang - Bindungskraft usw. - wird noch genau erläutert.

Elektron-Neutrinos, bei denen eine zusätzliche Kraft gleich freie Energie die Frequenz und Amplitude verändert hat, können also

a)     mit neutralen Neutrinos sowie Quarks, Ur-Teilchen der Materie, keine Verbindung eingehen und besitzen

b)     durch ihre Frequenz und Amplitude eine so hohe Kraft gleich Energie, dass sie in der Lage sind, neutrale Neutrinos und Quarks von ihrem Standort zu verdrängen sowie diese durch ihren Druck gleich Kraft in Bewegung zu versetzen und zu transponieren.

Fassen wir erneut zusammen.

1.     Alles Sein existiert DURCH und IN einem dynamisch strukturierten Teilchen, das aus strukturiertem Ur-Plasma besteht.

2.     Materie und Energie bestehen aus. demselben Ur-Stoff, besitzen aber aufgrund ihrer verschiedenen Frequenz und Amplitude nicht die Möglichkeit, Verbindungen einzugehen.

3.     Dieser Unterschied ermöglicht erst die Entstehung von Strukturen und Formen innerhalb unseres Seins, da die freie Energie, manifestiert als Kraft in neutralen Neutrinos, erst die Möglichkeit für die reine Materie (Atome und Moleküle) schafft, Verbindungen einzugehen, aufzulösen und umzugestalten.

Dass dies der Realität entspricht, ist Grundlagenwissen der Physik.
Es ist hinreichend bekannt, dass man, um ein neutrales Molekül

aufzuspalten und zu verändern, eine Energie benötigt, die von der Physik als "IONISATIONS-Energie" bezeichnet wird.

Im physischen Körper des Menschen sowie in allen anderen biologischen Systemen werden ununterbrochen - dadurch zeigt sich das "Lebendige" - Moleküle aufgespalten und umgestaltet.

*Das bedeutet, dass sich ohne Energie ein physisches biologisches System nicht aufbauen und nicht existieren kann.*

Wie wissenschaftlich nachgewiesen und vorab von uns schon erklärt, benötigt jedes Element eine verschieden große Menge an Ionisations-Energie, um ein Elektron, also eine bestimmte Materie-Einheit, bestehend aus Quarks, von einem Atom abzuspalten. Damit Sie auch gedankenbildlich unseren Ausführungen genau folgen können, soll in Folge an einem Beispiel, mit Grafiken versehen, der Ionisations-Vorgang kurz so dargestellt werden, wie er effektiv abläuft.

Ein Vorgang, der als Phänomen bekannt ist, aber als abstrakt gelten muss, da man ihn gedankenbildlich nicht nachvollziehen konnte, weil einmal die STRUKTUR der IONISATIONS-Energie nicht bekannt war und man zum anderen nicht erklären konnte, WIE und WO sich die Ionisations-Energie in einem Atom aufhält, wenn sie einen Ionisations-Vorgang bewirkt, also ein Elektron abgespaltet hat.

Für unser Beispiel nehmen wir die fundamentellste Energiegröße von Ionisations-Energie, die im lebendigen biologischen System des Menschen die maximale Größe darstellt.

*Jede größere Einheit an Ionisations-Energie verursacht eine Schädigung im physischen Körper des Menschen.*

Dies ist die Ionisations-Energie von 13,56 eV (Elektronen-Volt), die benötigt wird, um von einem (O) Sauerstoff-Atom ein Elektron abzuspalten.

Für das Beispiel benutzen wir zuerst einmal die heute gültige Modellvorstellung des Aufbaus der Atome, bei der im Mittelpunkt der Atome die Protonen und Neutronen, also der Kern, das Nukleon, gesehen werden.

Die Elektronen bewegen sich nach diesem Denkmodell in Schalen um diesen Kern. Nach dem Stand der Wissenschaft besitzt das neutrale (O) Sauerstoff- Atom (Grafik) 8 Elektronen, 8 Protonen und 8 Neutronen.

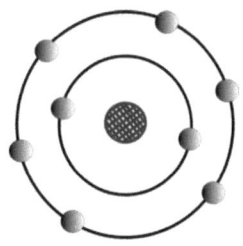

Sauerstoff-Atom

Werden in dieses Atom 13,56 eV Ionisations-Energie eingestrahlt, so wird nach der heute gültigen Meinung aus der äußersten Schale des Atoms eine bestimmte Menge der Masse, die als Elektron bezeichnet wird, aus dem Atom herausgestrahlt.

Bemerkt sei dabei noch einmal, dass die Masse des Elektrons eine feste Größe ist. Gleich welche Menge an Ionisations-Energie aufgewendet werden muss, um ein Elektron abzuspalten, die Masse, aus der ein Elektron besteht, ist immer gleich.

Die Ionisations-Energie steht nicht proportional zur Masse, sondern die jeweilige Menge der Ionisations-Energie, die gebraucht wird, um ein Elektron aus einem Atom abzuspalten, wird, wie schon gesagt, bestimmt durch die Bindungskräfte, die die Energieeinheiten binden.

Das heißt also, um eine bestimmte Menge an Masse des Atoms (Elektron) abzuspalten, benötigen die Atome der verschiedenen Elemente, bedingt durch ihre *Bindungskräfte,* verschiedene Mengen an Ionisations-Energie.

Wird z.B., wie Sie aus der folgenden Grafik entnehmen können, 13,56 eV Freie Ionisations-Energie in ein neutrales (O) Sauerstoff-Atom eingestrahlt, so wird 1 Elektron vom Atom abgespalten.

Wie an den Grafiken erkennbar, wird dieses Elektron von einem zweiten (O) Sauerstoff-Atom aufgenommen und durch die Bindungskräfte festgehalten.

An dieser Stelle muss betont werden, dass das freigewordene Elektron des (O) Sauerstoffs nur vom (H) Wasserstoff-Atom fest gebunden werden kann.

Andere Atome wie zum Beispiel das dreiwertige ($Fe^{+++}$)Eisen-Atom sowie das ($Cu^{++}$) Kupfer-Atom sind nur in der Lage, Elektronen in der Form zu binden, dass sie zwar das Elektron aufnehmen, es aber nicht von dem tragenden Atom bzw. Molekül abspalten.

*Bei diesem Vorgang wird auch keine Ionisations-Energie freigesetzt.*

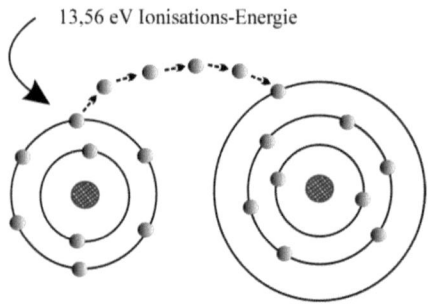

13,56 eV Ionisations-Energie

IONISATIONS- Vorgang

In dem Moment, wo dieser Vorgang, den man als IONISATION bezeichnet, abgelaufen ist, wird das (O) Sauerstoff-Atom bzw. jedes Atom, bei dem die Elektronen-Masse abgespalten wurde, nicht mehr als Atom bezeichnet, sondern es trägt nach diesem Vorgang den Namen "ION" bzw. "positiv (⁺) geladenes ION", da die Masse der Protonen in diesem Zustand größer ist als die Masse der Elektronen in dem Atom und die sogenannte Neutralität aufgehoben wurde.

Das Gleiche gilt für das Atom, das das freie Elektron an sich gebunden hat. Dieses Atom wird nach Ablauf des Vorganges als "negativ (⁻) geladenes ION" bezeichnet, denn auch dieses Atom hat seine Neutralität verloren und besitzt durch die Masse des Elektrons eine höhere Negativität gleich negative (⁻) Ladung gegenüber den im Kern befindlichen positiv (⁺) geladenen Protonen.

(O⁺) positiv geladenes Sauerstoff-ION

Positiv geladenes (O⁺) Sauerstoff-ION, bei dem ein Elektron fehlt, das jedoch jetzt im Besitz der Ionisations-Energie von 13,56 eV ist, die das Elektron (gleich Masse) aus dem Atom verdrängt hat.

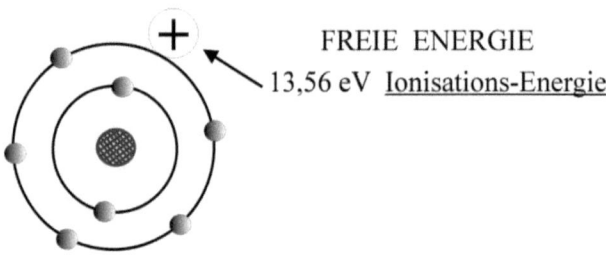

FREIE ENERGIE
13,56 eV Ionisations-Energie

## (O⁻) negativ geladenes Sauerstoff-ION

Negativ geladenes (O⁻) Sauerstoff-ION, das eine zusätzliche
Masse an Materie gleich Elektron besitzt.

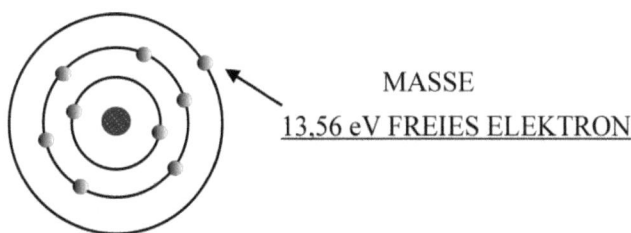

MASSE

13,56 eV FREIES ELEKTRON

Treffen beide (O) Sauerstoff-IONEN. aufeinander, dann wird das
Elektron des negativen (O⁻) IONS vom positiven (O⁺) ION angezogen,
da im positiven (O⁺) ION Masse gleich Elektron fehlt, und das negativ
(⁻) geladene ION strahlt sein zusätzliches Elektron wieder in das
positiv (⁺) geladene ION ein.
Es entsteht ein neutrales (O₂) Sauerstoff-Molekül PLUS – und das ist
das, was im lebendigen System des physischen Körpers des Menschen
das "Lebendige" bewirkt - 13,56 eV Ionisations-Energie, da die
eingestrahlte Menge an Ionisations-Energie ohne Verlust wieder
freigegeben wird.
Das Handicap bei der Beschreibung dieses real existierenden Vorgangs
ist das Nicht-Wissen

-       *einmal, welche strukturierte Form die
        Ionisations-Energie aufweist,*
-       *und zum anderen, wo sie sich im Atom befindet
        und aufhält.*

Auf der Grundlage unseres neuen Atommodells wird dieser Vorgang
absolut verstandesmäßig nachvollziehbar transparent.

---

Das Geheimnis, was die sogenannte "tote" Materie zur "lebendigen"
werden lässt, ist die strukturierte IONISATIONS-ENERGIE.
Die Energie, die in den biologischen Systemen in allen positiv (⁺)
geladenen IONEN existiert.
Ihre wechselwirksame Freisetzung mit "Freien ELEKTRONEN", die
bei der Bindung das Atom oder Molekül zum negativen (⁻) ION
werden lassen, ist der Schlüssel für das Phänomen "Leben".

Ablauf der IONISATION eines (O) Sauerstoff-Atoms auf der Grundlage des von uns, entwickelten Atommodells

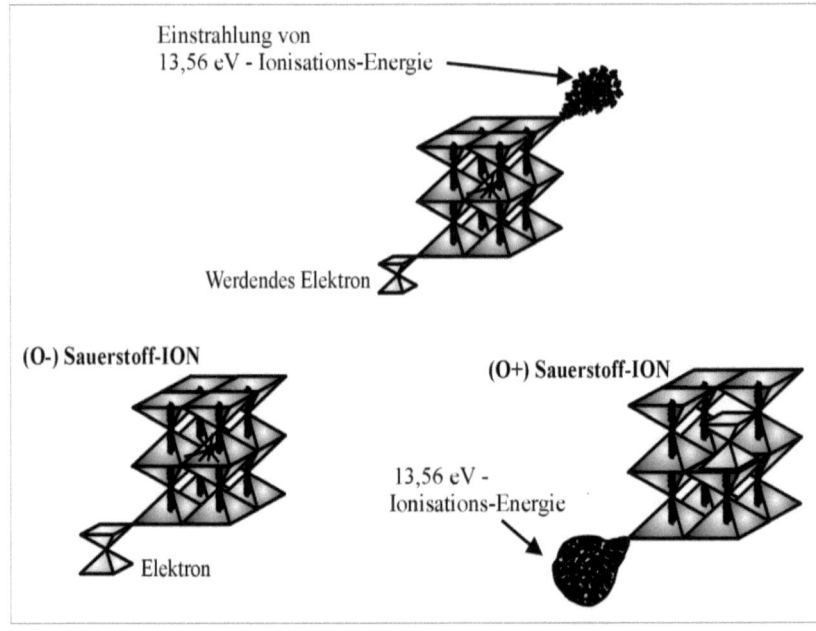

Die bis hier niedergeschriebene Erklärung macht uns auf einen gravierenden kausalen Denkfehler aufmerksam, der bis heute verhindert hat, dass man in der medizinischen Wissenschaft das Zusammenspiel der Funktionsabläufe der Organe GANZHEITLICH versteht.

Wie das gemeint ist, wird im folgenden Teil des Buches erklärt, in dem wir GANZHEITLICH die Funktionsabläufe des physischen Körpers sowie die Zustände "Gesundheit" und "Krankheit" erklärend beschreiben.

Grundsätzlich sei jedoch vorab bemerkt, dass der kausale Denkfehler der ist, dass die Bio-Chemie die *"Elektronen-tragenden"* Atome bzw. Moleküle wie zum Beispiel ATP (Adenosintriphosphat) als *"Energie-Träger"* einstuft.

70

Wenn Sie bis jetzt noch glauben, dass diese Einführung nichts mit dem Körper des Menschen, mit Gesundheit und Krankheit, sowie letztendlich mit dem Phänomen "Leben" zu tun hat, so müssen wir Sie enttäuschen, denn im folgenden werden Sie erkennen, dass es eine "Fundamentale Ganzheits-Medizin" ohne diese Kenntnisse nicht geben kann.

Aus diesem Grunde empfehlen wir Ihnen, auch wenn Sie verschiedene Erklärungen gedankenbildlich noch nicht genau nachvollziehen können, trotzdem, das Buch von Anfang an zu lesen, denn am Ende des Buches werden Sie auch die zunächst nicht verstandenen Passagen begreifen.

# 2. BUCH

## Der GANZE MENSCH
## ist mehr als die Summe seiner Teile

### Unsere Meinung

Jeder Mensch, ob Arzt oder Patient, fühlt sich nicht wohl, wenn sein Körper in den Zustand verfällt, der mit dem Oberbegriff "krank" umschrieben wird.
Dabei spielt es keine Rolle, ob ein Krankheitsbild existiert, das der Mediziner als "spezifisch" oder "unspezifisch" bezeichnet.
Wobei "spezifisch" für die Krankheitsbilder steht, bei denen man die Ursache der Entstehung auf der Grundlage des heute gültigen Denkmodells der Medizin zu kennen glaubt bzw. diagnostiziert und therapiert.

Jeder Arzt wird, da auch er nur ein Mensch ist, wenn eine Krankheit seinen Körper heimsucht, selbst zum Laien.
Das heißt nicht, dass er sein medizinisches Wissen, speziell seine Erfahrung, durch die Krankheit verliert. Im Gegenteil.
Sein vieles Wissen führt zur Verunsicherung und zur Entscheidungsfindung, was es sein könnte und wie man es am besten therapiert.
Dazu kommt noch die Angst vor Schmerz, Siechtum oder Tod, die sein logisches Denken beeinflusst.
Denn speziell der Arzt weiß, dass er letztendlich nichts weiß und dass Heilung in der heutigen Medizin von Kriterien abhängig ist, die er allein mit Medikamenten nicht beeinflussen kann.

Die Medikamente, die er verschreibt, oder sonstige Therapien, die er bei der Behandlung einsetzt, haben keine absolute Wirkung, sondern helfen bei dem einen Patienten und versagen bei dem anderen.
Fängt er an zu hinterfragen, warum das so ist, und zieht als Antwort die existierende Literatur zu Rate, so muss er feststellen, dass es darauf keine Antwort gibt.

72

Da in unserer schnelllebigen Zeit seine Arbeit vom "Zeit und Kosten-Faktor" bestimmt wird, hat er auch kaum eine Chance, tiefer in diese Materie einzudringen. Opfert er dafür seine Freizeit und beschäftigt sich intensiv mit diesem Metier, so wird er zu irgend einem Zeitpunkt erschrocken feststellen, dass der überwiegende Teil dessen, was er als *"wissenschaftlich bewiesen"* akzeptiert hat, im Endeffekt nichts weiter sind als blanke Theorien, von denen es, auf eine Sache bezogen, meistens mehrere gibt.

Bedingt durch die fachbezogene Spezialisierung wird es ihm außerdem unmöglich, einen umfassenden Überblick zu gewinnen, um daraus ein Denkmodell zu entwickeln, das den Körper des Menschen als Ganzes betrachtet.

Letztendlich erkennt er, dass es sinnlos ist zu hinterfragen, und passt sich den Gepflogenheiten der heutigen Medizin an.

Er macht das, was alle tun.

Er verschreibt die Medikamente, die für das symptombezogene spezifische Krankheitsbild auf dem Markt sind. Er hofft und rechnet damit, dass sie ausreichend überprüft wurden, aber im Endeffekt weiß er nicht, WIE, WO und WARUM sie wirken bzw. warum sie nicht wirken oder zusätzlich Nebenwirkungen besitzen, die andere spezifische oder unspezifische symptombezogene Krankheitsbilder verursachen.

Dies soll keine Anklage sein, auch kein Vorwurf, denn die Ärzte und nicht nur sie, sondern die gesamte Pharma-Industrie, die medizinische Forschung sowie alle, die in diesem Teufelskreis hängen und sich Gedanken darüber gemacht haben, sind mit diesem Zustand selbst nicht zufrieden.

Jeder von ihnen wäre dankbar - denn jeder von ihnen wird eines Tages selbst Patient sein -, wenn die medizinische Forschung ein "Ganzheitliches Konzept" besitzen würde, auf dessen Grundlage man begreifen und verstehen kann, was die URSACHE der Entstehung, die ENTSTEHUNG selbst sowie den VERLAUF der spezifischen und unspezifischen Krankheiten bewirkt und auf welchem Wege man sie hundertprozentig bekämpfen könnte.

Leider - und das gilt auch für den Bereich der medizinischen Forschung - ist der Mensch einmal ein Gewohnheitstier und zum anderen so weitgehend angepasst, da von Kindheit an so erzogen, dass er nur nachdenkt, was andere ihm vorgedacht haben, im Glauben, dass das, was die Masse tut, richtig ist, vor allem dann, wenn es auch noch heißt, *"Es ist wissenschaftlich bewiesen"*

Diese Wissenschaftsgläubigkeit sowie die Abgrenzung der einzelnen Disziplinen der wissenschaftlichen Fachbereiche durch Begriffe und Fachjargon verführt die Menschen dazu zu glauben, dass, wenn etwas als "wissenschaftlich bewiesen" bezeichnet wird, es auch der Realität entspricht.

Kaum einer von den Wissenschaftlern aller Fachbereiche besitzt den Mut, der Masse der Menschen gegenüber offen zuzugeben,

*dass alle wissenschaftlichen Erkenntnisse auf einem Denkmodell beruhen, mit dem versucht wird, eine Wirkung zu erklären.*

Im Gegenteil. Jeder versucht, den anderen weiszumachen, dass die gefundenen Erklärungen die Realität, also letztendlich die absolute Wahrheit sind.

Dabei kann kein Mensch behaupten, er besitze die Wahrheit und nur so, wie er es erklärt, sei es richtig.

Das Handicap der modernen Medizin ist, dass nicht mehr der Mensch nach alten ärztlichen Idealen als GANZES bei der Behandlung im Mittelpunkt steht, sondern dass nur spezifisch organbezogene Krankheitsbilder therapiert werden. Warum dies so ist, dafür gibt es eine einfache logische Erklärung.

Bedingt durch das Spezialistentum auch im Forschungsbereich der medizinischen Wissenschaft hat sich ein Detailwissen angehäuft, das vom Einzelnen nicht mehr übersehen werden kann und dazu führt, dass das Ganze nicht mehr erkennbar wird.

Dies ist einer der Hauptgründe dafür, dass das "Ganzheitliche Denken" in bezug auf Gesundheit und Krankheit verloren gegangen ist.

Erschwerend kommt noch hinzu, dass in den letzten drei Dezennien die einzelnen Fachgebiete in Spezialgebiete unterteilt wurden, so dass kaum noch einer weiß, was der andere tut.

Die meisten der heutigen sogenannten praktischen Ärzte in einer Allgemeinpraxis sind nur noch Aushändiger von Präparaten, die von der Pharmaindustrie auf der Grundlage des heute gültigen Denkmodells der Lehrschulmedizin entwickelt wurden und die nach deren vorgegebenen Anweisungen, bezogen auf das spezifische Krankheitsbild, verschrieben werden.

Beziehungsweise sind sie Vermittler von Patientengut, das zu Spezialisten und Kliniken überwiesen wird, wenn Arzneimittel, eingesetzt bei spezifischen oder unspezifischen Krankheitsbildern, keine positive Wirkung zeigen.

Dass dies so ist, liegt allein daran, dass ein "Ganzheitliches Medizinisches Konzept", auf dessen Grundlage der praktische Arzt diagnostizieren und therapieren könnte, nicht existiert.

Die Erkenntnisse der medizinischen Forschung sind Erkenntnisse, die auf bio-chemischer Grundlage gefunden und bei denen die Bereiche *"Seele"*, *"Geist"* **und** *"Psyche"* nicht in das Denkschema miteinbezogen wurden.

Ohne die in das Leben eingreifenden Phänomene "Seele, Geist und Psyche" zu berücksichtigen, ist die Erstellung eines "Ganzheitlichen Medizinischen Konzepts" jedoch nicht möglich.

Das bedeutet nicht, dass die Erkenntnisse, die die auf biochemischer Grundlage forschende wissenschaftliche Medizin gefunden hat, falsch sind. Im Gegenteil. Sie konnte nur den Weg, den sie beschritten hat, gehen.

Dass sie auf diesem Wege fast Unmögliches geleistet hat, steht außer Frage. Allein die Entdeckungen in den letzten 50 Jahren über die Funktionsabläufe im Körper des Menschen haben auf dieser Grundlage Erkenntnisse gebracht, die man absolut als sensationell bezeichnen kann, auch wenn viele Erkenntnisse, aus bio-physikalischer Sicht gesehen, falsch interpretiert werden.

Da alles Lebendige durch ENERGIE bewirkt wird, ist die Entschlüsselung des Phänomens "Leben" auf der bio-chemischen Grundlage nicht möglich.

Ein "Fundamentales Ganzheitliches Medizinisches Konzept" kann nur dann erstellt werden, wenn eine "Einheitliche Theorie der gesamten Materie" existiert sowie ein Denkmodell, auf dessen Grundlage gedankenbildlich nachvollziehbar erklärt werden kann, wie die biologischen Systeme einschließlich der Mensch entstehen konnten bzw. entstanden sind.

Erst dann hat die medizinische Forschung eine Möglichkeit, ein Denkmodell zu entwickeln, auf dessen Grundlage GANZHEITLICH diagnostiziert und therapiert werden kann.

In diesem Buch stellen wir ein Denkmodell zur Diskussion, das

aufgebaut wurde auf der Grundlage einer von uns entwickelten
**"Einheitlichen Theorie der gesamten Materie**
**einschließlich der Entstehung aller biologischen Systeme"**.
Auch wenn alle in diesem Buch niedergeschriebenen Erkenntnisse von
uns so weit wie möglich wissenschaftlich experimentell überprüft
wurden und wir vom Wahrheitsgehalt absolut überzeugt sind, wollen
wir mit diesem Buch nur Beweis führen, dass die medizinische
Forschung ohne Einbeziehung der Erkenntnisse der Physik sowie der
Hochenergie-Physik letztendlich am Leben vorbeiforscht.
Inwieweit der Einzelne mit unseren Gedankenabläufen konform geht,
muss jeder für sich selbst entscheiden. Wir selbst halten nichts von
dem Holocaust, den die Dogmatiker durch ihr Festhalten an
Überholtem in der medizinischen Forschung verursachen.

Unsere Überzeugung ist die, dass es im Interesse der Patienten Zeit
wird, dass alle medizinischen Fachbereiche anfangen, gemeinsam das
heute gültige medizinische Denkmodell zu überdenken. Vor allem,
dass sie beginnen zu begreifen, dass die Theorien der sogenannten
"Außenseiter" letztendlich die Theorien sind, auf deren Grundlage die
heutige medizinische Wissenschaft forscht.

Nachdenker, die das, was andere vordenken, wissenschaftsgläubig,
ohne darüber hinaus selbst nachzudenken, nachplappern, egal ob
stilistisch verändert oder im Original, und dann behaupten,
"Dies ist die echte Naturwissenschaft!",
haben nicht begriffen, dass nur ein "Darüber-Hinaus-Nachdenken"
eines vorgegebenen Denkansatzes bzw. Denkmodells
neues "WISSEN - SCHAFFT"


## Der PHYSISCHE Körper des Menschen

Leider gibt es nur sehr wenige Menschen, auch im Bereich der
medizinischen Wissenschaften, denen es effektiv klar ist - und die
danach handeln -, dass der physische Körper des Menschen
letztendlich aus nichts anderem besteht als aus den Atomen und
Molekülen der sogenannten "toten" Materie.
Da bis heute noch kein Denkmodell existiert, auf dessen Grundlage das

76

Phänomen "Leben" verstandesmäßig, gedankenbildlich nachvollziehbar und logisch erklärbar, beschrieben werden kann, hat man, auch von Seiten der Wissenschaft her gesehen, keine Chance, tiefgehender darüber nachzudenken.

Vorstellungen, welche Kraft es ist, die die Atome und Moleküle der sogenannten "toten" Materie im biologischen System des Menschen zur "lebendigen" Materie werden lässt, existieren nicht.

Das Gleiche gilt für die Bereiche, die mit den abstrakten Begriffen "Seele", "Geist" und "Psyche" umschrieben werden.

In diesem 2. Buch "Der physische Körper des Menschen" wird ein auf bio-physikalischer Grundlage entwickeltes "Fundamentales Konzept" vorgestellt, in dem wir unsere Erkenntnis über die Funktionsabläufe offen legen, die dafür verantwortlich sind, dass die sogenannte "tote" Materie zur "lebendigen" Materie wird.

Da erst im 3. und 4. Buch die "Einheitliche Theorie der gesamten Materie sowie die Entstehung aller biologischen Systeme" genau erläutert und erklärt wird, gehen wir in diesem 2. Buch nicht näher auf die Phänomene "Seele, Geist und Psyche" ein, weil für die Erklärung dieser Phänomene das Wissen, das in Buch 3 und 4 steht, erforderlich ist.

Das, was Sie in diesem 2. Buch im Folgenden lesen werden, ist Stand der medizinischen Wissenschaft über den physischen Körper, in den wir unsere auf *bio-physikalischer* Grundlage gefundenen Erkenntnisse einbringen und vergleichend gegenüberstellen.

Direkt am Anfang stellen wir die Behauptung auf, die im Grunde. genommen schon wissenschaftlich bewiesen ist, die aber von der heutigen Lehrschulmedizin noch nicht in ihr Denkmodell miteinbezogen wurde.

Wir behaupten, dass der gesamte Körper des Menschen bis auf die oberste Hornhautschicht, die Epithelien, also das gesamte biologische System von der Kopfhaut bis zu den Zehenspitzen, aus "Einzellern", den spezifischen Organzellen, aufgebaut ist, die nirgendwo miteinander eine direkte Verbindung besitzen.

Eingebunden in spezifische Organbereiche und Transportsysteme, existieren diese Einzeller als spezifische Organzellen gleich autonome

Systeme, gesteuert von der Steuerzentrale Gehirn mittels der kosmischen Energie und der Energie der Nahrung.

Wobei bemerkt werden muss, dass das Nervensystem das Transportsystem ist, in dem der Energie-Haushalt des gesamten Körpers wechselwirkend Energiequanten aus dem Bereich der extrazellulären Gewebeflüssigkeit aufnimmt und abgibt.

Dieser wechselseitige Ausgleich an Energie in Form von Energiequanten gleich RESONANZ- und IONISATIONS-Energie, der vom Gehirn gesteuert wird, ist die Information, auf deren Basis das "autonome sowie das motorische Nervensystem" funktionieren.

Das, was die Zellen voneinander trennt, ist die Zwischenzellsubstanz, die sogenannte extrazelluläre Gewebeflüssigkeit, das "weiche Bindegewebe", das sich in einer ständigen Fliessbewegung befindet.

EPPINGER bezeichnet dieses System als "inneren Kreislauf", bei dem das "Elektrische Potential" der extrazellulären Gewebeflüssigkeit, wie wir im folgenden noch beweisen werden, nicht nur den Abstand der Zellen untereinander, sondern auch den Zusammenhalt der spezifischen Organzellen in die Organbereiche und Transportsysteme bewirkt.

Die Tatsache, dass weder die Kapillaren noch die vegetativen Nervenfaserenden direkt mit den spezifischen Organzellen in Kontakt stehen, wurde bereits 1845 durch REICHERT festgestellt. 100 Jahre später hat EPPINGER elektronenmikroskopisch zum ersten Mal diese Tatsache eindeutig nachgewiesen, die zwischenzeitlich auch von anderen Wissenschaftlern bestätigt werden konnte.

*Nach dieser Aussage ist somit jede spezifische Organzelle eine Einheit für sich, ein autonomes System, das aber absolut abhängig ist vom Medium, dem Grundsystem, der extrazellulären Gewebeflüssigkeit, das ubiquitär den gesamten Körper des Menschen durchzieht.*

*Da, wie festgestellt, keine Kapillaren und keine Nervenfaserendungen direkt Kontakt mit der spezifischen Organzelle besitzen, werden zuerst alle für die Zelle lebenswichtigen Molekularstrukturen - Nahrungssubstrat (Glucose), Mineralstoffe (Elektrolyte), (O₂) Atmungs-Sauerstoff usw. - sowie die gesamte Energie Bestandteil der extrazellulären Gewebeflüssigkeit, bevor sie in die Zelle gelangen.*

Dass bis heute von der forschenden wissenschaftlichen Hochschulmedizin die Zwischenzellsubstanz, die wir in Folge noch näher beschreiben werden, als *"das alles Leben bewirkende Medium"* noch nicht erkannt worden ist bzw. warum sie noch nicht in das Denkschema der medizinischen Forschung einbezogen wurde, hat mehrere Gründe.

Einer der Gründe ist, dass die Erkenntnisse, die bei der Erforschung der extrazellulären Gewebeflüssigkeit gefunden wurden, viele der heute existierenden Theorien, die die medizinische Forschung als Grundlage benutzt, widerlegen.

Was bedeutet, dass, wenn die Erkenntnisse der Grundsystem-Forschung akzeptiert werden, viele Forschungsergebnisse, teils mit dem Nobelpreis ausgezeichnet, ad absurdum geführt werden müssten.

Dies verhindert in starkem Masse, da es nicht nur ein Umdenken erfordert, sondern auch Kosten verursacht (Pharma-Industrie usw.), die Anerkennung von Seiten der medizinischen Forschung und Lehrschulmedizin.

Ein weiterer Grund ist, dass viele lebende Wissenschaftler, deren Theorien zur Grundlage des heutigen Denkmodells der medizinischen Forschung zählen, nicht bereit sind zuzugeben, dass ihre Theorien Denkfehler beinhalten, da sie, bedingt durch das Image-Denken unserer heutigen Zivilisationsgesellschaft, Angst haben, ihr Gesicht zu verlieren.

Ein anderer Grund ist der - und das ist unserer Meinung nach der Hauptgrund -, dass im Bereich der medizinischen Forschung eine Disziplin nicht weiß, was die andere tut, da diese Fachbereiche selbst in immer enger umgrenzte Spezialgebiete aufgesplittert sind.

Ein Forscher, gleich wie undogmatisch er denkt, der fachbezogen forscht, hat, wenn er sich in seinem Fachbereich auf dem laufenden halten will, zeitlich gar nicht mehr die Möglichkeit, Erkenntnisse aus anderen Fachgebieten, die nötig sind, um ein "Ganzheitliches Medizinisches Konzept" zu erstellen, zu studieren und zu verarbeiten.

Auch der psychologische Aspekt ist ein Grund, der verhindert, dass man den Forschungsergebnissen bzw. den gefundenen Erkenntnissen im Bereich der extrazellulären Gewebeflüssigkeit die Aufmerksamkeit schenkt, die ihr als lebensbewirkendem Element zusteht.

Dr. Felix PERGER aus Wien, Schüler, Mitarbeiter und Freund von Prof. Dr. A. PISCHINGER, der Pionier in der Erforschung des Grundsystems, hat in seinem Buch "Kompendium der Regulations-Pathologie und -Therapie", Sonntag Verlag, dies sehr gut ausgedrückt und formuliert:

"Die extrazelluläre Substanz ist unscheinbar und unauffällig.

Als Student im histologischen Praktikum bekommt man sie nie zu sehen, man sieht lediglich leere Zwischenräume zwischen den Organzellen - bei der Präparation und Färbung der Schnitte schwindet es vollkommen. Diesem Substrat, das man nie gesehen und von dem man nie gehört hat, soll man dann eine lebensentscheidende Rolle zubilligen - hier tauchen psychologische Schwierigkeiten auf, die durch den primären Ausbildungsgang bedingt sind."

Das ist effektiv so. Jedem Mediziner fällt es am Anfang schwer zu akzeptieren, dass etwas, von dem er oft, bedingt durch seine Ausbildung, nicht weiß, dass es überhaupt existiert, für seine Arbeit zum lebenswichtigsten Element wird, in dem sich im physischen Bereich des Körpers entscheidet, ob der Mensch gesund ist oder krank wird.

Es ist also unserer Meinung nach keine Böswilligkeit, dass bis heute diese fundamentalen Erkenntnisse noch nicht die medizinwissenschaftliche Anerkennung gefunden haben, sondern es spielen dabei verschiedene Kriterien eine Rolle, bei denen der Wasserkopf der Forschung, der eine Koordination lebenswichtiger Entdeckungen verhindert, einen großen Anteil besitzt.

Wir haben lange überlegt, auf welchem Wege bzw. auf welche Art wir beginnen sollen, die Funktionsabläufe des biologischen Systems des Menschen auf der Grundlage unserer bio-physikalischen Erkenntnisse ganzheitlich zu schildern und offen zulegen.

Denn wie schon gesagt, GANZHEITLICH beinhaltet auch, dass die Bereiche, die wir mit den abstrakten Begriffen "Geist, Seele und Psyche" umschreiben, miteinbezogen werden.

Da in diesem Buch hauptsächlich auf die bio-physikalischen Abläufe aufmerksam gemacht werden soll, die wir gefunden und so weit wie möglich experimentell überprüft haben, sind wir der Meinung, dass es das Vernünftigste ist, wenn die Schilderung mit der Nahrungsaufnahme beginnt.

Nahrungs-Aufnahme und -Verdauung ist ein Vorgang, der nur mit *"Energie"* ablaufen kann, da die Molekularstrukturen der Nahrung aufgespaltet werden müssen, bevor der Körper, also die spezifischen Organzellen, sie verwerten kann.

## Die Aufspaltung der Molekularstrukturen der Nahrung, aus bio-physikalischer Sicht gesehen

Die Meinung, die Nahrung des Menschen sei "Energie", ist nur bedingt richtig.

In erster Linie enthält die Nahrung, die wir zu uns nehmen, und dabei bleibt es sich gleich, welche Art von Nahrung wir aufnehmen, die Elemente der Materie, die zum überwiegenden Teil aus neutralen Molekülen besteht.

Genau genommen sind es, bis auf ein paar kleine Abweichungen, die gleichen neutralen Atome der Elemente, die zu Molekülen zusammengebaut sind, aus denen sich der physische Körper des Menschen selbst aufbaut. Also aus

| | | |
|---|---|---|
| (H) Wasserstoff, | (O) Sauerstoff, | (C) Kohlenstoff, |
| (N) Stickstoff, | (P) Phosphor, | (S) Schwefel |

sowie aus den Mineralstoffen und Spurenelementen entweder in Form von neutralen Atomen oder aus IONEN wie zum Beispiel

| | | |
|---|---|---|
| ($K^+$) Kalium, | ($Na^+$) Natrium, | ($Ca^{++}$) Calcium, |
| ($Mg^{++}$) Magnesium | und | ($Cl^-$) Chlor. |

Eine Nahrung, die wir zu uns nehmen, die keine positiv geladenen ($H^+$) und (OH)-IONEN besitzt, ist eine Nahrung, die, da "energie-los", für die Aufspaltung ihrer Molekularstrukturen komplett körpereigene Energie benötigt.

Es spielt dabei auch keine Rolle, wie viele der Ionisations-Energie tragenden IONEN (Kationen) ($K^+$), ($Na^+$), ($Ca^{++}$)und ($Mg^{++}$)in der Nahrung enthalten sind. Die Energie, die diese Elektrolyte tragen, reicht nicht aus, um Atome der neutralen Molekularstruktur der Nahrung aufzuspalten.

Solche Nahrung ist eine "tote" Nahrung, da sie letztendlich aus nichts anderem besteht als aus Elementen der sogenannten "toten" Materie.

Jede Nahrung, die einer starken Hitze gleich Energie ausgesetzt wird, erstarrt aus dem Grund zu einer sogenannten "toten" Nahrung, da z.B. beim Kochen, Backen, Braten usw. die in der Nahrung enthaltenen $(H^+)$- und $(OH^-)$-IONEN durch die eingestrahlte Energie der Hitze aus den Molekularstrukturen der Nahrung abgespaltet werden und sich zu einem neutralen $(H_2O)$ Wasser-Molekül verbinden.

Das Gleiche gilt für die Mineralien, die sich dadurch verändern, dass sie schwerlösliche Verbindungen eingehen (anorganische Salze), die innerhalb des Körpers mit der körpereigenen Energie nicht mehr aufgespaltet werden können.

Die Ionisations-Energie von 13,53 eV, die in den $(H^+)$-IONEN enthalten war und durch die die Nahrung erst zu einer "lebendigen" Nahrung wird, verflüchtigt sich bei diesem Aufspaltungsvorgang gleich Ionisation in die Atmosphäre

Für die Aufspaltung einer solchen Nahrung auf dem Weg der Verdauung muss der Körper also die Ionisations-Energie in der Größenordnung von 13,53 eV zur Verfügung stellen.

Die Verwendung der körpereigenen Energie für die Aufspaltung dieser Nahrung bedeutet nicht, dass die körpereigene Energie verloren geht, sondern nur, dass diese Energie während der Aufspaltung gebunden ist und für diese Zeit für andere regulierende Funktionsabläufe nicht zur Verfügung steht.

Jeder von uns kennt diesen körperlich fast lähmenden Zustand, wenn er eine schwer verdauliche Nahrung zu sich genommen hat.

Dass diese Behauptung der Realität entspricht, kann jeder Wissenschaftler, der sich mit dieser Materie befasst, gedanklich nachvollziehen, wenn er die Verdauung einmal aus bio-physikalischer und nicht aus bio-chemischer Sicht überprüft.

Jede nicht z.B. durch Hitze "denaturierte" Nahrung besitzt eine gewisse Menge an $(H^+)$-und $(OH^-)$-IONEN. Also IONEN, die einmal Energie-Träger und zum anderen Elektronen-, also Materie-Träger sind.

Das bedeutet, in jeder sogenannten "lebendigen" Nahrung, die wir zu uns nehmen, befinden sich $(H^+)$Wasserstoff-IONEN, die Energie in sich tragen.

Maßgebend für die Menge der Energie, die die jeweilige Nahrung enthält, ist also die Art der Nahrung.

Von Seiten der Bio-Chemiker wird diese Energie, die an den $(H^+)$-IONEN angebunden ist, bis heute noch nicht in ausreichendem Masse in ihre Denkabläufe miteinbezogen, da kein Denkmodell existierte, auf dessen Grundlage man sich vorstellen konnte, wo und in welcher Form sich im Atom bzw. im ION die Ionisations-Energie aufhält.

Von der wissenschaftlichen Seite aus weiß man nur, dass diese Ionisations-Energie existiert, aber man weiß nicht genau, auf welchem Wege sie fundamental in die Regelfunktionen des Körpers, speziell in die Aufspaltung der Molekularstrukturen, eingreift.

Damit Sie genau begreifen, was "tote" Nahrung sowie "lebendige" Nahrung ist und wie die Haupt-Energie (13,53 eV) im physischen Körper das Lebendige bewirkt, möchten wir zuerst einmal etwas ausführlicher die Funktionsabläufe so schildern, wie sie heute von der Wissenschaft interpretiert werden.

## Säure-Basen-Haushalt

Von Seiten der medizinischen Wissenschaft werden die $(H^+)$-IONEN, die in allen spezifischen Organzellen, in der extrazellulären Gewebeflüssigkeit sowie in den anderen Kreisläufen existieren und, wie wir beweisen werden, das "Lebendige" bewirken, als "IONEN-Konzentration" bezeichnet, die verantwortlich ist für das sogenannte "Säure-Basen-Gleichgewicht" im biologischen System des Menschen.

Damit Sie die Zusammenhänge genau verstehen, ist es angebracht, den "pH-Wert" sowie die mit diesem Begriff zusammenhängenden Abläufe in einfachen Worten zu schildern.

Mit dem Begriff "pH-Wert" - pH wird abgeleitet von:

**p**/ondus = Gewicht der **H**/ydrogenii = (Wasserstoff-IONEN) - wird der Messwert bezeichnet, der zur Feststellung und Festlegung der jeweiligen Stärke von Säuren und Basen benötigt wird.

Dies soll aussagen, dass jeweils das "Gewicht" der Wasserstoff-IONEN = $(H^+)$ in einer Flüssigkeit gemessen wird.

Die Bezeichnung $(H^+)$-IONEN ist jedoch nur eine Vereinfachung, in Wirklichkeit existieren diese $(H^+)$-IONEN als $(H_3O^+)$-IONEN.

Die Ursache für die Stärke und Reaktion einer Säure, aus biochemischer Sicht gesehen, sind die $(H^+)$-IONEN.
Die Ursache für die alkalische Reaktion einer Lauge sind die $(OH^-)$-IONEN.
Verbinden sich beide IONEN-Arten, so ergibt das eine Neutral-Reaktion, und es entsteht: $(H^+)$ und $(OH^-)$ = $(H_2O)$ Wasser.

Wie man wissenschaftlich festgestellt hat, existieren in jeder Flüssigkeit, deren Grundstoff $(H_2O)$-Moleküle sind, z.B. Blut, Speichel, Urin, der Saft von Früchten, der Saft von Fleisch usw., $(H^+)$- und $(OH^-)$-IONEN.
Der Anteil dieser beiden IONEN-Arten, der, von der Menge her gesehen, in der Flüssigkeit nur in geringen Mengen vorhanden ist, charakterisiert die Flüssigkeit zur Säure bzw. zur Lauge.
Berechnet wurde der pH-Wert, dessen Messzahl (pH) von SOERENSEN eingeführt wurde, auf folgender Grundlage.
In 10 Millionen Liter Wasser ($10^7$ Liter) ist 1 mol $(H_2O)$ (das sind 18 Gramm) in IONEN dissoziiert =
$\quad$ 1 g $(H^+)$-IONEN und 17 g $(OH^-)$-IONEN.
(Vergleichen Sie beide Gewichtseinheiten, so erkennen Sie daran schon, dass $(H^+)$-IONEN Energie-Träger sind und $(OH^-)$-IONEN Materie-Träger.)
In 1 Liter Wasser sind folglich 1/10 Mill. g $(H^+)$-IONEN.

| | | | | | | |
|---|---|---|---|---|---|---|
| $10^{-1}$ | g | $(H^+)$ | = | 1/10 Mill. | = | pH 1 |
| $10^{-2}$ | g | $(H^+)$ | = | 1/100 Mill. | = | pH 2 |
| $10^{-3}$ | g | $(H^+)$ | = | 1/1.000 Mill. | = | pH 3 |
| $10^{-4}$ | g | $(H^+)$ | = | 1/10.000 Mill. | = | pH 4 |
| $10^{-5}$ | g | $(H^+)$ | = | 1/100.000 Mill. | = | pH 5 |
| $10^{-6}$ | g | $(H^+)$ | = | 1/1.000.000 Mill. | = | pH 6 |
| $10^{-7}$ | g | $(H^+)$ | = | 1/10.000.000 Mill. | = | pH 7 |
| $10^{-8}$ | g | $(H^+)$ | = | 1/100.000.000 Mill. | = | pH 8 |
| $10^{-9}$ | g | $(H^+)$ | = | 1/1.000.000.000 Mill. | = | pH 9 |
| $10^{-10}$ | g | $(H^+)$ | = | 1/10.000.000.000 Mill. | = | pH 10 |
| $10^{-11}$ | g | $(H^+)$ | = | 1/100.000.000.000 Mill. | = | pH 11 |
| $10^{-12}$ | g | $(H^+)$ | = | 1/1.000.000.000.000 Mill. | = | pH 12 |
| $10^{-13}$ | g | $(H^+)$ | = | 1/10.000.000.000.000 Mill. | = | pH 13 |
| $10^{-14}$ | g | $(H^+)$ | = | 1/100.000.000.000.000 Mill. | = | pH 14 |

zunehmend sauer

zunehmend alkalisch

Wie Sie an der Grafik erkennen, wird der pH-Wert mit dem negativen Zehner-Logarithmus, bezogen auf die $(H^+)$-IONEN-Konzentration, berechnet. Das heißt, von pH-Wert zu pH-Wert verändert sich die Säurestärke jeweils um das 10-fache. So ist z.b. der pH-Wert von 1 10x10 = 100, 100 mal stärker als pH 3.

Die Messungen des pH-Wertes werden auf folgendem Wege vorgenommen.

1. Elektrisches Digital-Messgerät bzw. Zeiger-Messgerät
   (Wird die Testflüssigkeit genau nivelliert, ermöglicht dieses Gerät eine absolut exakte Messung.)
2. Flüssigkeits-Indikator
   (In die zu messende Flüssigkeit bzw. Aufschlemmung gibt man einen Tropfen Flüssigkeits-Indikator und erkennt am Umschlagen der Farbe den groben Wert.)
3. Indikator-Papier

Das Lackmus-Papier sowie das Universal-Indikator-Papier lassen eine grobe Messung von pH 1 bis pH 14 zu. Eine genauere Messung ist mit Indikator-Spezialpapier möglich, bei dem auch kleinere Teilbereiche gemessen werden können.

Begriff "Basen"

Im medizinischen Wörterbuch, z.B. im "Pschyrembel" wird der Begriff "Basen" wie folgt beschrieben:

"Basen:   Laugen; Verbindungen, die in wässriger Lösung negativ geladene OH-Ionen abzuspalten vermögen; nach Bronstedt sind Basen Protonen-(Wasserstoffionen-)Akzeptoren; bilden mit Säuren basische, neutrale od. saure Salze; dabei entsteht Wasser."

Wenn Sie diese Aussage einmal genau lesen, werden Sie feststellen, dass mit dieser Beschreibung kein normaler Mensch etwas anfangen kann.

Mit dieser komplizierten Aussageformulierung will man sagen, dass Basen $(OH^-)$ Wasserstoffionen-Akzeptoren sind, die, gebunden an Säuren, mit $(H^+)$-IONEN Verbindungen, eingehen, bei denen basische, neutrale oder saure Salze sowie Wasser entstehen. Verdeutlichen wir uns dies an einer Grafik.

(Mono-Carbonsäure) Essigsäure

$H_3C$ --- $CH_2$ --- $COOH$        [Acetat] Salz der Essigsäure

$H_3C$ --- $CH_2$ --- $COO^{\ominus}$        (Essigsäure)

In den Zellen und Körperflüssigkeiten liegen die Carbonsäuren zum allergrößten Teil als Anionen vor und nur ein verschwindender Anteil existiert als Acetat.

Das $(H^+)$ existiert, wie schon einmal gesagt, nicht als einfaches $(H^+)$, sondern in der Molekularverbindung $(H_3O^+)$. Die Aktivitäten (Konzentration) der Carbonsäure [$(R^-COO^{\ominus})$ und $(H_3O^+)$] in den Zellen und Körperflüssigkeiten misst man mit dem pH-Wert.

Dies ist der Stand, wie die heutige Bio-Chemie den Säure-Basen-Haushalt interpretiert.

Dass der Ionisations-Vorgang zwischen einer Endgruppe einer Carbonsäure (R --- $COO^-$ und $H^+$) so abläuft, ist ein Denkmodell, das man akzeptieren kann.

*Was die Aussage jedoch wesentlich verändert, ist, dass bei diesem Ionisations-Vorgang eine Ionisations-Energie freigesetzt wird in der Größenordnung von 13,53 eV, die man in diesem Denkmodell nicht mitberücksichtigt hat.*

Beziehen wir jedoch diese bio-physikalische Erkenntnis, die Stand der Wissenschaft der Physik ist, mit ein, dann muss jeder begreifen, dass das bio-chemische Denkmodell über die Funktionsabläufe in der Mitochondrie, in der DNA, kurz in der gesamten Zelle sowie in der extrazellulären Gewebeflüssigkeit so nicht stimmen kann.

Der "Säure-Basen-Haushalt" im physischen Körper des Menschen bewirkt, dass das biologische System, das aus sogenannter "toter" Materie besteht, zur "lebendigen" Materie wird.

Dass man bis heute diesen Schlüssel für das Phänomen "Leben" des physischen Körpers noch nicht gefunden hat, liegt allein daran, dass der Aspekt der "ENERGIE" nicht mitberücksichtigt wurde.

*Der SÄURE-BASEN-HAUSHALT ist der ENERGIE-HAUSHALT im physischen Körper des Menschen.*

*Das GLEICHGEWICHT des Säure-Basen-Haushaltes - verbleiben wir bei dem alten Term - ist der Faktor, der ALLEIN entscheidet, ob der physische Körper eines Menschen "GESUND" oder "KRANK" ist.*

Dies ist eine Aussage, die sensationell einfach ist, aber der Realität entspricht.

Das Gleichgewicht des Säure-Basen-Haushaltes, der, wie schon gesagt, der "lebensbewirkende Energie-Haushalt des physischen Körpers des Menschen" ist, wird nicht allein durch die $(H^+)$- und $(OH^-)$-IONEN-Konzentration bestimmt, sondern hauptsächlich von den Elektrolyten $(K^+)$, $(Na^+)$, $(Ca^{++})$, $(Mg^{++})$ und $(Cl^-)$.

Diese Energie- und Materie-tragenden IONEN, die in verschiedenen Konzentrationen in der Zelle sowie in der extrazellulären Gewebeflüssigkeit vorkommen, sind überwiegend verantwortlich für den Aufbau der Energie-Potentiale in und an den Organellen der Zellen, den Zellmembranen und in der extrazellulären Gewebeflüssigkeit.

Fehlbestände in den verschiedenen Konzentrationen der Elektrolyte bewirken Gleichgewichts-Störungen im Säure-Basen-Haushalt, die automatisch zu Potential-Veränderungen in den betroffenen Gebieten führen.

Die Überprüfung des Zustandes des Säure-Basen-Haushalts, z.B. mit Indikationspapier, ist also ein Parameter, an dem wir erkennen können, inwieweit im menschlichen Körper und da speziell im Grundsystem, in der extrazellulären Gewebeflüssigkeit, die naturgegebene Ordnung des biologischen Systems energiemäßig gestört ist.

Ein Ungleichgewicht der IONEN-Konzentration in der Nahrung [$(H^+)$, $(OH^-)$ sowie Elektrolyte], die wir zu uns nehmen, kann somit die Ursache für die Entstehung von spezifischen und unspezifischen Krankheitsbildern sein.

Auf der Grundlage unserer bio-physikalischen Erkenntnisse bedeutet der Begriff "SAUER", dass im Körper, und da in der extrazellulären Gewebeflüssigkeit, entweder ein Mangel an freien Elektronen, z.B. $(OH^-)$, $(O^-)$ und $(Cl^-)$, vorhanden ist oder ein Überschuss an Energie-tragenden IONEN in der Form von $(H^+)$, $(K^+)$, $(Na^+)$, $(Ca^{++})$ und $(Mg^{++})$ besteht.

Eine Flüssigkeit in unserem Körper mit einem pH-Wert 1 hat laut obenstehender Tabelle 1/10 Mill. g ($H^+$)-IONEN bzw. Energie-tragende Elektrolyte.

Eine Flüssigkeit mit einem pH-Wert 2 hat, wie Sie der Tabelle entnehmen können, nur 1/100 Mill. g ($H^+$)und energietragende Elektrolyte, also nur den 10. Teil dessen, was pH 1 besitzt.

Die Gegenspieler der energietragenden ($H^+$)-IONEN und der energietragenden Elektrolyte sind die ($OH^-$), ($O^-$) und ($Cl^-$)- Moleküle und Atome.

Das Gleichgewicht des sogenannten Säure-Basen-Haushaltes bzw. Energie-Haushaltes wird also bewirkt durch eine bestimmte festliegende Menge an Energie-tragenden IONEN sowie durch eine bestimmte festliegende Menge Elektronen tragender IONEN.

*Bei einem pH-Wert von 7, der als sogenannter "neutraler Wert" festgeschrieben steht, befindet sich in der Flüssigkeit eine gleiche Menge an ($^+$)-IONEN und ($^-$)-IONEN.*

Sind in einer Flüssigkeit mehr ($^+$)-IONEN (Energie) als ($^-$)-IONEN (Materie), dann wird diese Flüssigkeit als "sauer" bezeichnet. Im biologischen System bewirkt eine Übersäuerung spezifische und unspezifische Krankheitsbilder.

Eine Übersäuerung ist, aus bio-physikalischer Sicht gesehen, eine "Überenergetisierung", die in dem betroffenen Bereich "Entzündungen" verursacht.

Treten in bestimmten spezifischen Organzellen wie zum Beispiel im Blut in den Erythrozyten Übersäuerungen auf, die durch die toxischen Moleküle der Malaria-Erreger verursacht werden, dann führt das, über das Gehirn gesteuert, im ganzen Körper zu dem Zustand, der als "Fieber" bezeichnet wird.

Befinden sich in einer Flüssigkeit mehr ($OH^-$)- als ($H^+$)-IONEN, dann wird diese Flüssigkeit mit dem Begriff "alkalisch" bezeichnet.

Ein alkalischer. Zustand bewirkt im physischen Körper des Menschen all die Krankheitsbilder, die man mit dem Oberbegriff "degenerativ" umschreiben kann.

Chronische Krankheitsbilder werden in der Form bewirkt, dass in dem betroffenen Gebiet die spezifischen Organzellen meistens überenergetisiert und die extrazelluläre Gewebeflüssigkeit, also die

Zwischenzellsubstanz, degenerativ, also energieschwach ist.

Basen, z.B. basische Nahrung, sind also Molekularverbindungen, die zusätzlich (˙)-geladene IONEN besitzen.

Das bedeutet, wenn durch einen Parameter bei einem Patienten festgestellt wird, dass bei diesem zum Beispiel der Speichel oder der Urin bzw. das Blut einen hohen Säure-pH-Wert, z.B. von pH 5, aufweist, dass diesem Menschen zur Herstellung des Gleichgewichts des Säure-Basen-Haushaltes Materie gleich Elektronen in Form von Basen zugeführt werden muss.

Dies ist erforderlich, da in den Kreisläufen, aus denen die Flüssigkeit stammt, ein Ungleichgewicht des Säure-Basen-Haushaltes, also eine Überenergetisierung existiert, durch die spezifische oder unspezifische Krankheitsbilder bewirkt werden bzw. bewirkt worden sind.

## Wissenschaftliche Erkenntnisse

Wissenschaftliche Erkenntnisse beruhen auf Denkmodellen mit der Vorgabe, dass es so sein kann, aber nicht sein muss.

Das bedeutet für den normalen Menschen, dass die Wissenschafts-Gläubigkeit, die heute existiert, ein Traumgebilde ist, das sich mit der Zeit aufgebaut hat.

*"Wissenschaftlich bewiesen"* - ein Schlagwort unserer heutigen Zeit - bedeutet also nichts anderes, als dass ein Wissenschaftler ein Denkmodell entwickelt hat, auf dessen Grundlage ein Phänomen dahingehend erklärt werden kann, wie dieses Phänomen eventuell entstanden sein könnte.

Das bedeutet also nicht, dass er weiß, dass es tatsächlich so ist.

Speziell in der medizinischen Wissenschaft heißt es immer wieder, dass *"manche Struktur und manche Reaktion mehr als ein Faktum denn als kausal bedingt anzusehen ist"*,

was in einfachen Worten heißt,

*"Man weiß, dass etwas existiert, aber man kann nur annehmen, dass es so oder so abläuft"*.

Da in unserer heutigen Wissenschaft die Forschung ein erkanntes Phänomen nicht von der URSACHE, sondern von der WIRKUNG her versucht zu erforschen, ist sie notgedrungen dazu gezwungen, Denkmodelle zu entwickeln, auf deren Grundlage sie mit dem Verstand nachvollziehen kann, wie ein Phänomen eventuell entstanden sein könnte.

Da man in diesem Denkprozess existierende Denkmodelle, das Handwerkszeug der Wissenschaft, als Grundlage benutzt, fährt man automatisch eingleisig so lange, bis ein denkbares Ergebnis vorliegt, denn die Grundlage, das Denkmodell, ist vorgegeben.

Versucht ein Wissenschaftler außerhalb der heute gültigen Lehrmeinung eine Erklärung zu finden, auf deren Grundlage die Ursache eines Phänomens erklärt werden kann, benutzt er also nicht als Grundlage das existierende Denkmodell, wird er automatisch zum Außenseiter abgestempelt.

Dabei spielt es auch keine Rolle, wenn durch seine Erklärung effektiv die Ursache des Phänomens gefunden ist.

(Effektiv in der Form, dass zum Beispiel mittels einer Therapie, die auf dieser Grundlage beruht, Erfolge erzielt werden, die mit der sonst verwendeten Therapie nicht zu erreichen waren.)

Im Gegenteil. Kann die Erklärung von der Schule nicht widerlegt werden, dann wird sie trotzdem auf keinen Fall akzeptiert.

Denn würde sie akzeptiert, dann würde das Denkgebäude der heute existierenden Lehrschulwissenschaft in vielen Bereichen einstürzen.

Da man jedoch weiß, dass sich zu irgend einem Zeitpunkt die Realität durchsetzt, nimmt man mit der Zeit, durch Begriffe stilistisch verändert, die Erkenntnisse so weit wie möglich in das alte Denkschema auf und tut so, als habe man diese Erkenntnisse schon immer besessen.

Einer der Hauptgründe, warum die meisten Wissenschaftler nicht bereit sind, neue Denkmodelle zu überprüfen und zu akzeptieren, ist die Angst davor, von ihren Kollegen als Außenseiter abqualifiziert zu werden.

Ein anderer Hauptgrund, warum neue grundlegende Erkenntnisse, basierend auf neuen Denkmodellen, kaum eine Chance haben, anerkannt zu werden, ist der, dass die Masse der Wissenschaftler sich nicht mehr durch den Wust der Fachliteratur durchkämpfen kann und oft von diesen Erkenntnissen gar nichts erfährt.

Für den normalen Menschen, also den nicht vorgebildeten Laien, sind die Erkenntnisse der Wissenschaft aus allen Fachbereichen, bedingt durch die Begriffssprache, so weit vom normalen Denken entfernt, dass er mit wissenschaftlichen Aussagen nichts anfangen kann.

Dass es so ist, kann man nicht verurteilen, denn es hat sich mit der Zeit, obwohl es im Grunde genommen kein Mensch wollte, so entwickelt.

Das, was nicht gut ist, und was man als Schlag, unter die Gürtellinie der Menschlichkeit bezeichnen kann, ist, dass man den Menschen die Wahrheit vorenthält und ihnen mit den Worten *"wissenschaftlich bewiesen"* vorgaukelt, dass das, was die Wissenschaft gefunden hat, die absolute Realität sei.

Kein physischer Mensch, also auch kein Mensch, der philosophisch wissenschaftliche Interpretationen der Realität in Form von Denkmodellen von sich gibt, kann behaupten, dass er weiß, was "Realität" ist.

Erst wenn wir Menschen dies erkannt und begriffen haben, werden wir akzeptieren, dass die vielfältigen Arten und Formen, die gestaltet in unserem Universum existieren, nur nach Plan von einem Schöpfer erschaffen sein können.

Denn kein Wissenschaftler wird je in der Lage sein, aus der sogenannten "toten" Materie auch nur einen Grashalm zu erschaffen.

Wir haben nur die Möglichkeit, auf der Grundlage des bestmöglichen Denkmodells hinter das Geheimnis des Phänomens "Leben" zu kommen, wenn wir in der absoluten Toleranz die Meinung eines jeden Einzelnen akzeptieren.

Nur so kann eine Wissenschaft wieder *menschlich* werden.

Denn machen wir fälschlicherweise die Wissenschaft zu unserem Gott (Wissenschafts-Gläubigkeit), verbauen wir uns den Weg zurück zur Menschlichkeit.

# Der Weg der Nahrung

Der Weg der Aufspaltung der Nahrung beginnt mit der Aufnahme der Nahrung in den Mund.

Alle feste Nahrung wird durch Kauen zerkleinert, wobei körpereigene Energie eingesetzt wird, die die Energie freisetzt, die in der Nahrung enthalten ist und die der Mensch zum Ausgleich des Energie-Haushaltes seines Körpers benötigt.

Dabei soll direkt am Anfang noch einmal bemerkt werden, dass die Energie, die bei der Aufspaltung freigesetzt wird, nur in der Nahrung vorhanden ist, die "Kationen" und "Anionen", also, wenn wir weiterhin die gebräuchlichen Termen benutzen, ($^+$)- und ($^-$)-IONEN besitzt.

Nach dem Denkmodell unserer heutigen medizinischen Forschung wird behauptet, dass in allen spezifischen Organzellen durch die Aufspaltung des Nahrungssubstrats Glucose ($C_6H_{12}O_6$) "Energie gewonnen" wird.

Diese Annahme ist nicht nur falsch, sondern eine bio-physikalische Unmöglichkeit.

Das Nahrungssubstrat Glucose ist ein absolut neutrales Molekül, für dessen Aufspaltung Ionisations-Energie benötigt wird.

Die Ionisations-Energie, die für die Aufspaltung der Glucose in ($H_2O$) Wasser und ($CO_2$) Kohlendioxyd aufgewendet werden muss, ist die Ionisations-Energie des ($H^+$) Wasserstoffs in der Größenordnung von 13,53 eV.

Diese Energie wird nicht etwa aus der extrazellulären Gewebeflüssigkeit in die Zelle eingestrahlt, sondern ist Bestandteil einer jeden spezifischen Organzelle.

Die verschiedenen Größenordnungen der Ionisations-Energien der Elektrolyte, der Enzyme, der Vitamine usw. werden einmal für den Transport der neutralen Molekularstrukturen Glucose und ($H_2O$)Wasser sowie für die Elektronen-tragenden ionisierten Moleküle ($O_2^{--}$), ($CO_2^-$) und ATP (Adenosintriphosphat) durch die Zellmembran benötigt und zum anderen für die Katalysation dieser Molekular-strukturen, die letztendlich auch nur Transport ist, eingesetzt.

Alle Ionisations-Energien werden für die Vorgänge nur gebraucht, aber nicht verbraucht.

Vorausgesetzt, die Regelkreise funktionieren, unbeeinflusst durch toxische Moleküle, unabhängig davon, ob positiv ($^+$) oder negativ ($^-$) geladen (Energie oder Materie), in der naturgegebenen Ordnung des biologischen Systems.

Wie diese verschiedenen Ionisations-Energien funktionell wirken, wird im Folgenden näher erklärt.

Verdeutlichen wir uns den Weg der Nahrung an einem Beispiel.

Ein Apfel, direkt vom Baum gepflückt, besitzt, wie wir durch mehrere Tests festgestellt haben, einen pH-Wert zwischen 7,3 und 7,5.

Er hat also den gleichen pH-Wert wie z.B. das Blut sowie die extrazelluläre Gewebeflüssigkeit des Menschen.

Der Apfel ist im Grunde genommen ein gleiches biologisches System, das aus sogenannter "lebendiger" Materie besteht, nur dass die Funktionsabläufe etwas anders ablaufen und seine Regelkreise anders funktionieren.

In dem Moment, wo wir ein Stück Apfel unter Einsatz unserer körpereigenen Kraft gleich Energie mit den Zähnen abgebissen haben und beginnen, dieses Stück mit den Zähnen zu zerkleinern, setzen wir in den Molekularstrukturen, aus denen sich der Apfel aufbaut, existierende ($H^+$)-IONEN (Energie) und ($OH^-$)-IONEN (Elektron) frei. Während des Kauvorgangs verbinden sich die ($H^+$)-Kationen (Energie-Träger) und ($OH^-$)-Anionen (Materie-Träger, Elektron) miteinander, was dazu führt, dass die in den Kationen enthaltene strukturierte Energie (Ionisations-Energie) in der Größenordnung von 13,53 eV freigesetzt wird. Diese bei dem Kauvorgang freiwerdende Energie von 13,53 eV spaltet nunmehr, da sie in die Molekularstrukturen des Apfelstückes, das sich im Mund befindet, eingestrahlt wird, diese Molekularstrukturen auf.

Dies geschieht in der Form, dass sie in ein neutrales (H) Wasserstoff-Atom einstrahlt, wodurch sie aus dem (H) Wasserstoff-Atom ein Elektron herausschlägt bzw. eine bestimmte festgelegte Menge an Quarks aus dem Atom herausdrückt, das sich als freies Elektron an ein (O) Sauerstoff-Atom bindet.

Es entsteht also erneut ein ($H^+$) und ein ($OH^-$).

An dieser Stelle ist es angebracht zu erklären, warum speziell die Energiegröße von 13,53 eV eine der Energiegrößen ist, die das

Phänomen "Leben" im physischen Körper der biologischen Systeme bewirken.

Alle hauptsächlichen Molekularverbindungen, aus denen sich die biologischen Systeme aufbauen, sowie die Molekularverbindungen, die für die ordnungsgemäße Funktion und Regulation der Systeme verantwortlich sind, weisen Verbindungen auf, die durch (H) Wasserstoff-Atome bewirkt werden, die man auch als *"Wasserstoff-Brücken-Bindung"* bezeichnet.

*Das bedeutet - und das ist eigentlich das Wichtigste, was wir erkennen müssen, speziell im medizinischen Bereich -, dass die Energiegröße von 13,53 eV (IONISATIONS-Energie des (H) Wasserstoffs) durch ihre spezifische Kraft (Ionisations-Vorgang) in der Lage ist, den größten Teil der Molekularverbindungen aufzuspalten.*

Für das Beispiel unseres Apfels bedeutet das, dass diese Nahrung selbst allein schon die Energie besitzt, um die Molekularstruktur des Apfels weitgehend aufzuspalten.

Der Speichel, der in verschiedenen Zusammensetzungen im allgemeinen in großen Mengen nur während der "Nahrungsaufnahme und beim Kauen gebildet wird, also das Sekret der verschiedenen menschlichen Speicheldrüsen wie Ohrspeicheldrüsen, Glandulae parotes, Glandula sublingualis, Glandula submandibularis beiderseits, die mukösen Drüsen am Gaumen, an den Zungenrändern und an der Zungenwurzel, ist nicht gleich. Der gemischte Speichel enthält jedoch neben der Amylase Schleimstoffe, organische Stoffe wie die Blutgruppensubstanz und Antikörper sowie alle die IONEN ($Na^+$), ($K^+$), ($Cl^-$) und ($HCO_3^-$), die üblicherweise in Körpersäften angetroffen werden.

Jeweils nach der Art der Nahrung bildet sich die Menge des Speichels.
Das bedeutet, dass der Körper zum Beispiel bei einem frisch vom Baum gepflückten Apfel, der viel Flüssigkeit besitzt sowie Elektrolyte und ($H^+$)-und ($OH^-$)-IONEN, der Nahrung weniger sowie energieschwächeren Speichel zusetzt als einer Nahrung, die denaturiert ist. Wie schon gesagt, versteht man unter "denaturierter Nahrung" eine Nahrung, die wenig eigene Energie in Form von ($H^+$)-IONEN sowie Resonanz-Energie in Form von Elektrolyten aufweist.

94

Zum Beispiel ist das der Fall bei Nahrung, bei der durch mechanische Verfahren eine Neutralisation bewirkt wurde.

Das Gleiche gilt bei der Nahrung, der z.B. durch Kochen, Braten, Backen usw. hohe Mengen strukturierter Energie zugeführt wurden, die bewirkte, dass die Molekularstrukturen neutral sind und keine energietragenden Elektrolyte (Mineralstoffe), Spurenelemente, $(H^+)$- und $(OH^-)$-IONEN, also Kationen und Anionen mehr aufweisen.

Der kleinste Teil der Speichelbildung und -zugabe wird durch die Kaubewegung sowie die mechanische Reizung der Mundschleimhaut, die man als unbedingte Reflexe bezeichnet, bewirkt.

Die Hauptauslösung der Sekretion geschieht durch bedingte Reflexe. Also über die chemische Reizung der Geschmacksrezeptoren und der unspezifischen Chemorezeptoren, durch die, wie wir annehmen, nicht nur die Menge, sondern auch die Energiestärke des Speichels bewirkt wird, und zwar durch den Aufbau eines Energie-Potentials im Rachenraum gegenüber den Rezeptoren.

Auf der anderen Seite weiß jeder von uns, dass allein schon die Vorstellung bzw. das Sehen einer Lieblingsspeise genügt, um den Speichelfluss zu bewirken.

Bedingt durch diesen Vorgang nehmen wir an, dass die unspezifischen Chemorezeptoren sowie die Geschmacksrezeptoren Energie-Empfänger sind, die beim Kauvorgang freiwerdende Energiequanten (Photonen), die die Frequenz und Amplitude des Elementes besitzen, aus dem die Nahrung besteht, aufnehmen und in das Gehirn einstrahlen.

Von einer Schaltzentrale des Gehirns aus werden diese Energiequanten über die Nervenbahnen in die Speicheldrüsen eingestrahlt und bewirken da, gleich wie eine Information, die Zusammensetzung bzw. die Energiestärke des Speichels.

Der gleiche Vorgang läuft zum Beispiel bei der Vorstellung bzw. beim Sehen einer Speise ab.

Auch bei diesen Vorgängen werden Energiequanten vom Gehirn aus durch die Gedankenbilder der Vorstellung bzw. durch das Gedankenbild bewirkt, das beim Sehen durch die Abstrahlung der Neutrinos der Speise im Gehirn entsteht.

Dieser Vorgang läuft wie folgt ab.

Ununterbrochen strahlen aus dem Kosmos neutrale Neutrinos in die Atome ein, aus denen zum Beispiel die Speise aufgebaut ist. Diese neutralen Neutrinos schwingen sich in die Frequenz und Amplitude des jeweiligen Atoms ein und verdrängen ein Quark aus dem Atom, das einmal in der Frequenz und Amplitude des Atoms schwingt und zum anderen gleichzeitig in sich die Frequenz und Amplitude der gesamten Molekularstrukturen trägt, aus denen die Speise (Form, Farbe, Energiezustand usw.) besteht.

Auf dem gleichen Wege entstehen im menschlichen Gehirn die Bilder (Formen, Gegenstände, Situationen), die wir mit den Augen wahrnehmen. Dieser Vorgang bzw. der genaue Ablauf wird in Buch 3 detailliert geschildert.

Das heißt zusammengefasst einmal, dass der Speichel die Energie besitzt [($H^+$)-IONEN sowie Elektrolyte ("Resonanz-Energie")], die für die Aufspaltung der Nahrung benötigt wird.

Zum anderen wird der Speichel der Nahrung so angepasst, dass z.B. der Apfel molekularstrukturmäßig bis zum sogenannten Speisebrei verflüssigt werden kann.

Der Speichel besitzt außerdem noch eine weitere wichtige Funktion, die von der medizinischen Forschung bis heute kaum beachtet wurde.

Es ist einmal die Funktion der Reinigung der Zähne und der Mundschleimhaut, wobei man unter Reinigung Neutralisation von ($H^+$)-und ($OH^-$)-IONEN verstehen muss.

Neutrale Molekularstrukturen, die sich in Einbuchtungen der Schleimhaut sowie in den Zähnen festsetzen, sind aufgrund ihrer Neutralität unschädlich bzw. können keine Schäden verursachen.

Molekularstrukturen, die Schäden z.B. am Zahnschmelz oder an den Schleimhäuten bewirken, sind immer Molekularstrukturen, die eine Energieladung besitzen, also positiv ($^+$) geladene Moleküle. Kommen diese positiv ($^+$) geladenen Moleküle mit Elektronen-geladenen Molekülen zusammen, so kommt es zu einer Molekularverbindung, bei der Energie freigesetzt wird, die in den Molekularstrukturen, aus denen die Schleimhäute sowie der Zahnschmelz bestehen, Verbindungen aufbrechen und in diesem Bereich Störungen verursachen.

Dasselbe gilt für Bakterien, die aus dem Umfeld in den Rachenraum eindringen. Diese Bakterien sind entweder Energie- oder Elektronen- Träger.

Sie werden vom Speichel, der sich im Mund befindet, aufgenommen und direkt zu den Mandeln (Tonsillen) transportiert und dort in den Mandelbuchten festgehalten, da die Mandeln das erste Schutzsystem unseres Körpers sind.

Die sogenannte bakterizide Wirkung für diese hochenergie- oder elektronenreichen Bakterien weist der Schleimstoff auf.

Dieser Schleimstoff, ein absolut neutrales Molekulargebilde, ummantelt die Bakterien, damit die Energie beim Durchgang durch den Verdauungstrakt nicht freigesetzt werden kann, wenn diese Bakterien geschluckt werden. Im Normalfall werden sie nach der Ummantelung durch den Schleim über die Lymphspalten des lymphatischen Rachenringes in das lymphatische System transportiert.

Bemerkt werden muss, dass die körpereigenen Bakterien, die im biologischen System des physischen Körpers, z.B. im Darm, zur Regulation benötigt werden, entweder Träger von Energie [$(H^+)$-IONEN] oder von freien Elektronen [$(OH^-)$-Molekül] sind. Sie besitzen eine Energiegröße bzw. Elektronen, die in die Regulations-vorgänge des Energie-Haushaltes eingreifen, wenn die Ausscheidungs-produkte des Darmes (Kot) zu wenig oder zuviel Energie enthalten.

Bevor wir in der Erklärung fortfahren, für den Fachmann zur Auffrischung und für den nicht vorgebildeten Laien zum Erkennen eine Kurzbeschreibung, was Bakterien sind.

Bakterien sind einzellige Kleinlebewesen, deren Molekularstrukturen in Kugeln, Stäbchen sowie schraubenförmig geformt existieren. Im medizinischen Wörterbuch werden sie wie folgt beschrieben:
"Bakterien: Morphol. Kugeln, Stäbchen, u. Schrauben mit Zellmembran (Ektoplasma), Zytoplasma (Endoplasma) u. Kernäquivalenten; keine Chromosomenkerne; z.T. Geisseln u. Kapseln. Stoffwechsel autotroph od. heterotroph, aerob od. anaerob; vielfältige Enzymsysteme, daher auf künstl. unbelebt.
Nährböden züchtbar. Fortpflanzg. durch Querteilg. nach Längenwachstum (Spaltpilze, Schizomyzeten, z.T. Sporenbildg., geschlechtl. Vermehrung (Kopulation) nicht nachgewiesen.
Bakterienreich: Da keine Chromosomenkerne sowie fehlende Geschlechtlichkeit getrennt vom Pflanzenreich und Tierreich anzusehen."

Die Bakterien, die aus unserem Umfeld in unseren Körper gelangen, besitzen jedoch gegenüber den energiegeladenen Bakterien, die Regulationen im Körper bewirken, eine strukturierte Energie in einer Größenordnung, die in der Lage ist, zum Beispiel (N) Stickstoff (Ionisations-Energie in der Größe von 14,54 eV) zu ionisieren.

In der Molekularstruktur, aus der sich diese einzelligen Bakterien aufbauen, befindet sich somit immer strukturierte Energie in einer Größe von 14,54 eV, was bedeutet, dass ein ionisiertes Stickstoff-Atom Bestandteil der Molekularstruktur ist.

Da diese Erkenntnis weitreichende Folgen im Bereich der Bakteriologie bewirken wird, möchten wir diese von uns gefundene Erkenntnis etwas eingehender, mit Grafiken versehen, erklären.

Da speziell im Bereich der medizinischen Bakteriologie/Mikro-Biologie die wissenschaftliche Forschung immens Grosses geleistet hat, soll die Offenlegung dieser Erkenntnis kein Besserwissen darstellen, sondern nur eine weiterführende Anregung sein, ausgehend von der Grundlage physikalischer Gesetze

Wie von der Physik her bekannt, kann ein Elektron aus einem Atom nur durch IONISATIONS-Energie abgespaltet werden.

Das bedeutet, nachdem eine Ionisations-Energie ein Elektron aus einem Atom abgespaltet hat, verbleibt die aufgewendete Ionisations-Energie, die für jedes Element eine verschiedene Größenordnung besitzt, nach der heute gültigen Erkenntnis in dem Atom, das ionisiert wurde.

Im biologischen System des Menschen existiert als größte Energie für die Aufspaltung von Molekülen die Ionisations-Energie des (H) Wasserstoffs, die im ($H^+$) Wasserstoff-ION (13,53 eV) enthalten ist und die von der Bio-Chemie mit dem Oberbegriff "Hydrolyse", die Spaltung bewirkt, umschrieben wird.

(N) Stickstoff-Atome, die zum Beispiel in den Aminosäuren, Proteinen, Säureamiden (Peptide) sowie in vielen anderen Molekularstrukturen, aus denen sich der physische Körper des Menschen aufbaut, sowie in den Molekularstrukturen, die für den Funktionsablauf verantwortlich sind, vorkommen, existieren im biologischen System des Körpers des Menschen nur in "neutraler" und nicht in ionisierter Form, also nicht als Energieträger.

98

Besitzen Bakterien ein ionisiertes ($N^+$) Stickstoff-Atom, wodurch sie zum Träger von 14,54 eV Ionisations-Energie geworden sind, dann bedeutet dies, dass sie Störungen im Körper des Menschen bewirken.

Gelangen Bakterien, die ein ionisiertes ($N^+$) Stickstoff-Atom besitzen, in den Körper des Menschen und wird diese Energie, wie im folgenden beschrieben, freigesetzt, strahlt sie in lebenswichtige Molekularverbindungen ein, die ein (N) Stickstoff-Atom aufweisen, und spalten an dieser Stelle die Molekularverbindung durch den Ionisations-Vorgang auf.

Das heißt einmal, dass ein Molekularrest existiert, der ein ionisiertes ($N^+$)-ION besitzt, das nur mittels eines ($e^-$) Stickstoff-Elektrons neutralisiert werden kann, da ein anderes Elektron vom Stickstoff nicht so aufgenommen wird, dass es

a)      das ionisierte ($N^+$) Stickstoff-ION neutralisiert und

b)      in der Lage ist, dadurch eine Molekularverbindung zu bewirken.

Zum anderen existiert ein Stickstoff-Elektron, das zwar vom (Cl) Chlor und vom (O) Sauerstoff gebunden werden kann, aber sich aufgrund seiner Frequenz und Amplitude nicht für Molekularverbindungen eignet bzw. nicht in der Lage ist, Molekularverbindungen einzugehen.

Erfolgen Aufspaltungen von Molekülen, die nach der naturgegebenen Ordnung nicht aufgespalten werden dürfen, ist die logische Schlussfolgerung, dass Störungen im Funktionsablauf des Körpers auftreten.

Wie bekannt, ist der Grossteil der Bakterien (z.B. Salmonellen und Coli-Bakterien) von einer Kapsel- oder Schleimsubstanz umgeben (Polysaccharide), die für die serologische Spezifität verantwortlich ist. Diese Bakterien wirken nicht auf der Grundlage ihrer hohen Energie, sondern dadurch, dass ihre äußere Substanz Mukopolysaccharid-Charakter besitzt. Gelangen größere Mengen an Bakterien in die extrazelluläre Gewebeflüssigkeit, dann verbinden sie sich durch Ionisation ohne große Schwierigkeiten mit den Glykoproteinen.

Dieser Vorgang führt, wie jeder logisch nachvollziehen kann, zu einer nicht naturgegebenen Verdichtung des Mediums.

In den Riesenmolekülen, aus denen der überwiegende Teil der extrazellulären Gewebeflüssigkeit besteht, sind Antigen-Antikörper ein- und angebunden.

Diese Antigen-Antikörper lösen sich, wenn Bakterien, Viren oder andere für das System toxisch wirkende Molekularverbindungen, die im biologischen System nicht verwertet werden können, in das Grundsystem eindringen.

Entweder binden sie die toxischen Moleküle und neutralisieren sie oder sie ummanteln das toxische Molekül so weitgehend, dass es ohne Schaden für das Grundsystem über die Lymphspalten in das lymphatische System abtransportiert werden kann.

*Auf diesem Wege funktioniert das sogenannte Immun-System in der extrazellulären Gewebeflüssigkeit des Grundsystems. Diese erste Immunantwort mit Mobilisierung von Antikörpern ist letztendlich dafür verantwortlich, ob durch ein toxisches Molekül eine Krankheit bewirkt wird oder nicht.*

Bei einem sukzessiven Eindringen von toxischen Molekularstrukturen werden diese Moleküle ohne Schwierigkeiten durch die spezifischen Antikörper neutralisiert und über die Lymphspalten abtransportiert.

Erfolgt jedoch eine Überschwemmung, also ein hohes Aufkommen von Bakterien, dann bilden sich nach einer nicht bestimmbaren Zeit, die von der existierenden Menge der Antikörper bestimmt wird, sehr große schwer aufspaltbare Moleküleinheiten, die nicht über die Lymphspalten abtransportiert werden können.

Der Antikörpermangel (Überrundung der körpereigenen Abwehr) führt dazu, dass die in geringen Mengen existierenden Antikörper versuchen, mehrere Bakterien zu eliminieren bzw. zu neutralisieren.

Gelingt das nicht mehr in ausreichendem Masse, dann wird die Ionisations-Energie der toxischen Moleküle durch die Übernahme von Elektronen, die an den Glykoproteinen hängen, freigesetzt und bewirkt Funktionsstörungen dadurch, dass die Moleküle der extrazellulären Gewebeflüssigkeit entweder ununterbrochen singulettmäßig aufgespalten oder durch Ionisation strukturmäßig verändert werden.

In der extrazellulären Gewebeflüssigkeit führt das zu einer Dysfunktion im Energie-Haushalt, die dazu beiträgt, dass sich diese Molekulareinheiten mit den Molekülen der extrazellulären Gewebeflüssigkeit verbinden.

100

Dadurch wird die im Normbereich gel-förmige Flüssigkeit so weitgehend verdichtet und versteift, dass aufgrund dieser Veränderung des sogenannten "Molekularsiebs" die Transmitterfunktion nicht mehr gewährleistet ist.

Das bedeutet, dass die strukturverändert entstandenen Riesenmoleküle das ($H_2O$) Wasser verdrängen, was wiederum dazu führt, dass die Transmitterfunktion in der Form gestört ist, dass einmal der ($O_2$) Atmungs-Sauerstoff nicht in ($O_2^{-}$ $^{-}$) und ($O_2^{++}$) aufgespalten werden kann.

Zum anderen können Energiequanten, die den Energie-Haushalt regulieren (Information der Nerven), bedingt durch die Dysfunktion des Energie-Haushaltes, nicht über die Nervenfaserenden in die extrazelluläre Gewebeflüssigkeit abgestrahlt werden.

Das Nicht-Abstrahlen der Energiequanten aus den Nervenfaserenden führt zu einem Stau in diesen Nervenfaserenden, wodurch feedbackmäßig Rückstrahlungen dieser Energiequanten in das Gehirn bewirkt werden, die der Mensch als Schmerz wahrnimmt.

Außerdem binden sich diese die Verdichtungen bewirkenden Riesenmoleküle, bedingt durch den veränderten Energie-Haushalt, an die Zellmembranen und werden von diesen festgehalten.

Am Anfang ist es das Gebiet, das in der Neural-Therapie als *"Störfeld"* beschrieben wird.

Da das Grundsystem ein Fliess-System ist, was bedeutet, dass die extrazelluläre Gewebeflüssigkeit ubiquitär den ganzen Körper durchzieht, bewirkt dieser Stau gleich Verdichtung der Riesenmoleküle, die an die Zellmembranen gebunden sind, dass ankommende Moleküle der extrazellulären Gewebeflüssigkeit nicht weitertransportiert werden können.

Die daraus resultierende Vergrößerung des Staus, also der Verdichtung bewirkt den Zustand, der von der Medizin als *"Herd" bzw. "Krankheits-Herd"* bezeichnet wird, denn die Folgen dieser Verdichtung sind Störungen in den Funktionsabläufen und im Energie-Haushalt der spezifischen Organzellen.

Die spezifischen Krankheitsbilder, die in Folge nach der Manifestation einer Verdichtung ("Herd") zu erkennen sind, sowie die Symptome, die dann auftreten, werden durch die spezifischen Organzellen des jeweiligen Organbereichs bewirkt.

Das bedeutet, die Entstehung der sogenannten bakteriellen Erkrankungen ist erst in zweiter Linie den Molekularstrukturen der Bakterien zuzuschreiben, vorausgesetzt, sie gelangen durch eine Zellmembranveränderung als Molekularstruktureinheit in die spezifische Organzelle.

In der "Zeitschrift für Regulations-Medizin", Facultas Universitäts-Verlag, September 1991 beschreibt HEINE in einer kurzen Zusammenfassung diesen Vorgang, wissenschaftlich formuliert, so aussagekräftig, dass wir diesen Ausschnitt kurz zitieren möchten.

"Ein Feld ist durch Feldlinien gleichen energetischen Potentials ("Äquipotiallinien") gekennzeichnet, z.B. im makroskopischen Bereich durch Dichte-, Geschwindigkeits- und Temperaturfelder.

Im ultrastrukturellen Bereich werden dagegen mit Feld Wechselwirkungen zwischen Elementarteilchen, wie etwa im elektromagnetischen Feld, beschrieben.

*Die Grundsubstanz als biologisches Feld.*

Wenn der Begriff Störfeld sinnvoll sein soll, muss er der oben

gegebenen Definition eines Feldes entsprechen. Molekulares und energetisches Substrat dafür kann nur durch die Grundsubstanz und die Wechselwirkungen ihrer Hauptstrukturkomponenten der Proteoglykane und Glykosaminoglykane (PG/GAGs) gegeben sein. Aufgrund ihrer Negativladung sind diese Biopolymere zur Wasserbindung und zum Ionenaustausch befähigt.

Sie sind damit die Garanten für Isoosmie, Isoionie und Isotonie im Organismus, d.h. die Homöostase hängt von den Wechselwirkungen der PG/GAGs untereinander und der sie beeinflussenden direkten und indirekten Energieträger ab.

Die feldgerechte "Werteverteilung" der verschiedensten physikalischen und biologischen Größen wird durch die Fähigkeit der PO/GAGs zu dynamischen Ringschlüssen mit Entwicklung verzweigt tunnelartiger Gebilde gewährleistet. Dabei können gleichzeitig hydrophobe Substanzen nach Art der "guest-host" Komplexierung durch Wasserverdrängung im Inneren der Tunnellumina und hydrophile

Substanzen an der Tunnelaußenseite transportiert werden (Heine 1990)."

An diesem Zitat können Sie erkennen, dass HEINE zu den wenigen Wissenschaftlern zählt, die ihrer Zeit um Dezennien voraus sind. Einfach ausgedrückt kann man sagen, dass HEINE zu den Wegbereitern der "NEUEN Medizin" zählt.

Seine vielen Arbeiten, die er veröffentlicht hat, sowie sein "Lehrbuch der biologischen Medizin", das seit 1991 auf dem Markt ist, besitzen jedoch leider, wie wir bei vielen Gesprächen feststellen konnten, ein zeitbedingtes Handicap. Normale praktische und klinische Ärzte haben einmal noch nie etwas über die "lebensbewirkende" Zwischen-zellsubstanz gehört und können zum anderen mit den Begriffen, die im Bereich der Grundlagenforschung der Zwischenzellsubstanz verwendet werden, nichts anfangen, da ihnen diese nicht geläufig sind.

Unserer Meinung nach ist es absolut wichtig, den Vorschlag von Professor BERGSMANN/Wien (persönliche Mitteilung), *einheitliche Begriffe festzulegen und bekannt zumachen,* schnellstmöglich in die Tat umzusetzen, damit die Erkenntnisse der Grundlagenforschung des Grundsystems (HEINE sagt "Matrix") Eingang finden in die klinische und praktische Medizin, so, dass sie von allen verstanden werden.

Dies ist auch einer der Gründe, warum wir versuchen - selbst auf die Gefahr hin, dass es von Nachdenkern als "unwissenschaftlich" abqualifiziert wird -, unsere Erkenntnisse so einfach wie möglich niederzuschreiben. Aber gehen wir zurück zu unserem Stoff.

Durch die Verdichtung des Mediums wird, wie schon gesagt, eine Störung der Transmitterfunktion bewirkt, die dazu führt, dass eine Depolarisierung der Zellmembran entsteht.

Diese tritt dadurch ein, dass sich die ($H^+$)- und ($OH^-$)-IONEN sowie die Elektrolyte ($Na^+$), ($K^+$), ($Ca^{++}$),($Mg^{++}$) und ($Cl^-$) in und außerhalb der Zelle durch Potential-Veränderungen nicht mehr im Gleichgewicht befinden.

Alle Zellmembranen bestehen aus einer *absolut neutralen Molekularstruktur,* die selbst keine Energie besitzt.

Das Energie-Potential, das an einer Zellmembran gemessen werden kann, ist also nicht die Energie der Zellmembran, sondern der Unterschied zwischen der Energie in der Zelle und außerhalb der Zelle.

Diese Energie in und außerhalb der Zelle ist die Energie, die das ($H^+$) Wasserstoff-ION sowie die Elektrolyte ($Na^+$), ($K^+$), ($Ca^{++}$) und ($Mg^{++}$) besitzen.

Proportional zu dieser Energie wirken ausgleichend im biologischen System des Körpers die freien Elektronen ($e^-$), die nur vom (O) Sauerstoff- und vom (Cl) Chlor-Atom gebunden und transportiert werden können.

Der neutrale pH-Wert von 7 bedeutet, dass sich in einer Flüssigkeit die Menge an Energie und Elektronen proportional im Gleichgewicht befindet. Dabei muss nochmals betont werden, dass dieses Gleichgewicht nicht nur von Seiten der Energie der ($H^+$) Wasserstoff-IONEN her gesehen werden darf, sondern dass die Energie der Elektrolyte im Säure-Basen-Haushalt unseres Körpers im Grunde genommen den gleichen wirkenden Anteil besitzt wie die Energie der ($H^+$)-IONEN.

*Die neutrale Molekularstruktur der Zellmembran kann NUR durch Energie auf der Grundlage der "Singularität" kurzfristig aufgespalten und durchlässig gemacht werden, damit Nahrungssubstrat (Glucose) in die Zelle und ($CO^2$) Kohlendioxyd aus der Zelle transportiert werden können.*

Dieser Vorgang wird, wie im Folgenden noch beschrieben, durch die Energie der Elektrolyte bewirkt.

Der Transport des (O) Atmungs-Sauerstoffs in und aus der Zelle durch die Zellmembran, der in Verbindung mit der Glucose für die Produktion von ($H_2O$) Zellwasser sowie für ($CO_2$) Kohlendioxyd im Citronensäurezyklus benötigt wird, läuft genauso ab.

Beide Vorgänge werden in dem Kapitel "**Die Atmungskette der Mitochondrie**" genau beschrieben.

Das Energie-Gleichgewicht in und außerhalb der Zelle verändert sich durch die Verdichtung der extrazellulären Gewebeflüssigkeit, die bewirkt, dass der negativ ionisierte ($O_2^{--}$) Atmungs-Sauerstoff nicht mehr in ausreichender Menge in die Zelle transportiert werden kann.

Bedingt dadurch verändert sich das Energie-Potential in der Zelle zu Gunsten von ($H^+$)-IONEN und Elektrolyten, da die Elektronen des ($O_2^{--}$) Atmungs-Sauerstoffs im Energie-Gesamthaushalt der Zelle fehlen und das Gleichgewicht verändert wird.

Die Folge des Mangels an Elektronen-tragendem ($O_2^{-\cdot}$) Atmungs-Sauerstoff ist, dass in der Mitochondrie, in der der Citronensäurezyklus abläuft, das Oxidationsferment Cytochrom a/$a_3$ energiemäßig zusammenbricht. Wie, wodurch und auf welchem Wege das Cytochrom a/$a_3$ die Energie verliert, die es benötigt, um ($H^+H^+$)und ($O^-$) zu ($H_2O$) Wasser zu oxidieren, wird im Folgenden auch genau erläutert.

Die betroffenen Mitochondrien sind also, wenn von der Sauerstoff-Zufuhr abgeschnitten, nicht mehr in der Lage, die Glucose auf aerobem Wege aufzuspalten zu den Endprodukten ($H_2O$) Wasser und ($CO_2$) Kohlendioxyd.

Sie schalten auf den relikten Stoffwechsel der Gärung, also auf den anaeroben Stoffwechsel um, bei dem das Zuckermolekül Glucose ($C_6H_{12}O_6$) an der Brenztraubensäure aufgespaltet wird in 2 Moleküle Milchsäure ($C_3H_6O_3$).

Nach der heute gültigen Modellvorstellung wird behauptet, dass bei der Aufspaltung des *neutralen* Moleküls Glucose *Energie gewonnen* und in der Form von ATP (Adenosintriphosphat-Synthese) aus der Zelle transportiert wird. Aus physikalischer Sicht gesehen ist dies nicht nur falsch, sondern eine Unmöglichkeit.

Das ATP-Molekül ist Träger von 4 Elektronen, also von Masse, die aus den Quarks, den Ur-Teilchen der Materie bestehen, und diese sind nicht im Besitz von irgendwelcher Energie.

ATP (Adenosintriphosphat)

Das heißt, sie transportieren nur Materie in Form von Elektronen ($e^-$) aus der Zelle, die freiwerden, wenn der negativ ionisierte ($O_2^{-\cdot}$)

Atmungs-Sauerstoff auf die (C) Kohlenstoff-Atome der Glucose katalysiert wird.

Während dieses Katalysationsvorganges werden die freiwerdenden Elektronen vom $(O_2^-{}^-)$ Atmungs-Sauerstoff abgespalten und vom Phosphor-Sauerstoff-Molekül gebunden (siehe "Atmungskette der Mitochondrie").

*Erst wenn das ATP-Molekül, angezogen von $(K^+)$ Kalium-IONEN, an der Zellmembran angekommen ist und die $(K^+)$-IONEN die Elektronen übernehmen, wird singulettmäßig Energie frei.*

Diese Energie wird verwendet, um die neutrale Molekularstruktur der Zellmembran so weitgehend aufzuspalten, dass das Elektron aus der Zelle in die extrazelluläre Gewebeflüssigkeit einstrahlen kann. Außerhalb der Zelle wird es vom $(K^+)$-ION, da es frequenz- und amplitudenmäßig nicht aufgenommen werden kann, wieder abgestrahlt und kurzfristig von den PG/GAGs gebunden. Der gesamte Vorgang wird, wie schon gesagt, in Folge noch genau erläutert.

Gehen wir zurück in den Rachenraum und da zu der Nahrung und den Mandeln.

***Die Mandeln sind das erste Schutzsystem des Körpers.***

Sie wirken in der Form, dass sie all die Moleküle in ihren Buchten speichern, die ein Energie-Potential besitzen, das dem Körper schadet, wie zum Beispiel:

Molekularreste der durch den Kauvorgang aufgespalteten Nahrung, die so energiereich sind, dass sie auf dem Weg zum Magen Schäden verursachen; Bakterien, die Ionisations-Energien besitzen (z.B. (N) Stickstoff - 14,54 eV), die in der Lage sind, körpereigene Molekularstrukturen an Verbindungen aufzuspalten, die nicht mehr mit körpereigenen Molekülen Verbindungen eingehen können und deren Energie auf Singulett-Basis weitere lebenswichtige körpereigene Molekularverbindungen aufspaltet; Viren, die die gleichen Voraussetzungen erfüllen; kurz zusammengefasst, alle nicht körpereigenen Molekularverbindungen, die durch ihr Energie-Potential Schäden im Körper bewirken können.

Der im Mund durch das Kauen vorbereitete Speisebrei wird über die Speiseröhre (Ösophagus) in den Magen transportiert.

In diesem Organ, das dem eigentlichen Verdauungstrakt vorgeschaltet ist und in dem die Nahrung gespeichert und für die Abgabe in den

Darm vorbereitet wird, erfolgt die weitere Aufspaltung des Speisebreis.

Der Magensaft, eine farblose, stark saure Flüssigkeit mit einem Salzsäureanteil von 0,4 bis 0,5 Prozent, pH 0,97 und einer geringen Menge an ($Na^+$), ($Ca^{++}$), ($K^+$), ($Mg^{++}$), ($SO_3^-$), ($P_2O_5^-$) und Rhodanid sowie Propepsin, Lipase (Steapsin), Intrinsic-Faktor und Schleim von Epithel-, Kardia- u. Pylorus-Drüsen, besitzt einen Gesamt-pH-Durchschnittswert von 0,9 - 1,8.

Das heißt, der Magensaft ist sehr energiereich.

Dabei muss jedoch beachtet werden, dass diese Energie, die in Atome gebunden ist, nur dann freigesetzt werden kann, wenn in der Nahrung genügend freie Elektronen ($e^-$), z.B. in der Form von ($OH^-$)-IONEN vorhanden sind.

Würden zum Beispiel in einer Nahrung keinerlei freie Elektronen ($e^-$) existieren, was normal nicht möglich ist, so wäre diese Nahrung schwer aufspaltbar in kleinere Molekularstrukturen, also kaum verdaubar, wenn nicht im Magensaft die freien Elektronen, gebunden am ($SO_3^-$) und ($P_2O_5^-$) vorhanden wären.

Ist der Speisebrei im Magen weitgehend in kleinere Moleküle aufgespalten, wird er in den circa 6 bis 7 m langen Dünndarm = Intestinum tenue transportiert.

In dem circa 30 cm langen bogenförmig verlaufenden Zwölffingerdarm = Intestinum duodenum wird dem Speisebrei von der Bauchspeicheldrüse = Pankreas eine Flüssigkeit zugesetzt, die einen pH-Wert (Durchschnittswert) von circa 8,8 besitzt.

Sie zeigt also alkalische Reaktionen und enthält neben Wasser und Bicarbonat in der Hauptsache Verdauungsenzyme, die in den azinösen Zellen der Bauchspeicheldrüse produziert werden.

Wobei die Enzyme selbst nicht in der Lage sind, Molekularstrukturen aufzuspalten, sondern nur Katalysationsfunktion besitzen. Ohne näher auf die Bestandteile einzugehen, da sie in der Fachliteratur nachlesbar sind, können wir also sagen, dass die Flüssigkeit einen Überschuss an Materie, also an Elektronen ($e^-$) aufweisen muss.

Das bedeutet, dass die Flüssigkeit aus der Bauchspeicheldrüse einen größeren Anteil an freien Elektronen ($e^-$) gegenüber der Energie der ($H^+$) und Elektrolyte aufweist, durch die einmal weitere Molekularverbindungen aufgespalten werden und zum anderen der

Speisebrei durch die Materie der Elektronen (e⁻) näher zur Neutralität (pH 7) gebracht wird.

Die Funktion des Gallensaftes wollen wir an dieser Stelle vernachlässigen, da dieser Vorgang Detailbereiche betrifft, die auch in jedem Fachbuch nachgelesen werden können.

Nach dem Zwölffingerdarm gelangt der Speisebrei in den sogenannten Gekrösedarm = Intestinum tenue mesoteniale (mesenteriale), der an der hinteren Bauchwand durch eine Peritonealfalte (Mesenterium) festgehalten wird. Der Gekrösedarm zerfällt wiederum in den Leerdarm = Intestinum jejunum und den Krummdarm = Intestinum ileum.

Die gesamte Dünndarmschleimhaut weist eine große Zahl von Schleimhauterhebungen, sogenannte Darmzotten, auf, die der Resorption = Aufnahme der Nahrungsstoffe in die extrazelluläre Gewebeflüssigkeit und da in das venöse System dienen.

Unserer Erkenntnis nach erfolgt die Resorption des Nahrungssubstrats Glucose und anderer Zuckermoleküle sowie der Elektrolyte und Spurenelemente in den Blutkreislauf auf einem Wege, der gleich ist wie der Transport des Nahrungssubstrats Glucose durch die aus neutralen Molekülen aufgebaute - ohne Energieeinsatz undurchlässige - Zellmembran. Aus diesem Grunde möchten wir erst im nächsten Kapitel auf den Kreislauf eingehen, in dem letztendlich die lebensbewirkenden Vorgänge ablaufen - die extrazelluläre Gewebeflüssigkeit.

## Die "MATRIX"

Auch wenn viele Ärzte, Wissenschaftler und medizinisch interessierte Laien kaum oder noch nie etwas über den Kreislauf, den PISCHINGER mit dem Begriff "Grundsystem" umschreibt, gehört bzw. sich keine Gedanken darüber gemacht haben, so ist trotzdem die Tatsache nicht wegzuleugnen, dass dieses System, das ein fließendes System ist, effektiv existiert.

Aber es existiert nicht nur, sondern es ist letztendlich das System, in dem die "lebensbewirkenden" Grundfunktionen ablaufen.

In der extrazellulären Gewebeflüssigkeit, dem Medium des

Grundsystems, befindet sich das erste Regulations-, Abwehr und Immun-System.

Die Stelle, an der Molekularstrukturen, die der Körper benötigt, in die extrazelluläre Gewebeflüssigkeit einstrahlen, also resorbiert werden, ist der Dünndarm. Betrachten wir den Darm zum besseren Verständnis einfach einmal als ein Rohr, dessen Wandung wie ein Sandwich aufgebaut ist.

Diese Darmwand besteht aus einer äußeren und inneren Schicht sowie aus einem Hohlraum - das Grundsystem-, der gefüllt ist von der extrazellulären Gewebeflüssigkeit.

Wie elektronenmikroskopisch von EPPINGER nachgewiesen, enden die Kapillaren des venösen und arteriellen Systems sowie die Nervenfaserenden in dieser extrazellulären Gewebeflüssigkeit, was heißt, dass sie keinen Kontakt direkt mit der spezifischen Organzelle besitzen. Außerdem existiert eine große Anzahl an Lymphspalten, über die die Stoffwechselschlacken in das lympathische System abtransportiert werden.

Das heißt, alle Informationen des Gehirns (Energiequanten), über die Nerven abgestrahlt, sowie alle Molekularstrukturen - Nahrungssubstrat, Elektrolyte, Spurenelemente usw. -, werden, bevor sie in die Zelle gelangen, Bestandteil der extrazellulären Gewebeflüssigkeit des Grundsystems.

Diese Aussage ist unbestreitbar, da sie in ausreichendem Masse wissenschaftlich experimentell überprüft und nachgewiesen wurde.

Auf die Bestandteile, aus denen sich die extrazelluläre Gewebeflüssigkeit aufbaut, wird in Folge noch näher eingegangen.

Die äußere Schicht der Darmwand besteht aus einer festverbundenen undurchlässigen neutralen Molekularstruktur, deren elektrischer Widerstand über 200-mal höher ist als der der extrazellulären Gewebeflüssigkeit im Grundsystem.

Sie wirkt also wie die Isolierschicht eines Kabels.

Das Gleiche gilt - nur dass der Widerstand ca. 120- bis 180-mal höher ist als der des Plasmas des leitenden Mediums im Blut - für die Venen- und Arterien-Wände.

Die innere Darmwand, die vom Speisebrei mechanisch beeinflusst wird, also die Schleimhäute mit den Darmzotten, besteht aus Epithelzellen, deren Membranen aus neutralen Molekülen aufgebaut sind und die miteinander wie die oberste Hornhautschicht der Haut verbunden sind.

Das heißt, zwischen ihnen befindet sich keine Zwischenzellsubstanz gleich extrazelluläre Gewebeflüssigkeit.

Auch das ist bekannt, wissenschaftlich ausreichend abgesichert und unbestreitbar.

Diese aus Epithelzellen bestehende Schicht - bezeichnen wir sie als oberste Hornhautschicht - ist der einzige Zellverband, (auch das ist wissenschaftlich experimentell nachgewiesen), bei dem die Zellen miteinander in direktem Kontakt stehen und die nur von einer Seite an das Grundsystem angeschlossen sind.

Die zweite Schicht an der Innenseite der Darmwand besteht aus Mukosazellen, die keinen direkten Kontakt miteinander besitzen und, sagen wir einfach, in der extrazellulären Gewebeflüssigkeit als Einzelzellen gleich autonomes System existieren.

Was in der extrazellulären Gewebeflüssigkeit die Einzelzellen auseinander hält, ist ein elektrisches Phänomen, das bewirkt wird durch die Energie-geladenen Elektrolyte $(Na^+)$, $(K^+)$, $(Ca^{++})$, $(Mg^{++})$ und die Energie-tragenden $(H^+)$ Wasserstoff-IONEN sowie durch die Elektronen-, also Materie-tragenden $(OH^-)$- und $(CI^-)$ Chlor-IONEN.

Außerdem sind unserer Erkenntnis nach für die Erhaltung des Gleichgewichtes dieses elektro-chemischen Feldes die freien Elektronen maßgebend, die an den $(O^-)$ Sauerstoff-IONEN hängen, die von den Molekularstrukturen der Proteoglykane und Glykosaminoglykane (PG/GAGs), die Bestandteil der extrazellulären Gewebeflüssigkeit sind, gebunden werden.

Der Lieferant der vom (O) Sauerstoff gebundenen Elektronen ist die ATP (Adenosintriphosphat-Synthese), die selbst diese Elektronen vom mitochondrialen (O) Atmungs-Sauerstoff erhält, wenn der $(O_2^-{}^-)$ Sauerstoff im Citronensäurezyklus vom (C) Kohlenstoff des Nahrungssubstrats zum $(CO_2)$ Molekül katalysiert wird.

Im Kapitel "Die Atmungskette der Mitochondrie" wird dieser Vorgang genau erläutert.

Verdeutlichen wir uns noch einmal, dass die Zellen der ersten Schicht - und da die Zellmembranen - aus einer *absolut neutralen* Molekularstruktur bestehen, die in direktem Kontakt mit dem Speisebrei steht und die, wie nachgewiesen, *keinerlei Öffnungen* besitzt, an denen vom Körper verwertbare Molekularstrukturen in die extrazelluläre Gewebeflüssigkeit und von dort in das venöse System transportiert werden können.

Dies ist eine Tatsache, genauso wie es eine Tatsache ist, dass ein neutrales Molekül nur mittels IONISATIONS-Energie aufgespaltet werden kann.

Da man in der Bio-Chemie "Energie" als eine Kraft ansieht, die *strukturlos* ist, hat man auf mechanischem Wege versucht, eine denkbare Lösung zu finden, auf deren Grundlage der Transport des Nahrungssubstrats sowie des Atmungs-Sauerstoffs erklärbar und möglich sein könnte.

Das heutige Denkmodell, mit dem man diesen Vorgang beschreibt, benutzt einmal die Grundlage der "Diffusion" und zum anderen eine denkbare Möglichkeit, die unter dem Begriff "Kalium-Natrium-Pumpe" bzw. "IONEN-Pumpe" beschrieben wird.

Mit diesen Mechanismen versucht man, den Transport von Nahrungssubstrat (Glucose), $(O_2^{--})$ Atmungs-Sauerstoff, $(H_2O)$ Zellwasser sowie $(CO_2)$ Kohlendibxyd in und aus der Zelle erklärbar zu machen und zu beschreiben.

Vergessen wird leider, dass dies nur ein Denkmodell ist, das zwar auf mechanischem Wege in vitro experimentell überprüft wurde und das heute in der medizinischen Wissenschaft als Stand der Wissenschaft gilt, das aber viele Momente besitzt, mit denen ein großer Teil von Phänomenen nicht erklärt werden kann.

Bedingt dadurch, dass wir die heute gültigen Erkenntnisse verbunden haben mit physikalischen Erkenntnissen, ergeben sich Fragen, die dieses Denkmodell infrage stellen.

# IONEN-PUMPE

Der Begriff "IONEN-Pumpe", auch als "Kalium-Natrium-Pumpe" bezeichnet, wird für einen Vorgang verwendet, der so, wie er in der Fachliteratur beschrieben wird, nicht ablaufen kann.

Wie schon beschrieben, entsteht ein Membranen-Potential z.B. einer Zellmembran dadurch, dass auf der einen Seite der Membran, beispielsweise im Inneren einer Zelle, eine größere Energie existiert als außerhalb der Zelle.

Wie man experimentell nachgewiesen hat, befinden sich in einer Zelle, nehmen wir einen effektiven Wert, 137 mmol/l ($K^+$) Kalium-IONEN und außerhalb der Zelle in der extrazellulären Gewebeflüssigkeit, in der die Zelle existiert, nur 4,1 mmol/l ($K^+$)-IONEN.

Die Bio-Chemie betrachtet in ihrem Denkmodell die ($Na^+$) Natrium-IONEN als Gegenspieler der ($K^+$)Kalium-IONEN, da die Verteilung der ($Na^+$)-IONEN wie folgt aussieht.

In der Zelle 15 mmol/l ($Na^+$)-IONEN und außerhalb der Zelle 145,1 mmol/l ($Na^+$)-IONEN.

Da die Elektronen-tragenden ($Cl^-$) Chlor-IONEN als Energie-ausgleichendes Element betrachtet werden, was unserer Erkenntnis nach auch stimmt, verändern die ($Cl^-$)-IONEN das Gesamt-Energie-Potential."

Bio-chemisch wird das Ruhe-Potential der Zellmembran in der Form berechnet, dass z.B. die Menge der ($K^+$)-IONEN in der Zelle kleiner ist als die Menge der ($Na^+$)-IONEN außerhalb der Zelle. Dies ist eine absolut einfache Erklärung, bei der wir einmal alle Energie-tragenden oder Elektronen-tragenden, also Materie-tragenden Moleküle außer acht lassen, die am Gesamt-Energie-Potential der Zellmembran mitwirken.

In gleicher Weise verfahren wir mit den ($Cl^-$)Chlor-IONEN, die den Energie-Ausgleich bewirken.

Das bedeutet also, dass das Membranen-Potential bestimmt wird durch die Konzentrations-Differenz bestimmter IONEN zu beiden Seiten der maßgebenden Membran.

Seine Veränderung, das sogenannte "Aktions-Potential", eine kurzdauernde Veränderung der Durchlässigkeit, also der Permeabilität der Membran, wird darauf zurückgeführt, dass zum Beispiel (Na⁺)-IONEN in die Zelle und (K⁺)-IONEN aus der Zelle diffundieren.

Dieses Denkmodell wurde bereits 1902 von BERNSTEIN entwickelt. In abgewandelter Form ist es die Grundlage der von HODGKIN und HUXLEY 1952 entwickelten "Ionen-Theorie der Erregung", die, wie in der Fachliteratur zu lesen ist, *"eine befriedigende Beschreibung und Deutung der meisten experimentell gefundenen Tatsachen ermöglicht"*. In der Literatur wird das zusammenfassend wie folgt beschrieben.

"Das *Ruhepotential,* gleich ob Nervenfasern oder andere erregbare Zellen, ist als ein Diffusionspotential an einer selektiv ionenpermeablen (also durchlässigen) Membran aufzufassen. Für die Höhe seines Potentials sind in erster Linie die Kalium-Ionen maßgebend. Die (K⁺)-Ionen sind im Inneren der Nervenfasern und Zellen in 40- bis 50-mal höherer Konzentration vorhanden als außen, und die begrenzende Membran besitzt für die (K⁺)-Ionen eine vielfach höhere Permeabilität als für alle anderen Ionen."

Nach der Meinung der Forschung muss die *Außenseite* der Membran durch das Überwiegen des Diffusionsbestrebens der positiven (K⁺)-IONEN, die sich entsprechend ihrem Konzentrationsgefälle von innen nach außen bewegen wollen, eine *positive* (⁺) Ladung gegenüber dem Inneren annehmen.

"Die Natriumionen sind, umgekehrt wie die (K⁺)-Ionen, außen in einer 3- bis 10fach höheren Konzentration vorhanden als im Innern einer Faser bzw. Zelle. In der Ruhe ist die Membran für (Na⁺)-Ionen so gut wie undurchlässig, so dass die (Na⁺)-Ionen das Ruhe-Membranpotential wenig beeinflussen. Ihr Einfluss setzt sich dagegen bei der Erregung durch: Bei der Erregung nimmt die geringe Natrium-Permeabilität der Membran für (Na⁺)-Ionen plötzlich um das Mehrhundertfache zu. Hierdurch kommt es zum Einströmen von Na-Ionen in das Innere der Faser bzw. der Zelle und damit zur Umkehr der Potentialdifferenz im Aktionspotential."

Das heißt, die im Ruhe-Potential als negativ (⁻) geladen bezeichnete Zellmembran schlägt um in eine positive (⁺) Ladung. Dies ist die heute gültige Auffassung vom Zustandekommen des Membranen-Potentials als Diffusions-Potential.

Beenden wir diese Erklärung.

Genauere Erläuterungen dieses Denkmodells finden Sie in jedem Fachbuch der Physiologie, in denen auch die Abläufe der in-vitro-Messungen erläutert werden.

Auf der Grundlage dieses Denkschemas nimmt man an, dass die "IONEN-Pumpe" den Transport des Nahrungssubstrats in die Zelle sowie der aus dem Nahrungssubstrat und Atmungs-Sauerstoff entstehenden Produkte ($H_2O$) und ($CO_2$) aus der Zelle bewirkt.

Nach unserer Erkenntnis kann dieser Vorgang jedoch so nicht ablaufen, da, aus bio-physikalischer Sicht gesehen, Energie-tragende IONEN nicht "einfach so" durch *neutrale* Molekularstrukturen (Zellmembran) *diffundieren* können.

Wie schon beschrieben ist eine Zellmembran ein aus neutralen Molekülen bestehendes Gebilde, das selbst keinerlei Energie besitzt.

Das bedeutet, dass, wenn IONEN diffundieren, also aus der Zelle oder in die Zelle geschleust werden, entweder in der Molekularstruktur der Zelle ein *Mechanismus* existiert, zum Beispiel Dipol-Bindungen, bei denen durch Energie-geladene IONEN - ($K^+$)und ($Na^+$) - eine Öffnung aufgebrochen wird, oder eine *Energie,* die, innerhalb und außerhalb der Zelle auf Singulett-Basis aus einem positiv ($^+$) geladenen ION freigesetzt, die neutralen Moleküle der Zellmembran kurzfristig aufspaltet.

*Nur durch die verschiedenen Konzentrationen gleich Menge von IONEN ist es unmöglich, dass eine festverbundene neutrale Molekularstruktur so aufgespalten wird, dass Öffnungen entstehen, durch die Moleküle in die Zelle und aus der Zelle transportiert werden können.*

Jeder, der diesen Vorgang logisch auf physikalischer Grundlage überdenkt, muss zu der gleichen Schlussfolgerung kommen.

Es nützt niemandem etwas, wenn er behauptet, die "IONEN-Pumpe" sei absolut wissenschaftlich bewiesen, denn es entspricht nicht den Tatsachen. Es ist nur ein Denkmodell, auf dessen Grundlage man sich die in vitro gefundenen bisher bekannten Tatsachen, also die Wirkung der "IONEN-Pumpe", vorstellen kann.

Es ist einfach nur ein hypothetisches Modell.

Dabei ist es nebensächlich, ob man nun z.B. ein Molekül X hoher K-Affinität oder ein Molekül Y hoher Na-Affinität im Zusammenhang

114

mit der Bindung von anorganischem Phosphat (-P) bzw. der Abspaltung von energiereichem Phosphat (...P) im ATP-Zyklus mit einbezieht.

*NEUTRALE Molekularstrukturen, aus denen zum Beispiel die Zellmembranen ALLER Zellen bestehen, können nun einmal NUR durch ENERGIE aufgespaltet werden.*
*Aufspaltung heißt nicht unbedingt IONISIERUNG, sondern auch eine "singulett" freigesetzte Energie kann kurzfristig eine Öffnung in einer neutralen Molekularstruktur bewirken.*

Gehen wir erst einmal zurück zum Darm und beschreiben, wie unserer Erkenntnis nach die Resorption von Nahrungssubstrat und anderen Molekülen aus dem Speisebrei in die innere Darmwand erfolgt.
Im Dünndarm - wobei in dieser Erklärung die einzelnen Teilabschnitte keine Rolle spielen sollen - erfolgt die hauptsächliche Resorption der Molekularstrukturen, die wir zur Erhaltung des Lebendigen benötigen.

Wie schon beschrieben, können Elektronen - bedingt durch ihre Frequenz und Amplitude, in denen sich das Ur-Plasma der Quarks, also der Ur-Teilchen, aus denen sich die Atome der Elemente aufbauen, in rotierenden Wellen bewegt - nur von den Atomen aufgenommen werden, die die *gleiche* Frequenz und Amplitude aufweisen.
Ein Elektron, das dem (H) Wasserstoff entstammt, kann also z.B. nicht vom ($K^+$) Kalium oder ($Na^+$) Natrium aufgenommen werden - wodurch das ($K^+$) Kalium oder ($Na^+$) Natrium seine Eigenschaft als Energie-tragendes Elektrolyt gleich ION verlieren und wieder zum neutralen Atom werden würde -, da es die angebundene Ionisations-Energie freigäbe.
Wird ein freies Elektron, das einem (H) Wasserstoff-Atom entstammt, z.B. von einem Energie-tragenden ($K^+$)-ION angezogen, dann läuft der Vorgang ab, der am Anfang schon beschrieben wurde.

Die Quarks des Elektrons werden in das ($K^+$)-ION eingezogen und direkt wieder an der anderen Seite, an der die Ionisations-Energie anhängt, ausgestrahlt, da die Quarks des Elektrons von den rotierenden Wellen der Quarks des ($K^+$) Kaliums nicht integriert werden können, bedingt dadurch, dass sie nicht die gleiche Frequenz und Amplitude aufweisen.

In der Zeit, in der die Quarks des Elektrons durch das $(K^+)$-ION geschleust werden, spaltet sich kurzfristig (Singulett-Zustand) die Ionisations-Energie, die das $(K^+)$-ION besitzt, in der Energiegröße von 4,34 eV ab und ist in der Lage, z.B. eine (H) Wasserstoff-Bindung in einem Molekül wiederum kurzfristig singulett-mäßig aufzuspalten.

An dieser Stelle möchten wir auf etwas hinweisen, das unserer Meinung nach bei der Resorption des Speisebreis in die extrazelluläre Gewebeflüssigkeit in der Darmwand bei den Theorien, die existieren, nicht genügend in Betracht gezogen wird.

Nehmen wir für unser Beispiel das Nahrungssubstrat Glucose, das in der Zelle in Verbindung mit dem $(O_2^{-\,-})$ Atmungs-Sauerstoff zu $(H_2O)$ und $(CO_2)$ aufgespalten wird.

Würde das gesamte Nahrungssubstrat, das sich im Speisebrei befindet, durch die Epithel- bzw. Mukosazellen geschleust, könnte das Endprodukt, das in der extrazellulären Gewebeflüssigkeit ankommt, nur $(H_2O)$ und $(CO_2)$ sein und nicht mehr Glucose.
Die Glucose, die die Zelle selbst zur Erhaltung ihrer Spezifität braucht, gelangt selbstverständlich in die Zelle.
*Der überwiegende Teil des Nahrungssubstrats kann aber – und das ist eine unwiderlegbare Tatsache - nicht durch die Epithelzellen transportiert werden.*
Nach unserer Erkenntnis läuft dieser Vorgang so ab:

Die Schleimhaut - also die Epithelzellen - besteht, wie schon gesagt, aus einem Zellverband, bei dem die Zellen miteinander fest verbunden sind und nur an einer Seite von der extrazellulären Gewebeflüssigkeit umspült werden.
Die nachfolgenden Zellen nach den Epithel bestehen wiederum aus Einzelzellen, die miteinander keinen direkten Kontakt besitzen, da zwischen ihnen die extrazelluläre Gewebeflüssigkeit fließt.
Die im Speisebrei enthaltenen Kationen und Anionen in Form von *$(Na^+)$-und $(Cl^-)$-IONEN,* die nur zu einem geringen Teil aus der Nahrung stammen, da circa 80 Prozent dem Speisebrei während der

116

Verdauung als Sekret aus den Darmdrüsen zugemischt werden, bewirken unserer Erkenntnis nach die Resorption nicht nur der Glucose, sondern auch die Resorption all der Molekularstrukturen, die der Körper für die Aufrechterhaltung seiner Funktionen benötigt.

Auf dem Weg dieser Resorption dringen jedoch auch Molekularverbindungen in die extrazelluläre Gewebeflüssigkeit ein, die, wenn sie nicht in das lymphatische System transportiert werden, Schäden verursachen.

Von den Darmzotten der Darmwand festgehalten, sowie vom Druck des Speisebreis selbst, wird der Speisebrei an die Epithelzellen der Schleimhaut gedrückt.

Die $(Na^+)$-und $(Cl^-)$-IONEN sind die IONEN, die eine Gemeinsamkeit aufweisen, die sie im biologischen System prädestiniert, Molekularstrukturen singulett-mäßig aufzuspalten.

Diese Gemeinsamkeit ist, dass das $(Cl^-)$ Chlor Elektronen trägt, die dem $(Na^+)$ Natrium entstammen.

In vitro sowie in der freien Natur übernimmt das $(Na^+)$-ION das Elektron, das am $(Cl^-)$-ION hängt, was dazu führt, dass das neutrale Molekül $(NaCl)$ Natrium-Chlorid entsteht.

Die Ionisations-Energie in der Energiegröße von 5,14 eV, die das $(Na^+)$-ION, an sich angebunden, besessen hat, wird frei und strahlt in die Atmosphäre ab.

Gehen beide IONEN jedoch im biologischen System eine Verbindung ein, dann wird diese Energie von 5,14 eV zwar auch frei, aber da sie nicht in die Atmosphäre abstrahlen kann, strahlt sie wieder in ein $(NaCl)$-Molekül zurück, was dazu führt, dass erneut ein $(Na^+)$-ION als Energieträger sowie ein $(Cl^-)$-ION als Elektronenträger erzeugt werden.

Der Grund der Zurückstrahlung dieser Energiegröße ist, dass $(Na)$ Natrium in der Molekularstruktur der Zellmembranen nicht enthalten ist, sondern nur in der Form von IONEN im intra- und extrazellulären Raum existiert.

Da die Energiegröße von 5,14 eV jedoch nur $(Na)$ Natrium aufspalten, also ionisieren kann, ist dies ein normaler gesetzmäßiger Vorgang.

An der Darmwand bewirkt dieser Vorgang also einmal die Aufspaltung der Zellmembranen der Epithelzellen und zum anderen die Aufspaltung der Verbindungen an den Stellen, an denen die Epithelzellen miteinander verbunden sind.

Das bedeutet, *(Na⁺)- und (Cl⁻)-IONEN, die sich zwischen den vielfältigen Molekularstrukturen des Speisebreis befinden, gehen ununterbrochen zusammen und geben Energie frei.*

Bei der Verbindung gibt das ($Na^+$) seine Energie kurzfristig frei, spaltet singulett-mäßig die neutrale Molekularstruktur einer (H) Wasserstoff-Bindung auf und wird von seiner eigenen Energie, wenn die (H) Wasserstoff-Bindung wieder fest gebunden ist, neu ionisiert. Das heißt, die Energie spaltet erneut aus dem (Na) ein Elektron ab, was vom (Cl) Chlor-Atom übernommen wird.

An den Membranen der Epithelzellen strahlt die freiwerdende Energie in die neutrale Molekularstruktur der Zellmembran und bewirkt da genauso wie an der Molekularstruktur, an der die Epithelzellen miteinander verbunden sind, ein Aufspalten der Struktur so weitgehend, dass einmal das (NaCl)-Molekül sowie zum Beispiel ein Glucose-Molekül durch die entstandene Öffnung in die Zelle bzw. überwiegend in die extrazelluläre Gewebeflüssigkeit zwischen den Epithelzellen eingeschleust werden.

Die Darmzotten, die sich ununterbrochen in Bewegung befinden, sowie der Speisebrei bewirken durch ihren Druck, den sie energiemäßig abgeben, zusätzlich den Transport durch die entstandenen Öffnungen, die nur kurzfristig bestehen.

Wie schon gesagt, ist die Ionisations-Energie des ($Na^+$) Natrium-IONS mit der Energiegröße von 5,14 eV zwar in der Lage, Molekularstruktur aufzuspalten, aber sie ist nicht in der Lage, da sie nicht die Ionisations-Energiegrößen der Atome besitzt, aus denen die Molekularstruktur der Zellmembran besteht, eine Ionisation zu bewirken, so dass sich nach der Aufspaltung die voneinander getrennten Atome sofort wieder verbinden.

Die Überbeanspruchung der Epithelzellen durch diesen Vorgang ist einer der Gründe für die immer wieder stattfindende kurzfristige Erneuerung sämtlicher Epithelzellen.

Das heißt zusammengefasst einmal,

dass der *Transport von Molekülen,* die die Zelle für ihre spezifische Funktion benötigt, in die Zelle durch die (Na$^+$)-und (Cl$^-$)-IONEN, die hauptsächlich extrazellulär im Grundsystem existieren, ENERGIE-MÄSSIG bewirkt wird,

und zum anderen,

dass die *Resorption der Moleküle* der aufgespalteten Nahrung, die der physische Körper des Menschen für die Aufrechterhaltung seiner Funktionen benötigt, gleich wie an der Zellmembran, ein ENERGIE-MASSIGER Vorgang ist.

Jedem, der sich tiefgehender mit diesem von uns geschilderten Vorgang beschäftigen will, sei angeraten, Fachliteratur heranzuziehen, in der der Stand der Wissenschaft genau niedergeschrieben steht, da wir aus Platzmangel eine ausführliche Gegenüberstellung sowie eine tiefergehende Erklärung in diesem Buch nicht geben können.

In dieser Niederschrift soll nur ein "**Neues fundamentales Konzept GANZHEITLICHEN Denkens auf der Grundlage physikalischer Erkenntnisse**", in einfache Worte gefasst, vorgestellt werden.

Die Moleküle, die zwischen den Epithelzellen in die extrazelluläre Gewebeflüssigkeit geschleust werden, bestehen nicht nur, wie schon kurz gesagt, aus Molekularstrukturen, die sofort von den spezifischen Organzellen verwertet werden können, sondern auch aus Molekular-verbindungen, die in der Form, wie sie existieren, unverwertbar sind. Bis zu einer gewissen Molekulargröße übernehmen die venösen Kapillaren diese Moleküle und transportieren sie in die Pfortader.

Alle Molekularstrukturen, die entweder Übergröße besitzen oder aus falschen Verbindungen bestehen bzw. zu "energiereich" oder zu "energieschwach" sind, werden vom lymphatischen System, das speziell in der Darmwand stark ausgebildet ist, aufgenommen. In den Lymphknoten erfolgt eine Aufspaltung in kleinere Molekulareinheiten.

## Die EXTRAZELLULÄRE GEWEBEFLÜSSIGKEIT (Matrix)

Wenden wir uns nunmehr etwas ausführlicher dem unserer Erkenntnis nach wichtigsten Kreislauf zu, in dem die Entscheidung über Gesundheit und Krankheit fällt. Dem Kreislauf, für den PISCHINGER/Wien den Begriff "Grundsystem" geprägt hat, für dessen Grundsubstanz HEINE/Herdecke das umfassende Wort "Matrix" einführte, inhaltlich abgeleitet von "Mutterboden" bzw. "Keimschicht", und den die holländischen Wissenschaftler sowie wir selbst als "Basis-Bio-Regulations-System" bezeichnen.

Da diese Begriffe alle dasselbe aussagen, wären wir dafür, dass in Zukunft dieser Kreislauf als "MATRIX" und die extrazelluläre Gewebeflüssigkeit mit dem Begriff "GRUNDSUBSTANZ" bezeichnet werden, weil unserer Meinung nach das Wort "extrazelluläre Gewebeflüssigkeit" für den Nicht-Informierten irreführend ist, denn die Grundsubstanz befindet sich zwar in fließender Bewegung, besteht aber zum überwiegenden Teil aus großen Molekularverbindungen.

PERGER, der Freund, Schüler und Mitarbeiter von PISCHINGER, beschreibt in seinem Buch "Kompendium der Regulations-Pathologie und -Therapie", Sonntag Verlag, 1990, die extrazelluläre Gewebeflüssigkeit, also die Grundsubstanz, eingebunden in andere Erkenntnisse, so brillant, dass wir das kurze Kapitel "Extrazelluläre Gewebeflüssigkeit" (1.2.2) an dieser Stelle als Voraberklärung zitieren möchten.

### *"Extrazelluläre Gewebeflüssigkeit"*

Für die Erfüllung ihrer Regulations- und Transmitterfunktion ist die Zusammensetzung der extrazellulären Gewebsflüssigkeit entscheidend. Zwar sind ihre biophysikalischen und biochemischen Eigenschaften noch nicht restlos geklärt, doch genügt bereits das bisherige Wissen, um die Bedeutung einer ausgewogenen Zusammensetzung zu erkennen, insbesondere seit den Untersuchungen von HEINE über die Rolle der Proteoglykane (Mukopolysaccharide) in der Informationssteuerung der Peripherie. Die Menge der extrazellulären Gewebsflüssigkeit beträgt nach MOLENAAR und ROLLER etwa 16 - 18 L, nach neueren Angaben sollen es nur etwa 10 L sein.

Sie befindet sich in einer ständigen Fliessbewegung, so dass EPPINGER von einem inneren Kreislauf spricht. Die Stromrichtung der Gewebsflüssigkeit ist - wie inzwischen festgestellt wurde (BERGSMANN) - abhängig vom elektrischen Gleichfeld der Natur mit Ionenverschiebungen entsprechend dem Polaritätsprinzip.

Das ist deshalb von Wichtigkeit, weil es den Menschen im kybernetischen Sinne als offenes energetisches System ausweist und seine Abhängigkeit von einer natürlichen Umwelt belegt.

Verstöße dagegen, z.b. im Bauwesen mit Effekten, ähnlich denen des FARADAY'schen Käfigs, können deshalb gravierende gesundheitliche Folgen haben, vor allem dann, wenn bereits andere Störungen und Belastungen vorliegen.

Die Grundsubstanz ist eiweißarm bis eiweißfrei - so ganz genau ist dies noch nicht geklärt - und befindet sich normalerweise in einem Gel-Zustand.

Sie enthält reichlich Proteoglykane (Mukopolysaccharide) und fluoreszierende Stoffe, die von PISCHINGER als ungesättigte Lipide definiert werden konnten.

Sie enthält außerdem eine ausgewogene Mischung an Elektrolyten. Dies entspricht mit Ausnahme des Calciums auch heute noch der Zusammensetzung des "Urmeeres". Nur der Calcium-Gehalt wird hormonell durch die Glandula parathyreoidea mitgeregelt, was vor allem für die Funktion der willkürlichen Muskulatur notwendig ist: er muss für diese spätere phylogenetische Entwicklung höher sein, als er im Urmeer bei der Entstehung des ersten Lebens war. Diese Elektrolytverhältnisse führen zwangsläufig zu dem Schluss, dass das, was heute die extrazelluläre Gewebsflüssigkeit darstellt, das erste und älteste Kommunikationssystem zwischen lebenden Zellen war und dass sich der Primat mit dieser Funktion in jeder auch noch so hoch entwickelten Zellsozietät erhalten hat.

Es war für manchen auch aus unserem Kreis um PISCHINGER schwierig, die Tatsache zu akzeptieren, dass die minimale, geradezu lächerlich geringe Distanz zwischen Kapillare und vegetativer Nervenendfaser einerseits und den Organzellen andererseits so entscheidend für das Leben an sich, für Krankheit und Tod ist und dass dem "bisschen" Substanz dazwischen eine solch überragende Bedeutung zukommt.

121

Aber an der histologisch eindeutig gesicherten Tatsache der Distanz der zu- und abführenden Gefäße und Nerven zu den Organzellen ist nicht zu rütteln. Und die laufenden Untersuchungen über die Grundregulationen und ihre Störungen brachten immer mehr Beweise, dass an der fundamentalen Bedeutung der Grundsubstanz für das Leben und die Gesundheit nicht zu zweifeln ist. Unterstrichen wird diese Tatsache noch durch den Gehalt der Grundsubstanz an Fibroblasten, die in ihrer Funktion eine unübersehbare Rolle spielen."

Verdeutlichen wir uns einmal an einer Aufstellung, aus welchen Formen von Atomen und Molekülen sich die extrazelluläre Gewebeflüssigkeit zusammensetzt.

Sie ist, grob zusammengefasst, ein hochpolymerer Zucker-Protein-Komplex, bestehend aus Proteoglykane (PGs) und den hochpolymeren Glykosaminoglykane (GAGs), bei denen speziell die Hyaluron-Säure in diesem Komplex überwiegt, sowie aus Struktur-Glykoproteinen wie z.B. Kollagen, Elastin und den Vernetzungs-Glykoproteinen, Fibronektin, Laminin usw..

Die PGs und GAGs sowie die Struktur- und Vernetzungs-Glykoproteine bilden ein Molekularsieb (die Transitstrecke), durch das alle Molekularstrukturen des Stoffwechsels von der Kapillare zur Zelle und umgekehrt hindurch müssen.

Die Transitstrecke ist das morphologische Korrelat des Stoffwechsels zwischen den Kapillarlumen und den Organparenchymzellen.

Die wichtigsten Bestandteile, aus denen die Grundsubstanz besteht, sind also:

1. (H$_2$O) Wasser = eine Molekularverbindung, deren Anteil aus 2 (H) Wasserstoff-Atomen und 1 (O) Sauerstoff-Atom besteht. In der Natur existiert jedoch das Wasser-Molekül nur in der Form von (H$_4$) + (O$_2$).

2. Proteoglykane = eine Molekularverbindung, die sich aus einem Proteinanteil und einer nicht-proteinartigen hinzutretenden oder prosthetischen Gruppe aufbaut, die sich mit Polysacchariden (Glykane) verbunden haben. Wobei Glykane die Bezeichnung von Molekülen ist, die durch glykosidische Bindung sehr vieler Monosaccharide gebildet werden. Im biologischen System des

122

Menschen kann man die Proteoglykaneals Reservestoff der Zellen bezeichnen.

3.  Glykosamino-glykane = eine Molekularverbindung, die in ihrer Struktur der D-Glucose, also, Nahrungssubstrat, entspricht, die mit Glykane verbunden ist.

2) und 3) (Proteoglykane und Glykosaminoglykane) sind also, damit es auch der nicht vorgebildete Laie in etwa versteht, Riesenmoleküle, die aus den Atomen (C) Kohlenstoff, (H) Wasserstoff und (O) Sauerstoff aufgebaut sind. Die Bezeichnungen werden abgeleitet von der Art und Form, wie die jeweiligen Atome aneinandergebunden sind.

4.  Fibroblasten = Fibroblasten existieren in der Grundsubstanz in 2 Formen: als große und als kleine Retikulumzellen, die miteinander verbunden sind, was LEONHARD (1981) elektronenmikroskopisch nachweisen konnte. Beide Zellformen sind durch rundlich ovale Kontakte, die im Inneren ein ca. 1,5 nm weites Kanälchen aufweisen, verbunden.
Die kleinen sowie die großen Retikulumzellen weisen eine gegensätzliche Ladung auf. Sie besitzen einmal ein energiegeladenes $(H^+)$-ION und einmal ein freies Elektron($e^-$) = Materie, das an ein (O) Sauerstoff-Atom gebunden wird.
Durch ihre elektrische und Materie-Ladung sind sie in der Lage, größere Einheiten aufzubauen.
Die großen Retikulumzellen sind die Histio- und Monozyten u. die kleinen Retikulumzellen die Lymphozyten der T- u. B-Form.

5.  Elektrolyte =

| | | |
|---|---|---|
| $(K^+)$ | Kalium-IONEN | 4,34 eV |
| $(Na^+)$ | Natrium-IONEN | 5,14 eV |
| $(Ca^{++})$ | Calcium-IONEN | |
| | 1. Elektron | 6,11 eV |
| | 2. Elektron | 11,88eV |
| $(Mg^{++})$ | Magnesium-IONEN | |
| | 1. Elektron | 7,61 eV |
| | 2. Elektron | 14,98eV |
| $(Cl^-)$ | Chlor-IONEN | |
| | (Materie-Träger in Form von 1 Elektron) | |

a) Säure-Basen-Haushalt:
Regulierende Energie- und Materietragende IONEN.
b) $(Na^+)$- und $(Cl^-)$-IONEN: Gemeinsam wirkend,
wodurch die Energie freigesetzt wird (5,14 eV), die die
Molekularstruktur der Zellmembran zur Resorption von
Glucose in die Zelle singulett-mäßig aufspaltet.
c) Katalysations-Wirkung durch ihre Resonanz- und
Ionisations-Energien.
Beispiel:
$(Mg^{++})$ besitzt eine Resonanz-Energie von 4,34 eV, die
gleich ist der Ionisations-Energie von $(K+)$ in Höhe von
4,34 eV.
3 $(K^+)$-IONEN (3 x 4,34 eV) = 13,02 eV Gesamt-
Energiegröße ist gleich der Ionisations-Energie von
(Cl) Chlor = 13,02 eV.

| | | |
|---|---|---|
| Ionisations-Energie von $(Na^+)$ | | 5,14 eV |
| und $(Ca^{++})$ (1. Elektron) | + | 6,11 eV |
| | = | 11,25eV |
| ist gleich der Ionisations-Energie | | |
| des (C) Kohlenstoffs | = | 11,25 eV |

6.   $(H^+)$ - IONEN und $(OH^-)$-IONEN
Das $(H^+)$-ION ist das Lebens-Bewirkende ION, dessen Energie
benötigt wird, um Molekularverbindungen aufzuspalten.

Die Energie des $(H^+)$-IONS (13,53 eV)
Die $(H^+)$-IONEN und $(OH^-)$-IONEN gleich » Energie +
Materie « sind als Kationen und Anionen auf der Grundlage der
"IONEN-Konzentration" die hauptsächlichen Träger des
Säure- Basen-Haushalts.

Erklärung:

**Die tragende Grundsubstanz der extrazellulären
Gewebeflüssigkeit ist $(H_2O)$ Wasser.**

Da jedoch die Grundsubstanz der Matrix im Normalfall "GEL-
FÖRMIG" ist, kann man eher davon sprechen, dass das $(H_2O)$ Wasser
zwar das tragende Element bildet, aber letztendlich nur die Hohlräume

124

zwischen den Riesenmolekülen und den anderen Bestandteilen ausfüllt.

Das ($H_2O$) Wasser ist jedoch unabdingbar für den Transport von Nahrungssubstrat (Glucose) und Atmungs-Sauerstoff ($O_2^{--}$) von der arteriellen Kapillare zur Zelle, für den Transport des ($H_2O$) Wassers und ($CO_2$) Kohlendioxyds von der Zelle zu den venösen Kapillaren sowie für den Abtransport von Stoffwechselschlacken (nicht verwertbare Molekularstrukturen) in die Lymphspalten.

Der Atmungs-Sauerstoff, der nach einem bestimmten Rhythmus als neutrales ($O_2$)-Molekül aus der arteriellen Kapillare austritt, wird nach dem Austreten in der Grundsubstanz der Matrix mittels einer Energie von 2 x 13,53 eV in ($O_2^{--}$)- und ($O_2^{++}$)-IONEN aufgespaltet.

Dieses ist erforderlich, da der Atmungs-Sauerstoff, wie wir im Folgenden noch beweisen werden, nur als Elektronen-tragendes ($O_2^{--}$)-Molekül in die Zelle und da in die Mitochondrie an das Cytochrom a/$a_3$ transportiert werden kann.

*Das Energie-tragende ($O_2^{++}$)-Molekül, aus dem die Elektronen stammen, die als ($O_2^{--}$) Atmungs-Sauerstoff in die Zelle gehen, ist einer der wichtigsten Bestandteile für das Gleichgewicht des Säure-Basen-Haushaltes.*

Genaue Erklärungen erfolgen im Kapitel "Die Atmungskette der Mitochondrie".

Es muss betont werden, dass sich die Grundsubstanz der Matrix, also die extrazelluläre Gewebeflüssigkeit im Grundsystem, in einer fließenden Bewegung befindet, was bedeutet, dass, wenn keine Behinderungen vorliegen, die Molekularstrukturen, aus denen sich die Grundsubstanz zusammensetzt, gleichmäßig in einem Kreislauf durch den ganzen Körper transportiert werden.

Im Normalzustand, wenn keine Staus, also Verdichtungen in bestimmten Bereichen auftreten, bewirkt das Fliessen der Molekularstrukturen Regulation.

Kommt es jedoch in irgend einem Organbereich, also zwischen den Zellen, zu einer Verdichtung in der Grundsubstanz in der Form, dass das für die Transmitterfunktion lebenswichtige ($H_2O$) Wasser verdrängt wird, da sich die Moleküle (Proteoglykane, Glykosaminoglykane, Fibroblasten, Abwehrmoleküle usw.) zu einer

geschlossenen Einheit verdichtet haben, entsteht ein Stau sowie eine veränderte Polarität der Grundsubstanz.
Die Polaritätsveränderung kann dann in 2 Formen existieren.

- Einmal in der Form, dass sich zu viele *Energie-tragende* Atome, z. B. Elektrolyte und ($H^+$)-IONEN, in der Grundsubstanz befinden, was zur *Übersäuerung* führt, einhergehend mit einer *Über-Temperatur* bis zu dem Zustand, den man als "Fieber" bezeichnet.

- Zum anderen in der Form, dass zu viele *Elektronentragende* Moleküle, gebunden an (O)-Atome und (Cl)-Atome, in der Grundsubstanz vorhanden sind, was die Grundsubstanz in den *alkalischen Bereich* versetzt.

Bei beiden Formen ist das Energie-Gleichgewicht durch die sich nicht im Gleichgewicht befindende IONEN-Konzentration so weitgehend gestört, dass unserer Erkenntnis nach folgende Vorgänge ablaufen.

## Gleichgewichtsverschiebung in Richtung Energie-tragende Atome und Moleküle

**[z.B. ($H^+$), ($N^+$), ($Na^+$), ($K^+$), ($Ca^{++}$), ($Mg^{++}$) usw.]**
**- Verdünnung der Zwischenzellsubstanz -**

Ist durch eine von außen kommende Energie-Zufuhr (Energietragende toxische Moleküle, Bakterien, Viren sowie Energie-Strahlungen verschiedener Arten) das Gleichgewicht der IONEN-Konzentration in Richtung Energie-tragende IONEN verschoben, dann muss vorab folgendes abgelaufen sein.

Antigene und Abwehrkörper wurden verbraucht bzw. waren für die Art der Toxine nicht vorhanden, die neutralisiert oder von den Abwehrkörpern ummantelt werden.
Die Energie-tragenden Atome der toxischen Moleküle haben Reaktionspartner gefunden, deren Elektronen frequenz- und amplitudenmäßig aufgenommen werden können.
Was gleichzeitig bedeutet, dass beide Moleküle sich miteinander verbinden und Energie frei wird, die Molekularstrukturen aufspaltet,

126

die für einen geregelten Funktionsablauf, so verändert, Regulationsstörungen bewirken.
Finden sie keine Reaktionspartner, deren Elektronen aufgenommen werden können, so bewirken sie doch die Freisetzung von Energie, die singulett-mäßig so weitgehend Störungen verursacht, dass geordnete Funktionsabläufe in der Grundsubstanz nicht mehr gewährleistet sind.

Am größten ist die Gefahr, wenn toxische Moleküle, Bakterien und Viren ionisierte Atome besitzen, deren Ionisations-Energie höher ist als 13,56 eV (Ionisations-Energie des (O) Sauerstoffs).
Das heißt, wenn zum Beispiel ein toxisches Molekül bzw. Bakterien oder Viren in ihrer Molekularstruktur ein ($N^+$) Stickstoff-ION besitzen (Ionisations-Energie 14,54 eV) und dieses ION ein x-beliebiges Elektron aufnimmt, dann wird singulett-mäßig diese Energiegröße von 14,54 eV freigesetzt.
Strahlt diese Energie, wie schon beschrieben, in eine Molekularverbindung, die Bestandteil der extrazellulären Gewebeflüssigkeit oder der Zelle ist, ein, in der ein (N) Stickstoff-Atom existiert, dann kommt es zu Störungen, bei denen ganze Zellverbände so weitgehend umgestaltet werden, dass sie ihre Funktionen nicht mehr ordnungsgemäß erfüllen können.

Ist einer dieser vorab geschilderten Vorgänge eingetreten, so führt das zur Depolarisation der Zellmembran, wodurch gleichzeitig eine Permeabilitätsstörung bewirkt wird.
Die Folgen sind, dass nicht nur Glucose und Atmungs-Sauerstoff, sondern alle möglichen Molekularverbindungen sowie toxische Moleküle usw. in die Zellen eindringen und die Zellen ihre spezifischen Funktionen nicht mehr erfüllen können.
Viele der bekannten sogenannten spezifischen sowie auch unspezifischen Krankheitsbilder entstehen auf diesem Wege.
Alle Arten von Strahlungen, bestehend aus Elektron-Neutrinos oder Quarks, die wir mit den Begriffen "Photonen", "Phononen", "Energie-Quanten" oder mit den Oberbegriffen "Ionisations-Strahlen", "Röntgen-Strahlen", "radio-aktive Strahlen" usw. belegen, bewirken letztendlich die gleichen Vorgänge und Abläufe, wie sie vorab grobflächig beschrieben wurden.
(Siehe Grafik "Atmungskette der Mitochondrie" im Anhang.)

In seinem neuen "Lehrbuch der biologischen Medizin", Hippokrates Verlag, 1991, weist HEINE in den Kapiteln "Konzept der biologisch geschlossenen elektrischen Kreisläufe" und "Biophysikalische Funktionsdiagnostik", kurz brillant zusammengefasst, auf biophysikalische Abläufe hin, die, wie er selbst erkannt hat, in der Zukunft das tragende Element der biologischen Medizin, also einer GANZHEITS-Medizin, sein werden.

In seinem Buch vermittelt er umfassend tiefgehende Erkenntnisse aus dem Bereich der Matrix, die jeden wissenschaftlich medizinisch Interessierten erkennen lassen, dass eine Medizin, gleich ob wissenschaftlich forschend oder praxisbezogen, die die Funktionsabläufe der Matrix nicht mit einbezieht, eine Medizin ist, die letztendlich dem Menschen nicht helfen kann.

Aufgebaut auf den Erkenntnissen des Nestors der Grundlagenforschung im Bereich der Matrix (Grundsystem – extrazelluläre Gewebeflüssigkeit) PISCHINGER/Wien sowie auf den Erkenntnissen von PERGER, BERGSMANN und anderen auf diesem Gebiet Forschenden, hat HEINE in Verbindung mit seinen eigenen Forschungsergebnissen und Erkenntnissen ein Lehrbuch geschaffen, das in die Bibliothek eines jeden fortschrittlichen Arztes gehört. Vorausgesetzt, er ist daran interessiert, innerhalb einer pluralistisch gestalteten Medizin zu diagnostizieren und zu therapieren.

Eine starke Verflüssigung der extrazellulären Gewebeflüssigkeit sowie eine Energie-Veränderung in einen höheren Energie-Zustand entsteht aber noch auf einem anderen Weg, der letztendlich verantwortlich ist für die sogenannten "Zivilisations-Krankheiten" sowie für die immer größer werdende Resistenz der Patienten gegenüber Medikamenten und spezifischen sowie unspezifischen Therapien.

Dies wird bewirkt durch das toxische Molekül "Benzol".

Im Kapitel "Aspirin®" wird der Ablauf genau geschildert.

# Gleichgewichtsverschiebung in Richtung Elektronentragende Atome und Moleküle

## [z.B. (O⁻), (O₂⁻), (Cl⁻)]
### - Verdichtung der Zwischenzellsubstanz -

Eine Gleichgewichtsverschiebung in den Bereich Elektronentragender Atome und Moleküle, die am einfachsten am Säure-Basen-Haushalt erkennbar wird, tritt unserer Erkenntnis nach dann ein, wenn ein Mangel an Elektrolyten, speziell an ($Na^+$), in der Grundsubstanz der Matrix besteht.

Das braucht nicht immer zu bedeuten, dass mehr Elektronentragende Atome und Moleküle der Grundsubstanz zugeführt worden sind, sondern es kann auch bedeuten, dass die Grundsubstanz zu wenige Energie-tragende Moleküle wie zum Beispiel ($Na^+$) besitzt.

Unabhängig davon, ob es ein Nahrungsproblem oder sonstige pathologische Funktionsabläufe waren, die den Elektrolyt-Mangel verursacht haben, wenn der Mangel besteht, treten folgende pathologische Veränderungen in der Grundsubstanz, an der Zellmembran sowie in der Zelle auf.

Die existierenden Molekularverbindungen im Grundsystem besitzen, benutzen wir den herkömmlichen Term, eine negative (⁻) Ladung.
Das heißt, die (O) Sauerstoff-Atome - und nur die -, gebunden in den Molekularstrukturen, sind Träger von ($e^-$) freien Elektronen gleich Materie, bestehend aus Quarks.

An dieser Stelle soll noch einmal darauf hingewiesen werden, dass das "Zellmembranen-Potential" durch die Differenz zwischen der Masse bzw. Energie-Größe gleich Menge der Energie-tragenden Moleküle innerhalb und außerhalb der Zelle entsteht. Damit der interessierte Laie genau begreift, was gemeint ist, eine einfache Grafik mit Erklärung.

Entstehung des Zellmembranen-Potentials

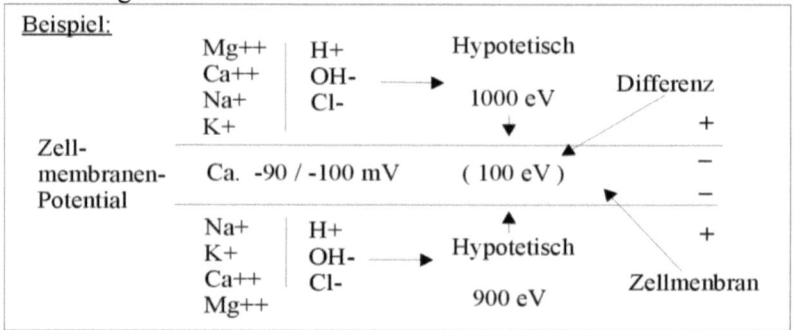

Wie Sie an dieser Grafik erkennen können, wird jedes Zellmembranen-Potential durch die Differenz der Energie-tragenden IONEN bewirkt, die in und außerhalb der Zelle existieren.

Die Zellmembran selbst besteht aus neutralen Molekülen und weist keinerlei Energie-tragende IONEN auf.

Eine Potential-Veränderung der Zellmembran tritt zum Beispiel dann ein, wenn ($K^+$) Kalium-IONEN aus der Zelle dringen bzw. wenn ($Na^+$) Natrium-IONEN in die Zelle eingeschleust werden.

Entsteht also zum Beispiel ($Na^+$)-Mangel außerhalb der Zelle oder ($K^+$)-Mangel innerhalb der Zelle, dann verändert sich das Energie-Potential, das sich im Ruhezustand in der Größenordnung von -90 bis -100 mV bewegt, so weitgehend, dass ein pathologischer Zustand eintritt.

Im Normalzustand verändert sich das Ruhe-Potential wechselwirkend in Bruchteilen von Sekunden zu einem Aktions-Potential, wenn ($Na+$)-IONEN in die Zelle bzw. ($K^+$)-IONEN aus der Zelle geschleust werden.

Die Frage stellt sich nur,

"Was für einen Sinn besitzt das wissenschaftlich gesicherte Einschleusen von ($Na^+$) bzw. das Ausschleusen von ($K^+$)?"

Das heute gültige Denkmodell, das in jedem Fachbuch unter dem Begriff "Natrium-Kalium-Pumpe" bzw. "Ionen-Pumpe" nachgelesen werden kann, beschreibt einen Ablauf, der, aus biophysikalischer Sicht gesehen, so nicht funktionieren kann.

Nach unserer Erkenntnis bewirken die Elektrolyte ($K^+$) und ($Na^+$) in Verbindung mit den Elektronen-tragenden Molekülen ($Cl^-$) Chlor und ATP den Transport der Glucose und des Atmungs-Sauerstoffs in die

Zelle und den Transport des (H$_2$O) Wassers und des (CO$_2$) Kohlendioxyds aus der Zelle.

## (K$^+$)- und (Na$^+$)-IONEN = Energie-Lieferanten für den Stoff-Transport in und aus der Zelle

Das Energie-tragende Elektrolyt (Na$^+$), das in großen Mengen in der extrazellulären Gewebeflüssigkeit im Bereich der äußeren Zellmembran existiert, ist in Verbindung mit seinem Elektronen-tragenden Reaktionspartner (Cl$^-$), dessen Elektron dem (Na$^+$) entstammt, der Energie-Lieferant für den Transport von Glucose in die Zelle und von (H$_2$O) Wasser, das bei der Oxidation in der Mitochondrie entsteht, aus der Zelle.

Einfach geschildert, ohne weitere Katalysatoren zu berücksichtigen, läuft der Vorgang, wie die Glucose in die Zelle und das Wasser aus der Zelle transportiert werden, wie folgt ab.

Das (Na$^+$) übernimmt das (Cl$^-$)-Elektron, was dazu führt, dass ein (NaCl) Natrium-Chlor-Molekül entsteht und dass eine Ionisations-Energie in der Größe von 5,14 eV frei wird.

Diese Ionisations-Energie strahlt in die Molekularstruktur der Zellmembran ein und bricht singulett-mäßig die Molekularstruktur so weitgehend auf, dass eine Öffnung entsteht.

Durch den Druck der extrazellulären Gewebeflüssigkeit werden bei diesem Vorgang das neutrale (NaCl)-Molekül sowie das neutrale (C$_6$H$_{12}$O$_6$) Glucose-Molekül durch die Öffnung in die Zelle eingeschleust.

In der Zelle strahlt die Ionisations-Energie, da sie, bedingt durch ihre Energiegröße von 5,14 eV, nur (Na) Natrium aufspalten und ionisieren kann, wieder in das (NaCl)-Molekül ein und bewirkt dadurch, dass erneut ein Energie-tragendes (Na$^+$)- und ein Elektronen-tragendes (Cl$^-$)-ION entstehen.

Durch die Resonanz-Energie von Katalysatoren bewirkt (Enzyme, Co-Enzyme, Vitamine usw.), wird nunmehr innerhalb der Zelle das Elektron des Chlors wiederum vom (Na$^+$) aufgenommen, was zur erneuten Freisetzung der Ionisations-Energie (5,14 eV) führt.

Da bei diesem Vorgang (Einschleusung von Glucose und Ausschleusung von (K$^+$) Kalium) ein, sagen wir, Überdruck in der Zelle entstanden ist, verursacht die freigewordene Ionisations-Energie erneut eine Öffnung, durch die das neu entstandene neutrale (NaCl)-Molekül sowie das neutrale (H$_2$O)-Molekül aus der Zelle in die extrazelluläre Gewebeflüssigkeit transportiert werden.

Das (NaCl)-Molekül wird wiederum in der extrazellulären Gewebeflüssigkeit durch die Resonanz-Energie von Katalysatoren zu (Na$^+$)und (Cl$^-$) aufgespalten, wodurch sich das Gleichgewicht der Elektrolyte wieder reguliert.
Auf die Katalysatoren, die diese Vorgänge bewirken, soll bei dieser Erklärung nicht näher eingegangen werden, da dies zu weit führt.
Bemerkt sei, dass zum Beispiel das (Mg$^{++}$) Magnesium eine Ionisations-Energie von 7,61 eV sowie eine *Resonanz-Energie von 4,34 eV* besitzt und dass diese Resonanz-Energie die gleiche Größe hat wie die Ionisations-Energie des (K) Kalium-Atoms. Was das bedeutet, wird im Folgenden näher erklärt.

Unserer Erkenntnis nach ist das der Weg, auf dem die neutralen Moleküle - das Nahrungssubstrat Glucose und das an der Cytochromoxydase oxidierte (H$_2$O) Wasser - in und aus der Zelle transportiert werden.
Das Elektrolyt (K$^+$),das in großen Mengen in der Zelle existiert und das nach dem heute gültigen Denkmodell verantwortlich ist für die sogenannte "Ionen-Pumpe" bzw. für den Gleichgewichts-Haushalt des Energie-Potentials der Zelle, ist unserer Erkenntnis nach der Energie-Lieferant für den Transport der ATP-tragenden Elektronen aus der Zelle und den Transport des negativ ionisierten (O$_2^{--}$) Atmungs-Sauerstoffs in die Zelle.

Auf welchem Wege das ATP (Adenosintriphosphat) zu seinen Elektronen kommt, bzw. wie der (O$_2$) Atmungs-Sauerstoff in der extrazellulären Gewebeflüssigkeit ionisiert wird, schildern wir ausführlich in dem Kapitel "Die Atmungskette der Mitochondrie".
Nach dem heute gültigen bio-chemischen Denkmodell wird angenommen, dass sich das ATP-Molekül wie folgt aufbaut.

ATP-Molekül (Stand der Wissenschaft)

$$
\text{Adenin} \quad CH_2 - O - P(=O)(O^{\ominus}) - O \sim P(=O)(O^{\ominus}) - O \sim P(=O)(O^{\ominus}) - O^{\ominus}
$$

Ade $-$ Rib $-$ (P) $\sim$ (P) $\sim$ (P)

Nach dieser Vorstellung trägt das ATP-Molekül, an (O) Sauerstoff gebunden, 4 Elektronen.

Unserer Erkenntnis nach ist das ATP-Molekül der Transporteur des $(CO_2)$-Moleküls an die Zellmembran und so aufgebaut, wie wir es in der folgenden Grafik dargestellt haben.

ATP-Molekül (nach unserer Erkenntnis)

$$
\text{Adenin} \quad CH_2 - O - P(=O)(OCOO^{\ominus}) - O \sim P(=O)(OCOO^{\ominus}) - O \sim P(=O)(OCOO^{\ominus}) - OCOO^{\ominus}
$$

Ade $-$ Rib $-$ (P) $\sim$ (P) $\sim$ (P)

Um diesen Ablauf - Bindung der $(CO_2)$-Moleküle an ATP und den Transport mittels der Energie des $(K^+)$-IONS durch die Zellmembran in die extrazelluläre Gewebeflüssigkeit sowie den Transport des $(O_2^{\cdot\,-})$ Atmungs-Sauerstoffs in die Zelle – verständlich zu machen, ist es erforderlich, dieses Kapitel abzuschließen und den Ablauf der "Atmungskette der Mitochondrie" in Verbindung mit der Aufspaltung des Nahrungssubstrats Glucose in der Mitochondrie mit kurzen Worten zu erklären.

133

# Die Atmungskette der Mitochondrie
## (sowie die Aufspaltung des Nahrungssubstrats Glucose zu ($CO_2$) Kohlendioxyd und ($H_2O$) Wasser)

Beginnen wir mit dem Nahrungssubstrat, das als neutrales Molekül, bestehend aus 6 (C) Kohlenstoff-, 12 (H) Wasserstoff und 6 (O) Sauerstoff-Atomen = Glucose, durch die Energie des ($Na^+$) Natrium-IONS in Verbindung mit dem ($Cl^-$)-ION durch die Zellmembran transportiert und durch Katalysatoren in die Mitochondrie eingeschleust wird.

Im Citronensäurezyklus wird, wie bekannt, die Glucose aufgespalten in ($CO_2$) Kohlendioxyd und in Verbindung mit ($O_2^{--}$) Atmungs-Sauerstoff am Cytochrom a/a$_3$ zu ($H_2O$) Wasser oxidiert.

Unter Berücksichtigung, dass die im Citronensäurezyklus für die Aufspaltung verantwortlichen Enzyme *Energie-Träger* sind, die durch Ionisation oder Singulett-Zustand die Aufspaltung bewirken, entspricht der auf bio-chemischer Grundlage gefunden Ablauf des Citronensäurezyklus bis auf ein paar kleine Abweichungen der Realität.

Die Abweichungen sehen wir speziell in dem Bereich, in dem das ($H_2$) aufgespaltet wird in ($H^+H^+$) und ($e^-e^-$).

Die Freisetzung des ($H_2$)-Moleküls an der Triose ist so, wie sie geschildert wird, ein denkbarer Vorgang, wobei sich die Frage stellt, welches Enzym der Träger für die Energie ist, die für die Abspaltung benötigt wird.

Der weitere Ablauf der Aufspaltung ist jedoch so, wie er angenommen wird, aus bio-physikalischer Sicht nicht möglich.

*Für die Aufspaltung eines (H) Wasserstoff-Atoms und der effektiven Entfernung eines Elektrons benötigt man nun einmal, egal welche Argumente oder Denkmöglichkeiten man sonst noch findet, einfach die Ionisations-Energie von 13,53 eV.*

Es stellt sich also die Frage, "Wo kommen zum Beispiel die 2 x 13,53 eV Ionisations-Energie her, die ein ($H_2$)-Molekül in ($H^+H^+$)und ($e^-e^-$) aufspalten?"

Diese Energie wird, wie wir nachweisen werden, von dem Co-Enzym NAD($H^+$)-Nicotinamid-adenin-dinocleotid zur Verfügung gestellt.

Das geschieht in der Form, dass ein Elektronen-tragender ($PO_4^-$) Phosphatsäurerest sein Elektron an das NAD($H^+$) abgibt.

Dabei wird die Energie von 13,53 eV frei und das NAD($H^+$) zu NAD($PO_4H$).

Diese Energie spaltet eines der (H)-Atome des ($H_2$)-Moleküls in ($H^+$) und ($e^-$) auf.

Das ($H^+$) wird durch Enzyme an das Cytochrom a/$a_3$ transportiert, und das ($e^-$)lagert sich an das dreiwertige Eisen ($Fe^{+++}$) des Cytochrom (b) an.

Ist dieser Vorgang abgelaufen, wird vom Cytochrom a/$a_3$ die bei der Oxidation des Atmungs-Sauerstoffs ($O_2^{- -}$) mit den ($H^+H^+$)-IONEN freiwerdende Energie in Höhe von 2 x 13,53 eV einmal (1 x 13,53 eV) in das NAD($PO_4H$) eingestrahlt, was dazu führt, dass das NAD ($PO_4H$) wieder zu NAD($H^+$) und ($PO_4^-$) wird.

Eine Grafik in der der genaue Ablauf der mitochondrialen Atmungskette gezeigt wird, findet jeder daran Interessierte im Anhang des Buches.

Bemerkt sei jedoch, dass bei der Bindung der ($H^+$)-IONEN mit dem negativen ($O_2^{- -}$) Atmungs-Sauerstoff am Cytochrom a/$a_3$ die Energie gewonnen wird, die für die Aufspaltung des (H) Wasserstoffs aus dem Nahrungssubstrat verwendet wird.

Die freien Elektronen, die bei der Aufspaltung des ($H_2$)-Moleküls am NAD zu ($H^+H^+$) und ($e^-e^-$) freigeworden sind und am Cytochrom (b) - ($Fe^{+++}$) hängen, sind die Elektronen, die, vom ($CO_2$) übernommen, an das ATP (Adenosintriphosphat)-Molekül angekoppelt, aus der Zelle transportiert werden.

In dieser Niederschrift und anhand der Formeln erklären wir auch den Ablauf des energiemäßigen Zusammenbruchs zum Beispiel des Cytochroms a/$a_3$, der verantwortlich dafür ist, dass die Zelle auf den relikten Stoffwechsel der Gärung umschaltet, was gleichbedeutend ist mit der Entstehung eines pathologischen Vorgangs (Ausfall von spezifischen Funktionen - Entstehung eines Myoms, Entstehung von KREBS usw.) im zellulären Bereich.

Das Gleiche gilt für die Oxidation der aus dem Nahrungssubstrat freigesetzten und an dem NAD-Co-Enzym entstandenen ($H^+H^+$) und dem ($O_2^{- -}$) Atmungs-Sauerstoff zu ($H_2O$) Wasser. Auch in diesem Bereich werden wir beweisen, dass am Cytochrom a/$a_3$ nicht die

Oxidation des ($H^+H^+$) und ($O^-O^-$) zu ($H_2O$) Wasser abläuft, sondern dass an diesem Cytochrom a/a₃ nur das Peroxyd- Molekül ($H_2O_2$) entsteht und dass die Oxidation erst an der Katalase abläuft.

Wichtig für die weitere Erklärung ist zu begreifen, dass unabhängig von den spezifischen Abläufen der einzelnen Zellen die Funktion der Zelle darin besteht, das Nahrungssubstrat Glucose in ($H_2O$) Wasser und ($CO_2$) Kohlendioxyd aufzuspalten.

*Das ($H_2O$) Wasser, das bei diesem Vorgang erzeugt wird, ist das lebenswichtigste Produkt, das das biologische System für die Regulation der extrazellulären Gewebeflüssigkeit benötigt. Das ($CO_2$) Kohlendioxyd ist nicht etwa ein Abfallprodukt, sondern wird benötigt, um Molekularstrukturen im extrazellulären Raum zu bilden, die für den Säure-Basen-Haushalt, also den Energie-Haushalt, als Bindungsmoleküle für Elektronen lebenswichtig sind.*

Aus der Zelle müssen also 2 Produkte transportiert werden. Einmal das neutrale Molekül ($H_2O$) Wasser, das, wie schon beschrieben, durch die Energie des ($Na^+$)-Elektrolyts aus der Zelle transportiert wird, sowie die Elektronen, die vom ionisierten ($O_2^-$ ⁻) Atmungs-Sauerstoff in die Zelle transportiert worden sind. Das heißt, es sind nur die gleichen Mengen an Elektronen, denn durch den mitochondrialen Ablauf werden nicht die Elektronen des ($O_2^-$ ⁻) Atmungs-Sauerstoffs aus der Zelle transportiert, sondern die Elektronen, die bei der Aufspaltung des ($H_2$) Wasserstoffs abgespaltet wurden und am Cytochrom (b) gelagert waren.

Gehen wir zurück zu der Erklärung, auf welchem Wege das ($H_2O$) Wasser sowie diese Elektronen, die in Verbindung mit dem ($CO_2$) am ATP-Molekül hängen, aus der Zelle transportiert werden können.

Das Elektrolyt ($K^+$), das im Verhältnis zu den anderen Elektrolyten in großen Mengen in der Zelle existiert, ist der Träger der Energie, die in der Molekularstruktur der Zellmembran die Öffnung. schafft, um die Elektronen, in Verbindung mit dem ($CO_2$) am ATP-Molekül gebunden, aus der Zelle zu transportieren. Außerdem ist es das Elektrolyt, das den im extrazellulären Raum negativ ionisierten ($O_2^{--}$) Atmungs-Sauerstoff in die Zelle bringt, da der gleiche Vorgang, wie wir ihn im nachfolgenden beschreiben, auch im extrazellulären Raum abläuft.

An der Zellmembran geht ein $(K^+)$-ION mit einem Elektron, das am ATP-Molekül am (O) Sauerstoff-Atom angebunden ist, eine Verbindung ein und übernimmt das Elektron. Die erste dadurch freiwerdende Energie in Höhe von 4,34 eV strahlt in die Molekularstruktur der Zellmembran ein und erzeugt eine Öffnung.

Das 2. $(K^+)$-ION verbindet sich mit dem 2. Elektron am ATP, und die freiwerdende Energie spaltet das zuerst entstandene $(CO_2K)$-Molekül vom ATP-Sauerstoff ab.

Nach der Abspaltung - ein Vorgang, der gleichzeitig mit der 1. Energiefreisetzung und Öffnung der Zellmembran einhergeht - gelangt dieses $(CO_2K)$-Molekül durch die Öffnung in die extrazelluläre Gewebeflüssigkeit. Sukzessive läuft dieser Vorgang so lange ab, bis alle 4 Elektronen von den $(K^+)$-IONEN übernommen worden sind.

Die freiwerdende Energie, die singulett-mäßig wirkt, spaltet jedoch nicht nur das $(CO_2)$-Molekül vom ATP ab, sondern bewirkt gleichzeitig, dass die Molekularstruktur der Zellmembran so lange geöffnet bleibt, bis die $(CO_2)$-Moleküle und das (K) in die extrazelluläre Gewebeflüssigkeit außerhalb der Zelle transportiert worden sind. Auch dieser Vorgang wird im Anhang, mit Grafiken versehen, noch genau geschildert.

In dem Moment, wo das (K)-Atom in Verbindung mit dem $(CO_2)$-Molekül im extrazellulären Raum angekommen ist, strahlt die Energie des (K), die für die Öffnung der Membran verwendet wurde, wieder in das (K) ein, und es entsteht erneut das Elektrolyt $(K^+)$ sowie $(CO_2^-)$.

Die Resonanz-Energie des Elektrolyts $(Mg^{++})$Magnesium wirkt in diesem Bereich wie ein Aushilfs-Co-Enzym, da die Resonanz-Energie des (Mg) (4,34 eV), wie schon gesagt, gleich ist der Ionisations-Energie des (K) (4,34 eV).

Die $(CO_2)$-Molekül-IONEN, die auf diesem Weg in die extrazelluläre Gewebeflüssigkeit gelangen, verbinden sich mit den Molekular-strukturen der extrazellulären Gewebeflüssigkeit und bilden durch die Verbindung, die sie mit ihnen eingehen, die sogenannten Glyko-saminoglykane (GAGs) und die sogenannten Proteoglykane (PGs).

*Das bedeutet, dass sie gleichzeitig Gleichgewichts-Regulatoren des Säure-Basen-Haushaltes bzw. des Energie-Haushaltes sind.*

Betrachten wir nun erst einmal den Ionisations-Vorgang, bei dem der ($O_2$) Atmungs-Sauerstoff in ($O_2^{--}$) und ($O_2^{++}$) aufgespalten wird, da die Elektronen, die am ($CO_2^-$) bzw. an den GAGs/PGs angebunden sind, in Verbindung mit ($H^+$) diesen Vorgang an den Kapillaren bewirken.

In dem Moment, wo in der extrazellulären Gewebeflüssigkeit ein ($H^+$)eines dieser an den GAGs/PGs gebundenen Elektronen übernimmt, wird das ($H^+$)-ION zum (H)-Atom und bindet sich an die GAGs/PGs an.

Die bei diesem Vorgang freiwerdende Energie in Höhe von 13,53 eV strahlt sukzessive, das heißt eine freiwerdende Energiemenge nach der anderen, in die Membran der Kapillare ein und schafft die Öffnung für den Durchfluss von ($O_2$)-Molekülen des Atmungs-Sauerstoffs und für den Durchlass der Glucose-Moleküle.

Zu bemerken ist, dass der ($O_2$) Atmungs-Sauerstoff nicht als reines ($O_2$)-Molekül in die extrazelluläre Gewebeflüssigkeit transportiert wird, sondern dass das ($O_2$)-Molekül verbunden ist mit 2 ($Fe^{+++}$) Eisen-IONEN.

$$\substack{O-Fe^{+++} \\ O-Fe^{+++}}$$  Gesamt-Molekül des ($O_2$) Atmungs-Sauerstoffs

Ohne die ($Fe^{+++}$)Eisen-IONEN kann der ($O_2$) Atmungs-Sauerstoff nicht ionisiert werden, weil die Energie, die für die Ionisation zur Verfügung steht, nicht 13,56 eV besitzt, sondern nur 13,53 eV, da es die gleiche Energie ist, die in der Molekularstruktur der Membran der Kapillare eine Öffnung bewirkt.

In dem Moment, wo der Vorgang der Öffnung abgeschlossen ist, strahlt die Energie des ($H^+$) Wasserstoffs in der Größe von 13,53 eV in das ($O_2$) Sauerstoff-Molekül ein (dieser Vorgang läuft im Molekül 2-mal ab) und spaltet singulett-mäßig, da 0,03 eV für eine Ionisation fehlen, 2 Elektronen aus dem ($O_2$) Atmungs-Sauerstoff ab.

Hätte das ($O_2$) Sauerstoff-Molekül nicht 2 ($Fe^{+++}$)-IONEN, dann würden diese Elektronen, da, wie schon gesagt, 0,03 eV fehlen, wieder in das Molekül zurückfallen, und es entstände kein ($O_2^-$) Sauerstoff-ION.

Da das angebundene ($Fe^{+++}$) Eisen-ION jedoch starke Bindungskräfte besitzt, ziehen die Bindungskräfte des ($Fe^{+++}$)Eisen-IONs eines zweiten ($O_2$)-Moleküls die Elektronen an und transportieren sie gleich wie im "Huckepack-Verfahren", angezogen von der positiven ($^+$) Ladung der Elektrolyte der extrazellulären Gewebeflüssigkeit, an die Zellmembran.

Die ($O_2$)-Moleküle, die durch die Abspaltung der Elektronen zu ($O_2^{++}$)-IONEN geworden sind, übernehmen nunmehr Elektronen von den GAGs/PGs und werden als neutrale ($O_2$)-Moleküle in das venöse System eingeschleust.

Die Energie, die dabei freiwird, besitzt nicht 13,56 eV, sondern nur 13,53 eV, da es die Energie ist, die das ($O_2$)-Molekül ionisiert hat und die aus der Verbindung ($H^+$) mit den Elektronen der GAGs/PGs stammte.

Nachdem diese Energie die Membran der venösen Kapillare aufgespalten hat, strahlt sie in die GAGs/PGs zurück und ionisiert wieder die (H)-Atome in diesen Molekülen.

Wenn Sie das Gesagte mit der Grafik im Anhang gedankenbildlich nachvollziehen, so werden Sie die Regelfunktion, die durch die Ionisations-Energie bewirkt wird, erkennen und verstehen.

Sie können auf der Grundlage dieser Erklärung, die hier absolut in Kurzform und so einfach wie möglich, aber logisch nachvollziehbar, offengelegt wird, begreifen, dass das "Lebendige", das die biologischen Systeme auszeichnet, nichts Geheimnisvolles ist, sondern ganz allein durch die *Ionisations-Energie* bewirkt wird, die uns *der Kosmos in strukturierter Form* zur Verfügung stellt.

Das Phänomen "Leben" ist auf der Grundlage dieser Erklärung nichts Geheimnisvolles mehr.

Gehen wir weiter und erklären kurz den Transport des ionisierten ($O_2^{--}$) Atmungs-Sauerstoffs in die Zelle zur Mitochondrie und da zum Cytochrom a/$a_3$.

An der Zellmembran übernimmt das ($K^+$)das Elektron, das vom ($Fe^{+++}$) des ($O_2^{--}$) Molekül-IONs transportiert wird.

Wiederum strahlt die freiwerdende Energie des $(K^+)$-IONs, wie vorher schon beschrieben, in die Molekularstruktur der Zellmembran ein und schafft eine Öffnung, durch die das $(O_2^- \cdot Fe^{+++})$ Molekül des Atmungs-Sauerstoffs in den Innenraum der Zelle gelangt.

In der Zelle übernimmt das $(Fe^{+++})$ des $(O_2^- \cdot)$-Moleküls wieder das Elektron, das durch die Aufspaltung des (K) durch seine eigene Energie freiwird, wodurch erneut das (K)-Atom zu einem Elektrolyt $(K^+)$-ION wird.

Ist dieser Vorgang abgelaufen, gelangt das $(O_2^- \cdot)$-ION, angezogen von der Energie der Cytochromoxydase, in die Mitochondrie und wird vom Cytochrom $a/a_3$ bindungsmäßig bis zur Katalysation zu $(H_2O_2)$ festgehalten.

Siehe "Atmungskette der Mitochondrie" im Anhang.


Wie schon einmal in diesem Buch geschrieben, möchten wir mit der Offenlegung unserer Erkenntnisse in dieser Niederschrift auf Abläufe, aus bio-physikalischer Sicht gesehen, aufmerksam machen, die nicht nur unser aller Leben beeinflussen, sondern die, wenn die Wissenschaft sie in ihre Denkmodelle integriert, unser menschliches Sein so weitgehend verändern können, dass wir Wieder zurückfinden zu unserem Ursprung, der nur im Göttlichen zu finden ist.

Um die spezifischen Funktionen der Zellen sowie der Regelkreise aus bio-physikalischer Sicht auf der Grundlage unserer Erkenntnisse zu erklären, reicht der Platz in diesem Buch nicht aus, so dass wir uns entschlossen haben, diesen Bereich in Verbindung mit dem hier schon Erklärten in ein weiteres Buch zu fassen.

Aus diesem Grunde schließen wir hier das 2. Buch ab und wenden uns im nächsten Buch der Grundlage zu, auf der die Erkenntnisse von Buch 2 gefunden worden sind. In dieser Niederschrift gehen wir bis zum Ursprung der Entstehung unseres Universums sowie der Entstehung der Elemente der Materie zurück und stellen zum ersten Mal in der Geschichte der Neuzeit ein Denkmodell zur Diskussion unter dem Titel

## "Eine Einheitliche Theorie der gesamten Materie".

# 3. BUCH

## Eine "EINHEITLICHE THEORIE der GESAMTEN MATERIE"

### Unsere Überlegungen

Entscheidende Impulse für neue Wege, auf denen grundlegende neue Erkenntnisse gefunden werden können, erhalten wir nur durch tiefgehende Einsichten in die *Struktur der Materie.*
Dies gilt für den medizinischen Bereich genauso wie für alle anderen Bereiche unseres Seins.
Ohne die wegbereitende Erkundungsforschung auf dem Gebiet der Atom-Physik ist dies jedoch unmöglich.
Wie heute fast ein jeder weiß, besteht der Mensch sowie alle biologischen Systeme - Pflanzen und Tiere - aus Atomen und Molekülen. Also aus demselben Ur-Stoff, aus dem die gesamte uns umgebende sogenannte "tote" Materie aufgebaut ist.

Eine Antwort auf die Frage, welche *Kraft* die Atome und Moleküle der sogenannten "toten" Materie in den biologischen Systemen zur "lebendigen" Materie werden lässt, wurde bis heute noch nicht gefunden.
Das Gleiche gilt für die vielfältigen Energie-Arten, die als Kraft die entscheidendsten Phänomene bewirken, durch die unser Sein bestimmt wird. Auch in diesem Bereich hat man die Frage nach der *Struktur und Form der Energie* noch nicht beantworten können.

Dass *unstrukturiert,* angefangen vom Ur-Stoff der Materie bis hin zu den kompliziertesten Wechselwirkungen der kosmischen Abläufe, eingebunden in Chaos und Ordnung, die alles Sein bestimmen, nichts existieren kann, ist unbestreitbar.
Die physikalischen Theorien, auf denen die gesamte Grundlagenforschung in allen Bereichen der Wissenschaft aufbaut, einschließlich der Medizin, sind Denkmodelle, durch die begrifflich viele Phänomene erklärbar gemacht werden können. Aber sie sind

141

nach diesen Denkmodellen nicht zusammenfassbar in eine *"Einheitliche Theorie der gesamten Materie"*.

Nehmen wir zum Beispiel das heute gültige Atommodell von RUTHERFORD und BOHR.

Dieses Atommodell reicht aus, begrifflich zu erklären, wie eventuell die in diesem Denkmodell postulierten Elementarteilchen - Elektron, Proton, Neutron und Photon – wechselwirksam das Atom gestalten und aufbauen könnten.

Um jedoch die Phänomene zu beschreiben, die von den Hochenergie-Physikern im Experiment gefunden worden sind, reicht dieses Atommodell nicht aus. Im Gegenteil. Es widerspricht absolut den gefundenen Erkenntnissen.

Nach Überprüfung des Standes der wissenschaftlichen Erkenntnisse der Physik erkannten wir, dass eine "Einheitliche Theorie der gesamten Materie" nur gefunden werden kann, wenn man die STRUKTUR des UR-STOFFES entdeckt, aus dem sich die sogenannte "'tote'' Materie, also die Atome der Elemente, aufbaut.

Erst wenn diese Struktur gefunden wird, besteht die Möglichkeit, ein theoretisches Denkmodell zu entwickeln, auf dessen Grundlage man die "Entstehung aller biologischen Systeme" erklärend beschreiben kann.

Die Entwicklung eines "GANZHEITLICHEN Denkmodells", in das die Erkenntnisse aller wissenschaftlichen Disziplinen einbezogen werden können, ohne dass sie sich widersprechen, erfordert also das Finden der *Struktur des Ur-Stoffs der Materie.*

Unsere Überlegung begann mit der Frage, "In welche *geometrische Form* kann sich eine *"bewegungslose unstrukturierte homogene Masse"* (Ur-Plasma) einschwingen, wenn in diese Masse eine Kraft einstrahlt?"

Diese Kraft muss das Ur-Plasma innerhalb der geometrischen Form so in einen "gesetzmäßigen Bewegungsablauf" einschwingen, dass einmal eine nicht veränderbare "dynamisch strukturierte Form" entsteht und zum anderen dieses dynamische "Ur-Teilchen" in der Lage ist, sich mit gleichen Formen (Ur-Teilchen) in der Weise zu verbinden, dass sich alle nur denkbaren Formen aufbauen können.

142

Die theoretisch philosophischen Denkansätze, von denen wir ausgingen, waren:

1. Das "Quark-Modell", das 1964 von Murray GELLMANN und Georg ZWEIG postuliert wurde und das sich in den letzten 20 Jahren als "Quark-Modell der Hadronen" von der Hypothese zur modernen "Theorie der Hadronen" entwickelt hat, da man experimentell nachweisen konnte, dass das "Quark" die kleinste Einheit der Materie ist.

2. Der Leitsatz des Philosophen und Politikers PLATO, der in den meisten Geometriebüchern steht,
   *"Lasst keinen geometrischen Ignoranten mitreden.*
   *Die Geometrie ist das Wissen des ewigen Seins."*

3. Ein arabisches Sprichwort, das AL-RAZI (865-925 n.Chr.), ein führender Wissenschaftler seiner Zeit, niedergeschrieben hat,
   *"Wer das Geheimnis der Pyramide löst,*
   *erkennt die Seele des Menschen."*

Außerdem standen uns uralte Unterlagen und Modelle zur Verfügung, in denen wissenschaftliche Erkenntnisse einer vor 12.600 Jahren existierenden Zivilisationsgesellschaft, die uns in geistiger und technologischer Hinsicht weit überlegen war, beschrieben und dargestellt sind.

Aus diesen Unterlagen sowie durch die Modelle, die auf einem Wege in unseren Besitz gelangten, der im folgenden noch beschrieben wird, erhielten wir den Hinweis, dass

*das "Ur-Teilchen der Materie", IN dem und DURCH das alles Sein in unserem Universum existiert, die geometrisch strukturierte Form von "zwei kubischen Pyramiden" besitzt, die an den Spitzen miteinander verbunden sind.*

In diesen Unterlagen wird außerdem nicht nur die Entstehung unseres Universums sowie die Entstehung der Atome der Elemente und der biologischen Systeme erklärend beschrieben, sondern auch die Funktionsabläufe der Atome der Materie und der biologischen Systeme vom Ursprung an.

Nach dem Studium der Unterlagen war uns klar, dass wir die Aussagen theoretisch und experimentell nach dem heutigen Stand der Wissenschaft überprüfen mussten, wenn wir, wie beabsichtigt, eine "Einheitliche Theorie der gesamten Materie einschließlich der Entstehung aller biologischen Systeme" postulieren wollten.

Bedingt durch die Wissenschaftsgläubigkeit der Menschen der heutigen Zeit, speziell der Wissenschaftler selbst, ist es erforderlich, Aussagen beweisführend so niederzuschreiben, dass sie von jedem zumindest logisch verstandesmäßig nachvollzogen werden können.

Als wir vor 25 Jahren (1970) feststellten, dass ein "GANZHEITLICHES Denkmodell" nur dann erstellt werden kann, wenn wir damit beginnen, eine denkbare Möglichkeit der Entstehung unseres Universums unter Einbeziehung der Erkenntnisse der Kosmologie und Astrophysik zu finden, begannen wir, die bis heute aufgestellten Theorien, die als Denkmodell den möglichen Aufbau, die Struktur und die Entwicklung unseres Universums als Ganzes beschreiben, zu überprüfen.

Wir stellten fest, dass im Laufe der Jahrhunderte verschiedene Theorien entwickelt wurden, die einander ablösten. Bis 1924 hatten alle Theorien eines gemeinsam. Es waren Modelle von der Struktur des Universums, bei denen eine Entstehung, eine Entwicklung, eine Evolution sowie ein Werden ausgeschlossen waren. Das Universum existierte schon immer und ewig.

Es war die Idee von dem ewigen unveränderlichen Universum.

Erst in unserem Jahrhundert begann die Kosmologie, ein Teilbereich der physikalischen Wissenschaft, ein Kind des 20. Jahrhunderts, Beweis zu führen, dass sich die gesamte das Universum ausfüllende Materie in Bewegung befindet.

Die Grundlage, die zu diesen Erkenntnissen führte, ist die von Albert EINSTEIN entwickelte "Relativistische Theorie der Gravitation" ("Die allgemeine Relativitäts-Theorie"). Sie ist das theoretische Kernstück der heutigen Wissenschaft von der Struktur des Universums in Verbindung mit der Entdeckung des "Rotverschiebungs-Gesetzes" von HUBBLE.

Aber auch EINSTEIN selbst war, nachdem er die "Allgemeine Relativitäts-Theorie" aufgestellt hatte, noch der Meinung, dass das

144

Universum stationär ist. Er versuchte, eine Theorie zu entwickeln, und untersuchte, ob die Gleichungen seiner Theorie, auf das gesamte Universum angewandt, statische Lösung besitzen, doch dies war nicht der Fall.

Die Idee von der statischen Welt schien aber so zwingend zu sein, dass EINSTEIN seinen Gleichungen selbst nicht mehr traute und begann, sie zu verändern.

1924 war es so weit. Dieses Jahr kann man als den Beginn einer Epoche bezeichnen, in der die neuzeitliche Entwicklung der Kosmologie begonnen hat.

In den Jahren von 1922 bis 1924 veröffentlichte der sowjetische Gelehrte A.A. FRIEDEMANN seine mathematischen Modelle, die die Bewegung der das gesamte Universum ausfüllenden Materie unter Berücksichtigung der Schwerkraftwirkung beschreiben. FRIEDEMANN bewies in seinen Arbeiten, dass sich die Materie des Universums nicht in Ruhe befinden kann. Seit dieser Zeit hat das Zitat, das dem Evolutionsgedanken widerspricht,

"In der ganzen vergangenen Zeit hat sich, soweit die Erinnerung reicht, der oberste Himmel weder im Ganzen noch in irgendeinem seiner ihm eigentümlichen Teile verändert",

das ARISTOTELES in seiner Schrift "Vom Himmel" niedergeschrieben hat, seine Gültigkeit verloren.

Auf der Basis der FRIEDEMANNschen Arbeiten in Verbindung mit der beobachtenden Astrophysik sind seit dieser Zeit verschiedene Modelle entwickelt worden, die wir jahrelang gründlich studiert haben.

Wir erkannten, dass die Rekonstruktion der Geschichte des Universums keine leichte Aufgabe sein würde.

Aber wir erkannten auch, dass alle Theorien letztendlich auf der Grundlage des Atommodells von RUTHERFORD und BOHR aufgebaut waren unter Einbeziehung der Erkenntnisse der Quantenphysik und der Hochenergiephysik.

Alle Wissenschaftler haben bei der Beantwortung der theoretischen Frage nach der Entstehung der Materie in ihren Denkabläufen die Modellvorstellung des Aufbaus der Atome aus Elementarteilchen und subatomaren Teilchen so, wie sie heute zum Stand der Wissenschaft zählt, benutzt.

Nach dieser Modellvorstellung des Aufbaus der Atome nimmt man an, dass alle Atome aus einem kugelförmigen Kern, dem NUKLEON, bestehen, in dem die sogenannten starken Kernkräfte die positiv ($^+$) geladenen PROTONEN und die neutralen (o) NEUTRONEN zu einer Einheit binden, und dass in verschiedenen Schalen kugelförmige ELEKTRONEN mit negativer ($^-$) Ladung diesen Kern umkreisen. Die Eigenrotation der Elektronen wird durch PHOTONEN (Energiequanten) wechselwirkend bewirkt.

Diese Denkvorstellung führte auch zu den Überlegungen, die in Theorien eingebunden sind, ob am Anfang der Entstehung des Universums das Ur-Plasma in heißem oder kaltem Zustand existierte. Heute weiß man, dass das Gas im Universum überwiegend aus (H) Wasserstoff besteht.

Außerdem ist bekannt, und die wissenschaftlichen mathematischen Ergebnisse sind zwingend, dass auch außerhalb und nicht nur innerhalb der Galaxienhaufen eine Masse existiert, die als "VERBORGENE MASSE" bezeichnet wird.
Bekannt ist auch und man weiß, dass die Schwerkraft der NEUTRINOS für die heutige Expansion des sich in Bewegung befindenden Universums verantwortlich ist, da die gewöhnliche Masse, bestehend aus den Elementen, nur 3 Prozent der gesamten Masse unseres Universums ausmacht.
Es ist also nur normal, wenn wir sagen, dass unser Universum hauptsächlich aus Neutrinos besteht.

Nachdem wir alle Theorien sowie die Erkenntnisse der Kosmologie studiert hatten, erkannten wir, dass uns die vorhandenen Theorien nicht weiterbrachten, um eine "Ganzheitliche Theorie des Seins" zu entwickeln.
Wir entschlossen uns nach reiflicher Überlegung, das Vorhaben aufzugeben, da wir nicht mehr daran glaubten, auf den Grundlagen der physikalischen Wissenschaft eine Möglichkeit zu finden, eine **"Einheitliche Theorie der gesamten Materie"** zu erstellen.
Genau zu diesem Zeitpunkt, als wir das erkannt hatten, erhielt eine Person aus unserem Kreis auf eine ungewöhnliche Weise Hinweise und Informationen über physikalische Gesetze, auf deren Grundlage

146

angeblich unser Universum sowie die Elemente der existierenden Materie entstanden sein sollen.

Aufgrund der Frustration, in der wir uns befanden, gingen wir absolut voreingenommen daran, diese Informationen und Hinweise zu überprüfen. Da uns der heutige Stand der Wissenschaft bestens bekannt. war, erschienen uns am Anfang diese Informationen absolut irreal und utopisch.

Nachdem wir einen Teil der Aussagen theoretisch und experimentell überprüft hatten, erkannten wir jedoch, dass die Ergebnisse, die wir fanden, nicht nur logisch waren, sondern auch wissenschaftlich nicht widerlegt werden konnten.

Wir fingen von vorn an und überprüften mehrere Jahre lang unter strengster Geheimhaltung die gesamten Hinweise.

Vor etwa 12 Jahren war uns klar, dass das Denkmodell, das wir auf der Grundlage der erhaltenen physikalischen Gesetze, theoretisch und experimentell überprüft, entwickelt hatten, nicht nur das vorhandene wissenschaftliche Denken absolut auf den Kopf stellt, sondern dass auch die von uns entwickelte "Einheitliche Theorie der gesamten Materie" in allen Bereichen unseres Seins Veränderungen bewirken würde.

Wiederum genau zu diesem Zeitpunkt erhielt die gleiche Person aus unserem Kreis erneut Informationen und Beweise in Form von Unterlagen und Modellen auf einem Weg, den man auch wieder nur als ungewöhnlich bezeichnen kann.

Da wir in der Zwischenzeit jedoch erkannt hatten, dass auch das Ungewöhnliche, Unerklärliche real erklärbar ist und seinen Sinn hat, überprüften wir diese Unterlagen und Berechnungen, die zum Teil in deutscher Übersetzung vorlagen, und fanden Erkenntnisse, die unser gesamtes angelernte wissenschaftliche Denken auf den Kopf stellen.

Nach der theoretischen und experimentellen Überprüfung erkannten wir, dass die Offenlegung dieser Erkenntnisse nicht nur auf der materiellen Ebene unser gesamtes Sein verändern würde, sondern dass diese Erkenntnisse den Sinn und Zweck des Erdenlebens des Menschen sowie allen Seins offenbaren und Einfluss auf die weitere Geschichte der Menschheit nehmen würden.

Nach vielen Gesprächen war uns klar, dass wir die Resultate unserer theoretischen und experimentellen Forschung, auf deren Grundlage wir die "Einheitliche Theorie der gesamten Materie einschließlich der Entstehung aller biologischen Systeme" entwickelt hatten, vorerst nicht veröffentlichen würden.

Wir erkannten einmal, dass die Zeit noch nicht reif war, um die Erkenntnisse offen zulegen, und zum anderen, dass die Menschen noch nicht reif waren, die ganze Tragweite der Erkenntnis zu erfassen und diese in die Realität umzusetzen.

Da in den zuletzt erhaltenen Unterlagen auch zukunftsweisende Aussagen niedergeschrieben standen, durch die wir erkennen konnten, wann die Zeit reif ist, in die Öffentlichkeit zu gehen, fassten wir folgenden Entschluss.

Jeder von uns sollte seinen eigenen Weg gehen und versuchen, soviel wie möglich von den Erkenntnissen, auf der Grundlage des Standes der Wissenschaft eingebunden, langsam in die Öffentlichkeit zu bringen.

Wir begannen zum Beispiel im Bereich der Medizin, Wissenschaftlern, Ärzten und Professoren, die forschungsmäßig theoretisch und experimentell tätig waren, Erkenntnisse so zuzuspielen, dass sie, in ihr Entwicklungsprojekt integriert, das Forschungsprojekt erfolgreich zum Abschluss brachten, was dazu führte, dass sie Bestandteil der heute gültigen Wissenschaft sind.


Vor circa 2 Jahren beschlossen wir aufgrund mehrerer Begebenheiten, die für uns Zeichen waren, dass die Zeit reif ist, die vollständige von uns entwickelte "Einheitliche Theorie der gesamten Materie einschließlich der Entstehung aller biologischen Systeme" zu veröffentlichen und zur Diskussion zu stellen. Wir vereinbarten, dass die Offenlegung, damit sie viele Menschen erreicht, immer in Verbindung mit Diagnoseverfahren und Therapien oder in Verbindung mit dem realen Leben verbundenen Abläufen wie zum Beispiel der Glaube, der Tod sowie das Leben selbst, erfolgen sollte.

## Die ENTSTEHUNG unseres UNIVERSUMS

Um die fundamentalen Rätsel des Universums zu lösen, hat man in der letzten Zeit folgende Modellvorstellungen entwickelt.
Die auf den Erkenntnissen der Kosmologie und der theoretischen Physik entstandenen Theorien gehen davon aus, dass die prästellare Materie am Nullpunkt der Zeit, in großem Maßstab gesehen, heiß, homogen und isotrop gewesen ist.
(Als isotrop bezeichnet man die Unabhängigkeit der Eigenschaften von der Richtung im Raum.)

I.D. NOWIKOW vom Institut für Kosmische Forschung in Moskau beschreibt das in seinem Buch "Evolution des Universums" wie folgt:
"Die Theorien des heißen und kalten Universums standen ursprünglich nur mit Versuchen in Zusammenhang, eine vollständige Erklärung der Häufigkeit der chemischen Elemente in der prästellaren Materie zu geben. Die Versuche festzustellen, welche Theorie gültig ist, waren zuerst hauptsächlich darauf gerichtet, die Beobachtung der Elementhäufigkeit zu analysieren.
Solche Beobachtungen, insbesondere ihre Analyse, sind jedoch sehr kompliziert und hängen von vielen Annahmen ab.
Die Theorie des "heißen Universums" liefert aber eine überaus wichtige beobachtbare Vorhersage, die eine direkte Folge der "Erhitzung", d.h. der hohen Entropie der Materie ist. Das ist die Vorhersage einer im Universum in unserer Epoche existierenden elektromagnetischen Strahlung, die aus jener vergangenen Epoche übriggeblieben ist, als die Materie dicht und heiß war.
(Anm.d.Verf.: Diese sogenannte "elektromagnetische Strahlung" ist die *unstrukturierte "Freie Energie"* im Raum unseres Universums.)

Im Laufe der kosmologischen Expansion sinkt die Temperatur der Materie, wobei sich auch die Strahlungstemperatur verringert. Dennoch muss bis zum gegenwärtigen Augenblick Strahlung übriggeblieben sein, deren Temperatur in den verschiedenen Varianten der Theorie von Bruchteilen eines Kelvin bis zu 30 K reicht.
Diese Strahlung, die aus längst vergangenen Epochen der Entwicklung des Universums übriggeblieben sein muss, vorausgesetzt, das Universum war tatsächlich heiß, erhielt die Bezeichnung "Reliktstrahlung".

Der Nachweis dieser Strahlung ist für diese Theorien der entscheidende Punkt bezüglich der Frage, ob das Universum heiß oder kalt war. Wenn die Strahlung existiert, war das Universum heiß; wenn sie nicht existiert, war es kalt."
(Anm.d.Verf.: Der Begriff "heiß" beschreibt immer ein Phänomen, das nur durch Energie bewirkt werden kann.)

1965 wurde von den Mitarbeitern der amerikanischen Bell-Company PENZIAS und WILSON bei der Erprobung der Radioantenne, die zur Beobachtung des Satelliten "Echo" geschaffen worden war, die Reliktstrahlung ganz zufällig entdeckt. Im Deutschen wird der Begriff Reliktstrahlung auch mit "schwarze Hintergrundstrahlung" bezeichnet.
Dass die Reliktstrahlung als Beweis für eine heiße verdichtete prägstellare Masse angeführt wird, liegt daran, dass man die Entstehung der subatomaren Teilchen sowie der Atome selbst, also die heute gültige Modellvorstellung, in diesen Denkablauf miteinbezogen hat.
Eine Beweisführung auf der vorgegebenen Grundlage ist es also nicht, da nicht nachweisbar ist, zu welchem Zeitpunkt der Evolution des Universums diese Reliktstrahlen entstanden sind.

Zusammenfassend heißt das:
Man setzt also in den Standardtheorien voraus, dass der Stoff, aus dem die 3 Prozent Materie sowie die 97 Prozent verborgene Masse entstanden sind, stark verdichtet im Raum unseres Universums am Anfang der Zeit existierte.
Durch die starke Verdichtung kam es zu einer Explosion, sagen wir es einmal so, die mit dem Begriff "Ur-Knall" umschrieben wird, und diese verdichtete prägstellare Masse wurde in die Unendlichkeit des Raumes hinausgeschleudert, und *auf irgend eine Weise* haben sich dann die Elemente, Sonnen, Sterne, Planeten und Galaxishaufen entwickelt. Ein Modell, das man annehmen oder verwerfen kann wie jede theoretische Vorstellung.
Wenn sich jemand näher dafür interessiert, so gibt es ausgezeichnete Bücher, in denen diese Theorien über die Entstehung unseres Universums ausführlich beschrieben werden.

In den Unterlagen, die wir erhalten hatten, wird die Entstehung des Universums von Anfang an geschildert, wodurch wir erfuhren, dass der Raum unseres Universums endlich ist.
Auch nachdem wir die Theorie der sogenannten "Raum-Zeit-Krümmung" miteinbezogen hatten, sprachen zu viele logische Aspekte gegen die Unendlichkeit unseres Universums.

Da keine logisch schlüssige Theorie existiert, die, effektiv vom Nullpunkt der Zeit angefangen bis zur heutigen Form des Universums, die Entstehung aller Phänomene, die bis heute entdeckt worden sind, beschreibt, übernahmen wir die Aussage aus den Unterlagen und gehen davon aus, dass unser Universum ein endliches stationäres expandierendes Universum ist, das neben einer Unzahl anderer Universen in der Unendlichkeit des Raumes existiert.

Wir behaupten, dass die Unendlichkeit des Raumes, in dem unser Universum existiert, ein *Energiefeld* ist, das unterteilt ist in *würfelförmige Kraftfelder,* die vom Mikro- bis in den Makro-Bereich reichen.
Das bedeutet, dass zum Beispiel 8 der denkbar kleinsten würfelförmigen Kraftfelder das nächstgrößere Kraftfeld bilden usw.

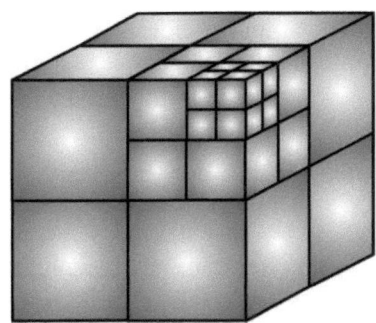

In der Unendlichkeit des Raumes, also in diesem Energiefeld, existieren eine nicht bekannte Zahl an Universen.
Diese Universen bestehen oder bestanden immer zum Nullpunkt der Zeit aus unstrukturierter prästellarer Masse, im Folgenden als "Ur-Plasma" bezeichnet. Das unstrukturierte Ur-Plasma füllte die würfelförmigen Kraftfelder bis in die kleinste würfelförmige Einheit aus und existierte *ohne Bewegung in der absoluten Stille,*

151

vorausgesetzt, das Universum war noch nicht wie unser Universum strukturmäßig ausgebildet.

Unendlichkeit des Raumes
- Angenommene Form des Ur-Plasmas in diesem Energiefeld

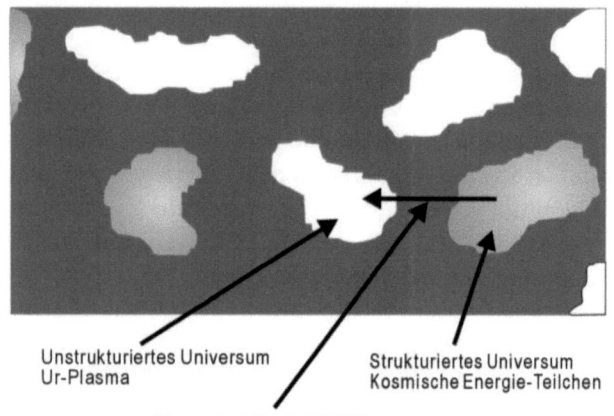

Unstrukturiertes Universum
Ur-Plasma

Strukturiertes Universum
Kosmische Energie-Teilchen

Eingestrahlte 1. KRAFT

## Die Entstehung der "1. ORDNUNG"

Vor einer bis heute nicht berechenbaren Zeit wurde aus einem Nachbar-Universum, das gleich wie unser Universum (jetzt) strukturiert ist, nach Plan eine Kraft ausgestrahlt, die das bewegungslose Ur-Plasma unseres Universums, das in den kleinstmöglichen Kraftfeldern in der absoluten Stille existierte, in Bewegung versetzte.

Diese, sagen wir, "SCHÖPFUNGS-KRAFT" hat in den kleinsten würfelförmigen Kraftfeldern das Ur-Plasma in den gesetzmäßigen Bewegungsablauf versetzt, der im Raum eines Würfels abläuft, wenn eine homogene Masse (Ur-Plasma) den Raum des Würfels füllt und durch eine Kraft in Bewegung versetzt wird, die von außen in den Würfel eingestrahlt ist.

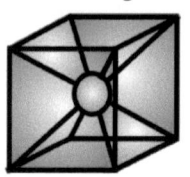

Kleinste würfelförmige Einheit, die bei der Einstrahlung dieser "1. Kraft" entstanden ist.

152

Auf der Grundlage des gesetzmäßigen Bewegungsablaufes, der im Würfel existiert, entstanden in den Kuben der kleinstmöglichen würfelförmigen Kraftfelder 6 "pyramidenförmige Einheiten", in denen sich das Ur-Plasma, sich selbst bewirkend, bewegt.

Diese würfelförmigen Einheiten waren im Raum unseres Universums so miteinander verbunden, wie es in der folgenden Grafik dargestellt ist.

Auf diesem Wege entstand die "1. ORDNUNG" im Raum unseres Universums.

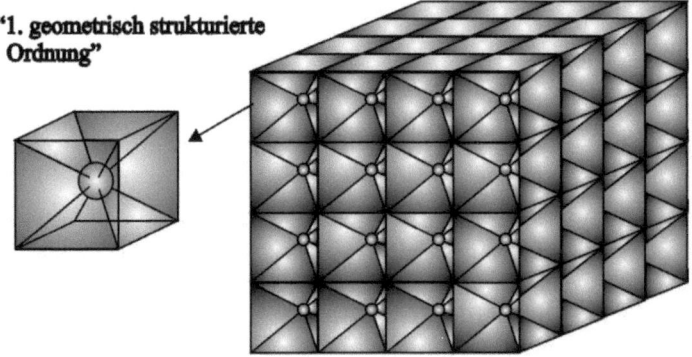

**"1. geometrisch strukturierte Ordnung"**

Würfelförmige Einheiten, die als "1. Ordnung" in unserem Universum entstanden sind.

Durch diese eingestrahlte "1. Kraft" wurde das unstrukturierte Ur-Plasma in den kleinsten würfelförmigen Einheiten so in Bewegung versetzt, wie wir es in den folgenden Kapiteln "Gesetzmäßige Bewegungsabläufe im Kubus eines Würfels" sowie "Gesetzmäßiger Bewegungsablauf in einer Pyramide" beschreiben. So entstanden aus der gesamten existierenden homogenen Masse des Ur-Plasmas *"würfelförmige Einheiten",* in denen sich das Ur-Plasma dynamisch in Bewegung befand und *sich selbst bewirkte.*

Um Ihnen den Einstieg in die "Einheitlichen Theorie der gesamten Materie einschließlich der Entstehung aller biologischen Systeme" zu erleichtern, sollen in den nächsten 2 Kapiteln die gesetzmäßigen Bewegungsabläufe, die in den geometrischen Gebilden des Würfels und der Pyramide existieren, in Worten und Grafiken erklärend geschildert werden.

153

## Gesetzmäßige Bewegungsabläufe
## im Kubus eines Würfels

In jede Molekularstruktur, gleich ob sie aus der sogenannten "toten" oder "lebendigen" Materie besteht, strahlen ununterbrochen aus dem Umfeld und aus dem Kosmos neutrale Neutrinos und Elektron-Neutrinos ein.

Die Elektron-Neutrinos werden zum Beispiel vom Körper des Menschen in der Form aufgenommen, dass der Körper diese Elektron-Neutrinos über das Nervensystem in die Bereiche transportiert, in denen sie verwertet werden können.
Existiert durch die Einstrahlung keine Überbelastung und die Regelkreise funktionieren ordnungsgemäß, dann strahlt der Körper diejenigen Elektron-Neutrinos wieder ab, die entweder energiemäßig zu groß sind oder nicht benötigt werden.
Ist das Aufkommen der Elektron-Neutrinos zu groß, dann können sie im Körper des Menschen, gleich in welcher Größenordnung sie eingestrahlt werden, Regulationsstörungen bis hin zu spezifischen und unspezifischen Krankheitsbildern bewirken.

Die neutralen Neutrinos, die ununterbrochen aus den Molekularstrukturen unseres Umfeldes in den Körper des Menschen einstrahlen, sind im Grunde genommen keine neutralen Neutrinos mehr, sondern Neutrinos, die die Frequenz und Amplitude der Atome besitzen, aus denen sie ausgestrahlt werden.
Diese Neutrinos sind aber nicht nur frequenz- und amplitudenmäßig dahingehend verändert, dass sie die, sagen wir, Schwingungsfrequenz der Atome tragen, aus denen sie ausgestrahlt werden, sondern sie besitzen in ihrer Schwingungsfrequenz gleichzeitig die Schwingungsfrequenzen der Gesamt-Molekularstruktur, der Form, der Farbe, des Geruchs und des Geschmacks.

Das heißt, sie sind die Informationsträger, die der Mensch zum Beispiel als "Reiz" erhält und über seine Wahrnehmungssysteme in die Steuerzentrale Gehirn einschleust, wo sie die Bilder entstehen lassen, durch die wir unsere Umwelt wahrnehmen und klassifizieren.

154

Alle neutralen Neutrinos, die durch die gasförmigen Moleküle der Atmosphäre auf die Erde strahlen, besitzen keine neutrale Frequenz und Amplitude mehr, sondern weisen frequenz- und amplitudenmäßig die Schwingung der gasförmigen Atome bzw. Moleküle auf.

Verdeutlichen wir uns den gesetzmäßigen Bewegungsablauf im Kubus eines Würfels an folgendem Beispiel.

Befestigt man zum Beispiel eine Apfelsine mittels Fäden genau in der Mitte eines würfelförmigen geschlossenen Gehäuses, dessen Wände, sagen wir, aus einem stabilen Material bestehen, dann läuft folgender Vorgang ab.

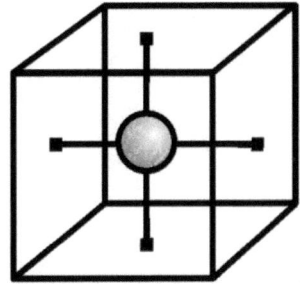

Befestigung der Apflsine
in einem würfelförmigen Gehäuse

Die Apfelsine, die als biologisches System nicht mehr angeschlossen ist an die Regelkreise des Baumes, strahlt, da ihre Funktionen nicht mehr vom Baum gesteuert werden, ununterbrochen die Ionisations-Energie in Form von Energiequanten gleich Elektron-Neutrinos ab, die in den Molekularstrukturen enthalten ist.

Diese abgestrahlten Energiequanten treffen auf die 6 Wände des Würfels und werden durch die nachfolgenden Energiequanten in die 12 Kanten des Würfels gedrückt.

Da die Energiequanten in den Kanten von jeweils 2 Seiten gleichmäßig einstrahlen, stoßen sie in diesen Kanten aufeinander, was dazu führt, dass sich 2 rotierende Wellen bilden, die entgegengesetzten Spin besitzen.

155

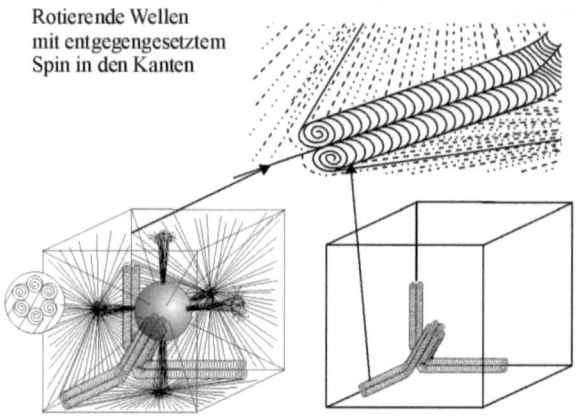

Rotierende Wellen
mit entgegengesetztem
Spin in den Kanten

Die in den Kanten entstehenden rotierenden Wellen mit entgegengesetztem Spin werden bei diesem Vorgang in die Ecken eingestrahlt.

In dem Moment, wo sie in den Ecken aufeinandertreffen, da sie weiter keine Ausdehnungsmöglichkeit besitzen, knicken die 6 ankommenden rotierenden Wellen, sich jeweils zu zweit mit entgegengesetztem Spin bewirkend, in den Ecken um und werden aufgrund der gesetzmäßigen Rotationsbewegung, durch die sie sich alle gegenseitig bewirken, diagonal in die Mitte des Würfels zurückgestrahlt.

Das heißt, die eigenen Energiequanten, die von der Apfelsine abgestrahlt wurden, werden nunmehr, energie- gleich kraftmäßig wesentlich verstärkt, in die Molekularstruktur der Apfelsine zurückgestrahlt und bewirken da durch Ionisation eine schnelle Auflösung der Molekularstruktur der Apfelsine.

Da die Energiequanten aus allen 8 Ecken diagonal in die Mitte einstrahlen, entstehen innerhalb des Würfels 6 *neue geometrisch geformte Kraftfelder* in der Form von *"kubischen Pyramiden"*.

Sind die "pyramidenförmigen Kraftfelder" entstanden, werden wiederum nach bestimmten Gesetzmäßigkeiten, die in der geometrischen Form einer "Pyramide" existieren, die Energiequanten gleich Ionisations-Energie nunmehr von der Apfelsine in die pyramidenförmigen Kraftfelder abgestrahlt.

156

Nach unseren experimentellen Erfahrungen erfolgt die Auflösung der Molekularstruktur einer Apfelsine im Mittelpunkt eines würfelförmigen Gehäuses bis zu 400 Prozent schneller, als wenn sich die Apfelsine außerhalb des würfelförmigen Gehäuses befindet.

Der Aufspaltungsvorgang, der abläuft, ist der, den der Volksmund als "Verfaulen" bezeichnet.

In der klassischen Physik würde dieser Vorgang auf der Grundlage des zurzeit gültigen Atommodells wie folgt beschrieben.

Bei diesem Vorgang werden die Elektronen der Atome und Moleküle ionisiert, bzw. es werden Singulettzustände bewirkt, durch die sich die Moleküle bindungsmäßig verändern.

Durch immer wieder erneutes Einstrahlen der Ionisations-Energie, die durch die Zusammenballung energiereicher geworden ist, zerfällt letztendlich die Molekularstruktur in ihre Atome, wodurch sich die Apfelsine formenmäßig auflöst.

Dass dies ein real ablaufender Vorgang ist, davon können Sie sich persönlich gleich selbst überzeugen.

Sehen Sie sich in einem Raum Ihrer Wohnung oder an Ihrem Arbeitsplatz die waagerechten und senkrechten Kanten des Raumes an. Am besten ist es zu erkennen, wenn der Raum weiß gestrichen oder hell tapeziert ist und er etwa 2-3 Jahre nicht tapeziert bzw. gestrichen wurde.

Die Kanten sind durch den gesetzmäßigen Bewegungsablauf der Energiequanten, die aus dem Umfeld an die Wände gestrahlt werden und in den Kanten 2 rotierende Wellen bilden, noch genauso hell wie an dem Tag, an dem der Anstrich vorgenommen wurde.

Durch die Amplitude, also die Höhe bzw. den Durchmesser der sich gegenseitig bewirkenden rotierenden Wellen werden die Kanten vor Schmutzablagerungen geschützt, was dazu führt, dass die Kanten so verbleiben wie am Tag des Anstrichs.

## Gesetzmäßiger Bewegungsablauf
## im Raum eines kubisch pyramidenförmigen Kraftfeldes
## bzw. in der geometrischen Form einer Pyramide

In einer Pyramide läuft, bedingt durch ihre geometrische Form, dieser Vorgang wesentlich anders ab.

Benutzen wir das gleiche Beispiel, um uns den Ablauf einmal zu verdeutlichen.

Befestigt man zum Beispiel eine Apfelsine mittels Fäden genau in der Mitte einer kubischen Pyramide, dann strahlen die Energiequanten auf die 4 Seitenwände sowie auf den Boden und werden von da jeweils in die 4 Bodenkanten und in die 4 diagonalen Seitenkanten eingestrahlt gleich wie in die Kanten des Würfels in unserem ersten Beispiel.

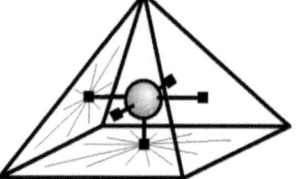

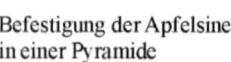
Befestigung der Apfelsine
in einer Pyramide

Der Unterschied zwischen dem würfelförmigen Raum und dem Raum der Pyramide ist der, dass sich die waagerechten und senkrechten Kanten in der Pyramide nur 4-mal in einer Ecke treffen, an denen jeweils 3 Kanten zusammenstoßen.

Da in einer kubischen Pyramide jeweils 2 Hälften der Bodenkanten, aus denen die rotierenden Wellen in die Ecke einstrahlen, länger sind als die Kanten der Diagonalen, ist die Kraft der Wellen aus den Bodenkanten größer, was dazu führt, dass die Energiequanten in den Diagonalen nach oben in die Spitze der Pyramide gedrückt werden. In der folgenden Grafik wird dieser Vorgang grafisch so weit wie möglich dargestellt.

Bewegungsablauf der rotierenden
Wellen in der Pyramide

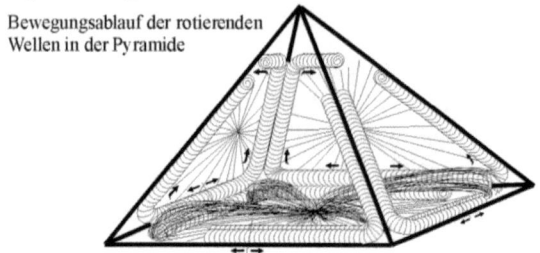

158

Wie Sie an der Grafik erkennen können, wird jeweils eine Hälfte der rotierenden Bodenwellen aufgrund des nachfolgenden Druckes nach rechts und links in die Ecken gedrückt. Wie Sie sehen, entsteht jedoch ein wesentlich anderer gesetzmäßiger Bewegungsablauf als in den Ecken eines Würfels.

Treffen die 2 rotierenden Wellen aus den jeweiligen 2 Hälften der Bodenkanten in der Ecke zusammen, so wird die rotierende Welle der Bodenfläche abgespalten, da sich in den Ecken die beiden Wellen der Seitenwände, sich in der Diagonale rotationsmäßig gegenseitig bewirkend, zusammenschließen. Durch die stärkere Kraft der Bodenwellen werden die aus Quarks bestehenden Wellen der Diagonalen in die Spitze gedrückt.

Bei diesem Vorgang wird also die Bodenwelle frei und strahlt ihre Energiequanten, bestehend aus Quarks, in den Raum der Pyramide zurück.

*Das Abreißen der Bodenwelle ist einer der wichtigsten Vorgänge für die Existenz von Materie, denn durch das Abreißen der Bodenwelle entsteht zum Beispiel an den Ecken der pyramidenförmig dynamisch strukturierten Ur-Teilchen, neutralen Neutrinos, subatomaren Teilchen und Elementareinheiten ein "Sog", der verantwortlich ist für die "Bindung" von neutralen Neutrinos zu Elektron-Neutrinos, von Quarks zu subatomaren Teilchen, von Elementareinheiten zu Atomen und von Atomen zu Molekülen.*

Maßgebend für die Stärke der "Bindungskräfte" zum Beispiel im Atom ist der spezifische Aufbau des jeweiligen Atoms des Elements aus Elementareinheiten.

Das heißt, der Aufbau der Atome aus verschieden zusammengesetzten Elementareinheiten, wodurch sich das Element klassifiziert, bestimmt die Stärke der Bindungskräfte.

Der Abriss der Bodenwelle bei diesem Vorgang besitzt somit eine Bedeutung, die das gesamte physikalische Denken von der klassischen Physik bis zur Hochenergiephysik revolutionierend verändern wird.

Zum anderen wird durch diese Erkenntnis Beweis geführt, dass das "Positronium" Bestandteil eines jeden Atoms ist. Die Quarks der

Bodenwelle, die abreißt und in den Raum der Pyramide zurückgestrahlt wird, sind durch den entgegengesetzten Spin, den sie gegenüber den Quarks der rotierenden Wellen der Seitenwände aufweisen, die Teilchen, die von der Hochenergiephysik als "Positron" bezeichnet werden.

(Anm.d.Verf.: Nach der Aussage der Hochenergiephysiker sind "Positronen" Elementarteilchen gleich den "Elektronen", nur dass sie entgegengesetzten Spin aufweisen.)

Solange sich die Quarks als rotierende Bodenwelle mit der aus Quarks bestehenden rotierenden Welle der Seitenwand, entgegengesetzt rotierend, bewirken, kann man die Quarks der Seitenwand zum Beispiel als "Elektron" und die Quarks der Bodenwelle als "Positron" bezeichnen.

Das "Positronium" sind also die rotierenden Wellen der Quarks der Seitenwand und der Bodenfläche.

Die Quarks, die über die Diagonalen als 2 in sich rotierende Wellen mit entgegengesetztem Spin in die Spitze der Pyramide eingestrahlt werden, knicken in der Spitze nach den Seiten um und befinden sich durch dieses Umknicken in einer *einheitlichen Rotationsrichtung*, die gleich ist der Rotationsrichtung der Bodenwelle, die vom Boden aus in die Kanten einstrahlt.

Rotierende Welle
in der Spitze der Pyramide

Das heißt, in der Spitze entsteht durch das Abknicken der jeweils 2 entgegengesetzt rotierenden Wellen von Quarks aus den Diagonalen 1 *rotierende Welle.*

Diese rotierende Welle aus Quarks baut sich nunmehr spiralförmig so auf, dass die Quarks, bedingt durch den nachfolgenden Druck der Quarks aus den Diagonalen, als rotierende Welle aus der Spitze der Pyramide herausgedrückt werden.

160

Der Schwellpunkt der Verdichtung in der Spitze ist außerdem abhängig von der Höhe, also von der Amplitude der abreißenden Bodenwelle, deren Quarks wieder in den Raum der Pyramide zurückgestrahlt werden.

Da beide Wellen den gleichen Spin besitzen, also die gleiche Rotationsrichtung, stoßen sie sich gegenseitig ab.

Im Atom ist die Verdichtung in den Spitzen der Pyramiden, aus denen die Elementareinheiten bestehen, die Einheit, die von der klassischen Physik als "Proton" bezeichnet wird, das eine positive (⁺) Ladung aufweist.

Da die Quarks der abreißenden Bodenwelle ("Positron") die gleiche Rotationsrichtung aufweisen wie die Welle in der Spitze der dynamisch pyramidenförmig strukturierten Form der Elementareinheiten der Atome, weist das "Positron" somit auch eine positive (⁺) Ladung auf.

*Diese gesetzmäßigen Bewegungsabläufe sind verantwortlich für die Strukturierung des Ur-Plasmas, das am Anfang der Zeit in den würfelförmigen Kraftfeldern unseres Universums ohne Bewegung existierte.*

*Außerdem sind sie verantwortlich für die Entstehung der "Ur-Teilchen der Materie", der "neutralen Neutrinos".*

An dieser Stelle soll bemerkt werden, dass die Elementareinheiten, also die Grundeinheiten, aus denen sich alle Atome aufbauen, die gleiche dynamische Struktur besitzen wie die neutralen Neutrinos, nur dass in dem gesetzmäßigen Bewegungsablauf, durch den die dynamische Struktur gleich Form der Elementareinheiten der Atome bewirkt wird, die rotierenden Wellen nicht aus Ur-Plasma bestehen, sondern aus frequenz- und amplitudenmäßig veränderten neutralen Neutrinos, den "Quarks".

Ein pyramidenförmiges Bauwerk, gleich ob es einen pyramidenförmigen Hohlraum besitzt oder massiv ist - wie zum Beispiel die Cheops-Pyramide, bei der sich in der kubischen Mitte (Oberkante des unteren Drittels) ein rechtwinkliger Hohlraum befindet -, ist immer, wenn es mit einer Seite nach Norden ausgerichtet wird,

Teil eines würfelförmigen Kraftfeldes unseres Universums.

Dabei ist nicht die Höhe der Pyramide entscheidend, sondern die quadratische Grundfläche, auf der sich generell die kubische Höhe in dem würfelförmigen Kraftfeld manifestiert.

Das bedeutet aber auch, wenn zum Beispiel die spiralförmig rotierende Welle, bestehend aus Energiequanten und im weiteren Verlauf aus Quarks, in der Spitze einer Pyramide einen gewissen Schwellwert (Amplitude) erreicht hat und aus der Spitze der Pyramide ausstrahlt, dass sie in eine imaginäre gleichgroße Pyramide, die sich innerhalb des würfelförmigen Kraftfeldes befindet, eingestrahlt wird.

Durch diese Erklärung findet das Rätsel, warum in einer Pyramide "Mumifizierungen" von sogenannter "lebendiger" Materie eintreten, seine Lösung.

(Ein Experiment, das schon millionenfach von vielen Forschern auf der ganzen Welt durchgeführt wurde, aber dessen Erklärung immer noch ausstand.)

Welche Geheimnisse die Pyramidenbauwerke, die überall auf der Welt zu finden sind, noch in sich bergen, bzw. welche Bedeutung sie für uns Menschen besessen haben und noch besitzen, wird in einem gesonderten Buch genau geschildert.

(Das Geheimnis der Pyramiden-Energie – siehe Anhang)

Fassen wir einmal zusammen, welche Unterschiede auftreten, wenn zum Beispiel, wie in unserem theoretischen Experiment, das unzählige Male von uns auf viele Arten praktisch durchgeführt wurde, eine Apfelsine in die Mitte eines Würfels sowie in die Mitte einer pyramidenförmigen Form eingebracht wird.

### *Würfel*
Durch den gesetzmäßigen Bewegungsablauf in einem würfelförmigen Hohlraum werden die von der Apfelsine abgestrahlten Energiequanten wieder zurück in die Apfelsine gestrahlt, so, dass die Molekularstruktur der Apfelsine durch ihre eigene Energie (Ionisations-Energie) aufgespalten und zerstört wird. Zerstört heißt dabei, dass, wenn dieser Vorgang eine gewisse Zeit abgelaufen, die Ionisations-Energie so stark geworden ist, dass sie den überwiegenden

162

Teil der Atome ionisiert und dass die abgespaltetenfreien Elektronen, also Quarks, in den Bewegungsablauf integriert werden.

## Pyramide

Bedingt durch den gesetzmäßigen Bewegungsablauf, der in der geometrischen Form einer Pyramide entsteht, werden Energiequanten, die aus einer Apfelsine abstrahlen, *nicht wieder in die Apfelsine zurückgestrahlt,* sondern aus der Spitze der Pyramide ausgestrahlt. Bei dem Ausstrahlen der Energiequanten (Ionisations-Energie) aufgrund des Ausfalls der Regulations- und Funktionssysteme, sagen wir einfach, aus der sterbenden Apfelsine, verdichtet sich die Molekularstruktur bis fast zur Kristallisation (Mumifizierung).

Verdeutlichen wir uns nunmehr einmal den Ablauf, wie ein bewegungsloses unstrukturiertes Ur-Plasma, das in einem würfelförmigen statischen Energiefeld existiert, durch die Einstrahlung einer Kraft gleich Energie die dynamisch strukturierte Einheit bewirkt, aus der unsere Materie entstanden ist.

## Würfelförmiges Energiefeld

Das, was die alten Weisen in westlichen und östlichen Kulturkreisen als "Kosmisches Gitternetz" bezeichnen, ist ein, wie wir den Unterlagen entnommen haben, würfelförmiges, bis in den kleinsten Mikro-Bereich reichendes, elektrisch statisches Gitternetz, aus dem die Unendlichkeit des Raumes besteht. Wie bereits geschrieben und grafisch dargestellt, befindet sich in der Unendlichkeit des Raumes eine nicht bestimmbare Menge an Ur-Plasma.

Dieses Ur-Plasma ist in der Unendlichkeit des Raumes in dem elektrostatischen Gitternetz bis in die kleinste würfelförmige Einheit punktförmig verteilt und existiert dort ohne Bewegung. Wie weiterhin den Unterlagen zu entnehmen war, sind verschiedene dieser punktförmigen Einheiten, die wir als Universen bezeichnen, genauso strukturiert wie unser Universum, in dem wir auf dem Planeten Erde leben.

Wird also eine Kraft zum Beispiel aus einem Nachbar-Universum in eine dieser bewegungslosen unstrukturierten Anhäufungen von

Ur-Plasma eingestrahlt, dann bewegt sich das Ur-Plasma in den würfelförmigen elektrostatischen Kraftfeldern in den gleichen gesetzmäßigen Bewegungsablauf, wie er vorab am Beispiel des Würfels beschrieben worden ist.

Das Ur-Plasma, einmal in der geometrischen Form des würfelförmigen Kraftfeldes durch die eingestrahlte Kraft in Bewegung versetzt, bewegt sich in den mit entgegengesetztem Spin rotierenden Wellen, wie sie in unserem Beispiel erklärt wurden.

Das Ur-Plasma, das aus den 8 Ecken des Würfels in jeweils 6 sich gegenseitig bewirkenden rotierenden Wellen diagonal in die Mitte des Würfels einstrahlt, wodurch im Kubus des Würfels 6 pyramidenförmige Kraftfelder entstehen, trifft in der Mitte des Würfels aufeinander.

Bei dem Aufeinandertreffen der rotierenden Wellen in der Mitte des Würfels entsteht aufgrund der verschiedenartigen Rotationen, in denen sich das Ur-Plasma durch die Wellenbewegung befindet, eine *"unpolare neutrale kugelförmige Verdichtung"*.

Wie beim Bewegungsablauf in der Pyramide beschrieben, strahlt nunmehr das Ur-Plasma in die entstandenen pyramidenförmigen Kraftfelder ein und wird da in den gesetzmäßigen Bewegungsablauf gebracht, der in einer Pyramide existiert.

Struktur des Ur-Plasmas in einem würfelförmigen Kraftfeld nach Einstrahlung einer Kraft = Energie, wie auf S. 153 gezeigt.

Die aus Ur-Plasma bestehende unpolare kugelförmige Verdichtung, die sich in der Mitte des Würfels gebildet hat, strahlt nunmehr in einem ewigen Kreislauf das Ur-Plasma, da es über die Diagonalen immer wieder in den verdichteten Mittelpunkt zurückgestrahlt wird, gleichmäßig in die 6 pyramidenförmigen Kraftfelder ein.

Auf diesem Wege entstand, wie am Anfang schon ausgeführt, im Raum unseres unstrukturierten Universums, durch die Einstrahlung einer "1. Kraft -Energie", die "1. geometrisch strukturierte Ordnung", wie grafisch auf S. 153 gezeigt.

164

## Die Entstehung der "2. ORDNUNG"

In diese 1. geometrisch strukturierte Ordnung wurde zu einem nicht bekannten Zeitpunkt wiederum geplant eine "2. Kraft - Energie" (2. "Ur-Knall ?") aus einem Nachbar-Universum eingestrahlt.

Diese Kraft, die stärker war als die 1. Kraft, zerstörte die würfelförmigen in sich pyramidenförmig strukturierten Einheiten (die 1. geometrisch strukturierte Ordnung) so weitgehend, dass sie zu einzelnen pyramidenförmigen Einheiten auseinandergerissen wurden. Bedingt durch die rotationsmäßig spiralförmige Abstrahlung des Ur-Plasmas aus der Spitze der pyramidenförmigen Einheiten gingen die Einheiten jeweils mit einem Reaktionspartner eine Verbindung ein.

Diese Verbindung wurde dadurch bewirkt, da die spiralförmigen Abstrahlungen aller pyramidenförmigen Einheiten *den gleichen Spin,* also die gleiche Rotationsrichtung besitzen.

Spiralförmige Abstrahlung der pyramidenförmigen Einheiten

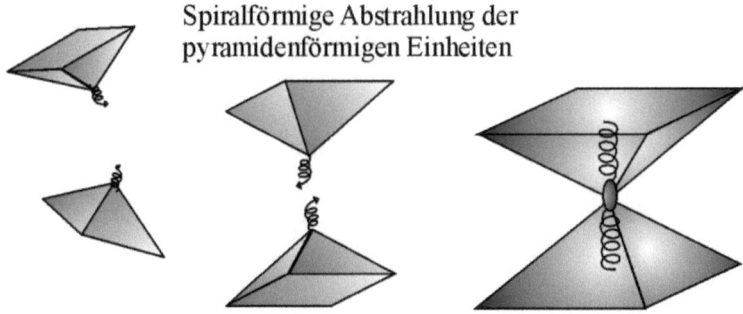

Die auf diese Weise entstandenen Teilchen - "dynamisch strukturiertes Ur-Plasma" - verbanden sich jeweils an den Ecken so miteinander, wie es in der nachfolgenden Grafik dargestellt wird. Dieser Vorgang führte zur ersten Expansion unseres Universums, wobei sich die Größe unseres Universums um das 3-fache ausdehnte.

Dies wurde dadurch bewirkt, da jedes würfelförmige Kraftfeld immer nur 1 strukturierte Einheit, bestehend aus 2 kubisch pyramidenförmigen Einheiten, die an der Spitze miteinander verbunden sind, aufnehmen konnte.

So entstand aus dem Chaos die "2. *geometrisch dynamisch strukturierte Ordnung"* im Raum unseres Universums.

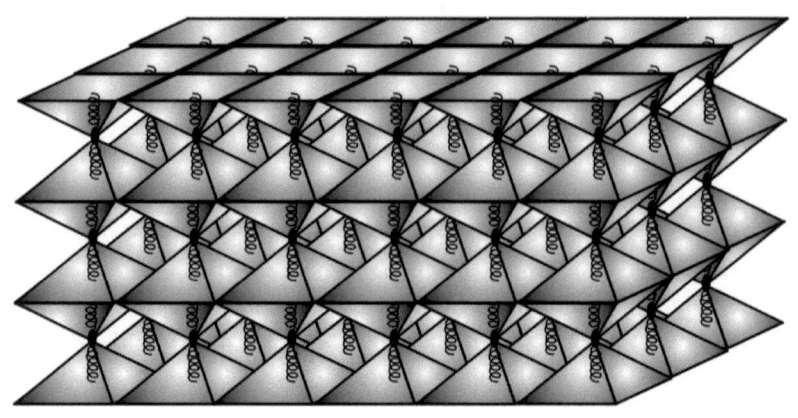

## Die Entstehung der "3. ORDNUNG"

Auch in diese "2. geometrisch strukturierte Ordnung" wurde wiederum nach Plan eine "3. Kraft - Energie" eingestrahlt, die größer war als die 2. Kraft.

Sie bewirkte, dass in bestimmten gleichgroßen würfelförmigen Kraftfeldern diese "Ur-Plasma-Teilchen" in den gesetzmäßigen Bewegungsablauf versetzt wurden, wie er in einem würfelförmigen Kraftfeld, wie bereits beschrieben, existiert.

Das heißt, nach der Einstrahlung der "3. Kraft" entstand im Raum unseres Universums eine "3. geometrische Ordnung" so, wie wir sie grafisch schon in der 1. Ordnung dargestellt haben.

Der Unterschied zwischen der 1. und der 3. Ordnung bestand in der Größe der würfelförmigen Einheiten.

In der 1. Ordnung wurden die würfelförmigen Einheiten strukturmäßig durch das Ur-Plasma bewirkt.

In der 3. Ordnung werden die würfelförmigen Einheiten strukturmäßig jedoch durch die Ur-Plasmas- Teilchen bewirkt.

Zur Verdeutlichung noch einmal eine grafische Darstellung der Struktur der "3. Ordnung".

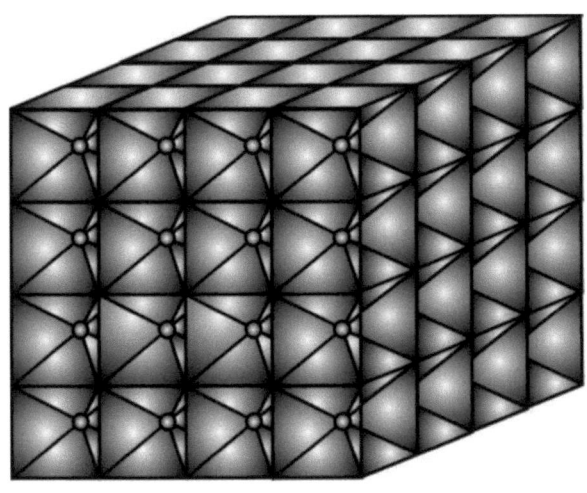

## Die Entstehung der "4. ORDNUNG"

Auch in diese 3. Ordnung wurde nach Plan aus einem Nachbar-Universum wiederum eine Kraft eingestrahlt, die "4. Kraft - Energie", die größer war als die 3. Kraft.

Gleich wie in der 1. Ordnung zerstörte sie die würfelförmigen Einheiten bis zu den einzelnen pyramidenförmigen Teilchen, die sich, wiederum bedingt durch den gleichen Spin der spiralförmigen Abstrahlung der Ur-Plasma-Teilchen aus der Spitze der einzelnen Pyramiden, zu den *"Ur-Teilchen der Materie"*, den *"neutralen Neutrinos"* zusammenschlossen - in der Form von 2 dynamisch strukturierten kubischen Pyramiden, die an den Spitzen miteinander verbunden sind.

**"Ur-Teilchen der Materie"**
oder auch
**"Neutrales Neutrino"**

Die dynamisch strukturierte Form der neutralen Neutrinos, die durch den gesetzmäßigen Bewegungsablauf erzeugt wird, in dem sich die Ur-Plasma-Teilchen in rotierenden Wellen bewegen, besitzt an ihren 8 Ecken "Bindungskräfte".

## Das "1. SYSTEM" - Grundlage allen Seins

Nachdem alle neutralen Neutrinos aus den einzelnen pyramidenförmigen Einheiten entstanden waren, verbanden sich die neutralen Neutrinos aufgrund der Bindungskräfte zu der "4. *Ordnung"*, wie wir sie in der folgenden Grafik darstellen.

"1. SYSTEM"
*Das System, auf dessen Grundlage die "'natürliche materielle Seele" einer jeden Wesenheit, gleich ob biologisches System oder materielle Form, durch den Geist (Gedanken-Kraft) im Raum unseres Universums erschaffen wurde und wird.*

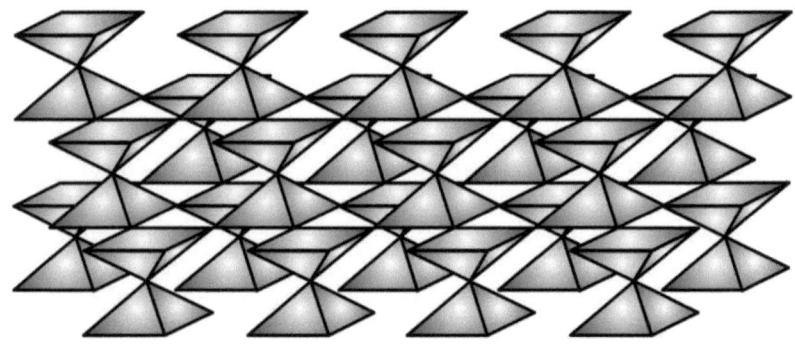

Durch die Art dieser Bindung expandierte der Raum unseres Universums erneut um das 12-fache.
Diese Vergrößerung entstand dadurch, dass nunmehr in jedem würfelförmigen Kraftfeld, in dem sonst 6 Einzelpyramiden bzw. 3 Doppelpyramiden den Kubus füllten, nur noch 1 Doppelpyramide ("Neutrales Neutrino") auf 4 Kraftfeldern existierte.
Außerdem existierten in diesem "1. SYSTEM" würfelförmige Kraftfelder, die absolut leer waren, da sich das ursprüngliche

Ur-Plasma und die im Laufe der Zeit eingestrahlten freien Energien verschiedener Stärke in den neutralen Neutrinos befinden.

## Die Entstehung der "5. ORDNUNG"

Die "5. Ordnung" ist die Struktur unseres Universums, so, wie sie heute existiert und vom Menschen bewusst bis an die Grenze seines Denkens wahrgenommen wird.

Diese 5. Ordnung entstand durch die Einstrahlung einer Energie-Größe und -Menge, die die Stärke der anderen 4 eingestrahlten Kräfte um ein Vielfaches übertraf.

Diese wiederum nach Plan eingestrahlte "5. Kraft - Energie" füllte zuerst einmal die gesamten Hohlräume der würfelförmigen Energiefelder und riss das 1. System so weit auf, dass die Ordnung des 1. Systems komplett zerstört wurde.

Die neutralen Neutrinos, die chaotisch im Raum unseres Universums verstreut waren, wurden nach einer gewissen Zeit als Anhäufungen in verschieden großen würfelförmigen Kraftfeldern, gleich wie am Anfang das Ur-Plasma in den kleinstmöglichen würfelförmigen Kraftfeldern, in den gesetzmäßigen Bewegungsumlauf gebracht, der im Kubus eines Würfels existiert, wenn eine Kraft den Inhalt, zum Beispiel neutrale Neutrinos, in Bewegung versetzt.

Das führte dazu, dass in der Mitte, dieser großen würfelförmigen Kraftfelder die Verdichtungen entstanden, aus denen sich im Laufe der Zeit, wie noch beschrieben wird, die Sonnen, Planeten und Sterne entwickelten.

Da an den 8 Ecken dieser würfelförmigen Kraftfelder, deren Kubus in 6 pyramidenförmige Kraftfelder aufgeteilt ist, starke Bindungskräfte entstehen, wurden von der größten Anhäufung (die heutigen Sonnen) alle in der Nähe existierenden verschieden großen würfelförmigen Einheiten, die kleiner waren als die Sonne, von der Sonne so weitgehend angezogen, dass die Haufen gebildet wurden, die man heute als Galaxien bezeichnet.

# ENTSTEHUNG der ELEMENTE
## aus neutralen Neutrinos

In den verdichteten unpolaren Mittelpunkten, bestehend aus neutralen Neutrinos, bewirkte die Kraft (Energie), die in diesen verdichteten Mittelpunkten existiert, die Entstehung der 1. Elemente wie (H) Wasserstoff, (He) Helium und (Li) Lithium, wie im folgenden beschrieben.

Die neutralen Neutrinos wurden in würfelförmigen Kraftfeldern, deren Größe durch die Energie bestimmt wurde, die in den Verdichtungen existierte, so in den gesetzmäßigen Bewegungsablauf gebracht, der, wie schon mehrmals beschrieben, in einem Würfel bzw. im Kraftfeld eines Würfels existiert, dass pyramidenförmige Einheiten entstanden.

Durch die Rotationsbewegungen wurden diese würfelförmigen Einheiten teilweise wieder so weitgehend aufgespalten, dass sich erstens das Element (H) Wasserstoff und zweitens das Element (He) Helium bildeten.

1. Element (H) Wasserstoff    -    2. Element (He)Helium

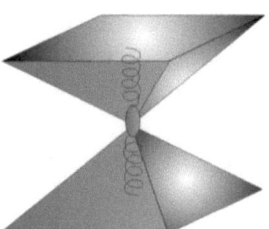 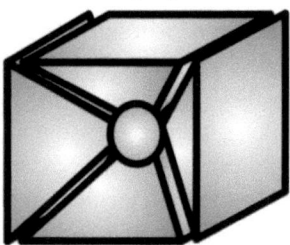

Die entstandenen würfelförmigen Einheiten, die nicht zerstört, sondern Bestandteil des Bewegungsablaufs wurden, sind das Element (Li) Lithium.

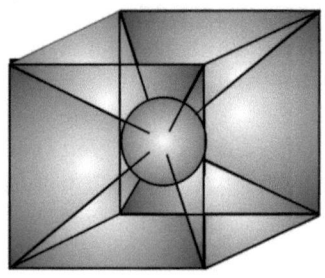

Element (Li) Lithium

170

Der Zusammenschluss zweier dieser Würfeleinheiten, wiederum durch Einstrahlung von zusätzlicher Energie, die im Mittelpunkt der Verdichtung existierte und eingestrahlt wurde, wenn 2 (Li) Lithium-Atome aufeinander stießen, bewirkte, dass eines der für die Materie wichtigsten Elemente entstand, das Element (C) Kohlenstoff.

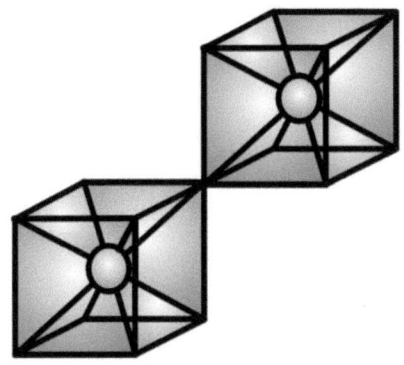

Element (C) Kohlenstoff

Auf diese Art entstanden alle Elemente, aus denen die Gebilde bestehen, die wir als Sonnen, Planeten und Sterne bezeichnen.

Nur 2 Elemente von allen existierenden, die uns bekannt sind, weisen einen anders strukturierten Aufbau auf.

Es sind die für die biologischen Systeme lebenswichtigsten Atome (O) Sauerstoff und (N) Stickstoff.

Zum besseren Verständnis soll bemerkt werden, dass für die Bildung neuer Elemente während ihrer Entstehung immer die Menge der zusätzlichen Energie, die bei einer Kollision zweier Elemente eingestrahlt wird, sowie die existierenden Bindungskräfte der einzelnen Atome verantwortlich waren für die Entstehung und Bildung immer neuer Elemente.

An der Abbildung "Periodensystem der Elemente", in der die ersten 20 grafisch dargestellt werden, können Sie genau erkennen, wie diese Aussage gemeint ist.

Die Atome des (O) Sauerstoffs und (N) Stickstoffs sind, wie gesagt, wesentlich anders aufgebaut.

Sie bestehen, wie an der nachfolgenden Grafik erkennbar, aus einer würfelförmigen Struktur, die sich aus (H) Wasserstoff-Atomeinheiten aufbaut.

171

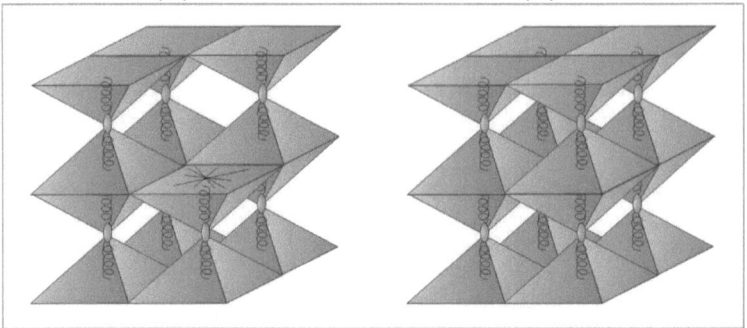

Sie sind zusammengesetzt aus 8 [= (O) Sauerstoff] bzw. 7 [= (N) Stickstoff] Wasserstoff-Atomen.

Diese 2 Elemente haben sich nicht innerhalb der kugelförmigen Verdichtung unseres Planeten Erde gebildet, sondern sind Elemente, die umweltbedingt in der Atmosphäre der Erde nach bestimmten gesetzmäßigen Abläufen entstanden.

Unsere Atemluft enthält, wie bekannt ist,

ca.    78 %    (N)          Stickstoff
       21 %    (O)          Sauerstoff und
        1 %                 Edelgase.

Stickstoff ist das Element, von dem die Wissenschaft heute noch nicht weiß, warum es zu 78 % Bestandteil unserer Atemluft ist und welchen Nutzeffekt es für das biologische System des Menschen besitzt.

Nach unserer Erkenntnis ist es eines der wichtigsten Elemente für das biologische System Mensch.

Aufgrund seines Bindungsmäßigen Aufbaus, bei dem in seiner würfelförmigen Einheit 1 Elementeinheit fehlt, besitzt es eine starke Bindungskraft, durch die es in der Lage ist, den überflüssigen (C) Kohlenstoff, den der Mensch, molekular gebunden als $(CO_2)$, über die Lunge ausscheidet, abzutransportieren.

Außerdem transportiert es alle Sorten von Edelgasen, die der Mensch in seinem biologischen System nicht verwerten kann, über die Lunge ab.

**Periodensystem der ersten 20 Elemente**

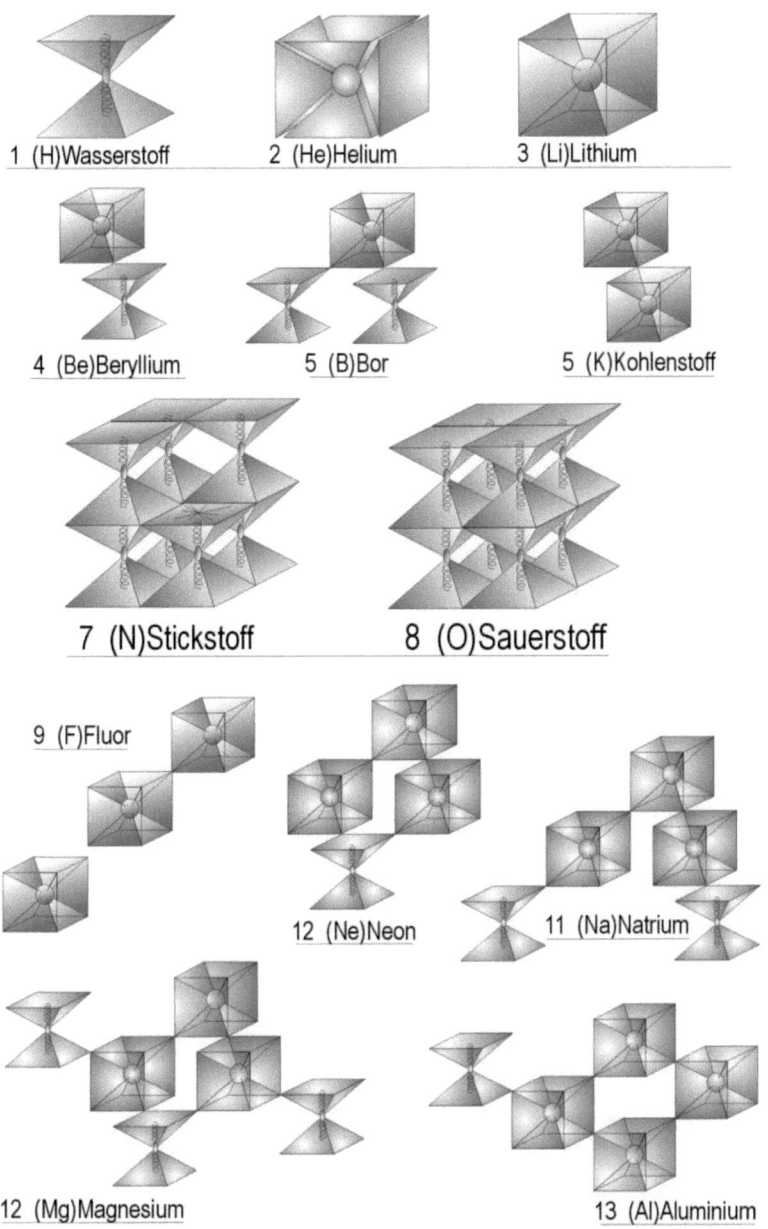

1 (H)Wasserstoff    2 (He)Helium    3 (Li)Lithium

4 (Be)Beryllium    5 (B)Bor    5 (K)Kohlenstoff

7 (N)Stickstoff    8 (O)Sauerstoff

9 (F)Fluor

12 (Ne)Neon    11 (Na)Natrium

12 (Mg)Magnesium    13 (Al)Aluminium

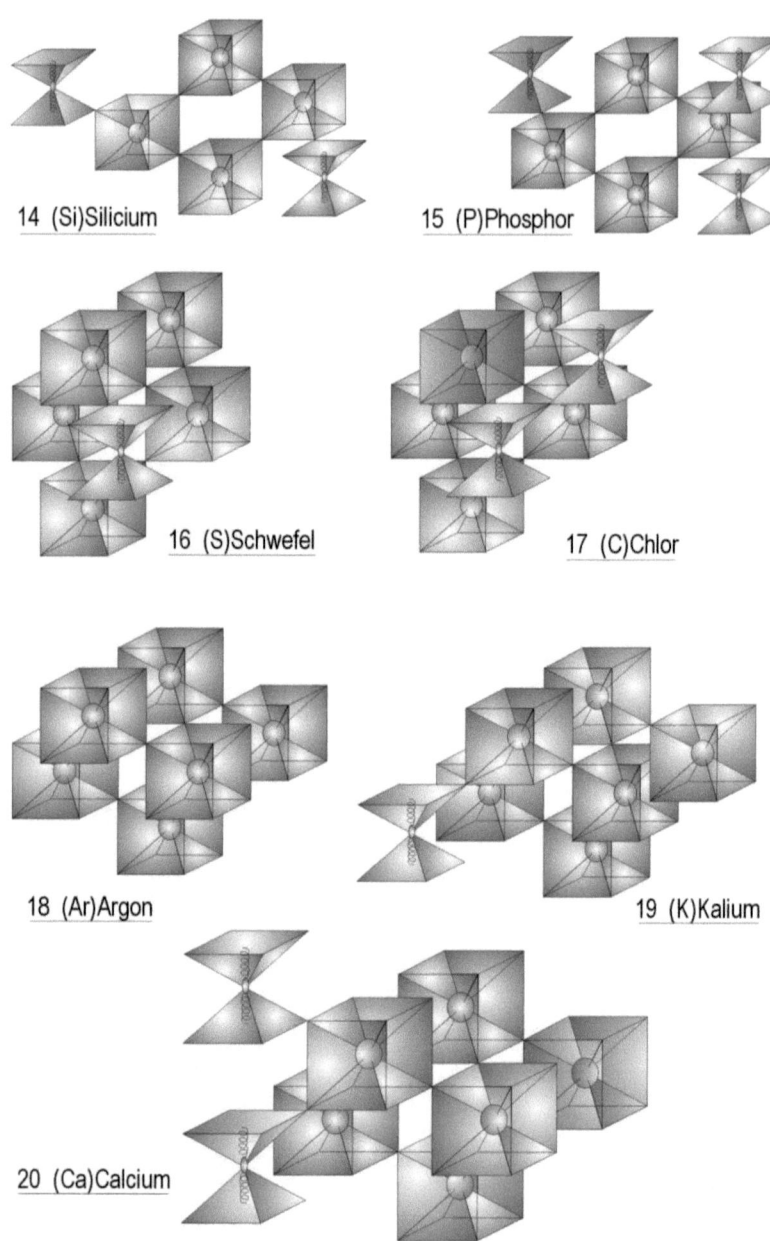

14 (Si)Silicium

15 (P)Phosphor

16 (S)Schwefel

17 (C)Chlor

18 (Ar)Argon

19 (K)Kalium

20 (Ca)Calcium

174

# Entstehung
## der SONNEN, PLANETEN und STERNE

Auf diesem Wege, wie vorab beschrieben, entstanden im kubischen Mittelpunkt von würfelförmigen Kraftfeldern im Raum unseres Universums Verdichtungen aus neutralen Neutrinos, die durch die Energie, die in diesen würfelförmigen Kraftfeldern existiert, im Laufe der Zeit zu den Elementen umgewandelt wurden, aus denen die Planeten und Sterne bestehen.

Alle neutralen Neutrinos, die nicht in einer würfelförmigen Einheit gebunden waren, sowie die neutralen Neutrinos, die in den würfelförmigen Einheiten nicht in den gesetzmäßigen Bewegungsablauf integriert werden konnten und aus diesem Grunde aus den Kuben ausstrahlten, wurden Bestandteil der Zwischenräume, die zwischen den würfelförmigen Kraftfeldern existieren.

Diese Zwischenräume sind also ausgefüllt

- einmal von der "Freien Energie", die als 5. Kraft in unser Universum eingestrahlt und nicht in den würfelförmigen Einheiten, deren Mittelpunkt entweder eine Sonne, ein Planet oder ein Stern ist, eingebunden wurde, und
- zum anderen von den neutralen Neutrinos, die nicht in den Elementen der Materie gebunden sind bzw. sich nicht in den Kuben der würfelförmigen Einheiten befinden.

Die Wechselwirkungen der Bindungskräfte zwischen den einzelnen im Sonnensystem gebundenen würfelförmigen Einheiten, deren Mittelpunkt immer eine Sonne ist (siehe Grafik), durch die gesetzmäßigen Bewegungsabläufe zwischen den einzelnen Planeten aufrechterhalten werden, bewirken folgenden wiederum gesetzmäßig gebundenen Bewegungsablauf.

Aus 8 Diagonalen ihrer würfelförmig strukturierten Einheit strahlt die Sonne ununterbrochen neutrale Neutrinos aus, die in die 8 kubischen Einheiten, die durch die Bindungskräfte Begleiter der Sonne sind, einstrahlen.

# Sonnensystem

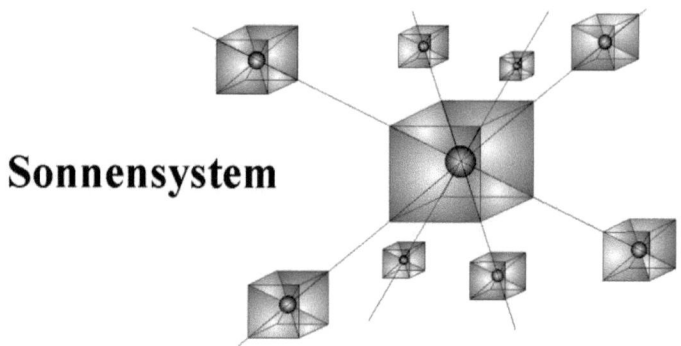

Die zum Beispiel in den Kubus der Erde eingestrahlten neutralen Neutrinos werden in der gasförmigen Atmosphäre frequenz- und amplitudenmäßig in Elektron-Neutrinos oder Quarks umgewandelt. Werden sie nicht wie zum Beispiel in der Ozonschicht im (O) Sauerstoff integriert oder als Elektron-Neutrinos vom biologischen System benutzt, dringen sie direkt, bedingt durch den gesetzmäßigen Bewegungsablauf, durch die Erde in das Erdmagma ein. Im Erdmagma werden sie mittels der vorhandenen hohen Energie wieder frequenz- und amplitudenmäßig in neutrale Neutrinos aufgespalten und wieder durch den gesetzmäßigen Bewegungsablauf aus der Erde ausgestrahlt. Beim Durchlaufen der Elemente, aus denen die Erdplatten bestehen, schwingen sie sich in die Frequenz und Amplitude der jeweiligen Elemente ein, die sie durchlaufen, und werden wieder mittels des gesetzmäßigen Bewegungsablaufs aus dem Kubus der Erde über die Diagonalen an den Ecken des würfelförmigen Kraftfeldes der Erde abgestrahlt.

Die aus der Erde ausstrahlenden frequenz- und amplitudenmäßig veränderten neutralen Neutrinos sind die Strahlungen, die man als "Erdstrahlen" bezeichnet.

Da alle würfelförmigen Kraftfelder, deren Mittelpunkt Sonnen, Planeten und Sterne bilden, direkt oder indirekt in der Galaxis miteinander verbunden sind, gelangen die über die Diagonalen abgestrahlten neutralen Neutrinos, Elektron-Neutrinos sowie Quarks nicht nur in den sogenannten "leeren Raum" unseres Universums, sondern werden in andere würfelförmige Einheiten sowie in die Sonne zurückgestrahlt.

In der Sonne, zu der alle Teilchen zu irgend einem Zeitpunkt aufgrund des gesetzmäßigen Bewegungsablaufes zurückstrahlen, werden sie wieder umgewandelt in reine neutrale Neutrinos, die zum Beispiel wir Menschen als Bausteine benötigen, in denen wir mittels unseres Geistes gleich Gedankenkraft, frequenz- und amplitudenmäßig verändernd, die Gedankenbilder (Formen, Farbe und Ton) integrieren. Wie das funktioniert, wird im 4. Buch dieser Niederschrift genau erläutert.

Dieser ewige Kreislauf ist die Grundlage für den Bestand unseres strukturierten Universums.

## "Schwerkraft"
- zum Beispiel Anziehungskraft der Erde und des Mondes

Das Phänomen, dass zum Beispiel Gegenstände, die man in die Luft wirft, wieder zur Erde zurückfallen, bzw. warum alle Gegenstände und biologischen Systeme, die auf der Erdoberfläche existieren, nicht in den Raum hinausfallen, wird als Denkmodell in der Form interpretiert, dass man glaubt, die Erde besitze eine Anziehungskraft.
Dass jedoch alle biologischen Systeme der Anziehungskraft entgegenwirken, denn sie wachsen in den Raum hinaus, ist ein Phänomen, das dieser Theorie widerspricht.

Die sogenannte Erdanziehungskraft ist in Wirklichkeit Druck und nicht Sog, der von den gesetzmäßigen Bewegungsabläufen innerhalb des Kubus unseres Erdwürfels bewirkt wird.
Nehmen wir als Gegenbeispiel den Mond.
Wie bekannt besitzt der Mond nicht die gleiche Atmosphäre wie unsere Erde.
Dies deutet, im würfelförmigen Kubus des Mondes befinden sich außerhalb der kugelförmigen Verdichtung des aus Materie bestehenden Mondes weniger neutrale Neutrinos und gasförmige Elementarteilchen gleich Atmosphäre, so dass der Druck auf die Oberfläche des Mondes wesentlich geringer ist.
Das erklärt, warum der Mensch auf dem Mond weniger Kraft braucht, um sich auf der Oberfläche fortzubewegen, da der Druck, der durch

den gesetzmäßigen Bewegungsablauf bewirkt wird, den Menschen nicht so stark auf die Mondoberfläche drückt.

Außerhalb der würfelförmigen Einheiten, also im Raum, existiert zwar durch den gesetzmäßigen Bewegungsablauf auch Druck, aber kein Widerstand, wie ihn die Erde, der Mond bzw. die kugelförmigen Verdichtungen der Sterne und Planeten darstellen. Ein Satellit bzw. ein Raumschiff oder ein Astronaut, die sich im Raum aufhalten, sind keinem Druck ausgesetzt, sondern werden von der "Freien Energie" und den neutralen Neutrinos getragen und durch den gesetzmäßigen Bewegungsablauf dieses Mediums durch den Raum transportiert.

## Entstehung
## der materiellen Verdichtung der Planeten und Sterne

Nachdem sich, wie vorab beschrieben, in den kugelförmigen Verdichtungen im Mittelpunkt der würfelförmigen Kuben die Elemente gebildet hatten, entstanden Molekularverbindungen, die aufgrund ihrer Größe nicht mehr im gesetzmäßigen Bewegungsablauf in den Kubus transportiert werden konnten.

Von den rotierenden Wellen der Verdichtung wurden sie nach außen transportiert und schlossen nach einer gewissen Zeit die aus neutralen Neutrinos und Elementen bestehende Verdichtung wie eine Hülle ein.

Auf diesem Wege entstand die erste Erdplatte zum Beispiel um unseren Erdball.

Wiederum zu einer nicht bestimmbaren Zeit entwickelte sich, auf vielen möglichen Wegen erklärbar, ein chaotischer Ablauf in den gesetzmäßigen Bewegungsabläufen - zum Beispiel ein Stau von Neutrinos, der sich löste -, der eingestrahlt innerhalb der Sonne einen Überdruck erzeugte, was zu einer Sonneneruption führte.

Bei dieser Sonneneruption wurden zum Beispiel aus der Diagonale, die mit der Erde verbunden ist, mit einem Überdruck neutrale Neutrinos ausgestrahlt, die beim Einstrahlen in den Erdkubus die kugelförmige Verdichtung unserer Erde in einen einseitigen Rotationsumlauf versetzten, wodurch die Verdichtung zu einer "polar" rotierenden Masse wurde.

Durch die *einseitige* Rotation rissen die Erdplatten an den polaren Punkten auf und wurden aufgrund der Rotation zur Mitte

(Äquatorlinie) der Oberfläche der kugelförmigen Verdichtung transportiert und so zusammengestaucht, dass sich im Bereich der Äquatorlinie ein aus mehreren Erdplatten bestehender breiter Gürtel bildete. Dieser Vorgang, gleichbedeutend mit einer plötzlichen Polarveränderung, wiederholte sich bis zum heutigen Zeitpunkt mehrmals.

Auf diesem Wege entstanden aus den Elementen, die auf unserer Erde existieren die verschieden starken materiellen Verdichtungen, die von der Wissenschaft als "Erdplatten" bezeichnet werden, aus denen unsere Erde aufgebaut ist. Das Gleiche gilt, mit Ausnahme der Sonnen, für alle Planeten im Raum unseres Universums sowie in den anderen strukturierten Universen.

Zusammenfassend ist dies die Erkenntnis und Erklärung, wie die Elemente, die Sonnen, Planeten und Sterne, also unser strukturiertes Universum, aus dem am Anfang der Zeit bewegungslos in der absoluten Stille existierenden Ur-Plasma durch die Einstrahlung verschiedener Mengen von "Freier Energie", die in der Unendlichkeit des Raumes existiert, entstanden sind.

Dass jeder Verstoß gegen die naturgegebene Ordnung im Kubus unserer Erde - zum Beispiel Atomexplosionen oder die Erzeugung von hohem Druck sowie hoher Energiezusammenballungen, bewirkt durch unsere Technologien - durch den gesetzmäßigen Bewegungsablauf nicht nur im Kubus unserer Erde Naturkatastrophen heraufbeschwören, sondern auch Katastrophen in den anderen würfelförmigen Einheiten unserer Galaxis verursachen kann und verursacht, steht außer Frage.

Jeder logisch denkende Mensch, der sich etwas tiefgehender mit unseren Erkenntnissen befasst, muss begreifen, dass wir Menschen mit unseren heutigen Technologien ganz allein verantwortlich sind für die Naturkatastrophen, die ein immer größeres Ausmaß annehmen.

Das bedeutet, wenn wir nicht anfangen, uns zu besinnen, und etwas tun - und das jeder Einzelne von uns -, damit die "naturverachtenden" Technologien aus unserem Sein verschwinden, dass die Vernichtung der Gottlos gewordenen Menschheit, so, wie sie uns JOHANNES in der "Apokalypse" prophetisch mitteilt, nicht mehr aufzuhalten ist.

# ERKLÄRUNGEN von PHÄNOMENEN
## auf der Grundlage der von uns entwickelten
## "EINHEITLICHEN THEORIE der GESAMTEN MATERIE"

Die in einfacher Form geschilderten von uns gefundenen Erkenntnisse, die in dem Teilabschnitt "Eine Einheitliche Theorie der gesamten Materie" niedergeschrieben stehen, sind keine Phantasieprodukte, sondern entsprechen effektiv der Realität.

Mit der Entdeckung der *Struktur,* also der *Form der Ur-Teilchen*
- *die neutralen Neutrinos, die durch Frequenz - und Amplituden-veränderung einmal zu den "Ur-Teilchen der Materie", den "Quarks", und zum anderen durch die Einstrahlung von "Freier Energie" zu den Energietragenden Teilchen, den "Elektron-Neutrinos" werden -,*
existiert in unserem Universum kein Bereich mehr, dessen Phänomene nicht eindeutig, mit dem menschlichen. Verstand nachvollziehbar, erklärt werden können. Bevor wir die Entstehung aller biologischen Systeme erklärend niederschreiben, möchten wir an Beispielen Phänomene erklären, die von der heutigen modernen Wissenschaft noch als *unerklärbar* bezeichnet werden. Anhand der im Einzelnen in Kurzform geschilderten Beispiele werden Zusammenhänge beschrieben, die jeder gedankenbildlich einfach nachvollziehen kann. Wenden wir uns nunmehr dem 1. Beispiel zu.

## ATOM - STRUKTUR

Jeder, der die Struktur der Elementareinheiten der Atome, die in einem Raster-Tunnel-Mikroskop abgelichtet wurden, gesehen hat, muss sich selbst sagen, dass die reale Form in keiner Weise mit dem heute gültigen Atommodell übereinstimmt.
Trotzdem, alle wissenschaftlichen Erkenntnisse, die bis heute gefunden wurden, sind im Grunde genommen richtig.
Das, was als falsch bezeichnet werden muss, ist die Interpretation der Phänomene, die durch die Atome der Elemente bewirkt werden. Nehmen wir zum Beispiel die Neutronen.

180

# NEUTRON

Nach dem heute gültigen Atommodell sind die Neutronen Teilchen, die keine elektrische Ladung besitzen und im Kern der Atome mit den positiv ($^+$) geladenen PROTONEN den Kern der Atome bilden, der als Einheit auch als Nukleon bezeichnet wird.

Da diese Teilchen auf der Grundlage der heutigen Modellvorstellung angeblich eine eigene Rotation (Spin) besitzen, musste man eine denkbare Lösung schaffen, um zu erklären, wie diese 2 verschieden gearteten Teilchen im Kern auf engster Distanz zusammen existieren können.

Das Mysterium, das dabei erklärt werden muss, ist, wie sich eine große Anzahl dieser Teilchen speziell in den schweren Atomen verhalten, wenn man die elektrische Abstoßung zwischen den positiv ($^+$) geladenen Protonen berücksichtigt.

Zum Beispiel ist die elektrische Abstoßung der Protonen im Uran-Kern, in dem 92 Protonen und 92 Neutronen existieren, so groß, dass nach der heute gültigen Modellvorstellung Kräfte existieren müssen, damit der Kern als Einheit zusammenbleibt, also stabil bleibt und nicht auseinandergerissen wird.

Diese verborgenen starken Kräfte, die man auch als Kernkraft bzw. als starke Wechselwirkung bezeichnet, müssen mindestens 100-mal stärker als die elektrische Kraft der Protonen sein.

Theoretisch argumentiert man, dass diese Kernkräfte nur bei kurzen Abständen in der Größenordnung von $10^{-13}$cm (circa ein Hunderttausendstel der Ausdehnung des Atoms) stark sind.

Man nimmt an, dass, wenn 2 Protonen ganz nah zusammen sind, die starke Wechselwirkung anfängt zu wirken und sich beide Teilchen gegenseitig anziehen. Auf diesem Wege, so erklärt man, kommt es zur Bildung der Atomkerne.

Mit dieser starken Wechselwirkung wird auch die Verschiedenheit der Elementarteilchen, der Protonen und Neutronen erklärt.

Außerdem sagt man, dass die Elektronen nicht an den starken Wechselwirkungen teilnehmen, sondern nur an den elektromagnetischen.

Warum das angeblich so ist, wird durch mathematische Berechnungen in einer Form erklärt, die nur der normale Physiker versteht, wenn er genügend Phantasie besitzt.

Für den nicht vorgebildeten Laien sei an dieser Stelle betont, dass alle Erklärungen in diesem Bereich nur theoretische Erklärungen, also Denkmodelle sind, die auf der Grundlage des heute gültigen Atommodells entwickelt wurden.

Seit ungefähr 1976 arbeitet man an einer "Theorie der starken Wechselwirkung", der sogenannten "Quanten-Chromo-Dynamik" (QCD). Diese Theorie befasst sich mit den Quarks, aus denen sich, wie die Hochenergiephysiker nachgewiesen haben, die gesamte Materie aufbaut.

Auf der Grundlage unserer Modellvorstellung über den Aufbau der Atome, die im vorhergehenden Teil erläutert wurde, wird dieses Mysterium, von jedem mit dem Verstand einfach nachvollziehbar, erklärbar.

Sie beweist, dass effektiv starke Kernkräfte existieren.

Das Neutron, das den Mittelpunkt des Atoms bildet, ist neutral, da sich in dieser Verdichtung die Quarks in vielfältig rotierenden Wellen so bewegen, dass sie einseitig keinen Druck oder Sog bewirken, wodurch sie *unpolare neutrale* Teilchen sind.

Die Protonen, denen man eine positive (⁺) Ladung zuschreibt, sind Quarks, die sich als einseitig rotierende Welle spiralförmig in der Spitze der Pyramide bewegen, wodurch sie polar werden und durch ihr spiralförmiges Einstrahlen den Druck erzeugen, der die Verdichtung der Quarks zu einer neutralen Einheit werden lässt. Durch den gesetzmäßigen Bewegungsablauf in den Mittelpunkt eingestrahlt, werden sie selbst zu unpolaren neutralen Quarks, die von den Physikern als Neutron bezeichnet werden. Das heißt, die rotierenden Wellen aus gleichen Quarks befinden sich nicht nur in einer starken Wechselwirkung mit den Neutronen, sondern üben auch eine starke Kraft auf die Verdichtung aus, wodurch die Neutronen in der kugelförmigen Verdichtung gehalten werden.

Dieser verdichtete Mittelpunkt aus Quarks, in dem sich die Teilchen gesetzmäßig in vielfältigen Rotationsrichtungen bewegen, baut keine Bindungskräfte und Abstoßungskräfte auf und ist dadurch neutral.

Bedingt durch diese Erkenntnisse muss jedem Physiker klar werden, dass er auf der Grundlage des heute gültigen Atommodells nie eine Möglichkeit gehabt hätte zu erklären, auf welche Weise die angeblich positiv ($^+$) geladenen Protonen und die neutralen ($^0$) Neutronen im sogenannten Nukleon existieren können. Die unserer Meinung nach etwas abstrakte Beschreibung, dass starke Kernkräfte diesen Vorgang bewirken, war ein Lösungsversuch dieses Problems, der im Grunde genommen deshalb entstanden ist, damit man überhaupt eine Erklärung für dieses Phänomen besitzt.

Nach unserem neuen Atommodell ist die Verteilung der Protonen und der Neutronen im Kern des Atoms ein logisch nachvollziehbarer Ablauf. Das Gleiche gilt aber auch für die Elektronen.

**ELEKTRON**
Ein Elektron, so, wie wir es als "freies Elektron" kennen und wie es real effektiv existiert, ist *nicht* Bestandteil eines Atoms.

*Das Elektron ist nur dann eine kleinere strukturierte Einheit gleich Teilchen, bestehend aus Quarks, die sich gesetzmäßig in dem gleichen Bewegungsablauf befinden wie die Ur-Plasma-Teilchen in den neutralen Neutrinos, wenn es als Einheit mittels Ionisations-Energie von einem Atom abgespalten wurde.*

Innerhalb eines Atoms existiert kein Elektron, sondern nur außerhalb eines Atoms.

Die Bindungskräfte in einem neutralen Atom, die in der Lage sind, ein "freies Elektron" anzuziehen und an das Atom zu binden, werden durch die abknickenden Bodenwellen bewirkt, die an den Ecken der Elementareinheiten Sog erzeugen.

*Die Stärke und die Menge der Bindungskräfte sind abhängig von der Verbindung der Elementareinheiten der Atome untereinander, durch die das Atom zum spezifisch strukturierten Teilchen gleich Element wird.*

Vom Kern des Atoms aus gesehen, existieren innerhalb des Atoms gleich wie in einer Schale nur Quarks, die sich dadurch unterscheiden, dass sie sich mit entgegengesetztem Spin in 2 verschiedenen Arten von rotierenden Wellen, die sich gegenseitig bewirken, nach bestimmten gesetzmäßigen Bewegungsabläufen im Atom bewegen.

Man kann selbstverständlich zum Beispiel die Quarks, aus denen sich die rotierenden Wellen an den Seitenwänden der Pyramide bilden, als

"Elektron" bezeichnen und die Quarks, aus denen sich die rotierenden Wellen der Bodenfläche aufbauen, als "Positron".

Wie schon erklärt, bilden beide Wellen zusammen das "Positronium", da die Wellen entgegengesetzten Spin aufweisen.

***Wichtig ist, dass man begreift, dass letztendlich alle Atome nur aus einer Sorte von Quarks bestehen.***

Dies erklärt auch, warum im Bereich der Hochenergiephysik, wenn z.B. Elektronen im Experiment im Teilchenbeschleuniger auf ein Stück Materie (das sogenannte Target, z.B. ein Block Eisen) oder gegen ein anderes beschleunigtes Teilchen prallen und auseinander strahlen, nur eine Sorte von Teilchen erkennbar wird.

Damit Sie die Bindungskräfte genau verstehen, zeigen wir Ihnen noch einmal in Folge eine Grafik, an der Sie erkennen können, wie der Sog entsteht.

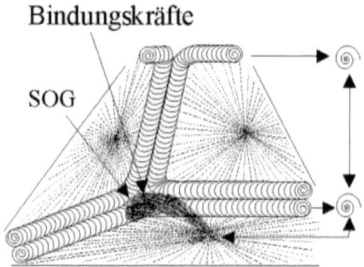

An der Grafik erkennen Sie, wie die rotierenden Wellen, bestehend aus den Quarks, durch die die dynamisch strukturierte Form der Elementeinheit entsteht, sich in gesetzmäßig vorgeschriebenen Bewegungsabläufen bewegen.

Die rotierenden Wellen der einzelnen Seitenwände besitzen in den Diagonalen sowie in den Bodenkanten immer entgegengesetzten Spin zu den anderen Seitenwänden.

Sie bewirken sich in den Diagonalen also immer gegenseitig.

In der Bodenkante werden sie von der rotierenden Welle der Teilchen (Quarks) bewirkt, die von der Bodenfläche in die Kanten einstrahlen und rotationsbedingt in die Ecken der Pyramiden gedrückt werden. Das bedeutet, von der rotierenden Bodenwelle werden die Quarks, aus denen die rotierende Welle der Seitenwände besteht, nur bis in die

184

Ecke transportiert.

In der Ecke angekommen, wird die Bodenwelle nicht mehr benötigt, da die rotierende Welle der Nachbarseitenwand die Bodenwelle der Seitenwand übernimmt.

In der Ecke reißt also die Bodenwelle ab und wird zurückgestrahlt bis in den Mittelraum der Pyramide.

Durch die Rückstrahlung und Wiedereinstrahlung in die Bodenkante entsteht an den Ecken eine wesentlich höhere Amplitude dieser rotierenden Welle gegenüber den 2 rotierenden Wellen in den jeweiligen Bodenkanten.

*Dieser Vorgang bewirkt einmal den Sog, der die Bindungskräfte der Atome darstellt.*

Zum anderen erzeugt er ein Phänomen, das heute innerhalb des Atoms noch nicht entdeckt wurde, aber von den Hochenergiephysikern außerhalb des Atoms im Experiment nachgewiesen und als "Positronium" bezeichnet wird.

### POSITRONIUM - [Positron (⁺) - Elektron (⁻)]

Das Positronium, das im Experiment entdeckt wurde, ist ein Gebilde, das aus einem Elektron und seinem "Anti-Teilchen", dem Positron, besteht.

Die Struktur dieses Objektes, sagt man vergleichend, wäre dem Wasserstoff-Atom sehr ähnlich. Außerhalb des Atoms betrachtet, kann man diese Aussage als richtig bezeichnen.

Man behauptet, das Positronium - benutzen wir die alten Termen weiter - besitze den gleichen gebundenen Zustand wie das (H) Wasserstoff-Atom, da das Positron, vom Vorzeichen her gesehen, die gleiche elektrische Ladung wie das Proton aufweist. Dies impliziert, dass das Elektron eine negative (⁻) Ladung besitzt und beide Teilchen sich elektrisch anziehen, genauso wie ein Elektron und ein Proton.

Der gravierende Unterschied zwischen einem Positronium und einem (H) Wasserstoff-Atom besteht jedoch darin, dass im (H) Wasserstoff-Atom das Proton, von der Masse her gesehen, 1.000-mal schwerer ist als das Elektron. Das Gleiche gilt für das Positron. Auch dieses ist 1.000-mal leichter als das Proton.

Im Positronium besitzen also das Elektron und das Positron (sein Anti-Teilchen), von der Masse her gesehen, die gleiche Größenordnung.

Das Handicap bei der Beschreibung des Positroniums liegt darin, dass man das Positronium nur im Experiment entdeckt hat und man ihm innerhalb einer Atomstruktur noch keinen Platz zuweisen konnte. Man entdeckte im Experiment lediglich 2 Teilchen, die entgegengesetzten Spin aufwiesen (gleich entgegengesetzt rotierende Wellen im Atom), bezeichnete sie als Positronium und erkannte, dass die Lebenszeit dieses Positroniums nur sehr kurz ist, und zwar weniger als eine Millionstel-Sekunde. Die wissenschaftliche Erklärung entstand, nachdem man ein Positronium im Laboratorium erzeugt hatte und dieses Positronium in, benutzen wir ruhig den Term, elektromagnetische Strahlung, man sagt, in "eine besondere Form von Licht", zerstrahlte.

Nach der Entdeckung dieses Ablaufes glaubte man, ein eindrucksvolles Beispiel für eine direkte Umwandlung von Materie in Energie, also in elektro-magnetische Strahlung gefunden zu haben. Man glaubte, dies sei eine Bestätigung der Umwandlung von Masse in Energie, entsprechend der Äquivalenz von Materie und Energie, die von EINSTEIN gefunden wurde. Auf der Grundlage des alten Atommodells eine logische Schlussfolgerung.

Zu diesem Zeitpunkt, bevor dieses hier vorgestellte Atommodell existierte, konnte noch keiner wissen, dass elektromagnetische Strahlungen aus nichts anderem bestehen als aus Elektron-Neutrinos. Das heißt, aus neutralen Neutrinos, die bestimmte gesetzmäßige Bindungen mit anderen neutralen Neutrinos eingegangen sind und die "Freie Energie" aufgenommen haben, was sie zu Elektron-Neutrinos werden ließ.

In den Atomen existiert das Positron genau so lange, wie 2 halbe Wellen, bestehend aus den Quarks der Seitenflächen und der Bodenfläche, in den Kanten bis zur Ecke mit entgegengesetztem Spin gemeinsam rotieren.

In dem Moment, wo die Bodenwellen, die aus Quarks bestehen, bezeichnen wir sie weiterhin als Positronen, in den Ecken abreißen, zerstrahlen die rotierenden Bodenwellen in ihre Teilchen, in Quarks, und diese werden nicht, wie angenommen, als elektro-magnetische Strahlungen in die Mitte der Elementareinheiten des Atoms - in die Pyramiden - zurückgestrahlt, sondern nur als einzelne Quarks.

Elektro-magnetische Strahlungen sind etwas ganz anderes.

(In Folge gehen wir näher auf diese "elektro-magnetischen Strahlungen" ein)

Es ist also ein Vorgang, der außerhalb des Atoms von den Hochenergiephysikern im Experiment richtig gesehen wurde. Elektron und Positron bewirken sich gegenseitig rotierend auch im Atom nur einen sehr kurzen Moment und werden dann als Quarks abgestrahlt. Betrachten wir nunmehr das Proton etwas näher.

## PROTON

Das Proton bewirkt also nicht die Bindungskräfte der Elektronen, sondern besteht aus einer rotierenden Welle als Einheit in der Spitze der Pyramide.

In der folgenden Grafik ist die rotierende Welle noch einmal soweit wie möglich zeichnerisch dargestellt, so dass Sie genau erkennen können, dass ihre Rotationsrichtung, der Spin der rotierenden Welle, die gleiche Richtung besitzt wie die große rotierende Welle der zurückstrahlenden Positronen an der Bodenfläche sowie die Hauptwelle in der Bodenfläche selbst.

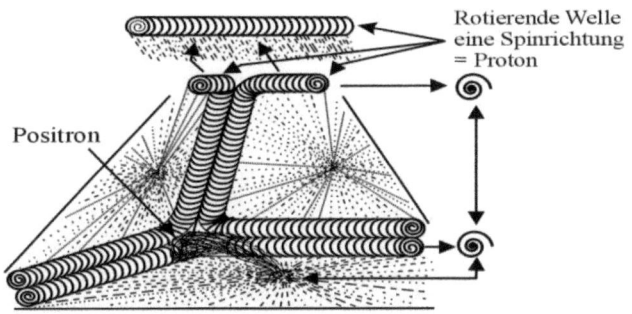

Benutzen wir den gebräuchlichen Term, dann haben die rotierenden Wellen des Protons und des Positrons, da sie den gleichen Spin besitzen, sich also abstoßen, positive ($^+$) Vorzeichen.

Wenn heute auf der Grundlage des alten Atommodells gesagt wird, dass für die Bindungsfähigkeit der Atome die äußersten Elektronen maßgebend sind, so entspricht das auch den Tatsachen. Der einzige Unterschied zwischen dem alten und dem hier vorgestellten Modell besteht darin, dass sich keine Elektronen in Schalen bewegen, sondern dass die Bindungskräfte durch die Sogwirkung der äußersten Elementareinheiten der Atome bewirkt werden und dass die Protonen letztendlich mit den Bindungskräften bis auf den gesetzmäßigen Bewegungsablauf nichts zu tun haben, sondern nur die starken

187

Bindungskräfte bewirken, durch die die Neutronen als kugelförmige in sich selbst rotierende neutrale Verdichtung entstehen und erhalten bleiben.

## TEILCHEN, die im EXPERIMENT entdeckt wurden

Von den Hochenergiephysikern wurden im Experiment im Teilchenbeschleuniger viele vielfältige Arten von Teilchen entdeckt. Dabei muss betont werden, dass diese Teilchen, die entdeckt wurden, keine Teilchen sind, die real, sichtbar, existieren. Sie werden in Labors produziert und sind nach winzigen Bruchteilen von Sekunden wieder in die real bekannten Teilchen zerfallen bzw. haben wieder die Bindungen aufgenommen, aus denen sie kurzfristig gerissen wurden.

Diese Teilchen hat man in verschiedene Gruppen unterteilt.

In der 1. Gruppe wurden alle stark wechselwirkenden Teilchen zusammengeschlossen. Es ist die Gruppe, der man das Proton, das Neutron und die 3 -Mesonen zuordnet. Diese Teilchen wurden mit dem Oberbegriff Hadronen bezeichnet. Heute ist eine wesentlich größere Anzahl von Hadronen bekannt.

Aus diesem Grunde wurden die Hadronen wiederum in 2 Gruppen unterteilt, die man als Mesonen und Baryonen bezeichnet. Einer anderen Gruppe von stark wechselwirkenden Teilchen, zu denen die bekannten Nukleonen zählen, wurden die Hyperonen zugeordnet, die alle schwerer sind als das Nukleon, verglichen mit den leichtesten Mesonen. Bedingt durch die Schwere der Teilchen wurde die 2. Gruppe der stark wechselwirkenden Teilchen als Baryonen bezeichnet (baryos, griech. = schwer).

Eine weitere Gruppe von Teilchen, die nicht an den starken Wechselwirkungen teilnehmen, sind die Elektronen und das Neutrino. Von dieser Sorte wurden noch weitere Teilchen gefunden, die man als Leptonen (leptos, griech. = leicht) bezeichnet. Heute weiß man, dass die Zuordnung und der Name Lepton nicht besonders glücklich gewählt war, da auch Leptonen entdeckt wurden, die schwerer als das Proton sind.

Am Anfang nahm man an, dass es nur 4 Leptonen gäbe. Vor einigen Jahren wurde jedoch ein elektrisch geladenes Lepton entdeckt, dass 200-mal schwerer ist als das Elektron. Man bezeichnet dieses Teilchen als Myon.

Lassen wir es gut sein mit diesem Teilchen-Zoo, denn um eine Übersicht zu gewinnen, hilft uns das Wissen um diese Teilchen auch nicht weiter, da diese Teilchen im Endeffekt nur Verbindungen sind, die durch die Einwirkung von Energie gleich Kraft aus Verbindungen von Quarks bestehen, die im realen Atom gar nicht existieren. Es sind Verbindungen von Quarks, aus denen sich *alle* Teilchen, die bis heute gefunden wurden, aufbauen.

Wenden wir uns lieber den Teilchen zu, die die Hochenergiephysiker als *"Ur-Teilchen der Materie"* bezeichnen, den "Quarks".

## QUARKS

Als kleinstes Teilchen wurde von den Hochenergiephysikern im Experiment das "Quark" entdeckt. Das sogenannte Quark-Konzept, auf dessen Grundlage nach diesen Teilchen geforscht wurde, ist ein Konzept, dass Murray GELL-MANN und Georg ZWEIG im Jahre 1964 vorgeschlagen haben.

Wenn wir sagen, das Quark ist das Ur-Teilchen der Materie, dessen dynamische Struktur wir entschlüsselt haben, so stellt sich die Frage, in welchen Verbindungen diese Quarks existieren können.

Unserer Erkenntnis nach können die Quarks nur die gleiche Verbindung eingehen wie die Atome der Elemente, so, wie wir sie im Periodensystem grafisch dargestellt haben.

Die *kleinste existierende Einheit von Quarks,* die nach dem neuen hier vorliegenden Atommodell existiert, besitzt somit die Struktur *zweier kubischer Pyramiden, die an der Spitze miteinander verbunden sind.*

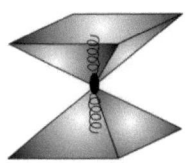

Kleinste Einheit, bestehend aus 2 pyramidenförmigen Einheiten, die sich gegenseitig bewirken

Die zweite vorkommende Einheit ist eine Verbindung von 2 der kleinsten Einheiten, also von 2 Quarks gleich 4 pyramidenförmigen sich gegenseitig bewirkenden Einheiten.

189

Mittlere Einheit, bestehend aus 2 Quarks und 2 Anti-Quarks, die in ihrer Mitte gleich wie beim (He) Helium-Atom eine kugelförmige Verdichtung bewirken..

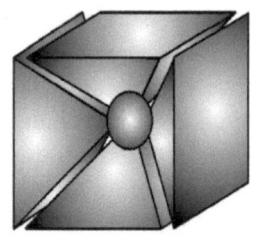

Die größte Einheit von Quarks besitzt eine würfelförmige Struktur gleich der Form des Elements (Li) Lithium, in der 3 Quarks eine kugelförmige Verdichtung in der Mitte erzeugen, wobei der Unterschied gegenüber dem (Li) Lithium nicht in der Struktur, sondern in der Größenordnung zu sehen ist.

Größte Einheit, bestehend aus 3 Quarks und 3 Anti-Quarks.

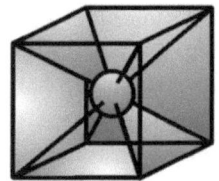

Werden im Bereich der Hochenergiephysik experimentell im Teilchenbeschleuniger neue Teilchen sichtbar gemacht und erkannt, so bestehen sie letztendlich aus nichts anderem als aus Verbindungen der verschiedenen Arten von Quarks.

Wenn Z.B. ein Proton mit hoher Kraft in einem Teilchenbeschleuniger auf ein Target gestrahlt wird, zerreißen diese aus Quarks bestehenden Einheiten (Protonen), und es werden beim Abstrahlen nicht nur alle Quarks der sogenannten Protonen-Einheit frei, sondern auch aus dem Target werden Quarks herausgeschlagen, was dazu führt, dass sich vielfältige Arten von Verbindungen bilden, die in der Blasenkammer sichtbar werden. Bedingt durch ihre vorgegebenen Bindungsmöglichkeiten nehmen sie letztendlich wieder die Struktur an, aus der sie vorher bestanden.

Von der existierenden Grundlage aus gesehen, sind diese experimentellen Untersuchungen eine logische Folge der Forschung.

Die Entstehung der vielfältigen Arten von Teilchen im Experiment führt jedoch unserer Meinung nach nicht zur Entschlüsselung der Atomstruktur. Das bedeutet nicht, dass die im Teilchenbeschleuniger durchgeführten Experimente nicht wichtig sind. Im Gegenteil. Um die Naturgesetze kennen zulernen und um den Sinn und Zweck unseres Erdenlebens zu begreifen, sind sie absolut erforderlich. Denn nur durch diese Experimente besteht die Möglichkeit, die Struktur des Ur-Teilchens letztendlich nachzuweisen. Was, wenn die richtige Grundlage besteht, gleichbedeutend ist mit der Entschlüsselung der Materie.

Dies waren ein paar einfache Erklärungen zu der Struktur der Atome, die im Grunde genommen den normalen Menschen kaum interessieren. Aus diesem Grunde haben wir die Erklärung auch nur in einfacher Form niedergeschrieben.
Aber auch der nicht fachlich vorbelastete Laie kann an der vergleichenden Darstellung erkennen, dass mit diesem neuen Atommodell Phänomene erklärt werden, für die die Wissenschaft auf der Grundlage des heutigen Modelldenkens noch keine ausreichende Erklärung besitzt und auch auf der Grundlage ihrer Modellvorstellung nie besitzen wird.

## ELEKTRISCHE LADUNG

Eines der wichtigsten Phänomene, nach dessen Erklärung die Wissenschaftler auf der ganzen Welt suchen und das durch dieses Atommodell von jedem mit dem Verstand nachvollziehbar erklärt wird, soll trotzdem noch, da es sehr wichtig ist, eingehender beschrieben werden.
Am Anfang dieses Jahrhunderts entwickelten Ernest RUTHERFORD und Niels BOHR das heute verbesserte Atommodell.
Nach diesem Atommodell besteht die Masse des Atoms zu 99 Prozent aus einem positiv ($^+$) geladenen Kern.
In der Kernteilchen-, also Hochenergiephysik wird Masse in Energie-einheiten ausgedrückt gemäss der Äquivalenz von Masse und Energie.
Nach dieser Berechnung hat ein Elektron die Masse von etwa 0,5 MeV (Mega-Elektronen-Volt = 1 Million Elektronen-Volt).
Eine der wichtigsten Natur-Konstanten ist die elektrische Ladung der Elektronen, wobei alle Elektronen die gleiche elektrische Ladung besitzen, was dazu führte, dass man heute sagt, die elektrische Ladung der Elektronen ist quantisiert.
Ein Atom, das alle seine Quarks besitzt, ist elektrisch neutral ($^\circ$). Das

bedeutet aber auch, dass die elektrische Ladung des Atomkerns, der 99 Prozent des gesamten Atoms ausmacht und der nach der alten Modellvorstellung positiv ($^+$) geladen ist, die gleiche Größe besitzt wie die der Elektronen, die nach dem alten Atommodell in der Hülle existieren und nur 1 Prozent der Masse ausmachen.

Heute weiß man, dass der Atomkern aus 2 Arten von Elementarteilchen, den positiv ($^+$) geladenen Protonen und den neutralen ($^0$) Neutronen (das Nukleon), besteht.

Das, was man nicht begreift und nach dem heute gültigen Atommodell nicht verstehen und erklären kann, ist, dass, abgesehen vom Vorzeichen, die elektrische Ladung des Protons exakt gleich der elektrischen Ladung des Elektrons ist.

Klammern wir das Neutron aus, so bedeutet das, ein Proton ist ungefähr 1.000 mal schwerer als ein Elektron, besitzt aber, abgesehen vom Vorzeichen [($^+$) - ($^-$)] die gleiche elektrische Ladung wie das Elektron.

Alle Versuche, physikalisch zu beweisen, dass zwischen den Elektronen und Protonen etwas Gemeinsames existiert, das die Gleichheit der elektrischen Ladung und das entgegengesetzte Vorzeichen der Ladung in beiden Fällen bewirkt, schlugen bis heute fehl, das heißt, das Gemeinsame konnte bis heute noch nicht entdeckt werden.

Dieses mysteriöse fundamentelle Problem findet durch unser neues Atommodell eine absolute Erklärung.

Eine elektrische Ladung existiert in beiden Teilchen nicht, weder im Elektron und noch im Proton. Aus diesem Grunde kann sie auch nicht gefunden werden.

*Das, was heute als elektrische Ladung bezeichnet wird, entsteht nur durch Druck und Sog, deren Kräfte als Wirkung durch die rotierenden Wellen erzeugt werden, in denen sich die Quarks gleich Ur-Teilchen gesetzmäßig in den Atomen bewegen.*

An dieser Erklärung können Sie erkennen, dass, wenn eine Grundlage nicht stimmt, letztendlich bestimmte Phänomene auch mit der besten Absicht nicht erklärt werden können.

Auf der Grundlage unserer "Einheitlichen Theorie der gesamten Materie" können nicht nur in dem Bereich der Atome alle Phänomene erklärt werden, sondern sie entspricht unserer Meinung nach auch der absoluten Realität.
Denn auf der hier vorgestellten Grundlage lassen sich *alle* bis heute mit Begriffen umschriebenen Phänomene erklären.
In der Atomforschung müsste diese Erkenntnis zu einem Paradigmawechsel führen.

Neutronen, Protonen, Elektronen, Photonen, elektrische Ladung, Positronium, Elektrizität, Magnetismus, Wellen, Strahlungen,
Licht und Farbe, die FARADAY'schen Erkenntnisse, die vielen im Experiment entdeckten Teilchen vom Neutrino bis zum Quark sowie die vielfältigen Wirkungen von Erdmagnetismus bis zu den heute noch mysteriösen Erdstrahlen, Radio-Wellen, Fernsehen, Telefon und Lärm sowie die Wirkung der Energiequanten, Atome und Moleküle in den biologischen Systemen einschließlich der Mensch - es gibt nichts, was mit diesem von uns entwickelten neuen Atommodell auf der Grundlage der Entdeckung der dynamisch strukturierten Form des Ur-Teilchens aus dem Ur-Plasma nicht erklärbar ist.

Vor allem ist es nicht nur, wie von uns in die "Einheitliche Theorie" eingeweihte führende Wissenschaftler behaupten, die größte Entdeckung in der Geschichte der Menschheit, sondern die Entdeckung der dynamisch strukturierten Form des Ur-Teilchens, in dem und durch das alles Sein bewirkt wird, kann von jedem, auch dem nicht vorgebildeten Laien, gedankenbildlich nachvollzogen werden.
Dadurch wird es ihm möglich zu erkennen, dass es im Grunde genommen nichts Geheimnisvolles gibt.
Durch die Niederschrift im 4. Buch werden Sie erkennen, dass, bedingt durch die Entdeckung dieser Form, der Menschheit eine Chance geboten wird, wieder zurückzufinden auf den Weg zu unserem Schöpfer.
Aber bleiben wir noch etwas bei unseren erklärenden Beispielen und wenden wir uns einmal den vielfältigen Arten von Strahlungen zu, die existieren, damit Sie erkennen, dass Strahlungen jeglicher Art immer aus strukturierten Elektron-Neutrinos bestehen.

# STRAHLUNGEN

Alle Arten von Strahlungen werden heute begrifflich bezeichnet, aber was Strahlungen effektiv sind, kann niemand erklären.
Nur an der Wirkung sind sie mess- und wägbar.
Aus was sie letztendlich bestehen, konnte bis heute noch nicht entschlüsselt werden.
Nehmen wir zum Beispiel, da es alle Menschen interessiert und auch interessieren muss, denn es ist der lebensspendende Quell, das, was das Lebendige in den biologischen Systemen bewirkt, die sogenannten UV-Strahlen, also die ultravioletten Strahlen der Sonne.

## UV-STRAHLEN (ultra-violette Strahlen)

Wie von den Astrophysikern wissenschaftlich mathematisch berechnet und letztendlich experimentell bewiesen, besteht die Masse, aus der sich unser Universum aufbaut, zu 97 Prozent aus Ur-Teilchen, den neutralen Neutrinos. Diese für das menschliche Auge nicht sichtbare Masse bezeichnet man auch als "verborgene Masse".

Nur 3 Prozent der Masse unseres Universums besteht also aus neutralen Neutrinos - in den Elementen, die Quarks -, die sich zu den Elementen der Materie verbunden haben, die wir mit unseren 5 Sinnen in unserer Umwelt in vielfältigen Arten und Formen wahrnehmen.
Die Sonne ist der Mittelpunkt eines großen dynamisch strukturierten würfelförmigen Gebildes, in dem sich die neutralen Neutrinos, Elektron-Neutrinos und Quarks in dem gleichen gesetzmäßigen Bewegungsablauf befinden wie das Ur-Plasma in der kleinsten würfelförmigen Einheit.
Diese würfelförmig strukturierte Einheit, deren Mittelpunkt die Sonne ist, befindet sich in einer gesetzmäßigen Eigenrotation.
Das heißt, nicht nur der Mittelpunkt, die Sonne, rotiert, sondern auch die neutralen Neutrinos, die sich im Kubus der würfelförmigen Einheit, deren Mitte die Sonne ist, in gesetzmäßigen Bewegungsabläufen befinden, bewegen sich mitrotierend in der gleichen Richtung wie die Sonne.
Bestimmte gesetzmäßige Bewegungsabläufe sowie die Anziehungskräfte an den 8 Ecken der würfelförmigen Einheit der

194

Sonne binden 8 andere würfelförmige Einheiten, deren Mittel-Punkt Planeten sind, so weitgehend an, dass auf dieser Grundlage unser Sonnensystem mit seinen 8 Begleitern entstanden ist.

Diese 8 Begleiter, die durch die Bindungskräfte der Sonne, an die Sonne gebunden sind und nach bestimmten gesetzmäßigen Bewegungsabläufen, um sich selbst rotierend, die Sonne rotationsmäßig begleiten, sind die Erde, der Uranus, der Merkur, der Mars, der Jupiter, der Saturn, der Neptun und die Venus, die gleich wie die Sonne als Mittelpunkt einer würfelförmigen Einheit existieren.

Jede dieser 8 Einheiten besitzt wiederum kleinere Trabanten usw., die sich alle gemeinsam in bestimmten gesetzmäßigen Rotationen innerhalb unseres Sonnensystems bewegen.

Wie wissenschaftlich bewiesen, strahlt die Sonne ununterbrochen neutrale Neutrinos aus, bei denen die rotierenden Wellen, die die dynamisch strukturierte Form bewirken, alle die gleiche Frequenz und Amplitude besitzen.


Treffen sie zum Beispiel auf das würfelförmige Gebilde unserer Erde auf, das in seiner äußersten Schicht aus neutralen Neutrinos besteht, verbindet sich ein Teil der neutralen Neutrinos in verschiedenen Formen miteinander, und sie werden zu Elektron-Neutrinos.

Das heißt, in dem Moment, wo sich 2 oder mehrere der neutralen Neutrinos verbinden, bewegt sich das Ur-Plasma der Neutrinos gemeinsam in beiden oder in mehreren Neutrinos zusammen und erzeugt dadurch eine höhere Frequenz und Amplitude, wodurch sie zu elektrisch geladenen "Elektron-Neutrinos" werden, da bei der Kollision *"Freie Energie"*, die zwischen diesen Teilchen existiert, *zusätzlich* in die Neutrinos eingestrahlt wird.

Auf dem Weg durch die Stratosphäre zur Atmosphäre entstehen auf diesem Wege immer größere Verbindungen, die letztendlich die Helligkeit bewirken, die wir als Sonnen- bzw. Tageslicht bezeichnen.

Von der Wissenschaft werden diese Elektron-Neutrinos als "ultraviolette Strahlungen" bezeichnet, die im (nm) Nanometerbereich messbar sind.

Wie in Buch 2 schon beschrieben, sind die Elektron-Neutrinos, die in die biologischen Systeme einstrahlen, vorausgesetzt, sie besitzen bestimmte Energiegrößen, die Teilchen gleich Ionisations-Energie, die in allen biologischen Systemen das "Lebendige" bewirken.

Wichtig ist, dass sie, wie vorab gesagt, eine bestimmte Größenordnung, im Nanometerbereich messbar, nicht überschreiten.

Dieser Nanometerbereich liegt bei 0,3 bis circa 300 nm.

Größere Energiequanten, also Verbindungen von Elektron-Neutrinos, sind für die biologischen Systeme einschließlich des Menschen schädlich, da sie, wie Ionisations-Energie wirkend, Molekularstrukturen, aus denen die biologischen Systeme einschließlich der Mensch aufgebaut sind, störend beeinflussen.

Diese hohen Energiequanten sind in der Lage, die natürliche Ordnung der Molekularverbindungen der Moleküle der Regelkreise bis hin zu den Bausteinen der spezifischen Organzellen durch die Erzeugung von *Singulettzuständen bis zur Ionisation* so weitgehend zu verändern, dass innerhalb dieser Systeme chaotische Zustände entstehen, die wir mit dem Begriff "Krankheit" umschreiben."

Damit diese hohen Energiequanten nicht in unsere Atmosphäre eingestrahlt werden, entwickelte sich im Laufe der Evolution die unseren Erdball in circa 25 km Höhe umgebende Ozonschicht über unserer Atmosphäre. Ursächlich bestand diese Ozonschicht aus ($O_2$) Sauerstoff-Molekülen.

Neutrale Neutrinos strahlen in die ($O_2$)-Moleküle des Sauerstoffs ein, werden in die Frequenz und Amplitude des (O) Sauerstoffs eingeschwungen und drücken Quarks aus dem ($O_2$) Sauerstoff-Molekül heraus, die nach der Ausstrahlung an diesem ($O_2$) Sauerstoff-Molekül bzw. -Atom hängen bleiben, da kein Platz in dem existierenden Atom bzw. Molekül für die eingestrahlten neutralen Neutrinos vorhanden ist.

Angebunden an das Sauerstoff-Atom bzw. -Molekül, schwingen sich aufgrund der Frequenz und Amplitude die ausgestrahlten Quarks in den gleichen Bewegungsablauf ein, den das (O) Sauerstoff-Atom besitzt. Dieser Vorgang läuft solange ab, bis ein komplettes (O) Sauerstoff-Atom entstanden und das ($O_2$) Sauerstoff-Molekül zu einem ($O_3$) Tri-Sauerstoff-Molekül, also zu einem Ozon-Molekül, geworden ist.

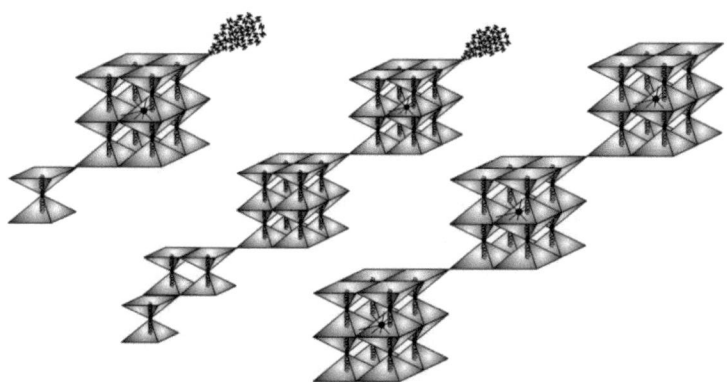

Einstrahlung von Elektron-Neutrinos an ($O_2$) Sauerstoff-Molekül

Das heißt, durch laufende Einstrahlung von neutralen Neutrinos bildete sich langsam das 2-wertige Sauerstoff-Molekül ($O_2$) zu dem 3-wertigen Sauerstoff-Molekül ($O_3$), also zu Tri-Sauerstoff (= $O_3$ Ozon) aus.

Ist der ($O_3$) Tri-Sauerstoff entstanden, wird durch weiteres Einstrahlen von neutralen Neutrinos das (O) abgespaltet, und der gleiche Vorgang läuft nunmehr nicht nur im ($O_2$) Sauerstoff-Molekül, sondern auch im (O) Sauerstoff-Atom solange ab, bis wieder ein ($O_3$) Tri-Sauerstoff-Molekül entstanden ist.

Die Schutzwirkung, die die Ozonschicht gegenüber den Elektron-Neutrinos hat, ist im 1. Band in kurzer Form genau geschildert.

Die Ozonschicht ist aber nicht nur ein *Schutzschild,* das verhindert, dass die lebendigen biologischen Systeme durch zu hohe Energiequanten zerstörend beeinflusst werden, sondern sie ist auch funktionsmäßig der *Produzent* des für alle biologischen Systeme lebenswichtigen ($O_2$) Sauerstoffs.

Wie wir heute wissen, besitzt unsere Ozonschicht Löcher.

Das heißt, ununterbrochen strahlen in diesen Bereich Energiequanten ein, die die lebendigen biologischen Systeme zerstören.

Die Gefahr, in der die Menschheit schwebt, liegt aber in erster Linie nicht in den Löchern selbst, sondern in der nachgewiesenen *Verdünnung der gesamten Ozonschicht.*

*Dies führt zu einer erhöhten Einstrahlung von Energiequanten mit einem hohen Energieniveau in unsere Atmosphäre, wobei es sich gleich bleibt, ob wir Sonnenschein oder Wolken haben.*

Die Verdünnung einschließlich der Löcher entsteht dadurch, dass die Menschen in hohem Masse konzentriert erzeugte hochenergiereiche Moleküle, speziell die Moleküle des Fluorkohlenwasserstoffs (FCKW), in die Atmosphäre einstrahlen. Diese Molekularstrukturen binden sich an das ($O_2$) Sauerstoff-Molekül in der Ozonschicht, so dass nicht genügend ($O_2$) Sauerstoff-Moleküle für die Erzeugung von ($O_3$) also Ozon, zur Verfügung stehen.

Die große Gefahr, in der die Menschheit schwebt, die durch diese hohen Energiequanten bewirkt ,wird, die durch die zerlöcherte und verdünnte Ozonschicht ungebremst in unsere gasförmige Atmosphäre einstrahlen, liegt in einem Bereich, der von der Wissenschaft bis heute noch nicht genügend gewürdigt wird.

Das diese großen Energiequanten, also die Verbindungen der Elektron-Neutrinos, für den Menschen und die Umwelt schädlich sind und vielfältige Krankheiten verursachen bis hin zum KREBS, ist in den zivilisierten Ländern heute fast jedem Menschen bekannt. Wie den Fachblättern zu entnehmen ist, hat der Haut-KREBS weltweit allein in den letzten 5 Jahren eine Steigerungsrate von 400 Prozent.

Das, was nur wenige wissen, ist, dass diese Energiequanten auf dem Wege sind, die Menschheit auf eine ganz andere Weise zu vernichten, was wir Ihnen im Folgenden erklärend darstellen möchten.

Es ist keine Panikmache.

Und inwieweit Sie als Einzelner die Aussage akzeptieren können, müssen wir allein Ihnen überlassen.

Wenn Sie jedoch verstandesmäßig erfasst haben, in welcher Gefahr wir schweben, und Sie sich die Frage stellen, "Wie kann ich mich dagegen schützen?", können wir wiederum nur antworten, "Auch das ist Ihnen überlassen."

Alle großen Entdeckungen, alle existierenden Imperien und Vermögen, alle großen Errungenschaften, aus materieller Sicht gesehen, durch die unsere so hochgelobte Zivilisation erschaffen wurde, sind letztendlich die Werke von EINZELNEN.

Da Sie auch nur ein Einzelner sind, liegt es ganz allein an Ihnen zu entscheiden, wie Sie sich in Zukunft unserer Umwelt gegenüber verhalten wollen.

Wenn das Kind in den Brunnen gefallen und schon ertrunken ist, nützt es Ihnen auch nichts, wenn Sie Ihre Standardaussage benutzen, "Was soll ich tun? Ich bin doch nur ein Einzelner."
In der heutigen Situation sind wir als einzelne Individuen gefragt, und *jeder muss für sich entscheiden,* inwieweit er bereit ist, noch zu retten, was zu retten ist.
Bekannt ist es jetzt. Auch die Ausrede, "Ich habe es nicht gewusst", hilft uns nicht mehr weiter.

In unserer Atmosphäre, in der molekularmäßig unvorstellbare Mengen an Schadstoffen existieren, die wir täglich selbst verursachen und verursacht haben, beginnen diese hohen Energiequanten ihren Teufelskreis.

Eingestrahlt in die Atmosphäre, treffen sie auf diese Molekularstrukturen und werden von den Molekülen festgehalten und gebunden. Das heißt, alle Arten von sogenannten toxischen (giftigen) Molekülen - welche, brauchen wir Ihnen gar nicht zu erklären, da wir sie durch unsere Kraftfahrzeuge sowie durch unsere zivilisationsbedingten Technologien selbst erzeugen - werden *energiereicher.*
Das bedeutet, diese toxischen Moleküle werden zu *Energie-tragenden toxischen IONEN.*
Dies bewirkt eine immer größer werdende Energiedichte in unserer Atmosphäre.

Eingeatmet mit unserer Atemluft, verursachen sie im menschlichen Körper Schäden vielfältiger Art.
Den hauptsächlichen Schaden bewirken jedoch nicht die Moleküle, die von einer gesunden körpereigenen Abwehr eliminiert, also neutralisiert und abtransportiert werden können, sondern die *zusätzlichen Energiequanten.*
Diese Energiequanten verbrauchen große Mengen bestimmter Abwehrmoleküle, die der Körper, bedingt durch ihre Energieladung, so schnell, wie sie gebraucht werden, nicht produzieren kann. Es ist einer der Gründe, warum bei den Menschen schon in jungen Jahren Immunschwächen bis hin zum Abbruch der gesamten körpereigenen Abwehr festgestellt werden. Es ist auch einer der Gründe der immer

größer werdenden Resistenz gegenüber den heute angewandten Therapien und Medikamenten beim Patienten.

Krankheit entsteht immer nur dann, wenn die körpereigene Abwehr nicht mehr in der Lage ist, Molekularstrukturen zu eliminieren und zu neutralisieren, die im biologischen System des Menschen, und nicht nur da, als krankheitserzeugende Noxen wirken. Würden diese hohen Energiequanten nur Schäden über die Atmung bewirken, wäre das ein Übel, vor dem man sich noch schützen könnte.

*Doch die Gefahr ist wesentlich größer.*

Diese hochenergiereichen Molekularstrukturen fallen durch das Schwererwerden sowie durch das Abregnen ("saurer Regen") auf die Erde, Bäume und Pflanzen.

Da wirken diese hochenergiereichen Molekularstrukturen auf sämtliche lebendigen biologischen Systeme zerstörerisch und mutierend verändernd ein.

Über den Nahrungskreislauf nehmen die Pflanzen und Tiere diese hochenergiereichen toxischen Molekularstrukturen auf, und sie erzeugen innerhalb des biologischen Systems wiederum eine so hohe Energiedichte, dass zum Beispiel die Bäume aufgrund der falschen Oxidationsabläufe innerlich verbrennen und absterben.

Also nicht die toxischen Moleküle sind schuld am Sterben der Wälder, sondern die hohen energiereichen Energiequanten (Ionisations-Energie), die mit den Molekularstrukturen in diese lebendigen biologischen Systeme eingeschleust werden.

Bei den Tieren führt es zu Störungen der Informationssysteme und zu Krankheiten, die schon zur Dezimierung und Ausrottung vieler Tierrassen geführt haben.

Im Menschen bewirken sie die vielen sogenannten "Zivilisationskrankheiten", bei denen die "krankheitserzeugenden Noxen" nicht bekannt sind, bzw. sie erzeugen im nervalen Informationssystem des Menschen Krankheitsbilder, die wir mit den Begriffen Depression und Aggression umschreiben.

Das, was noch als wesentlich gefährlicher angesehen werden muss, ist folgendes:

Diese hohen Energiequanten verändern alle Arten von existierenden Viren, die aus Molekularstrukturen verschiedener Elemente aufgebaut sind.

Medikamente, die in der Lage waren, diese Viren zu eliminieren und zu neutralisieren, schlagen nicht mehr an, da die Viren aufgrund ihrer Mutation resistent gegenüber diesen Medikamenten werden.

Durch die mutationsmäßige Veränderung entstehen Viren als krankheitserregende Noxen, die der Wissenschaft noch gar nicht bekannt sind bzw. noch nicht analysiert werden konnten und Schäden verursachen, die die heutige Medizin therapeutisch nicht bekämpfen kann.

Unserer Meinung nach ist auf diesem Wege nicht nur der HIV-(AIDS-)Virus, entstanden, sondern auch die als HIV II, III    usw. analysierten Viren sowie andere Arten ähnlicher Viren.

*Das bedeutet, dass neue Viren und neue Bakterien nicht komplett neu entstehen, sondern dass existierende durch die Energiequanten "mutationsmäßig" verändert werden.*

Vor einer Gefahr, die man kennt, kann man sich schützen.

Die Schäden, die wir jedoch unserer Umwelt zufügen, sind so groß, dass, wenn nicht jeder Einzelne etwas dafür tut, diese Umweltschäden einzudämmen, ohne Panik zu machen, gesagt werden muss, dass die Menschheit allein durch die Gefahr, die uns die *veränderte Ozonschicht* bringt, kaum überleben kann.

Vom Treibhauseffekt usw. wollen wir gar nicht sprechen.

Denn viele weitere Schäden werden durch diese hohen Energiequanten, die auf unsere Erde einstrahlen, verursacht.

Nehmen wir zum Beispiel unsere Meere.

Die hohen Schadstoffbelastungen, die wir, von der Molekularstruktur aus gesehen, den Meeren zufügen, sind schon nicht mehr vertretbar, aber damit werden die Regelkreise der Natur im Endeffekt noch fertig.

Das, was erschwerend hinzu kommt und was letztendlich die Schäden bewirkt, sind wieder die hohen Energiequanten, die die Meere aufheizen.

*Neutrale Molekularstrukturen sind im Grunde genommen ungefährlich, wenn sie nicht ionisiert werden bzw. wenn sie nicht durch zusätzliche Energieeinheiten ein höheres Energieniveau erhalten.*

Werden Moleküle und da speziell die Moleküle der Schadstoffe, die wir produzieren und in die Flüsse und Meere leiten, in der Form verändert, dass sie ein höheres Energieniveau besitzen, läuft der gleiche Vorgang in den natürlichen Regelkreisen der Wasserflora und den Lebewesen, die im Wasser existieren, ab wie bei den biologischen Systemen, die auf der Erde existieren.

Die Ursache des immer stärker werdenden Algenwuchses an den Küsten und in den Gewässern unserer Meere und Seen wird genau so durch die hohen Energiequanten bewirkt wie die nachfolgenden Molekularverbindungen, die die Flora, die Lebenssubstanz der Kleinlebewesen, zerstören.

Vor kurzem hat man festgestellt, dass die Sahara kleiner geworden ist. Warum? Dieses Rätsel konnte bis heute noch nicht gelöst werden. Aber auch hier sind die Verursacher die hohen Energiequanten, die Elektron-Neutrinos.

Auf der einen Seite erzeugen sie ein höheres Wärmeaufkommen im Wüstensand, was eigentlich zu weiterer Versandung führen müsste. Aber auf der anderen Seite bewirkt die Einstrahlung von höheren Energiequanten folgenden Vorgang.

Diese höheren Energiequanten aus Elektron-Neutrinos, die von Jahr zu Jahr größer werden, da die Ozonschicht immer mehr abnimmt, erzeugen, wie schon gesagt, ein höheres Wärmeaufkommen im Wüstensand, was gleichbedeutend ist mit der Ionisation der Molekularstrukturen, aus denen der Sand aufgebaut ist. Die Wärme wird nunmehr nicht nur in die Atmosphäre abgestrahlt, sondern auch tiefer in den Sand eingestrahlt.

Das heißt, der Ionisationsvorgang setzt sich in immer tiefere Bereiche fort.

Erreicht die Ionisation in einer bestimmten Größenordnung das Grundwasser, so werden durch die Energiequanten die Wassermoleküle gasförmig aufgespalten und steigen zur Erdoberfläche.

Auf dem Wege zur Erdoberfläche verbinden sie sich wieder zu Wassermolekülen und bewirken, dass vorhandener Samen aus dem Bereich der existierenden Flora zum Leben erweckt wird.

Das Ziehen des Grundwassers an die Oberfläche ist im Grunde genommen der gleiche Vorgang wie das Aufspalten von Wassermolekülen auf der Oberfläche der Erde, die gasförmig in die Atmosphäre steigen, sich da wieder zu Wassermolekülen binden und bei einer gewissen Dichte gleich Wolken durch Verbindungen so schwer werden, dass sie wieder auf die Erde fallen, was wir mit dem Begriff Abregnen bezeichnen.

Die vielen sintflutartigen Regenfälle, die in der letzten Zeit in vielen Gebieten der Erde auftreten, entstehen dadurch, dass nicht nur Wassermoleküle aus den vorhandenen Wasserreservoirs aufgespaltet werden und als gasförmige Moleküle in die Atmosphäre steigen, sondern auch dadurch, dass die hohen Energiequanten aus den existierenden Molekularstrukturen der Materie der Erdoberfläche (O) Sauerstoff und (H) Wasserstoff ionisieren und abspalten, die als gasförmige Moleküle in die Atmosphäre aufsteigen.

An diesen kurz zusammengefassten Beispielen können Sie erkennen, dass die Gefahr, in der alle biologischen Systeme schweben, eine Gefahr ist, die man nicht verniedlichen sollte.

Leider oder vielleicht auch Gott sei Dank besitzt der Mensch einen Schutzmechanismus - es liegt auch sehr viel an der Reizüberflutung, der wir Menschen ausgesetzt sind -, dass wir Menschen, solange wir nicht selbst betroffen sind, diese Sache verdrängen und gar nicht erst versuchen, es an uns herankommen zu lassen oder darüber nachzudenken. Lesen wir so etwas, dann erschrecken wir zwar, aber kurz danach gehen wir zur Tagesordnung über, frönen unserer Sinneslust und benutzen unsere Ausrede

"Wir können ja sowieso nichts daran ändern."

Aber gehen wir zu einem anderen Beispiel über.


## RADIO-AKTIVE STRAHLEN

Allein schon dann, wenn wir Menschen das Wort "radio-aktive Strahlung" hören, assoziieren wir dieses Wort sofort mit "Atombombe", "Atomkraftwerk", "Kernspaltung", "lebensbedrohlich", "krankmachend" und "Tod".

Das Gleiche gilt für "radio-aktiv verseucht". Ein Schlagwort, das jeder seit Tschernobyl kennt.
Doch was sind "radio-aktive Strahlen"?

RUTHERFORD und SODDY entschlüsselten 1903 das Wesen der Radio-Aktivität als eine "Spontanumwandlung von Atomen, die in jedem Augenblick mit gleicher Wahrscheinlichkeit eintreten kann". Nach der Entdeckung des Atomkerns erkannte man, dass sich dabei die Atomkerne umwandeln. Als Maß für die freigesetzte Strahlung gleich Aktivität eines Präparates wurde die Einheit 1 Curie (Ci) eingeführt.
Diese Einheit hat man folgenden Wert zugrundegelegt.
1 Curie (Ci) ist die Anzahl der in 1 g Radium (Ra) je Sekunde ablaufenden Kernumwandlung.
Die im Experiment verwendeten üblichen Präparate besitzen Strahlungsgrößen von einigen Milli-Curie oder Mikro-Curie.
Bei Kobaltkanonen werden die Strahlen in dem Bereich Kilo-Curie erzeugt, und die im Kernreaktor enthaltenen Strahlungen betragen Mega-Curie. In der heutigen Zeit wird die Einheit Curie durch Becquerel bestimmt: $1 \, Bq = 1 s^{-1}$

Bei der natürlichen Radio-Aktivität verwandeln sich die Atomkerne unter Aussendung von Teilchen in andere Kerne.
Will man eine künstliche Kernumwandlung bewirken, so läuft der umgekehrte Vorgang ab. Das heißt, die Herstellung eines Kerns aus einem anderen Kern wird durch Teilchenbeschuss bewirkt. Falls der entstehende Kern nicht stabil bleibt, entsteht ein radio-aktiver Zerfall, und man bezeichnet diesen Ablauf als "künstliche Radio-Aktivität".

1932 führten COCKCROFT und WALTON erstmals eine Kernreaktion unter Verwendung künstlich beschleunigter Teilchen herbei und bewirkten die Zersplitterung schwerer Kerne in mehrere leichte Atomkerne.
Bis 1938 wurde die Kernspaltung immer mehr forciert. In diesem Jahr stellten HAHN und STRASSMANN fest, dass auch (Ba) Barium zu den Reaktionsprodukten gehört.
Während ihrer weiteren Versuche gelang ihnen unter Neutronenbeschuss die Kernspaltung des (U) Uraniums.

Dies war eigentlich der Beginn, wenn man sarkastisch sein will, des Untergangs der Menschheit.

Das Problem, das in den folgenden Jahren auftrat, war, einen Weg zu finden, die Kernenergie nutzbar zu machen, was nur dann gelingt, wenn man, wie man heute weiß, je Zeiteinheit eine genügend große Anzahl von Spaltungen herbeiführen kann. Als man erkannte, dass man Neutronenmengen benötigt, die man nicht von außen bereitstellen kann, ließ man sich nicht beirren. Ausgehend von der Vorstellung, dass durch die Spaltung selbst immer je Spaltungsakt 2-3 freie Neutronen entstehen, baute FERMI in Chicago den ersten Kernreaktor auf, der auf der Grundlage von (U) Uranium und Uraniumoxyd funktioniert. Am 2.12.1942 wurde die erste Kernreaktion durch Temperaturerhöhung erzeugt, was bedeutet, dass eine kontrollierte Kernreaktion angelaufen war.

Das Wirkungsprinzip der Atombombe, die im Nachhinein auf dieser Grundlage gebaut wurde, läuft unter bestimmten Bedingungen genauso ab, nur dass die Kettenreaktion einen unkontrollierten Verlauf nimmt.
Die Aufgabe eines Atomkraftwerkes, also eines Kernkraftwerkes, besteht in der Umwandlung der sogenannten Kernenergie in mechanische bzw. elektrische Energie. Die Besonderheit gegenüber den konfessionellen Energieerzeugern ist das Auftreten von radioaktiver Strahlung in den verschiedensten Formen.
Da es eine Anzahl verschiedener Reaktortypen gibt und die Beschreibung langwierig ist, möchten wir darauf nicht näher eingehen.
Die Bezeichnungen dieser Reaktoren lauten:
Druckwasserreaktor, Siedewasserreaktor, gasgekühlter Reaktor und schneller Brutreaktor.
Damit Sie aber zumindest ungefähr den Ablauf erkennen, wenn Sie sich mit dieser Thematik noch nicht befasst haben, beschreiben wir eben einmal kurz den sogenannten Druckwasserreaktor.

Der Druckwasserreaktor besteht aus einem druckfesten Kessel, der den Brennstoff und die Regeleinrichtung beinhaltet und mit Wasser gefüllt ist.
Als Kühlmittel wird ebenfalls Wasser unter hohem Druck eingesetzt.
Dadurch wird eine Instabilität der Wasserverdampfung vermieden.

Das eingesetzte Kühlwasser, das nicht in Verbindung mit dem Wasser innerhalb des Reaktors steht, gibt im Wärmeaustauscher die gespeicherte Wärme in seinem Kreislauf ab, wobei der entstandene sogenannte Satt-Dampf mit hohem Druck auf die Turbine und die Räder geführt wird.

Der Druckwasserreaktor sowie der Siedewasserreaktor arbeiten in der Regel mit schwach angereichertem (U) Uranium in Oxydform bzw. in Metallform. Wird schweres Wasser eingesetzt, dann wird als Brennstoff Natur-Uranium verwendet.

Der schnelle Brutreaktor, im Volksmund als "schneller Brüter" bezeichnet, arbeitet mit (Pu) Plutonium. Da (Pu) Plutonium jedoch in der Natur nicht vorkommt, muss dieses Plutonium erst hergestellt werden. Dafür verwendet man Uran 238 und brütet es durch Neutroneneinfang zum Plutonium.

Es würde zu weit führen, näher auf diese Thematik einzugehen.

Im Folgenden versuchen wir zu erklären, was nach unserer Erkenntnis Kernspaltungen sind und auf welchem Wege sie als radioaktive Strahlungen wirken.

(Pu) Plutonium, ein Atom, das, wie gesagt, künstlich erzeugt wird, da es nicht in der Natur existiert, ist, von der Größenordnung her gesehen, nicht nur ein hochenergiereiches Atom, sondern besitzt auch in der Mitte seiner Struktur eine hohe kugelförmig verdichtete Einheit, bestehend aus Elektron-Neutrinos gleich Quarks.

Werden nunmehr in dieses Atom gleich wie bei der Ionisation E.-Neutrinos mit großer Wucht eingestrahlt, dann reißen sämtliche pyramidenförmigen Einheiten auseinander, und die neutralen Mittelpunkte, die aus in sich selbst rotierenden Quarks bestehen, die alle in sich selbst den Bewegungsablauf – Frequenz und Amplitude - des (Pu) Plutoniums tragen, werden freigesetzt.

Es entsteht, fast wie in der Sonne, eine Kettenreaktion, denn die freigesetzten Quarks werden nunmehr wieder in andere Atome eingestrahlt und verursachen denselben Vorgang usw..

Solange dieser Ablauf gesteuert werden kann, besteht keine Gefahr, dass ein Kernreaktor zur Atombombe wird.

Tritt jedoch, nehmen wir zum Beispiel Tschernobyl, ein Moment auf, in dem die Sicherheitsvorrichtungen ausfallen, die heute in Kernreaktoren soweit wie menschenmöglich für die Sicherheit sorgen, dann wirkt dieser Kernreaktor fast gleich einer Atombombe.

Alle frei aus der Kernspaltung existierenden Quarks, die, wie schon gesagt, die gleiche Frequenz und Amplitude wie das Element (Pu) Plutonium selbst besitzen, werden in die Atmosphäre abgestrahlt. *In der Atmosphäre verändern sie frequenz- und amplitudenmäßig neutrale Neutrinos, die sie durch sich hindurchschleusen, was dazu führt, dass die neutralen Neutrinos in die gleiche Frequenz und Amplitude eingeschwungen werden.*
*Auf diesem Wege vervielfacht sich die Menge der Teilchen in eine nicht berechenbare Anzahl.*

Als leichte Teilchen werden sie von der Luftströmung der Atmosphäre Tausende von Kilometer weit transportiert und fallen entweder durch Regen oder in Verbindung mit anderen Molekülen auf die Erde, wo sie in der toten und in der lebendigen Materie ihre Vervielfältigung fortsetzen.

Wird ein Mensch von diesen Teilchen getroffen, dann reicht es aus den Körper mit Wasser abzuspülen.

Da aber die betroffene Person diese sogenannten "radio-aktiven Teilchen" mit der Atemluft mit einatmet, gehen sie in den Blutkreislauf sowie in die Regelkreise der Organe und setzen da ihr Werk, das heißt ihre Vervielfältigung fort.

Ist die Menge der eingeatmeten oder über andere Wege in den Körper gelangten Teilchen geringfügig, so versucht der Körper mittels der Moleküle seiner körpereigenen Abwehr, diese Teilchen zu verkulmunieren, das heißt zu neutralisieren.

Inwieweit diese Teilchen dann über die Entgiftungswege des menschlichen Körpers ausgeschieden werden - es ist gleich, ob er diese Teilchen über verseuchte Nahrungsmittel oder über die Atemluft zu sich genommen hat -, ist zurzeit eine unbekannte Größe.

Gelangt bei einem Menschen eine größere Menge dieser Teilchen in den Körper, so reichen die körpereigenen Abwehrmoleküle nicht aus, um diese Teilchen zu verkulmunieren, und der Vervielfältigungsvorgang schreitet immer weiter fort.

Das Ende dieses Weges, das wir an dieser Stelle gar nicht näher beschreiben wollen, ist die Veränderung und Zerstörung der körpereigenen Bausteine dahingehend, dass er als biologisches System nicht mehr existenzfähig ist.

Wenn Sie diese Erklärung einmal gedanklich genau nachvollziehen und selbst darüber hinaus nachdenken, dann muss Ihnen klar werden, was unzähligen Atombombenversuche, gleich ob über oder unter der Erde, für einen Schaden in dem Raum, in dem wir leben, bis heute verursacht haben.

Da Unmengen an radio-aktiven Abfallprodukten bei den Kernreaktoren weltweit auftreten, für die eine Entsorgung bis heute noch nicht gewährleistet ist, können Sie sich vorstellen, dass dieser "radio-aktive Müll", gleich wo wir ihn deponieren, eine Gefahr für unsere Umwelt bedeutet, deren Folgen gar nicht denkbar sind.

Im Grunde genommen wirken auf diese Art alle Strahlungen, die uns bekannt sind.

Gefährlich für die lebendigen biologischen Systeme sind die von Atomen erzeugten Strahlungen, die mehr als 40 Protonen, Neutronen und Elektronen besitzen.

## ERDSTRAHLEN

Es sind die Strahlen, die heute von der Wissenschaft noch überwiegend als obskur bezeichnet werden, unabhängig davon, dass jeder Mensch sie heute mit einem einfachen UKW-Sender nachweisen kann.

Solange man diese Strahlen nur mit der Wünschelrute und dem Pendel hat nachweisen können, konnte man die Aussage der angeblich so exakten Wissenschaft noch verstehen, die behauptet, *Erdstrahlen wären wissenschaftlich nicht messbar und würden somit nicht existieren.*

Heute, wo sie durch elektronische Geräte nachgewiesen werden können, behauptet man immer noch, sie würden nicht existieren, nur aus dem Grund, weil die Wissenschaft nicht in der Lage ist nachzuweisen, was das für Strahlen sind.

Unzählige Untersuchungen beweisen, dass diese sogenannten Erdstrahlen nicht nur Organstörungen verursachen bis hin zum KREBS, sondern, wie eine Studie, die wir selbst durchgeführt haben, beweist, auch in der Lage sind, psychische Schäden bis hin zum Suizid zu bewirken.

Was sind Erdstrahlen?
Von der Sonne werden, wie schon beschrieben, neutrale Neutrinos

208

ausgestrahlt, von denen sich ein großer Teil auf dem Weg zur Erdoberfläche zu Elektron-Neutrinos umwandelt.

Gleich, ob neutrale Neutrinos oder Elektron-Neutrinos, wenn sie in die Atmosphäre eingedrungen sind und nicht von den biologischen Systemen aufgenommen und integriert werden, strahlen diese Teilchen nach dem gesetzmäßigen Bewegungsablauf, der in unserem würfelförmigen Kubus genauso besteht wie in allen anderen würfelförmigen Kuben, die in unserem Universum existieren, einschließlich der Sonne, durch die Erdrinde in die Mitte unserer Erde ein.

Innerhalb unserer Erde werden sie wiederum frequenz- und amplitudenmäßig zu neutralen Neutrinos umgeformt und nach den gesetzmäßigen Bewegungsabläufen aus der Erde ausgestrahlt. Auf dem Weg aus dem Innern der Erde an ihre Oberfläche durchdringen sie die Erdrinde, die aus vielfältigen Arten der existierenden Elemente besteht.

Jedes Mal, wenn diese neutralen Neutrinos aus dem Erdinnern durch die Erdkruste nach außen treten, durchlaufen sie die Molekularstrukturen der vielfältigen Elemente, aus denen sich die Erdkruste aufbaut.

Beim Durchlaufen der Molekularstrukturen der Elemente werden sie in die Schwingungsfrequenz und -Amplitude der Elemente eingeschwungen und besitzen beim Austreten an der Erdoberfläche die gleiche Struktur wie die Elemente.

Natürliche radioaktive Strahlungen, Radium-Strahlungen, Schwefel usw., die die Wissenschaft in der Natur nachweisen und messen kann, entstehen auf diese Weise.

Das bedeutet aber auch, dass alle Gerüche, die wir durch die Abstrahlung der Erde wahrnehmen (Lehm, Moor, Kompost usw.), genauso wie alle Arten von Parfüm und Aroma, das wir riechen und schmecken, durch die Frequenzen und Amplituden entstehen, die neutrale Neutrinos auf dem Weg durch die Elemente übernehmen, wodurch sie zu Quarks werden.

Durchlaufen diese frequenz- und amplitudenveränderten neutralen Neutrinos, nunmehr Quarks, ohne dass Widerstände existieren, durch die Verdichtungen bewirkt werden, die Erdkruste, dann treten sie als einzelne Quarks aus der Erde und können in den lebendigen biologischen Systemen - von den Pflanzen über die Tiere bis zum

Menschen - *gesundheitsfördernd regulierend* wirken.
Beziehungsweise sie werden, wenn sie nicht in die natürliche Ordnung der biologischen Systeme passen, ohne dass sie Schaden verursachen, ohne Schwierigkeiten aus den lebendigen biologischen Systemen wieder ausgestrahlt.

Die Punkte, an denen Verdichtungen bewirkt werden, was dazu führt, dass die Quarks Verbindungen eingehen, wodurch sie zu Teilchen werden, die nicht im biologischen System von den Atomen verwertet und auch nur wieder schwer ausgestrahlt werden können, was zu unspezifischen und spezifischen Krankheiten führt, sind folgende.

1. Gesteins- bzw. Erd-Verwerfungen
2. unterirdische Wasseradern
3. Eckpunkte des globalen Gitternetzes

**GESTEINS- und ERD-VERWERFUNGEN**
Die evolutionsbedingte molekulare Strukturierung der mehrschichtigen Erdplatten, aus denen unsere Erdkruste besteht, ist jeweils, von der Platte aus gesehen, in der natürlichen Ordnung, gitternetzartig aufgebaut, entstanden.
Sagen wir, dies sind gewachsene Molekularverbindungen, die die einzelnen Quarks ohne Schwierigkeiten jeweils über die Diagonalen durchdringen können.
Kommt es zu Brüchen und Verschiebungen bei den gewachsenen Erdplatten - z.B. durch Erdbeben, die vom Innern der Erde ausgelöst werden, oder durch Erschütterungen durch bestimmte Technologien (Sprengungen, Explosionen) in der Erde aber auch in der Atmosphäre, die immer durch die Ur-Teilchen des Druckes bewirkt werden (die Energieart Druck und Sog wird im folgenden noch erläutert) -, dann verändern sich die molekularartigen Gitternetze so weitgehend, dass diese Gesteins- und Erdverwerfungen zu Hindernissen werden.
Es entstehen Stauungen, wobei durch den nachfolgenden Druck der Quarks verursacht wird, dass einzelne Quarks sich zu größeren Einheiten verbinden, was gleichbedeutend ist mit Frequenz- und Amplitudenveränderung.
Wenn diese größeren Energieeinheiten an die Oberfläche der Erde dringen und auf lebendige biologische Systeme treffen - Pflanzen,

Bäume, Tiere, Menschen -, dann verursachen sie in diesen Systemen in den Bereichen, in die sie eingestrahlt werden, da sie von den Systemen nur sehr schwer wieder abgegeben werden können, eine so starke Verdichtung in der extrazellulären Gewebeflüssigkeit, dass funktionelle Regulationsstörungen auftreten.

## WASSERADERN

Unterirdische Wasseradern fließen wie in einer Rohrleitung, die aus verdichteten, nicht mehr natürlich gewachsenen kristallinen Molekularverbindungen besteht.

Dies ist der Grund, warum Wasser nicht versickert, sondern in der Lage ist, unterirdisch zu fließen.

Das bedeutet, dass an diesen Punkten, wo Wasseradern gleich Verdichtungen existieren, die gleichen hohen Energiequanten erzeugt werden wie bei Gesteins- und Erdverwerfungen.

Gesteins- und Erdverwerfungen sowie Wasseradern sind also gleiche Verursacher von Erdstrahlen, die als krankheitserzeugende Noxen in biologischen Systemen vielfältige Krankheitsbilder bis hin zum KREBS erzeugen können.

## ECKPUNKTE des GLOBALEN GITTERNETZES

Im Bereich der sogenannten geopathogenen Forschung, also der Erforschung der Erdstrahlen, spricht man von der Existenz eines Gitternetzes, was in vielen Experimenten auch nachgewiesen wurde, das nicht nur die Erde durchzieht, sondern ein kosmisches Gebilde darstellt.

Man behauptet, dass dieses messbare globale Gitternetz eine Abmessung von 2 m x 2 m x 2,20 m besitzt.

Auch wenn es uns leid tut, diesen Aussagen zu widersprechen, aber unzählige spezielle Messungen mit UKW-Sender sowie durch Wünschelrutengänger, denen das Maß 2 m x 2 m x 2 m vorgegeben war, haben bestätigt, dass an den Eckpunkten unserer festgelegten Masse Verdichtungen von Quarks existieren, bzw. eine starke Abstrahlung von Quarks existiert, die fast so groß ist wie bei einer Erdverwerfung oder Wasserader.

Nach vielen theoretischen Überlegungen und nachdem wir festgestellt hatten, dass auch bei 1 m x 1m x 1 m an den jeweiligen Eckpunkten

Verdichtungen existieren, war uns klar, dass die alten Maßangaben nicht stimmen.

Wir können uns das nur dahingehend erklärend, dass, nachdem einmal diese Masse literaturmäßig bekannt waren, die suggestive Wirkung bei Messungen durch Rutengänger Muskelkontraktionen bewirkte, wenn dieses globale Gitternetz mit den vorgegebenen Massen 2 m x 2 m x 2,20 m berechnet wurde.

Das globale Gitternetz besteht aus würfelförmigen Kraftfeldern vom Mikro- bis in den Makro-Bereich.

Da die einzelnen Quarks auf diagonalem Wege aus der Erde ausgestrahlt werden, kommt es bei der Größenordnung des würfelförmigen Kraftfeldes von 2 m x 2 m x 2 m an den Ecken, an denen 8 dieser würfelförmigen Kraftfelder zusammenstoßen, zu einer Verdichtung von Quarks, die ausreicht, wenn ein biologisches System sich längere Zeit auf diesem Eckpunkt aufhält, um Regulationsstörungen zu verursachen.

Aus diesem Grunde bezeichnet man diese sogenannten Kreuzpunkte auch als "Regulations-Störungs-Punkte für biologische Systeme".

Die nächstgrößeren Einheiten sind 4 m x 4 m x 4 m, 8 m x 8 m x 8 m usw. Proportional zum Größeerwerden der Würfeleinheiten entstehen an diesen Eckpunkten immer größer werdende Verdichtungen.

Befinden sich biologische Systeme, sagen wir zum Beispiel Bäume, auf solch einem Kreuzpunkt eines Gitternetzes, dann ist das hohe Aufkommen der Quarks genauso wie bei Gesteins- und Erdverwerfungen sowie Wasseradern in der Lage, funktionelle Regulationsstörungen in einem solchen Baum zu verursachen.

Ein Mensch, der sich täglich circa 8 Stunden auf einem dieser 3 Punkte, an denen hohe Energiequanten abgestrahlt werden, aufhält, erkrankt. Sehr oft, wenn die Einstrahlung über mehrere Jahre andauert, bewirken diese funktionellen Regulationsstörungen in der extrazellulären Gewebeflüssigkeit so weitgehend Schäden, dass am Ende als Finale KREBS entsteht.

Halten sich Menschen nur täglich kürzere Zeit, sagen wir 2 – 3 Stunden an solch einem Platz auf, dann hat meistens die eigene Abwehr die Chance, vorausgesetzt, es existiert nicht schon eine

Abwehrschwäche, diese nicht naturgegebenen Verbindungen von Quarks zu eliminieren und sie über das Lymphsystem auszuschleusen. Bei einem stark geschädigten Immunsystem (= körpereigene Abwehr) reichen aber oft schon diese 2 - 3 Stunden aus, um funktionelle Organschäden zu bewirken bzw. über das nervale System sogenannte "psychische" Krankheitsbilder zu erzeugen.

Dass die heute existierende moderne exakte Wissenschaft trotz der vielfältigen nicht nur als Indizien, sondern als Beweise anzusehenden Fakten immer noch behauptet, Erdstrahlen existieren nicht bzw. seien nicht krankmachend, ist nicht Dummheit oder bösartig gemeint, sondern liegt einfach daran, dass der heutigen modernen Wissenschaft die dynamisch strukturierte Form der Ur-Teilchen noch nicht bekannt ist.

Denken Sie immer daran, wenn wir von moderner exakter Wissenschaft sprechen, dass hinter diesem Term Wissenschaft immer ein einzelner Mensch steht. Dieser einzelne Mensch muss für sich selbst entscheiden, ob etwas existiert oder nicht.

Diese Entscheidung trifft er mit dem ihm zur Verfügung stehenden Handwerkszeug. Das heißt, es nützt ihm als Wissenschaftler nichts, wenn er persönlich glaubt, dass etwas so oder so ist, wenn er es mit seinem Handwerkszeug nicht effektiv nach dem heute gültigen Denkmodell nachweisen kann. Mit dem Handwerkszeug, das die Wissenschaftler heute besitzen, sind die Phänomene, die wir hier auf der Grundlage der dynamisch strukturierten Form beschreiben, nur von der Wirkung her nachweisbar.

Der Wissenschaftler, der diese Ausführungen, die wir hier niederschreiben, dogmatisch ablehnt und als unwissenschaftlich bezeichnet, hat nicht begriffen, dass Wissenschaft "Wissen schaffen" bedeutet.

"Wissen schaffen" kann man jedoch nicht dadurch, dass man dogmatisch auf alten Aussagen beharrt, sondern nur dann, wenn Einzelne den Mut haben, neue Grundlagen offen zulegen, die neues Wissen beinhalten. Inwieweit dieses neue Wissen richtig oder falsch ist, diese Entscheidung kann keiner treffen.

Erst dann, wenn man erkennt, dass etwas falsch ist, kann man nach dem Gesetz der Dualität das finden, was eventuell richtig ist.

Um die letzte allumfassende Wahrheit zu finden, so, dass sie ohne

Fehler erkannt wird, reicht der menschliche Verstand nicht aus. Aus diesem Grunde besitzt der Mensch die Eigenschaft der Neugierde, die ihn dazu befähigt, forschend, denkend, immer tiefer in die Geheimnisse des Seins einzudringen.

Wenden wir uns als nächstes der Beschreibung eines Problembereiches zu, durch den die Menschheit der heutigen Zivilisation genauso viele Schäden in unserer Umwelt, also in dem Medium, in dem wir existieren, sowie im kosmischen Gesamtgeschehen verursacht.

## LÄRM – SCHALL - GERÄUSCH, DRUCK, BEWEGUNG

Lärm ist nicht nur krankmachend, sondern kann töten.

Dies ist kein Geheimnis mehr, sondern eine wissenschaftlich bewiesene Tatsache, über die sich heute fast jeder Mensch klar ist. Die Frage ist jedoch,

"WAS ist Lärm, und auf welchem Wege kann er die vielfältigen Arten der lebendigen biologischen Systeme einschließlich den Körper des Menschen regulationsmäßig so beeinflussen, dass die Molekularstrukturen, aus denen die biologischen Systeme bestehen, verändert oder zerstört werden?"

Alle Arten von Geräuschen gleich welcher Lautstärke (gemessen in Phon) nehmen wir nicht nur, wie von den meisten fälschlich angenommen, über das Gehör als Schall auf, sondern mit jeder einzelnen Molekularstruktur unseres Körpers.

Das kleinste Geräusch - Sie können sich selbst davon überzeugen, wenn Sie einmal auf Ihren Körper achten - erzeugt eine Vibration, in die sich Ihr gesamter Körper einschwingt. Dasselbe gilt, wenn Sie selbst sprechen oder irgendein Geräusch von sich geben.

Um etwas in Bewegung zu setzen, braucht man eine Kraft, die wir Menschen mit dem Begriff "Druck" bzw. "Sog", der als begleitende Reaktion des Druckes entsteht, umschreiben.

Wenn wir uns die Frage stellen, welcher Begriff richtig ist, kann man es erst einmal so formulieren:

Geräusch ist die Ursache, und der Druck, der durch das Geräusch bewirkt wird, ist die Wirkung.

214

Leider ist das wieder nur bedingt richtig. Denn umgedreht formuliert stimmt es auch.
Der Druck ist die Ursache, und das Geräusch ist die Wirkung.

Ein Beispiel ist eine Geigen- oder Gitarrensaite.
Diese besteht, auch wenn es verstandesmäßig schwer zu begreifen ist, aus Molekularstrukturen verschiedener Elemente, die miteinander verbunden sind. In dem Moment, in dem man Druck ausübt, wird sie in Bewegung gesetzt, und diese Bewegung erzeugt ein Geräusch, das wiederum andere Molekularstrukturen in Bewegung setzt, die wiederum ein Geräusch bewirken usw..
Bis heute konnte man genauso wie bei den Strahlen immer nur die positive oder negative Wirkung von Lärm bzw. von Geräuschen, Druck und Bewegung von der Wirkung her beschreiben und in etwa erklären.
Von der Wissenschaft wird das Wesen der Bewegung mit dem Begriff "Schwingung" umschrieben.
Die wesentliche Form von Bewegung in Festkörpern, so glaubt man, sind Schwingungen der Atome in den Molekülen, die man als Gitterschwingung bezeichnet. Energiezufuhr durch Wärme, Strahlung oder auch andere Ursachen erzeugen ein Anfachen der atomaren Schwingung und eine Erhöhung der Amplitude mit wachsender Temperatur.
Auch die Aussage, dass Phononen die Teilchen sind, die Schall und Geräusch bewirken, ist richtig.
Dabei muss uns jedoch klar sein, dass das Phonon letztendlich ein Photon ist, also ein Energiequant, das nicht nur den Schall bewirkt, sondern auch die Kraft ist, durch die Druck und Sog entstehen, durch die immer Bewegung verursacht wird.

Dem einfachen Menschen und nicht zuletzt auch dem Wissenschaftler, der es genauso mit dem Verstand begreifen möchte, helfen jedoch diese Begriffe, wenn er tiefgehender darüber nachdenkt, nicht weiter, denn sie beinhalten nur eine unbefriedigende Erklärung.
Was ein Phonon oder ein Photon bzw. Wärme, Strahlungen, Energie, die Kraft des Druckes sind, kann er sich gedankenbildlich, da ein gedanklich nachvollziehbares Bild der *Form* der Energieteilchen, die diese Phänomene bewirken, nicht existiert, nicht vorstellen.

Da bis heute die Form nicht bekannt war, wurden für die jeweiligen Phänomene Begriffe gefunden und benutzt, damit man diese Phänomene zumindest theoretisch begrifflich erklären konnte. Jetzt, nachdem wir die dynamisch strukturierte Form entdeckt haben, ist an diesen Phänomenen nichts Geheimnisvolles mehr.

Ursache und Wirkung und die daraus resultierende Ursache, die wiederum zur Wirkung führt usw., werden durch diese Entdeckung erklärbar und dadurch befreit von allem Geheimnisvollen, Unerklärlichen.

*Alle Phänomene,* für die wir unzählige Male in unserem täglichen Leben Begriffe benutzen wie zum Beispiel

Lärm - Schall - Druck - Sog - Bewegung - Wärme - Elektrischer Strom - Energie - Kraft usw.,

*werden IN und DURCH Energiequanten bzw. durch Verbindungen von Elektron-Neutrinos gleich Photonen bewirkt.*
In dem Moment, wo wir mit dem Finger zum Beispiel eine Gitarrensaite anschlagen, bewirken wir Druck.
Dieser Druck, der durch die Bewegung des Fingers erzeugt wird, benutzt als Kraft für die Bewegung des Fingers Elektron-Neutrinos, die als Energie in unserem Körper gespeichert sind.
Diese Energie, die für die Bewegung des Fingers benötigt wird, geht nicht verloren, sondern wird bei dem Druck des Fingers auf die Gitarrensaite in die Gitarrensaite eingestrahlt.
In der Gitarrensaite erzeugt sie in den Molekülen Singulettzustände, die als Kraft die Moleküle ins Schwingen versetzen.

Das Geräusch, das bei der Schwingung der Moleküle als Schall abgestrahlt und das als Phonon bezeichnet wird, sind nicht etwa neue Teilchen, sondern die gleichen Energiequanten, die der Körper bei der Fingerbewegung als Druck abgegeben hat, plus der Energiequanten, die durch die Bewegung der Gitarrensaite zusätzlich aus der Atmosphäre, also aus der Luft, aufgenommen wurden.
Treffen uns die abgestrahlten Phononen gleich Elektron-Neutrinos als Geräusch, so werden diese nicht nur allein von dem Hauptwahrnehmungssinn, dem Gehör, aufgenommen, sondern vom ganzen Körper.

216

Die Elektron-Neutrinos, sagen wir weiterhin, die Phononen, die wir über das Wahrnehmungssystem Gehör aufnehmen, werden sofort in das Gehirn eingestrahlt und erzeugen in uns das Bild des Gegenstandes, von dem das Geräusch abgestrahlt wird, vorausgesetzt, uns ist der Geräuschgeber bekannt.

Sensibilisieren wir uns und achten darauf, wenn wir ein Geräusch hören, so können wir die Vibration, die das Geräusch in unserem Körper bewirkt, also die uns treffenden Phononen, spüren.

Alle Arten von Geräuschen werden somit von strukturierten Elektron-Neutrinos erzeugt.

Maßgebend für die Stärke eines Geräuschs, gleich ob wir es als Laut, als Ton, als Musik, als Explosion, als Lärm usw. bezeichnen, ist die Menge gleich die Größe der miteinander verbundenen E.-Neutrinos.

Geräusch gleich welcher Art ist zuerst Bewegung, erzeugt von Elektron-Neutrinos, die Druck sowie Sog bewirkt, der immer mit Geräusch verbunden ist.

Maßgebend dafür, dass wir das Geräusch wahrnehmen, ist die Art, die Verbindung und die Masse der Molekularstrukturen, in die der durch eine Bewegung verursachte Druck in Form von Elektron-Neutrinos - gleich "Ionisations-Energie" - eingestrahlt wurde. Die aufgewendete Menge der Elektron-Neutrinos gleich Ionisations-Energie verursacht in den eingestrahlten Molekularstrukturen entweder Singulettzustände oder, wie zum Beispiel bei einer Explosion, Ionisation.

Wenn wir also sagen, Lärm ist krankmachend, so kann sich jetzt auch jeder nicht vorgebildete Laie ein Gedankenbild machen und sich vorstellen, wie Lärm innerhalb der Molekularstrukturen unseres Körpers störend oder gar zerstörend wirkt.

Genauso wie bei der Gitarrensaite verursachen die Energiequanten jeweils nach ihrer Größe - gleich Größe des Schalls - innerhalb der Molekularstrukturen eines biologischen Systems Singulettzustände oder Ionisation.

Da diese Singulettzustände und Ionisationen nicht in die naturgegebene Ordnung eines biologischen Systems gehören, erzeugen sie Regulationsstörungen bis zur Zerstörung in den Molekularstrukturen, aus denen die Regulations- und Funktionskreise des Systems, z.B. der Mensch, bestehen.

# TOXISCHE MOLEKULAR-VERBINDUNGEN

Vom Element her gesehen, sind alle Elemente als Atome und Molekularstrukturen vom 40. Element an aufwärts für das biologische System des Menschen als absolut *toxisch* zu betrachten.

Im Grunde genommen, und da kommt es immer auf die Dosis an, existieren nur 6 Elemente, die als neutrale Atome nicht in irgendeiner Form im physischen System des Menschen Regulationsstörungen verursachen bzw. gesundheitsschädlich sind.

Es sind die neutralen Elemente, aus denen sich, wie schon gesagt, der Körper des Menschen aufbaut:

**(H) Wasserstoff,**       **(0) Sauerstoff,**

**(C) Kohlenstoff,**       **(N) Stickstoff,**

**(P) Phosphor und**       **(S) Schwefel.**

Die ca. 20 restlichen Elemente, die im Körper des Menschen vorkommen sind sogenannte Rest-Atome, also IONEN, die als Katalysatoren sowie als Transport-Moleküle für das Bestehen und die Erhaltung des Lebendigen im physischen System des Menschen zum Einsatz kommen. Wie zum Beispiel:

| | | | |
|---|---|---|---|
| Natrium | (N a+) | Calcium | (Ca++) |
| Magnesium | (Mg++) | Eisen | (Fe++ u. Fe+++) |
| Chlor | (CI-) | Kupfer | (Cu++) |
| Kalium | (K+) | usw. | |

Gleich welche Nahrung wir zu uns nehmen, das Endprodukt der Nahrung nach ihrer Aufspaltung im Verdauungstrakt zum Nahrungssubstrat Glucose besteht nur aus den Atomen **(C) Kohlenstoff, (H) Wasserstoff und (O) Sauerstoff.**

Alle, anderen Molekularstrukturen, die nach der Aufspaltung resorbiert werden, sind IONEN der Art, wie wir sie vorher beschrieben haben.

Das heißt also, Molekularstrukturen bzw. Verbindungen von Molekularstrukturen anderer Elemente, die nicht aus diesen Elementen bestehen, können grundsätzlich nicht von den Organen bzw. von den spezifischen Organzellen zu ($CO_2$) Kohlendioxyd und ($H_2O$) Wasser sowie als Bausteine, die der Körper des Menschen benötigt, aufgespalten und verwertet werden.

Es sind also indirekt toxische Moleküle, da sie im Körper eliminiert und ausgeschleust werden müssen.

Wenden wir uns einmal den toxischen Molekülen und Molekular-Verbindungen zu, die in unserem Umfeld auf natürlichem Wege oder im Labor erzeugt bzw. hergestellt und die technologisch zu Produkten verarbeitet werden, mit denen wir täglich in Berührung kommen.
Viele Produkte, mit denen wir täglich umgehen, auch viele der sogenannten Chemo-Therapeutika sowie die Anilin-Farben sind auf einem Grundstoff aufgebaut, einer Molekularverbindung, die aus (C) Kohlenstoff und (H) Wasserstoff besteht.
Es ist die Molekularverbindung, die von den Chemikern als BENZOL bezeichnet wird.

Aus Steinkohlen- und Braunkohlenteer werden Zyklo-Paraffin und Paraffin gewonnen. Beide Stoffgruppen (Paraffin – barum affinis = ohne Affinität) besitzen eine Resistenz gegen die stärksten chemischen Agenzien. Sie sind, von der Molekularstruktur her gesehen, so fest verbunden, dass sie sich, zum Beispiel mit konzentrierter Schwefelsäure gekocht, strukturmäßig nicht verändern.
Der Steinkohlenteer, fast ausschließlich aus Zyklo-Paraffinen aufgebaut, ist der Grundstoff, aus dem das Benzol gewonnen wird.
Früher verwandte man gewisse Fraktionen aus dem Steinkohlenteer zum Imprägnieren von Holz, Eisenbahnschwellen usw., da, wie man zu dieser Zeit erkannte, diese Produkte lebensfeindliche bakterizide Wirkung besitzen.

Als es dann gelang, mit konzentrierter Schwefel- und Salpetersäure die Zyklo-Paraffine anzugreifen, entstand durch die Behandlung von Benzol das Nitrobenzol, das auch als Bittermandelöl bezeichnet wird.
Nitrobenzol hat ein spezielles Aroma und wird bis in die jüngste Zeit zum Parfümieren von Schuhputzmitteln und dergleichen verwendet.
Aus diesem Grunde bezeichnet man die Chemie der Zyklo-Paraffine auch als aromatische Chemie.
Im Gegensatz dazu wird das Gebiet der Chemie der offenen Ketten aliphatische Chemie (aliphatisch =Fett) genannt. In der aliphatischen Chemie werden durch vorsichtige Oxidation der Grundprodukte Stoffe mit Fettsäurecharakter hergestellt.

Durch die Nitrierung des Benzols entwickelte sich die aromatische Chemie. Millionen von neuen chemischen Stoffen wurden entwickelt und produziert. Durch die Reduktion mit anderen Elementen entstand so, wie Sie an der Grafik erkennen können, aus dem Grundstoff Benzol durch Anfügen von Seitenketten das Nitrobenzol und daraus das Anilin.

Formel Nitrobenzol - Anilin

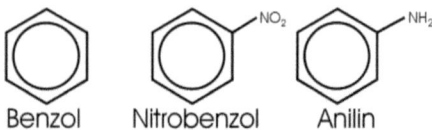

Benzol        Nitrobenzol        Anilin

Aufbauend auf die gefundene Erkenntnis entwickelte in den Jahren 1858 bis 1865 KEKULE die neue Strukturchemie.
Eine Entwicklung, deren Gefährlichkeit - aber auch Hilfe - für den Menschen in ihrer ganzen Tiefe den Wissenschaftlern noch gar nicht bewusst geworden ist.
Aufbauend auf die Strukturchemie entdeckte man im Laufe der Zeit, dass die Stoffe aus dem Bereich der Farbstoffzwischenprodukte eine Wirkung auf alle biologischen Systeme, also auch auf den menschlichen Organismus besitzen.
Auf der Grundlage dieser Erkenntnis entwickelte sich die Ära der synthetischen Heilmittel.

Die Chemo-Therapie wurde gegründet, die sich die Erfahrungen der Farbstoffchemie zunutze machte. Gleich wie bei der Farbstoffchemie, bei der man durch Anfügen von Seitenketten an das Benzol die Farbschattierung ändert und sogar vorausberechnen kann (eine Bestätigung dafür, dass durch die Frequenz und Amplitude der Molekularstruktur das Phänomen bewirkt wird, das wir als Farbe bezeichnen), benutzt die Chemo-Therapie das BENZOL und bindet Seitenketten an diesen Grundkern, der mit dem Plasmastoff des Organismus reagiert.

Durch die verschiedenen Seitenketten wird die Wirksamkeit des chemo-therapeutischen Mittels variiert, sagt die Wissenschaft.
Wie wir nachweisen konnten, entspricht dies nicht den Tatsachen.

Die Atome, aus denen sich die Seitenketten bilden, bestehen hauptsächlich aus (H) Wasserstoff, (N) Stickstoff, (O) Sauerstoff und (C) Kohlenstoff.

Also alles Atome, die in der extrazellulären Gewebeflüssigkeit abgespalten und verarbeitet werden können.

Als erstes gelang es, aus dem Phenol Salicylsäure herzustellen, die als Salicylsäure-Präparate in den Handel gelangt.

Es wurden Präparate entwickelt wie, um nur ein paar einzelne zu nennen, Salvarsan, das Saccharin, das Dulcin sowie viele andere synthetische Verbindungen, die heute in unserem täglichen Leben Verwendung finden.

In den medizinischen Bereich haben viele dieser Präparate Eingang gefunden und wurden zu Standardmedikamenten.

Die Entwicklung der Teerchemie hat unser heutiges medizinisches Denken stark geprägt.

Viele Präparate helfen den Menschen zu überleben.

Da jedoch die Wirkungsweise dieser chemo-therapeutischen Präparate bio-chemisch und nicht bio-physikalisch untersucht und betrachtet wird, kennt man die Wirkung, aber nicht die effektive Wirkungsweise.

Erst wenn das, was im folgenden niedergeschrieben steht, Wissensstand der Medizin sowie der Pharmaindustrie ist, wird man erkennen, dass die Dosis dieser nicht-biologischen Mittel maßgebend ist, um Leben zu retten oder zu vernichten.

An einem Präparat, einem Chemo-Therapeutikum, das immer mehr auch klinisch zum Einsatz kommt, möchten wir kurz die Wirkungsweise, aus bio-physikalischer und bio-chemischer Sicht gesehen, erklären.

## ASPIRIN® (Acetylsalicylsäure)
### Chemo- Therapeutikum

ASPIRIN® ist, wie Sie an der folgenden Formel sehen können, ein chemisches therapeutisches Mittel, das durch Seitenketten, die an das Benzol gebunden sind, ein weiterreichendes Produkt der Salicylsäure ist.

Formel ASPIRIN®

Benzol — Phenzol — Salicylsäure — Acetylsalicylsäure ( Aspirin )

ASPIRIN® ist ein Mittel, das ursächlich für bestimmte Krankheitsbilder als schmerzstillendes Mittel entwickelt wurde. In den letzten 20 Jahren konnten wir, bestätigt von anderen Forschergruppen, nachweisen, dass ASPIRIN® wesentlich größere vielfältige Wirkungen besitzt als nur die der Schmerzstillung.

Heute weiß man zum Beispiel, dass es das Zusammenkleben der Blutplättchen verhindert. Im Bereich der Coronar-Medizin wird es eingesetzt bei Herzinfarkt-Patienten sowie zur Vorbeugung gegen Herzinfarkt.

*Wie, wo und warum* es definitiv in diesem Bereich wirkt, konnte bis heute noch nicht genau entschlüsselt werden.

Die Theorien, die aus bio-chemischer Sicht darüber existieren, entsprechen, wie wir nachweisen werden, nicht der Realität.

In unseren Praxen haben wir festgestellt, dass dieses Präparat bei fast allen Krankheitsbildern regulierende Wirkung besitzt.

Es hilft Schwangeren bei der Verhinderung von vorzeitigen Wehen. Es hat regulierende Wirkung bei fast allen Hauterkrankungen, reguliert psychisch und nervlich bedingte Sehschwächen, besitzt regulierende Wirkung bei starkem Fußschweiß u. Fußpilz, wirkt muskelentkrampfend, dadurch regulierend bei Wirbelsäulenschäden sowie bei Überbeanspruchung (Sport bis Hochleistungssport) schnellwirkend als Entkrampfungsmittel.

Wir könnten eine Seite allein mit den Krankheitsbildern füllen, bei denen wir ASPIRIN® erfolgreich eingesetzt haben und einsetzen.

Die Nebenwirkungen des Präparates, auf die besonders hingewiesen wird, sind so, dass dieses Präparat bei Magenerkrankungen, Gefäß-Schwächen etc. nicht eingesetzt werden soll, da es Blutungen verursacht. Im Folgenden werden Sie erkennen, dass speziell die Nebenwirkungen eine Bestätigung der von uns gefundenen Erkenntnisse sind.

Halten wir fest:

ASPIRIN® besteht aus einer Molekularstruktur, bei der an einem Benzolring, bestehend aus 6 (C) Kohlenstoff- u. 4 (H) Wasserstoff-Atomen, in 2 Ketten 3 (C)-,4 (O)- u.4 (H)-Atome angebunden sind.

(Formel: Acetylsalicylsäure $C_6H_4(COOH)(OCOCH_3)$)

Da von der biologischen Energie des Körpers der Benzolring nicht aufgespaltet und verwertet werden kann, wirkt es im biologischen System indirekt als toxisches Mittel, das aus dem biologischen System wieder ausgeschleust werden muss. Die 2 Seitenketten des ASPIRINS bestehen aus $(OCOH_3)$ und $(COOH)$ Atomen, die in der extrazellulären Gewebeflüssigkeit mittels Ionisations-Energie leicht abgespaltet und unter Hinzufügung eines $(O_2)$ Sauerstoff-Moleküls zu 2 x $(CO_2)$ Kohlendioxyd und 2 x $(H_2O)$-Molekülen Wasser verbunden werden können.

Das $(CO_2)$ wird ohne Schwierigkeiten über das venöse System abtransportiert, und die 2 $(H_2O)$ Wasser-Moleküle verändern die extrazelluläre Gewebeflüssigkeit viskositätsmäßig in Richtung GEL-Zustand, wenn zum Beispiel krankmachende Verdichtungen in der extrazellulären Gewebeflüssigkeit vorhanden sind. Übrig bleibt zuletzt der Kern des Moleküls des ASPIRINS, der *reine Benzolring*.

Diese mit der körpereigenen Energie nicht aufspaltbare Molekularstruktur Benzol bewirkt einen Vorgang, der bis heute von der medizinischen Wissenschaft noch nicht erkannt wurde.

Das liegt daran, dass in dem heute gültigen Denkschema der Medizin die alles Leben bewirkende extrazelluläre Gewebeflüssigkeit, nach PISCHINGER das Grundsystem, auch als weiches Bindegewebe bezeichnet, nicht miteinbezogen wird.

Diese extrazelluläre Gewebeflüssigkeit, das Medium, in dem die spezifischen Organzellen existieren, das von PISCHINGER, PERGER, BERGSMANN und REINE sowie von anderen internationalen Wissenschaftsgruppen als lebenswichtigster Kreislauf exakt wissenschaftlich erkannt und analysiert wurde, ist der Bereich, in dem dieser Benzolring wirkungsmäßig als Initialzünder Regulationen bewirkt.

So traurig es sich anhört, aber die heutige auf bio-chemischer Grundlage forschende medizinische Wissenschaft akzeptiert immer noch nicht, dass der Mensch, wie schon einmal gesagt, bis auf die oberste Hornhautschicht, die Epithelien, nur aus einzelnen spezifischen Organzellen besteht.

Sie akzeptiert nicht, dass diese Einzelzellen untereinander nirgendwo direkt Kontakt besitzen. Das Gleiche gilt für das Gefäß-System des Blutes sowie für das Informationssystem, das nervale System. Keine Kapillaren, aus denen das Nahrungssubstrat sowie die Transport- und Katalysationsmoleküle transportiert werden, sowie keine Nervenfaserendigungen gehen direkt in die spezifische Organzelle.

Informationstragende Elektron-Neutrinos, die für die Zelle bestimmt sind, genauso wie die Information der Zelle via Gehirn, das gesamte Nahrungssubstrat, das von der Zelle im Citronensäurezyklus der Mitochondrie und der Atmungskette zu ($CO_2$) Kohlendioxyd und ($H_2O$) Wasser aufgespalten wird, gelangen zuerst, bevor sie der Einzelzelle zur Verfügung stehen, in die extrazelluläre Gewebeflüssigkeit.

Maßgebend für einen geregelten Transport der Stoffe und Energien ist die *Viskosität* und das *Energie-Potential* der extrazellulären Gewebeflüssigkeit.

*Störungen in diesem System* verhindern den Transport von Informationen und Nahrungssubstrat und sind somit verantwortlich für veränderte Regulation innerhalb der spezifischen Organzellen.

Das ($H_2O$) Wasser, das in der spezifischen Organzelle aus dem ($O_2^{--}$) Atmungs-Sauerstoff und dem ($H^+$) Wasserstoff des Nahrungssubstrats produziert wird, ist das wichtigste Produkt für die Viskosität der extrazellulären Gewebeflüssigkeit.

Die Behauptung, dass in der Zelle aus neutralen Molekülen durch den Umbau des Nahrungssubstrats in Verbindung mit dem Atmungs-Sauerstoff "Energie gewonnen" wird, ist aus biophysikalischer Sicht eine Behauptung, die unmöglich stimmen kann. Die spezifische Organzelle ist ein in sich geschlossenes System.

*Energie in verschiedenen Größenordnungen, die Bestandteil der Zelle ist, kann und darf nicht verbraucht und aus der Zelle ausgeschleust werden, da in dem Moment, wo das eintritt, die Zelle nicht mehr funktionsfähig wäre.*

Das bedeutet zum Beispiel, dass das Molekül ATP (Adenosintriphosphat) keine *Energie* aus der Zelle transportiert, sondern nur *Elektronen,* die aus den Quarks der Materie bestehen.

Von den Wissenschaftlern wird behauptet, dass auf dem Wege der Aufspaltung des Nahrungssubstrates Glucose

Formel Glucose  =  **6C 12H 6O**

$$H\diagdown \underset{\underset{H}{|}}{\overset{\overset{O}{\|}}{C}} - \underset{\underset{HO}{|}}{\overset{\overset{OH}{|}}{C}} - \underset{\underset{H}{|}}{\overset{\overset{H}{|}}{C}} - \underset{\underset{H}{|}}{\overset{\overset{OH}{|}}{C}} - \overset{\overset{OH}{|}}{C} - CH_2OH$$

und da bei der fermentativen Freisetzung des (H) Wasserstoffs und der Oxidation mit dem (O) Atmungs-Sauerstoff am Cytochrom $a/a_3$, das sogenannte WARBURG'sche Ferment, eine Energie in der Größenordnung von 52 kcal gewonnen wird.

Bei diesem Oxidations-Vorgang sollen einmal 21 kcal für die ATP-Synthese und zum anderen 31 kcal für die Körperwärme gewonnen werden.

Diese Behauptung ist, wie wir im 4. Buch "Die Entstehung der biologischen Systeme" beweisen, bio-physikalisch eine Unmöglichkeit.

Die Quintessenz ist, dass die Mitochondrie, das Chemie-Werk der Zelle, nur eine Produktionsstätte von ($H_2O$) Wasser ist, das in der extrazellulären Gewebeflüssigkeit für die ordnungsgemäße Viskosität sorgt.

Die Energie, die für die Aufspaltung des Nahrungssubstrats und die Oxidation zu ($H_2O$)Wasser und ($CO_2$) Kohlendioxyd in der Mitochondrie benötigt wird, ist Energie, die Bestandteil der Mitochondrie ist.

Die extrazelluläre Gewebeflüssigkeit besteht aus neutralem ($H_2O$)Wasser, in dem, wie schon erklärt, gitternetzartig verbundene Riesenmoleküle, sagen wir, schwimmen.

In der natürlichen Ordnung besitzt diese extrazelluläre Gewebeflüssigkeit einen *Gel-Zustand.*

Wie histologisch und topografisch nachgewiesen, kann die extrazelluläre Gewebeflüssigkeit im Zellstoffwechsel sowie im Bereich der Informationen nicht umgangen werden.

Da es unserer Meinung nach nicht nur für den Mediziner im Interesse der Patienten lebenswichtig ist, einmal Kenntnis über die extrazelluläre Gewebeflüssigkeit zu erhalten, haben wir uns entschlossen, auf den nächsten Seiten das System der Grundregulation nach PISCHINGER in kurzer Form zu erklären.

Ein Glücksfall ist, dass, Dr. PERGER, der Freund, Schüler und Mitarbeiter von PISCHINGER, 1990 die gesamten Erkenntnisse in seinem Buch "KOMPENDIUM DER REGULATIONSPATHOLOGIE UND -THERAPIE", Sonntag Verlag, veröffentlicht hat und wir die persönliche Erlaubnis erhalten haben, einen bestimmten Abschnitt für unsere Niederschrift zu verwenden, so dass wir im folgenden den Abschnitt "Das System der Grundregulation nach PISCHINGER" so übernehmen möchten, wie er es niedergeschrieben hat.

Da speziell dieser Teil brillant umfassend das Grundsystem beschreibt, wie wir es selbst nicht besser könnten, möchten wir Sie bitten, speziell diesen Abschnitt konzentriert zu lesen, denn wir glauben, dass diese Erkenntnis mit dazu beitragen wird, einen *Paradigmawechsel in der Medizin* zu bewirken.

## "Das System der Grundregulation nach PISCHINGER"
(Seite 32 ff)

Dem Grundsystem werden folgende Funktionen zuerkannt:
1. die Transmitterfunktion
2. die Lebensgrundfunktionen - Wasserhaushalt, Säure-Basen-Haushalt, Sauerstoffhaushalt und Elektrolythaushalt
3. im Rahmen der Abwehrleistung die ersten unspezifischen Reaktionen
4. die Funktion als Ordnungsprinzip zur Aufrechterhaltung der genetisch vorgegebenen Strukturen, wenn auch die Beweise für diese Hypothese noch gering sind.

Dabei ist die schon mehrfach genannte Transmitterfunktion als erstes zu nennen. Wie schon aus den histologischen und topographischen

226

Gegebenheiten hervorgeht, ist die extrazelluläre Gewebsflüssigkeit im Zellstoffwechsel und der nervalen Versorgung nicht zu umgehen.

Die Frage, ob diese Übertragung passiv erfolgt oder aktiv beeinflusst wird, bleibt bei HAUSS und JUNGE-HÜLSING offen.

Spätere Arbeiten (HEINE und SCHAEG 1979) zeigen aber, dass die Proteoglykane auf Grund ihrer Fähigkeit zur Wasserbindung und zum Ionenaustausch ($Na^+$, $K^+$ gegen $Ca_2^+$, $Mg_2^+$) ein biophysikalisch gesehen variables Filter bzw. Molekularsieb bilden und damit die Transmission von Molekülen zwischen Kapillaren und Zellen beeinflussen können. Die Porengröße ist jeweils von der Konzentration der gelösten Proteoglykane, deren Molekulargewicht, dem pH-Wert der Lösung und den anwesenden Elektrolyten im betreffenden Gewebsbereich abhängig.

Das heißt, dass die Transmitterfunktion aktiv vom jeweiligen Zustand der Gewebsflüssigkeit beeinflusst wird, weil die Porengröße des Molekularsiebes die Durchgängigkeit der Grundsubstanz bestimmt.

Man erkennt also schon an der Transmitterfunktion die enge Verflechtung mit den Lebensgrundfunktionen: nicht ein bestimmter Stoff bestimmt ihr Verhalten, sondern das Zusammenwirken der verschiedenen Stoffe und Funktionen, wobei die Normalfunktion von einer ausgewogenen Mischung der bestimmenden Stoffe (Proteoglykane, Elektrolyte etc.) und dem Elektropotential (pH-Wert) abhängt.

Die Lebensgrundfunktionen dienen der Aufrechterhaltung des Lebens an sich, d.h. des rein vegetativen Daseins ohne Spezialisierung.

Auch diese Funktionen werden in der Grundsubstanz geleistet und gesteuert.

Die Steuerung des Wasserhaushaltes wurde von 1912 von SCRADE postuliert und mit kolloid-chemischen Vorgängen erklärt. Die Wasserbindungsfähigkeit der Proteoglykane in derGewebsflüssigkeit und auch in der Glykokalyx ist inzwischen mehrfach bestätigt worden - siehe REINE und SCHAEG. Diese hängt wieder z.T. innig mit ihrem Elektrolytgehalt zusammen, denn ein Übergewicht von $Na^+$ führt zur Wasserretention, jenes von $K^+$ zur Wasserausschwemmung. Ein $K^+$-Mangel führt zu einer Störung der nervalen Reizübertragung - das bekannteste Beispiel dafür ist die Störung im Reizleitungssystem des Herzens mit dem Auftreten einer Extrasystolie. Die Aufrechterhaltung des Säure-Basen-Gleichgewichts und damit des pH-Wertes und des

Gewebepotentials im Organismus wird durch die Fibroblasten gesteuert. Dies hat KELLNER 1963 durch einen genial einfachen Versuch nachgewiesen.

Er setzte Fibroblastenkulturen gleicher Zellmengen (600.000 Zellen) in Nährlösungen verschiedenen pH-Wertes an: innerhalb von 48 Stunden war in allen angesetzten Kulturen der pH-Wert in Richtung Neutralisation verändert. In der Kultur mit einem neutralen pH zeigte sich keine Veränderung, bei alkalischem Ausgangsmilieu (pH 8,5) fand sich ein pH-Wert von 7,5, im sauren Milieu von pH 6,5, eine Verschiebung auf 7,1 und bei einem pH-Wert von 6,0 eine Verschiebung zu pH 6,9. Das Bemerkenswerte an diesen Vorgängen war, dass dieser Ausgleich im alkalischen Milieu durch Zellvermehrung und im sauren Milieu durch Zellzerfall entstanden war.

Potentialmessungen im Rahmen dieser Versuchsreihe ergaben, dass in einem Nährmedium mit einem Eh (= messbares Gewebspotential) von +280 mV die Fibroblasten sich weder vermehren noch absterben - das Potential bleibt konstant. Bei einem Anfangswert von +240 mV setzt sogleich eine Zellvermehrung ein, bis das Eh wieder +280 mV beträgt. Beim Anfangswert von +200 mV tritt anfänglich ein Zellzerfall ein, bis wieder ein Eh 280 mV erreicht ist, dann folgt eine Zellproliferation. Bei einem Ausgangspotential von +160 mV gehen alle Fibroblasten zugrunde, doch bleiben dann kompensatorische Faktoren so reichlich im Nährmedium, dass anschließend neu eingebrachte Fibroblasten am Leben bleiben und sich schließlich auch wieder vermehren können.

Die Versuche KELLNER's belegen wieder eine grundlegende Tatsache, die zwar allgemein bekannt ist, aber, bisher in der Praxis kaum in therapeutische Überlegungen einbezogen wird:

das Leben an sich ist primär von biophysikalischen Reaktionen bestimmt und die biochemischen Vorgänge werden durch das Gewebspotential direkt energetisch gesteuert.

Dies gilt auch für den Sauerstoffhaushalt. Bei diesem ist allem Anschein nach die Transmitterfunktion überwiegend oder sogar völlig passiv, hingegen sind beträchtliche Einflüsse übergeordneter Zentren (Gefäßnervensystem mit seiner zentralnervösen Steuerung) nachweisbar. Trotzdem ist der eigentliche Austausch von $O_2$ und $CO_2$ kein chemischer, sondern physikalischer Vorgang. Er hängt davon ab, dass eine Zelle Wärme abgeben kann, nur dann ist auch die Abgabe von $CO_2$ und die Aufnahme von $O_2$ möglich, wobei die

Temperaturdifferenz nur 1 Millionstel Grad betragen muss (TRINCHER 1981)."

(Anm.d. V.: Wenn PERGER hier von Wärmeabgabe spricht, so gehen wir mit dieser Aussage absolut konform, da Wärme letztendlich aus nichts anderem besteht als aus strukturierten Energieeinheiten, also aus Energiequanten, den Ur-Teilchen. Das Gleiche gilt für den Transport des Atmungs-Sauerstoffs. Auch hier wird für den Transport aus der Kapillare zur Zelle für die Überwindung der Transitstrecke eine Energieeinheit benötigt. Unserer Erkenntnis nach kann aus diesem Grunde nur negativ ionisierter Sauerstoff, der auf einem bestimmten Weg in den Kapillaren ionisiert wurde, in die Zelle transportiert werden. Der genaue Ionisationsablauf ist im 2. Buch auch erläutert.)

"Ist die Gewebsflüssigkeit und das Kapillarblut bzw. das Hämoglobin-Molekül wärmer als die Organzelle, so ist der Sauerstoffaustausch gestört bis verhindert."

(Anm.d.V.: Auch dieser Vorgang ist unserer Meinung nach exakt beschrieben. Wie bekannt besitzen die Riesenmoleküle in der extrazellulären Gewebeflüssigkeit eine negative (⁻) Ladung. Das bedeutet, dass die negative (⁻) Ladung des ionisierten (O) Sauerstoffs größer ist und sein muss, damit in dem Moment, wo der negative (⁻) Sauerstoff aus den Kapillaren ausgeschleust wird, diese Riesenmoleküle aufgrund der höheren negativen (⁻) Ladung des Sauerstoffs zur Seite gedrückt werden und er in reinem ($H_2O$) die Transitstrecke ohne Schwierigkeiten überbrücken kann, da er von der außen positiv (⁺) geladenen Zellmembrane angezogen wird.)

"Das gilt für die über das Gefäßsystem zu versorgende Organzelle genauso wie für das Alveolarepithel, da die Alveolarzelle auch nur dann $O_2$ aufnehmen kann, wenn Wärme abgegeben wird. Es sei dazu nur nebenbei erwähnt, dass zur Aufrechterhaltung der Wärmedifferenz zwischen Alveolarepithelien und Atemluft ein eigenständiger Fettverbrennungsvorgang in diesen Zellen abläuft. Wesentlich mitbestimmt wird aber die Sauerstoffversorgung der verschiedenen Körperbereiche durch die peripheren arterio-venösen Anastomosen, deren Öffnung und Schließung zwar durch pH-Wert-Veränderung lokaler Natur in Gang gesetzt werden, die aber doch von den vegetativen Zentren im ZNS mitgesteuert werden (BERGSMANN 1970).

Der Elektrolythaushalt spielt wiederum im Grundgewebe eine wesentlich aktivere Rolle. Ein ausgewogener Elektrolytgehalt ist für die Übertragung von Reizen wesentlich, wie man schon am erwähnten Beispiel der Extrasystolie bei Kalium- und Magnesiummangel ersehen kann. Er dient auch zusammen mit den Fibroblasten der Aufrechterhaltung des pH-Wertes. Reize über einer bestimmten Intensität führen zu Reaktionen bezüglich des Elektrolythaushaltes - dies wurde von uns als Reizschwelle für Ganzheitsreaktionen bezeichnet; sie liegt beim gesunden Probanden bei einer Vakzinemenge von ca. 500.000 Keimen.

Solche Reize werden in einer etwa 4-stündigen Reaktion ausreguliert. Das dabei erfasste Reaktionsbild entspricht der Alarmreaktion nach SELYE, wobei Schock-, Gegenschock- und Anpassungsphase klar erkennbar sind.

Nun hat SELYE bei seinen Tierversuchen (Ratten) mit relativ starken Reizen gearbeitet und damit eine Mitreaktion der Nebennierenrinde ausgelöst. Deshalb bezog er auch die Alarmreaktion ausschließlich auf die Aktivität der Hypophysen-Nebennierenrinden-Achse.

Aus eigenen Untersuchungen, die hauptsächlich der Bestimmung der Reizschwellen für Ganzheitsreaktionen bei Gesunden und chronisch Kranken dienten, ist aber zwingend zu schließen, dass primär das Grundsystem der Träger der Alarmreaktion ist und den NNR-Hormonen eher eine nur dämpfende und verzögernde Wirkung zur Verhütung überstarker Reizreaktionen zukommt (PERGER 1984). Diese Feststellung soll die grundlegende Bedeutung der Arbeiten SELYE's nicht herabsetzen.

Zu seiner Zeit war weder die Feinstruktur und Funktion der Grundsubstanz bekannt - PISCHINGER trug seine Forschungen erst 1956 erstmals geschlossen vor, die Transmitterfunktion (HAUSS und JUNGE-HÜLSING) wurde erst 1961 und die Veränderungen des Molekularsiebs durch die Proteoglykane (HEINE und SCHAEG) erst 1979 näher beschrieben, noch wusste man etwas über die Möglichkeiten extranervaler Steuerungsmechanismen, die z.B. durch die Photonenemissionen lebender Zellen (POPP 1976) und durch die Quasiflüssigkeitskristallisation des Gewebswassers (TRINCHER 1981) ermöglicht werden. Lediglich über die Informatik durch UV-Strahlung - der GURVICH-Strahlung der russischen Literatur – war publiziert worden (GURVICH et. al. 1923), doch wurde diese Arbeit bis dahin von niemandem beachtet und erst 1959 (GUR-VICH A.G. und L.D.) wieder in Erinnerung gerufen. SELYE's Deutung richtiger Beobachtungen erfolgte so aus dem Wissensstand jener Zeit, so dass er der Hormonreaktion die Priorität zusprach. Ähnliches geschah schon

230

früher bei der falschen Deutung des Herdgeschehens, worüber in einem späteren Abschnitt noch ausführlich gesprochen werden muss. Tatsächlich - dies sei nach der Abweichung vom Hauptthema wiederholt - ergaben die Untersuchungen zur Erfassung der Reizschwellen (PERGER 1972, 1981), dass die Alarmreaktion primär als Abwehrleistung des Grundsystems anzusprechen ist. Während beim Reaktionsbild des akuten Infekts mit Sicherheit auch hormonelle Einflüsse zum Tragen kommen, ist dies beim Schwellenreiz nicht oder in nur sehr eingeschränktem Masse möglich. Das Erscheinungsbild ist - zeitverkürzt - aber das gleiche und unterscheidet sich sonst nicht von der Reaktion beim akuten Infekt. Die Ionenverschiebungen erweisen sich als wesentlicher Teil der unspezifischen Abwehrreaktionen und spiegeln den jeweils bestehenden pH-Wert wider, d.h. sie zeigen auch indirekt die energetischen Vorgänge im Abwehrgeschehen an. Sie haben auf das Wasserbindungsvermögen der Proteoglykane Einfluss und spielen beim Verhalten der Fibroblasten unter Reizeinfluss eine wichtige Rolle.

Natürlich ist der Elektrolythaushalt nicht isoliert vom übrigen Abwehrgeschehen zu sehen, wie man überhaupt stets nach Zusammenhängen und Interaktionen der verschiedenen Regelsysteme suchen muss. So ist auch der Mineralstoffhaushalt u.a. abhängig vom Angebot in der Nahrung und von den Resorptionsverhältnissen im Darmtrakt (PERGER 1985) sowie von der Nierenfunktion.

Die Bestimmung der Elektrolytspiegel muss aus dem Blutserum oder Vollblut erfolgen, da eine direkte Gewinnung aus dem Gewebe nur bei starker Reizeinwirkung möglich wäre, z.B. bei Blasenbildung durch Kantharidenpflaster, und damit nicht mehr in bezug auf die Fragestellung nach der vorliegenden Abwehrlage beurteilbar wäre. Bei der überaus dichten Kommunikation zwischen Gewebsflüssigkeit und Blut über die Kapillaren und die zahllosen Lymphspalten und der Schnelligkeit, mit der die Verschiebungen der Mineralstoffe in das Gefäßsystem vor sich gehen, ist dies ein zu vernachlässigender Faktor.

Die Fibroblasten erfüllen neben der schon beschriebenen Aufrechterhaltung des Säure-Basen-Gleichgewichtes noch weitere Aufgaben. Eine davon ist die Aufrechterhaltung des Gewebspotentials, die durch die gegensätzliche elektrische Ladung der beiden Formen, der großen und kleinen Retikulumzelle gewährleistet erscheint

(PISCHINGER 1954). Die endgültige Abklärung dieser für das Leben so wichtigen Frage des Gewebspotentials müsste unserer Meinung nach eine reizvolle Aufgabe für jeden Biophysiker sein."

"Die zweite Funktion der Fibroblasten greift unerwartet tief in die zellulären Abwehrvorgänge ein. Man ist gewohnt, zelluläre Funktionen nur im Zusammenhang mit dem Blut, dem Knochenmark und den lymphatischen Geweben zu sehen. Aber die Fibroblasten erfüllen in der zellulären Abwehr wichtigste Aufgaben (PISCHINGER).

Nach MAXIMOW sind die Zellen des weichen Bindegewebes noch "omnipotent", d.h. sie können sich noch in verschiedene spezifizierte Zellen umwandeln und deren Aufgaben übernehmen.

Das stimmt nun nicht ganz, wie FEYRTER (1951) mit der Differenzierung der Fibroblasten in die große und kleine Retikulumzelle bewiesen hat. Denn jede dieser Formen kann sich nur in bestimmte freie Zellformen umwandeln. Die Fibroblasten sind in der extrazellulären Gewebsflüssigkeit miteinander verbunden.

PISCHINGER hat dies noch als Synzytium aufgefasst und beschrieben. Nach neueren elektronenoptischen Untersuchungen besteht aber kein Synzytium (LEONHART 1981) (zit. nach H. REINE), sondern ein offener Kontakt (Nexus bzw. gap junctions) zwischen den benachbarten Zellen. "Die gap junction besteht aus einer plattenförmigen, unterschiedlich weit ausgebreiteten Apposition der benachbarten Plasmalemmata, in deren Bereich sich der Interzellularspalt bis auf ca. 2 nm verschmälert.

Die benachbarten Plasmalemmata tragen im Bereich der gap junction auf ihren äußeren, einander zugekehrten Oberflächen zahlreiche stempelartige Vorwölbungen - spezifische, den Intrazellularspalt punktuell verschließende und beide Zelloberflächen verbindende rundlich-ovale Kontakte. Diese enthalten im Inneren ein etwa 1,5 nm weites Kanälchen, das das Zytosol der benachbarten Zellen verbindet und für einen Stofftransport (Moleküle bis etwas MG 1000) durchlässig ist. Die gap junctions dienen dem Stofftransport und der Übertragung elektrischer Signale von Zelle zu Zelle (elektrische Koppelung). Dadurch werden Aktivitäten benachbarter Zellen koordiniert, Zellen zu größeren Funktionseinheiten zusammengeschlossen. Sie sind auch von spezifizierten Organzellen (glatte Muskulatur, Herzmuskelzellen, Osteozyten, embryonale Gewebe) her bekannt.

Diese Kontakte können in Millisekunden gebildet werden" (gleichfalls wörtlich zitiert aus einem Brief von Prof. HEINE 1987).

Unter Reizeinflüssen (Veränderung des pH-Wertes und Depolarisierung) können sich die Fibroblasten auch ebenso schnell aus ihrem Verbund lösen; die große Retikulumzelle als Histio- und Monozyt, die kleine Retikulumzelle als Lymphozyt der T- oder B-Form. Sie erfüllen dann die bekannten Funktionen dieser Zellformen.

Und ein weiterer Vorgang ist bemerkenswert: bereits differenzierte Plasmazellen aus früheren Erkrankungen können sich in den Verbund einfügen und bilden so ein Depot spezifischer Antikörper, das bei Bedarf freigesetzt werden kann.

Fibroblasten haben aber noch zwei weitere Funktionen, die ihre Bedeutung im Abwehrgeschehen noch unterstreichen. Sie produzieren 3fach-konjugiert-ungesättigte Fettsäuren, den Faktor M nach PISCHINGER, die in der Umschaltung in die Gegenschockphase der Abwehr eine zentrale Rolle spielen und außerdem für die $O_2$-Utilisation in der Peripherie wesentlich sind.

Sogar beim gesunden Probanden sinkt nach Injektion von 1 ml des Faktors M der oxy-Hämoglobingehalt des Venenblutes auf die Dauer von 1-2 Stunden um ca. 15 % (Ruhewert eines Gesunden ca. 40 %, Absinken auf 25 %), d.h. dass unter der Zufuhr dieser Fettsäurederivate mehr $O_2$ ins Gewebe abgegeben wird.

Und selbst für jene, denen die Grundsystemfunktionen noch völlig fremd wären, wird die Bedeutung der Fibroblasten im Abwehrgeschehen schon dadurch dokumentiert, dass diese eine Interferon-Form, das Fibroblasten- oder ß-Interferon, synthetisieren und damit eine wichtige Immunfunktion leisten.

Diese Funktionen (Gewebspotential, Säure-Basen-Haushalt, zelluläre Reaktionen, Synthese des Faktors M und des ß-Interferons) lassen erkennen, welche zentrale Bedeutung das Grundgewebe und seine Zellen im Abwehrgeschehen und in der Aufrechterhaltung des Lebens haben.

Die Freisetzung dieser Zellen aus dem Nexus (gap junctions) erfolgt offenbar bei abrupter Veränderung des pH-Wertes ins saure Milieu, wie dies bei einem akuten Infekt oder bei einer Verwundung, aber auch z.B. bei Strahleneinflüssen der Fall ist.

Nimmt man als Beispiel eine Infektion durch einen Insektenstich an, so ist der Ablauf der Vorgänge bis zum Einsetzen der lymphozytären

Reaktion vielleicht am besten vorstellbar.

Am Invasionsort der Noxe tritt sofort eine massive Veränderung des pH-Wertes ein. Dadurch werden folgende Reaktionen ausgelöst:

1. Die Grundsubstanz geht vom Gel- auf einen Sol-Zustand über.
2. Grosse Retikulumzellen lösen sich aus der Grundsubstanz und bilden den Histiozytenwall um die Einbruchstelle der Noxen.
3. Zugleich lösen sich eventuell lokal deponierte Plasmazellen aus der Grundsubstanz und setzen durch Zerfall die enthaltenen Antikörper frei.
4. Nach einer kurz dauernden Kontraktion erweitern sich Arteriolen und die arteriellen Schenkel der Kapillaren extrem, wobei sich die Permeabilität der Kapillarwände verändert. Dadurch kann Serumeiweiß in das infizierte Gebiet austreten, wodurch freie zirkulierende Immunglobuline an die Noxen gelangen und deren Konzentration beträchtlich verdünnt wird. Diese Noxenverdünnung hat den Zweck, das Auftreten einer "high-zone"-Paralyse der Immunantwort zu verhindern (Humphrey und Withe 1972).
5. Gleichzeitig mit dem Durchtritt von Serum setzen sich Granulozyten an den Kapillarwänden an und wandern durch die Gefäßwand in das infizierte Gebiet aus, wo sie infektiöse Partikel aufnehmen, dabei vielfach absterben und zerfallen; Mikrophagen-phase nach METSCHNIKOFF (Humphrey und Withe 1972).
6. Im weiteren Verlauf werden große Retikulumzellen als Monozyten und kleine Retikulumzellen als Lymphozyten freigesetzt, die die bekannten Funktionen der freien Blutzellen erfüllen.
7. Antigene Bruchstücke der Erreger und vereinzelt wohl auch lebende Erreger gelangen schließlich über die Lymphbahnen in die regionären Lymphknoten, womit die Phase der spezifischen Immunantwort beginnt.

Bis dahin, also bis zum Anlaufen der spezifischen Immunantwort in den Lymphknoten, wird die lokale Abwehr vom Grundsystem gesteuert. Es handelt sich daher um einen peripher gesteuerten Vorgang, der - wie eigene Untersuchungen ergaben - nur bei Überschreitung der individuellen Reizschwelle Ganzheitsreaktionen auslöst. Sie liegt beim gesunden Probanden bei einer Dosis von 500.000 Keimen einer Vakzine, alle darunter liegenden Reizgrößen werden autonom peripher ausreguliert.

Man findet lediglich in der gleichseitigen Körperhälfte geringe zelluläre Veränderungen im Blutbild, vor allem bei den Eosinophilen und im y-Globulin-Gehalt. Allgemeinerscheinungen oder auch nur Reaktionen bei den unspezifischen Parametern, z.B. den Elektrolyten, können nicht festgestellt werden.

Diese Beobachtungen, die auch von PISCHINGER und KELLNER überprüft und bestätigt wurden (persönl. Mitteilungen) zeigen eine ganz andere Reaktionsstruktur der Abwehrvorgänge, als gemeinhin angenommen wird. Primär besteht nicht eine Diktatur übergeordneter Regelsysteme, sondern eine beachtliche Autonomie peripherer Reaktionen, die bei gesunden Personen eine bemerkenswerte Größe aufweist.

Unser Maß waren die Keimzahlen von Vakzinen aus verschiedenen Kokkenarten und wir fanden die Reizschwelle für Ganzheitsreaktionen (Ablauf einer kurzfristigen, etwa 4stündigen Alarmreaktion) bei gesunden Probanden bei einer Dosis von rd. 1/2 Mill Vakzinekeimen.

Erst bei einer Reizbelastung dieser Intensität werden die übergeordneten Regelsysteme zur Ausregulierung solcher Reize herangezogen, wobei diese Reaktionen sowohl in den Immunreaktionen als auch im Hormon- und Gefäßnervensystem verfolgt werden können. Das Problem chronischer Erkrankungen beginnt mit dem fortschreitenden Verlust peripherer Abwehrleistungen, der zu einer immer früheren und intensiveren Inanspruchnahme der übergeordneten Regelsysteme zwingt. Dies führt zu einem unökonomischen Energieverbrauch (BERGSMANN 1977) und damit zu einem fortschreitenden Energiedefizit im Organismus. Dieses Problem wird im Abschnitt über die Funktionsstörungen des Grundsystems noch ausführlicher behandelt.

Zu den normalen Funktionen des Grundsystems gehört aber allem Anschein nach auch jene als Ordnungsprinzip zur Aufrechterhaltung der genetisch vorgegebenen Ordnung. Die Beweise hierfür sind zwar noch dürftig und keineswegs unangreifbar, doch immerhin weiterer Untersuchungen wert. Zunächst ist die Funktion als Ordnungsprinzip aus den Störungen der unspezifischen Regulationen bei chronischen

Erkrankungen ableitbar, vor allem bei den entzündlichen Systemerkrankungen und bei Malignomen. Keine Manifestation solcher Krankheiten läuft unter dem Bild normaler unspezifischer Abwehrreaktionen ab. Insbesondere zwei Gruppen, die seropositive primär-chronische Polyarthritis und alle Tumormanifestationen, zeigen eine Lähmung der Grundregulationen, bei der PCP im gesamten Körperbereich, bei malignen Tumoren aber gelegentlich nur auf der Seite der Tumorlokalisation. Bei der PCP kommt es spätestens Wochen bzw. wenige Monate nach den ersten - oft noch geringen - Entzündungserscheinungen zu einer Dissoziation zwischen Grundregulationen und Immunsystem: das Grundsystem ist weitgehend gelähmt und die Immunreaktionen treten ungebremst und oft überschiessend in Erscheinung (PERGER 1984), bei malignen Tumoren versagt die humorale und zelluläre Immunreaktion auch dann allgemein, wenn nur eine einseitige Funktionslähmung des Grundsystems besteht (PERGER 1981).

Die daraus abgeleitete Annahme, dass das Grundsystem auch als Ordnungsprinzip fungiert, dass also zu einer erfolgreichen Abwehr auch eine harmonische Zusammenarbeit der daran beteiligten Regelsysteme notwendig ist, wird durch ein Experiment von MCLAUGHLIN (1963) in den Bereich hoher Wahrscheinlichkeit gehoben. Danach wachsen embryonale Epithelzellen allein in einer Gewebskultur völlig ungeregelt. Erst wenn man dieser Kultur Mesenchymzellen zusetzt, bildet sich eine Basalmembran und es stellt sich ein geregeltes geschichtetes Wachstum ein.

So sind die Leistungen der Grundsubstanz (Transmitterfunktion, Lebensgrundfunktionen und primäre Abwehrleistungen mit einem erstaunlichen Grad an peripherer Autonomie) weitgehend geklärt, ihre Funktion als Ordnungsprinzip der genetisch vorgegebenen Strukturen einigermaßen wahrscheinlich. Nur ihre Funktion bei der Aufrechterhaltung des Gewebspotentials, die durch die gegensätzliche elektrische Ladung der großen und kleinen Retikulumzelle mit einiger Berechtigung vermutet werden darf, ist noch zu klären.

In diesem Bereich, in der Zwischenzellsubstanz, beginnt nun - wie schon EPPINGER feststellte - die Auseinandersetzung zwischen Krankheitserregern und dem betroffenen Organismus, lange bevor es zu Schädigungen von Organzellen kommt. Da hier aber vorwiegend unspezifische Vorgänge ablaufen, ist dieses primär betroffene System auch unspezifischen Therapiemethoden zugänglich."

Nach dem Studium dieser von PERGER niedergeschriebenen, sagen wir, Zusammenfassung der Funktionen des Grundsystems muss jedem halbwegs intelligenten Menschen klar werden, dass letztendlich die Funktion der extrazellulären Gewebeflüssigkeit bestimmend ist für den geregelten Ablauf aller Lebensfunktionen.

Fassen wir das bis jetzt Niedergeschriebene in einfachen Worten zusammen und ergänzen wir es, so weitgehend wie möglich vereinfacht, mit den Regelkreisen, damit auch der Laie grobstrukturiert das Zusammenwirken der einzelnen Systeme im gesamten biologischen System des Menschen begreift.

Ein organisch ausgewachsener Mensch besteht also einmal aus Einzelsystemen, den spezifischen Organzellen, die in einem gelartigen Medium schwimmen, dem sogenannten weichen Bindegewebe, der extrazellulären Gewebeflüssigkeit.

Jeweils eine größere Anzahl dieser spezifischen Organzellen ist in größere Systeme eingebunden, die wir mit dem Begriff Organ bzw. Organbereich (= eigenständige Organisation) umschreiben.
Aufrechterhalten werden die Organbereiche und in den Organen die einzelnen spezifischen Zellen durch Systeme, die verantwortlich sind für den Transport der Bausteine (Atome, Moleküle und Energiequanten), die die spezifische Organzelle benötigt.
Diese sogenannten Regelkreise, in denen der Transport dieser Bausteine abläuft, bestehen wiederum selbst aus spezifischen Organzellen.
Die äußere Schicht besteht aus den Epithelzellen, die durch den Transport der Moleküle starken mechanischen Belastungen ausgesetzt sind.
Es sind die spezifischen Organzellen, die auch als oberste Hornhautschicht bezeichnet werden, die sich ununterbrochen erneuern und die als einzige Zellart miteinander kommunizierend verbunden sind.

Zum Beispiel im Regelkreis des Verdauungstraktes bilden sie einen Schutzwall und sind in erster Linie verantwortlich für die Resorption der aufgespalteten Moleküle und Atome sowie Energiequanten, die die spezifischen Organzellen benötigen.

Funktionsstörungen im Bereich der Epithelzellen verändern die Resorption, was dazu führt, dass als Zweitfolge Störungen in der extrazellulären Gewebeflüssigkeit auftreten.

Diese können einmal dadurch geschehen, dass keine Resorption mehr möglich ist, und zum anderen, dass zu energiereiche toxische Moleküle unkontrolliert in die extrazelluläre Gewebeflüssigkeit eindringen und von da aus im Blutkreislauf, wenn sie nicht über das lymphatische System abtransportiert werden, spezifische und unspezifische Krankheitsbilder bewirken.

Auf welche Weise die Resorption der Moleküle durch diese geschlossene Einheit abläuft, wurde bis heute wissenschaftlich noch nicht erkannt und beweisführend nachgewiesen.

Wie unserer Erkenntnis nach dieser Vorgang abläuft, haben wir ausführlich in Buch 2 dieser Niederschrift dargelegt.

Gehen wir zurück zum BENZOL-Ring.

Durch die Darmwände in den Blutkreislauf resorbiert, werden die Moleküle des ASPIRINS® genauso wie die Moleküle des Nahrungssubstrats nicht direkt in die spezifische Organzelle, sondern über die Kapillaren in die extrazelluläre Gewebeflüssigkeit eingeschleust.

Da es ein toxisches Molekül ist, muss es von der körpereigenen Abwehr eliminiert werden.

Das bedeutet, in dem Moment, wo es in die extrazelluläre Gewebeflüssigkeit eingestrahlt wird, bewirkt seine hohe Eigenschwingung das Freisetzen von Abwehrmolekülen, die die Molekularstrukturen ummanteln, also neutralisieren und das toxische Molekül über die Lymphspalten in das lymphatische System transportieren.

Gleich wie bei jeder Invasion von Störung verursachenden Noxen bildet sich der Histiozytenwall, bestehend aus den Retikulumzellen.

Begleitend dazu werden Plasmazellen frei und teilen sich auf in die molekularen Antikörper, die das toxische Molekül ummanteln.

Dieser Vorgang bewirkt, dass Moleküle aus den Verbänden der Riesenmoleküle abgespaltet werden, wodurch sich die Viskosität zum Flüssigen hin verändert.

Bedingt durch das Flüssigerwerden können zum Beispiel bei einer Störung in der extrazellulären Gewebeflüssigkeit in Form einer Verdichtung der Molekularstrukturen der Zwischenzellsubstanz durch das Aufspalten der Moleküle Nervenfaserenden frei werden, bei denen die Verdichtung Staus bewirkt hat, und das Nahrungssubstrat sowie der Atmungs-Sauerstoff wieder geregelt an die spezifische Organzelle transportiert werden.

Vor allem dann, wenn eine Verdichtung gleich Starrheit existiert, durch die die spezifische Organzelle nicht ordnungsgemäß mit Informationen, Nahrungssubstrat und Energie versorgt werden konnte und aus diesem Grund auf den relikten Stoffwechsel der Gärung, den anaeroben Stoffwechsel, die Ursache der Entstehung einer jeden Krankheit, umgeschaltet hat.

Der Benzolring bewirkt also 3 Vorgänge.

1.  Durch die Abstrahlung ihrer Eigenschwingung werden zum Beispiel bei einer Störung durch verdichtete Moleküle der extrazellulären Gewebeflüssigkeit Moleküle abgespaltet, wodurch sie wieder durchlässig wird für Information in Form von Energiequanten und Nahrungssubstrat.

2.  Durch die Verflüssigung der extrazellulären Gewebeflüssigkeit werden Nervenfaserenden wieder frei, bei denen es durch die Erstarrung der Molekularstrukturen zu Informations- gleich Energie-Staus gekommen war, die im Feedback via Gehirn Schmerzen verursachen.

    Durch die Auflösung des Staus bewirkt also der Benzolring des ASPIRINS® Schmerzstillung.

3.  Da die spezifische Organzelle wieder geregelt Nahrungssubstrat und ionisierten ($O_2^{-\,-}$) Atmungs-Sauerstoff erhält, kann die Zelle, die bei Mangel von Nahrungssubstrat und Atmungs-Sauerstoff auf Gärungsstoffwechsel arbeitet, wieder auf den normalen aeroben Stoffwechsel umschalten, bei dem das Nahrungssubstrat in Verbindung mit dem Atmungs-Sauerstoff zu ($H_2O$) und ($CO_2$) verarbeitet werden kann.

Das bedeutet, ASPIRIN® ist nicht nur ein schmerzstillendes Mittel, sondern ein Mittel, das fast bei jedem Krankheitsgeschehen als *Universal-Mittel* eingesetzt werden sollte.

Wie Sie, wenn Sie diesen Ablauf genau verstanden haben, erkennen können, ist ASPIRIN® » obwohl es ein hochtoxisches Molekül als Kern besitzt (BENZOL)« mit eines der besten IMMUN-STIMULIERENDEN Mittel, die zurzeit auf dem Markt sind.
Das bedeutet, dass ein toxisches Molekül, eingesetzt in der richtigen Dosierung, - wir sahen es am Beispiel ASPIRIN® - auch im biologischen System des Menschen Heilung dadurch bewirken kann, dass es die körpereigenen Selbsthilfskräfte anregt und mobilisiert.

Wenden wir uns nunmehr etwas ausführlicher einer Molekularverbindung zu, dem DIOXIN, das auf derselben Grundlage aufgebaut ist und schon unsagbar viel Schaden in allen biologischen Systemen einschließlich dem des Menschen verursacht hat.
Dabei möchten wir betonen, dass die paar Fälle, über die berichtet worden ist, bei denen Dioxin Menschenleben und die Umwelt zerstört hat, nur die Spitze eines Eisberges sind.


## DIOXIN

Dioxin ist eine Molekularverbindung, die sich nicht abbaut, auch wenn dies von der Wissenschaft behauptet wird.
Im Gegenteil.
Das Dioxin, das existiert - die genaue Menge ist gar nicht bekannt -, ist ein Katalysator, der ununterbrochen neutrale Neutrinos in seine Eigenschwingung einschwingt.

Wie dieser Vorgang abläuft, wurde am Beispiel "Radio-Aktive Strahlung" schon ausführlich beschrieben.
Der Produktionsprozess, bei dem das hochgiftige Dioxin entsteht, das, wie im Tierversuch bewiesen, schon bei einer Dosis von 0,00000005 g tödlich wirkt, läuft folgendermaßen ab.

Bei der Herstellung von z.B. Lindan, einem hochwirksamen Insektengift, werden Benzol und Chlor miteinander gemischt und

240

starken UV-Strahlungen, also Elektron-Neutrinos ausgesetzt. Über 80 Prozent Abfall entstehen bei der Herstellung dieses Produktes. Diese Abfallprodukte werden nun zu einer gelartigen Paste mit über 2500° C aufgekocht. Ein Teil der Abfälle, die sogenannte Phenolatlauge, wird auf circa 1500° C erhitzt, wobei Monochloressigsäure und Natronlauge zugesetzt werden. Diese Lauge wirkt zersetzend wie reine Schwefelsäure. Das Einatmen erzeugt schwere Erkrankungen speziell an den Nieren und an der Leber sowie im gesamten Grundsystem.

Die bei diesem Vorgang entstehende Grundsubstanz, die stufenweise weiterverarbeitet wird, entsteht als Verunreinigung bei der Umwandlung von 1,2,4,5 - Tetrachlorbenzol zu 2,4,5 - Trichlorphenol: *»Die giftigste Molekularverbindung, die die Menschen je entwickelt haben: 2,3,7,8 - Tetrachlordibenzodioxin (TCDD).«*

Die geringste Menge, fast homöopathisch verdünnt, auf die Haut aufgebracht, erzeugt eine Chlorakne.

Die Öffentlichkeit hat zum ersten Mal von der Existenz dieser Chemikalie im Juni 1976 durch das Unglück in Seveso Kenntnis erhalten.
Die menschlichen Tragödien haben nicht dazu geführt, dass die Produktion des Dioxins eingestellt wurde. Die Gründe sind leicht erklärbar.
Bei der Produktion von Grundstoffen für pharmakologische Mittel, Kosmetik, Unkrautvernichter usw. entsteht unvermeidbar Dioxin.
Heute weiß man, dass jeder Mensch im Durchschnitt circa 0,000000005 - 7 Gramm (= 7 ppt) Dioxin pro kg Körperfett in sich trägt. Inwieweit das biologisch naturbedingt ist, darüber existieren keine Erkenntnisse.
Wir glauben jedoch, und das ist nur eine Annahme und kein Beweis, dass es nicht biologisch bedingt ist, sondern mittels veränderter neutraler Neutrinos von den Menschen aus der - Umwelt aufgenommen wurde.
Dass es so sein kann, dafür sprechen viele Indizien.

Nehmen wir zum Beispiel Vietnam.

Ein Herbizid, das über 50 Prozent T-Säureester besitzt, wurde im Vietnam-Krieg jahrelang von Flugzeugen als chemische Waffe eingesetzt.
Wie viele Millionen Liter abgeworfen wurden, die die gesamte Flora in den Abwurfgebieten, die Fische und das Vieh vernichteten und bei den Menschen Hautausschläge und andere Krankheiten bewirkten, ist uns nicht bekannt.
Historiker, bei denen wir uns Auskünfte über diesen Bereich einholten, konnten nur ungefähre Angaben machen.
Von führenden Toxikologen, die in diesem Bereich forschen, wurde uns nur mitgeteilt, dass Krankheiten der Blutbildung, Leber-, Nieren- und Milzschäden, Chlorakne sowie organübergreifende Schäden durch Dioxin bewirkt werden.
Im Auftrag haben wir von Toxikologen nachweisen lassen, dass sich Dioxin auch in sogenannter "toter" Materie manifestiert. Blei, Zink und Zinn wurden für circa 3 Tage in eine Dioxin-Lauge gelegt und anschließend mit siedendem Wasser unter hohem Druck abgestrahlt. Diese so behandelten Objekte wurden unter freiem Himmel in die Nähe von freiwachsenden Pflanzen und Zuchtpflanzen gebracht. Nach kurzer Zeit zeigten die Pflanzen eine Verdorrung, wurden braun und begannen zu stinken.

Die Frage ist, *"Wie kann die Molekularstruktur des Dioxins in Blei, Zink und Zinn eindringen und sich mit den Molekülen der jeweiligen Objekte so weitgehend verbinden, dass Dioxin-Moleküle in den Objekten als Verbindung oder freie Moleküle existieren und durch ihre Abstrahlung Schäden in biologischen Systemen bewirken?"*

Es gibt 2 denkbare Möglichkeiten.

1. Das Dioxin besaß einen hohen Anteil an freier Energie, durch die Ionisation bewirkt wurde, wodurch das Dioxin eine Molekularverbindung mit den Molekülen der Objekte eingehen konnte. Inwieweit durch das Übergießen der Objekte mit der Dioxin- Lauge durch den Druck des Aufpralles der Lauge Ionisations-Energie entstanden ist, wissen wir nicht. Wie viel Ionisations-Energie in der Lauge selbst existierte, wurde nicht gemessen.

Bei der ersten Möglichkeit gibt es keine beweisführende Grundlage, auf der erklärt werden kann, wie dieser Vorgang vonstatten gegangen sein könnte.

War freie Ionisations-Energie vorhanden oder wurde sie erzeugt; dann kann es, aus bio-physikalischer Sicht gesehen, möglich sein, dass Dioxinmoleküle mit den Molekülen der Objekte Verbindungen eingegangen sind.

Ist das der Fall, so können die Schäden im biologischen System trotzdem nur durch die umgewandelten Neutrinos bewirkt worden sein; so, wie wir es vorab beschrieben haben.

Da keine der Pflanzen direkt mit den Objekten in Verbindung stand, wirkten also die Molekularstrukturen des Dioxins in der Form, dass eingestrahlte neutrale Neutrinos die Eigenschwingung des Dioxins übernommen haben, die nach dem Ausstrahlen in die biologischen Systeme der Pflanzen einstrahlten und da anfingen, zerstörend im energetischen Bereich zu wirken, so, wie es von uns bei den Strahlungen beschrieben wurde.

2. Die Wahrscheinlichkeit, dass keine Ionenverbindung durch freie Energie sowie Molekularverbindungen des Dioxins mit den Molekülen der Objekte bewirkt wurden, ist jedoch größer.

*Unserer Meinung nach ist die Übertragung der Eigenschwingung der Moleküle des Dioxins auf die Objekte durch umgewandelte neutrale Neutrinos bewirkt worden.*

Die Gefahr für die biologischen Systeme liegt also nicht nur allein darin, mit diesen Molekülen in Kontakt zu kommen bzw. dass sie auf irgend einem Weg in zum Beispiel den Körper des Menschen (Nahrung, Verletzungen, Atemluft usw.) eindringen können, sondern die weit größere Gefahr besteht darin, dass toxische Moleküle eingestrahlte neutrale Neutrinos verändern.

Das heißt, in die toxischen Moleküle werden aus der Atmosphäre und aus der Erde neutrale Neutrinos sowie frequenz- und amplitudenmäßig veränderte Neutrinos, die die Frequenz und Amplitude von kleinen Atomen aufgenommen haben, eingestrahlt, die beim Durchlaufen des gesetzmäßigen Bewegungsablaufes des toxischen Moleküls in die

Eigenschwingung, also *in die Frequenz und Amplitude des toxischen Moleküls eingeschwungen werden.*

Dies führt dazu, dass diese veränderten Neutrinos gleich Quarks nunmehr selbst aufgrund ihrer hohen nicht-biologischen Eigenschwingung toxisch sind und, wenn sie in biologische Systeme einstrahlen, Regulationsstörungen und Mutationen bewirken, die letztendlich zur Zerstörung der Molekularstrukturen der biologischen Systeme führen.

Dass dieser Vorgang so abläuft und absolut der Realität entspricht, dafür haben wir nicht nur Indizien, sondern zahlreiche Beweise.

## Die WIRKUNG von KOSMETIKA, PARFÜM, DUFT, AROMA, MEDIKAMENTEN, FARBEN und MUSIK
### auf das biologische System des Menschen

Die neutralen Neutrinos, die die Sonne ununterbrochen ausstrahlt und die auf dem Wege zur Erde sowie in der Atmosphäre zu Elektron-Neutrinos, also zu den jedem bekannten UV- (ultravioletten) Strahlungen werden, treffen uns Menschen ununterbrochen, egal ob die Sonne scheint oder der Himmel wolkenverhangen ist.

Das Gleiche gilt für die Erdstrahlen, also für die neutralen Neutrinos, die ohne Unterbrechung aus der Erde ausgestrahlt werden

Auch sie werden Tag und Nacht in den Körper des Menschen ein- und ausgestrahlt.

## AURA-Fotografie - Eine Diagnose der Zukunft ?

Die Ausstrahlung dieser Quanten ist ein Vorgang, der nicht nur mess- und fotografierbar, sondern auch mit bloßem Auge erkennbar ist. Das heißt, die Abstrahlung dieser Quanten und Energiequanten aus dem Körper ist ein Vorgang, der als "Aura" bezeichnet wird und der mit etwas Übung von jedem Menschen mit bloßem Auge gesehen werden kann.

Manche Menschen sind sogar in der Lage, die Abstrahlung der Aura farblich zu sehen. Es ist ein organisch bedingtes Fehlverhalten der Sehfähigkeit.

244

Die normale Sehfähigkeit ist darauf ausgerichtet, einen Gegenstand gezielt punktmäßig zu fixieren und nur nebenbei die in seinem Sehfeld existierenden Abstrahlungen aufzunehmen. Man kann es auch so bezeichnen: Die Quanten, die aus dem Umfeld als Abstrahlung gleich Reiz auf die Augen auftreffen, strahlen bei einem normalen Menschen trichterförmig in den Mittelpunkt der Pupille.

Bei Menschen, die die Aura sehen können, läuft der gleiche Vorgang ab, aber außerhalb des Mittelpunktes ihrer Pupille besitzen sie ein schärferes Sehvermögen als der normale Mensch.

Das heißt sie nehmen bewusst auch das Umfeld schärfer war, als es sonst normalerweise der Fall ist. Dass dies stimmt, davon können Sie sich selbst sofort überzeugen.

Setzen oder stellen Sie zum Beispiel eine Person oder auch einen Gegenstand - das kann eine Pflanze, also ein biologisches System sein, aber auch ein Gegenstand, der aus der sogenannten toten Materie aufgebaut ist, denn auch diese Gegenstände besitzen eine Abstrahlung gleich Aura - vor eine helle Wand.

Setzen oder stellen Sie sich selbst in einem Abstand von 3 - 4 m vor dieses Objekt und tun Sie folgendes.

Fixieren Sie nicht das Objekt dahingehend, dass Sie es punktförmig wahrnehmen, sondern schauen Sie einfach ganz locker durch das Objekt hindurch.

Schon nach einem kurzen Moment (circa 2-3 Minuten, dies ist verschieden) werden Sie um das Objekt herum eine wolkenförmige weiße Abstrahlung erkennen. Es ist die Aura, also die Energiequanten, die von diesem Objekt abgestrahlt werden.

Sollte Ihnen ein Superschlauer sagen, dies wäre lediglich eine optische Täuschung, die organisch bedingt ist durch das Starren auf das Objekt, achten Sie nicht darauf. Diese Person hat Unrecht.

Bei Tausenden von Experimentabläufen dieser Art haben wir die Größe der Abstrahlung, die von den Probanden gesehen wurde, gemessen und konnten feststellen, dass über 90 Prozent der Probanden die Größe der Abstrahlung genau gleich angegeben haben. Dasselbe gilt für die Messung mit einem UKW-Sender, mit der Wünschelrute oder einem sogenannten Bio-Sensor. Alle Experimente wurden auf wissenschaftlicher Grundlage durchgeführt. Das heißt, die Personen, die die jeweilige Aura messtechnisch überprüften, kannten nicht die Angaben der Probanden über die Größe der Ausstrahlung.

Beziehungsweise, die Ausstrahlung wurde erst gemessen und dann vom Probanden überprüft, ohne dass einer von dem anderen wusste.
Wie oben schon gesagt, sie ist messbar aber auch fotografierbar.
Das Gerät, mit dem man die Aura messen kann, wurde vor über 30 Jahren von einem Sowjetrussen in Alma Ata (SU) entwickelt.

KIRLIAN, ein Elektriker bzw. auch Elektroniker, der für die Erhaltung und Experimentierfähigkeit von Geräten an einem Institut verantwortlich war, machte durch Zufall in einem Hochspannungsfeld von etwas mehr als 20.000 Volt folgende Entdeckung.
Nach seiner persönlichen Aussage fiel ein Blatt einer Zimmerpflanze in ein Hochspannungsfeld, das er überprüfte. Dieses Blatt zeigte eine zum damaligen Zeitpunkt noch nicht erklärbare eigenartige Erscheinung.
Es strahlte an seinen Kanten, für das Auge sichtbar, Energieentladungen ab, die wie kleine Blitze aussahen.
Nachdem er das Hochspannungsfeld abgeschaltet hatte und sich das Blatt ansah, konnte er keinerlei Veränderungen feststellen.
Nachdem er mehrmals mit dem gleichen Blatt sowie mit allen möglichen Gegenständen diesen zufälligen Vorgang wiederholt hatte und immer wieder dieselbe Erscheinung auftrat, fing er an, sich über dieses Phänomen Gedanken zu machen.

Im Verlauf seiner Experimente schloss er den einen Pol eines Hochspannungsfeldes an eine Metallplatte an und deckte diese mit einer Isolierplatte ab. Den zweiten Pol klemmte er an das Blatt einer Pflanze und legte dieses Blatt auf die Abdeckung der Hochspannung. Das heißt, zwischen beiden Polen befand sich eine Isolierschicht, und das Blatt hatte keinen direkten Kontakt mit der Platte, an der der erste Pol der Hochspannung angeschlossen war. Bei Einschaltung der Hochspannung wurde das gleiche Phänomen sichtbar, so, wie er es zufällig vorher wahrgenommen hatte.
Wiederum auf einem Zufall beruhend, entdeckte er, dass bei einem Menschen der gleiche Vorgang abläuft wie bei einem Blatt.
In der linken Hand den Minus-Pol haltend, ohne zu erkennen, dass das Gerät eingeschaltet war, wollte er mit der rechten flachen Hand etwas von der Platte abwischen und erfuhr am eigenen Leibe, dass das Einbringen der Hand in die Hochspannung, wenn man den Schreck

246

nicht mit einbezieht, vollständig ungefährlich war und auch keinerlei Schmerzen verursachte.

In weiteren Versuchen kam er dahinter, dass die Aura in dem Moment absolut sichtbar wurde, wo der Raum nicht hell erleuchtet war.

Im weiteren Verlauf begann er, mit Fotoplatten zu arbeiten und entwickelte, ohne definitiv wissenschaftlich nachweisen zu können, was da abläuft, ein Gerät, mit dem die Abstrahlung der Hände fotografisch festgehalten werden konnte.

Von vielen Wissenschaftlern in der Sowjetunion wurde diese Entdeckung als Spielerei abgetan, nachdem sie in Fachzeitschriften erklärend geschildert und an mehreren Universitäten demonstrativ vorgeführt worden war.

KIRLIAN und eine Gruppe von Wissenschaftlern in Alma Ata sowie an anderen Universitäten ließen sich jedoch nicht entmutigen und begannen, weiter in dieser Richtung zu forschen.

Vor fast 20 Jahren erhielten wir von ihm Konstruktionsunterlagen, bauten ein Gerät und begannen, dieses Gerät experimentell einzusetzen.

Da die Entdeckung nicht geschützt war und KIRLIAN den Bau beschrieben und in Fachzeitschriften veröffentlicht hatte, wurde das Gerät von Wissenschaftlern der westlichen Welt nachgebaut und so weitgehend entwickelt, dass es heute von vielen sogenannten alternativen Behandlern als Diagnose-Gerät mit guten Erfolgen eingesetzt wird.

Das Handicap bei diesem Diagnose-Verfahren ist jedoch, dass keine einheitliche Theorie existiert, auf deren Grundlage sich die diagnostischen Ergebnisse nicht widersprechen.

Wir sind der Meinung, dass eine wissenschaftliche Anerkennung nur dann zu erwarten ist, wenn jemand sämtliche Theorien zusammenbindet und auf der Grundlage der Energiequanten, aus bio-physikalischer Sicht gesehen, eine Basis schafft, auf der diagnostische Erkenntnisse definitiv wiederholbar gefunden werden können.

Wir selbst haben viele Jahre lang mit diesem Gerät experimentell geforscht.

Gleich wie KIRLIAN überprüften wir am Anfang die biologischen Systeme der Pflanzen. Angefangen vom frischen Einzelblatt, abgebrochen oder abgeschnitten von unsagbar vielen Pflanzen, bei denen wir die Abstrahlung so lange überprüften, bis kaum noch eine Reaktion zu ersehen war und wir sagen konnten, dass das biologische System, also das Lebendige, nur noch reflexionsmäßig existierte, bis hin zu Pflanzenblättern, die noch am biologischen System der Pflanze angeschlossen waren. Mit den Pflanzen wurden folgende Experimente durchgeführt.

Bei normalen aus dem Freiwuchs oder einem Gewächshaus entnommenen Pflanzen wurden immer von 3 Blättern 3 Tage lang im Abstand von 24 Stunden Fotografien gemacht, bei denen die experimentellen Voraussetzungen - Raum-Klima, Licht usw. - gleich waren.

Waren die Ablichtungen bis auf leichte Schwankungen gleich, wurden den Pflanzen über das Medium Wasser bzw. Erde Stoffe zugeführt, um festzustellen, welche Wirkung diese Stoffe auf die Pflanzen ausüben.

Die Pflanzen wurden außerdem in die Nähe von anderen Pflanzenarten gestellt oder verschiedenartigem Licht, Musik, Farben oder Strahlungen ausgesetzt.

Die Ergebnisse entsprachen nicht nur unseren Erwartungen, sondern brachten sensationelle Erkenntnisse.

Die Pflanzen reagierten nicht nur auf jede Beeinflussung positiv oder negativ, sondern wir entdeckten auch, dass die Pflanzen allein durch die Stimmung des Menschen, der sich mit den Pflanzen abgab, absolut beeinflussbar waren.

Bei diesen Versuchen konnten wir auch das Experiment wiederholen, das KIRLIAN beschreibt. Wir fotografierten ein abgebrochenes Blatt und schnitten danach ein Drittel des Blattes ab.

Nachdem wir von dem größeren Teil in einer Hochspannung von 20.000 Volt erneut eine Ablichtung machten, konnten wir erkennen, dass die Aura - nicht die abgeschnittene Materie - noch genauso, wenn auch nicht mehr in derselben Größenordnung, sichtbar war wie vorher bei dem ganzen Blatt.

Bei ungefähr 50 Versuchen ist uns das leider nur 3-mal geglückt.

Aus diesem Grunde sind wir auch nicht in der Lage, beweisführend zu erklären, wie es genau funktioniert.

Die gleichen Versuche haben wir mit einem Laubfrosch vorgenommen. Nachdem wir fachgerecht einen Schenkel amputiert hatten und den Laubfrosch zum 2. Mal fotografierten, mussten wir erkennen, dass der abgeschnittene Schenkel auramäßig auf der Ablichtung vorhanden war.

Da diese Experimente in der Zwischenzeit, wie auch literaturmäßig bekannt, von mehreren Wissenschaftlern mit dem gleichen Ergebnis nachvollzogen wurden, ist es unerheblich, dass wir Ihnen keine Ablichtung mehr vorlegen können, da diese Ablichtungen leider aus unerklärlichen Gründen nicht mehr in unserem Besitz sind.

Im Laufe der Zeit entwickelten wir ein Doppelgerät, bei dem beide Hände und beide Füße gleichzeitig abgelichtet werden konnten. Wir stellten fest, dass, wenn wir im Abstand von circa 3 Minuten hintereinander die Hände und Füße einer Person ablichteten, die abgelichtete Aura immer ein anderes Bild aufwies. Dies war auch der Fall, wenn wir dieses Experiment unter folgenden Vorsichtsmassnahmen durchführten.

Wir stellten dieses Gerät in einem absolut leeren Raum auf, wobei das Gerät von außen ein- und ausgeschaltet werden konnte.

Der Proband, bei dem das Experiment durchgeführt wurde, begab sich circa 30 Minuten in eine Ruhetönung, legte dann erst seine Hände und Füße auf das Fotopapier, und wir schalteten das Gerät kurz für eine Ablichtung ein und wieder aus.

Nach der Ablichtung nahm die Person das belichtete Papier von den Platten herunter, legte mit ruhigen Bewegungen ein neues auf, und die nächste Ablichtung wurde, nachdem das Gerät von uns von außen eingeschaltet worden war, hergestellt.

Bei 10 Ablichtungen hintereinander unter diesen Experiment-Anordnungen stellten wir fest, dass sich auf jedem Bild die Aura-Strahlung an verschiedenen Punkten teilweise leicht verändert hatte.

Für uns bedeutete das, dass im biologischen System des Menschen ununterbrochen energiemäßige Veränderungen ablaufen, die an den Abstrahlungen erkennbar sind.

Dabei muss extra betont werden, dass speziell die Stimmungslage, also der psychische Zustand des Probanden bzw. seine Denkabläufe, diese Wirkung verursachen.

Aus dem im nachfolgenden geschilderten Grund nehmen wir an, dass die rein physischen Abläufe bei 2 vergleichenden Ablichtungen erkennbar werden und dass die jeweilige Bildveränderung psychischen Ursachen bzw. Denkabläufen zuzuschreiben ist. Wir bewiesen, für uns ausreichend, diese Annahme durch folgende Experimentreihe.

Ein Proband, angeschlossen an ein Bio-Feedback-Gerät, wurde von uns in Hypnose versetzt. Nachdem er sich, durch das Bio-Feedback-Gerät, das auch im Nebenraum stand, nachweisbar, in einer absoluten Ruhetönung befand, also in einem Alpha-Zustand, machten wir von den Händen und Füssen mit 15-minütiger Unterbrechung 3-mal eine Ablichtung.

Der Proband war so weit, wie überhaupt möglich, vorher diagnostisch auf klassische medizinische Weise manuell und apparatemäßig untersucht worden.

Nach den Kriterien der heute gültigen Medizin war dieser 25- jährige Mann absolut gesund.

Nachdem wir im Abstand von jeweils 15 Minuten, ohne die Ruhetönung zu unterbrechen, 3 Ablichtungen gemacht hatten, stellten wir fest, dass auf den Ablichtungen kaum eine Veränderung zu erkennen war.

Nach 10-maligem Wiederholen dieses Experimentes an 10 verschiedenen Probanden etwa gleichen Alters konnten wir einen Mittelwert festlegen und begannen nunmehr, das Verfahren bei Patienten in unseren Praxen einzusetzen.

Wir suchten uns jeweils die Patienten heraus, die ein diagnostisch nachgewiesenes organspezifisches Krankheitsbild aufwiesen, und nahmen bei diesem Patientengut 3 Jahre lang Ablichtungen vor.

Die Auswertung war wiederum verblüffend.

Bei vielen dieser Patienten konnten wir, nachdem wir eine gewisse Sicherheit gewonnen, das heißt einen diagnostischen Blick dafür entwickelt hatten, Krankheiten anamnestisch schon erkennen, wenn der Patient noch keinerlei spezifische Krankheitsbilder aufwies.

Die Person, die für diese Experimentreihe verantwortlich war, ist leider verstorben, so dass das Vorhaben, eine absolute diagnostische, wissenschaftlich beweisbare Grundlage zu entwickeln, nicht zu Ende geführt werden konnte.

250

Da diese Experimente im Grunde genommen nur durchgeführt wurden, um uns selbst zu bestätigen, dass unsere "Einheitliche Theorie der gesamten Materie einschließlich der Entstehung aller biologischen Systeme" der Realität entspricht, begnügten wir uns mit den bis dahin gefundenen Erkenntnissen und brachen diese Experimentreihe ab.

Inwieweit die Aura-Fotografie in der Zukunft auch klinisch eingesetzt werden wird, ist eine Frage, die wir nicht beantworten können. Wir nehmen jedoch an, dass, wenn die bio-physikalischen Aspekte einmal in das heutige medizinische Denkmodell Eingang gefunden haben, die Aura-Fotografie für den Arzt ein Hilfsmittel sein wird, auf deren Grundlage er schon vor Ausbruch einer spezifischen Krankheit diese Krankheit diagnostizieren kann.

Da die auf diesem Wege gefundenen Erkenntnisse jedoch so interessant für unser Leben in unserer Umwelt sind, wollen wir im folgenden noch ein Experiment anhängen, dessen Ergebnis speziell die Frauen betrifft.

## SCHÄDIGENDE Wirkung von kosmetischen Mitteln

Beispiel: Creme, Lippenstift, Lidschatten, Parfüm, Haarwaschmittel, Badezusätze, Dauerwelle, Gesichtsmasken, Sonnenschutzcreme usw.

Die heute gültige wissenschaftliche Meinung ist immer noch, dass die Atome und Moleküle zum Beispiel einer Creme oder Salbe, die auf die Haut aufgebracht wird, durch Osmose bzw. auf galvanischem Wege entweder in der obersten Hautschicht bis zum Fettgewebe oder organbezogen eingebracht wird.

Dass dies nicht den Tatsachen entspricht, soll an folgenden Beispielen beweisführend belegt werden.

Analysieren wir zuerst einmal die Phänomene, die als Duft, Aroma bzw. Gerüche bezeichnet werden.

*Aus was besteht diese Substanz, die wir mit dem Geruchs- und auch, mit dem Geschmackssinn wahrnehmen können?*

Die Theorie, dass es Geruchs- und Geschmacksmoleküle sind, die an bestimmten Rezeptorenzellen, sagen wir, Informationen oder einen Funktionsablauf in Bewegung setzen, der uns erkennen lässt, vorausgesetzt es ist bekannt gleich Erinnerung, welche Art von Geruch oder Geschmack wir wahrnehmen, ist unserer Meinung nach, aus bio-physikalischer Sicht gesehen, eine Behauptung, die nicht stimmen kann.

Ein Stoff besteht aus molekularen Verbindungen von Elementen.

Das gleiche gilt für jedes biologische System, zum Beispiel eine Blume.

Diese Molekularstrukturen sind eine geschlossene Einheit, bei der die Moleküle bindungsmäßig fest aneinander hängen, wodurch sich die physische materielle Form bewirkt.

Angenommen, es wären Geruchs- oder Geschmacksmoleküle in dieser geschlossenen Einheit eingebunden, so würde nach den physikalischen Gesetzen eine Energie benötigt, die die Moleküle aus ihren Molekularverbindungen herauslöst.

Eine Molekularverbindung ist eine Molekularverbindung; ein Energiequant ist ein Energiequant.

Beide, und das kann man auch nicht mit Schloss- und Schlüssel-System erklären, haben keine Hinweisschilder oder tragen Informationen in sich, die dem Energiequant sagen, "Du darfst nur dieses Molekül herausschlagen und jenes nicht!"

Die Größe der Ionisations-Energie, was gleichbedeutend ist mit der Menge der Elektron-Neutrinos, ist maßgebend für die Ionisation eines Atoms bzw. Moleküls.

Dass dieser Vorgang so abläuft, ist somit mehr als unwahrscheinlich. Unwahrscheinlich auch darum, da - nehmen wir einmal an, aus dem Stoff oder biologischen System als, geschlossene Molekulareinheit werden Moleküle herausgeschlagen – die Stabilität der Molekularstruktur dann nicht mehr gewährleistet wäre.

Die Argumentation, dass es keine Geruchsmoleküle sein können, könnte man Seitenweise fortsetzen.

Denken Sie darüber nach! Sie werden erkennen, dass, wenn Duft und Aroma aus Atomen bzw. Molekülen bestünden, die von einem Molekül abgestrahlt werden, die Masse der Substanz eines Tages nicht mehr existieren würde. Dies ist jedoch nicht der Fall. Und das kann auf einfache Art bewiesen werden.

Bringen wir einen Stoff, der einen bestimmten Duft abstrahlt, in einem verschlossenen Gefäß unter und lagern ihn mehrere Jahre lang - selbstverständlich spielt das Material des Gefäßes dabei eine große Rolle; es darf zum Beispiel nach Möglichkeit keine absolut kristalline Struktur besitzen, sondern es muss durchlässig sein für Quanten einer bestimmten Größenordnung -, dann werden wir, nachdem wir das Gefäß geöffnet haben, feststellen, dass das ursprüngliche Geruchsaroma oder der Geruchsduft nur noch schwach oder gar nicht mehr vorhanden ist.

Die Masse des Stoffes, die vorher genau gemessen wurde, existiert jedoch noch in derselben Größenordnung. Was kann also passiert sein? Atome und Moleküle haben sich bei diesem Vorgang also nicht verflüchtigt bzw. aufgelöst und wurden nicht in die Atmosphäre abgestrahlt. Bestände der Geruch aus Partikeln, gleich in welcher Größenordnung, die jeweils anteilmäßig am Anfang in Molekülen integriert waren, dann müsste sich die Menge der Moleküle verringert haben.

Da die Menge jedoch stimmt, muss ein anderes Kriterium existieren, das den Geruch bewirkt.

*Unserer Erkenntnis nach existiert der Geruch manifestiert in der Frequenz und Amplitude der Eigenschwingung des Moleküls.*
Die von der Sonne und aus der Erde eingestrahlten neutralen Neutrinos werden, wenn sie frequenz- und amplitudenmäßig eine niedrigere Schwingung besitzen, in die Frequenz und Amplitude des den Geruch beinhaltenden Moleküls eingeschwungen und wieder abgestrahlt.

Das bedeutet jedoch, dass ein Energiequant, das eingestrahlt wird, nicht der Aromaträger ist, sondern ein Quark, das die Frequenz und Amplitude der Molekularverbindung trägt.

Ausgestrahlt aus der Molekularstruktur, unseren Geruchs- oder Geschmackssinn treffend, wirkt es als Reiz in der Form, dass es im "Gedankenspeicher" unserer "natürlichen Seele" (dies wird im 4. Buch noch genau beschrieben) auf ein gleichartiges Ur-Teilchen trifft. Vorausgesetzt der Duft ist uns bekannt, lässt uns dieses Teilchen, wieder in das Gehirn zurückgestrahlt (gleich Erinnerung), den Duft wahrnehmen und erkennen.

Zusammenfassend bedeutet das, auf Kosmetik bzw. auf Moleküle bezogen, die mit unserer Haut, also mit der Oberfläche unseres Körpers, wozu auch die Haare zählen, in Berührung kommen, dass diese nicht molekularmäßig in unseren Körper transportiert werden, sondern als Quarks in unseren Körper einstrahlen und da in unseren Regelkreisen sowie von da aus letztendlich in den einzelnen spezifischen Organzellen positive oder negative Reaktionen bewirken.

Kosmetik gleich welcher Art besteht aus Molekularstrukturen verschiedener Elemente.

Schmieren wir uns eine Lauge von Dioxin auf die Haut - von einem Versuch raten wir ab! -, entsteht ein Loch. Das heißt, die Molekularstrukturen, die systembezogen die spezifischen Organzellen zusammenhalten, werden dahingehend zerstört, dass die Molekularstruktur aufbricht und zerstört wird.

Bio-physikalisch bedeutet das, Dioxin besitzt einen hohen Anteil an freier Energie, ist also ionenmäßig hochnegativ (⁻) geladen.

Trifft es auf der Haut oder in der Haut auf positiv (⁺) geladene Atome, also IONEN, bzw. Moleküle - zum Beispiel besitzen Bakterien, durch die unsere Haut speziell in unserer heutigen Zivilisation stark belastet ist, eine positive (⁺) Ladung -, dann entsteht ein Feuerwerk an freiwerdender Ionisations-Energie.

Diese Ionisations-Energie reißt nunmehr die neutralen Molekularstrukturen der Epithelzellen der Haut auf und ionisiert sie, wodurch sie auseinanderbrechen und nicht mehr in ihrer naturgegebenen Ordnung als System funktionieren können.

Das heißt, auf alle Arten von Kosmetik bezogen:
Maßgebend ist, dass die Molekularstrukturen, aus denen sich das kosmetische Mittel zusammensetzt,

1.  aus neutralen Verbindungen bestehen, die also nach Möglichkeit keine negative (⁻) Ladung (Elektronen) besitzen, wodurch Energie frei wird, wenn sie mit positiv (⁺) geladenen Molekularstrukturen in Verbindung kommen,
2.  dass die Molekularstrukturen, aus denen der Stoff der Kosmetik zusammengesetzt wird, aus Elementen bestehen, die im biologischen System des Menschen regulierend eingesetzt werden können und keine Schäden verursachen, und
3.  dass sie als Molekül weitgehend eine biologische Verbindung aufweisen, deren Zusammensetzung so gestaltet ist, dass sie

gezielt in den Regulationssystemen, speziell in der spezifischen Organzelle, verwertbar sind. Dies ist das große Geheimnis einer nicht nur "schönheits-", sondern auch einer "gesundheits-fördernden Kosmetik".

Irrtümlich wird von den meisten Menschen angenommen, dass, wenn jemand sagt, die Kosmetik sei aus biologischen Grundstoffen aufgebaut, es ein kosmetisches Präparat, ist, das im biologischen System des Menschen keine Schäden verursachen kann. Dies entspricht nicht den Tatsachen. Maßgebend sind die *Molekularverbindungen,* die entstehen, wenn die Kosmetik produktionsmäßig zubereitet wird. Dabei spielt es keine Rolle, ob die Moleküle aus Naturprodukten stammen oder aus chemischen Verbindungen. Maßgebend ist der *Produktionsablauf.* Ist es ein Produktionsablauf, bei dem viel Energie aufgewendet wird, dann entstehen automatisch ionisierte Moleküle, die *freie Energie* in sich tragen.

Aus bio-physikalischer Sicht, gesehen ist eine Kosmetik eine absolute *biologische* Kosmetik, wenn sie als Endprodukt aus *neuralen* Molekülen aufgebaut ist, die aus den Elementen bestehen, die im biologischen System des Menschen existieren und in den Funktions- und Regelkreisen sowie in den spezifischen Organzellen, vom Quant des Quarks her gesehen, eingestrahlt, verwertet werden können.
Diese Kosmetik, auf die Haut aufgebracht, wirkt "schönheits- und gesundheits-fördernd", da systembiologisch regulierend.
Sie wirkt dadurch, dass die Quarks, die, von der Sonne und aus der Erde ausgestrahlt, in den Körper des Menschen eingestrahlt werden, die *Frequenz und Amplitude* der Molekularstruktur der Kosmetika als *Regulationsquanten* in das biologische System des Menschen tragen und in den Epithelzellen sowie in den Regelkreisen und spezifischen Organzellen regulierend eingreifen.
Gesteuert über das Gehirn, wirken sie aber nicht nur da, sondern auch informativ in der "natürlichen materiellen Seele", das Gerüst, in dem der physische Körper des Menschen sowie alle anderen biologischen Systeme und Formen integriert sind.
Die in den Körper einstrahlenden Quarks, die die Eigenschwingung der Moleküle, aus denen die Mittel bestehen, übernommen haben und

nunmehr selbst besitzen, wirken einmal als Reiz gleich Information in der "natürlich materiellen Seele" sowie im "Gedankenspeicher" der Seele.

In diesen Bereichen, in denen das Wissen gespeichert liegt, wird die integrierte Information erkannt - oder nicht erkannt - und als Gedankenbild im Gehirn sichtbar.

Zurückgestrahlt in das Gehirn, werden die Informations-tragenden Quarks über das Nervensystem in das physische System z.B. des Menschen transportiert, und zwar in die Bereiche, in denen in Atomen Quarks fehlen, die die gleiche Frequenz und Amplitude besitzen wie das eingestrahlte Quark.

Was zum Beispiel beim Menschen die "natürliche materielle Seele" sowie der "Gedankenspeicher" ist, wie sie aufgebaut ist und funktioniert, wird in 4. Buch tiefgehend erklärt.

Kosmetik kann, drücken wir es einmal absolut laienhaft aus, schwache Atome auffüllen sowie in der natürlich materiellen Seele materielle Verdichtungen, bestehend aus Informationstragenden neutralen Neutrinos, eliminieren bzw. ordnend regulierend beeinflussen.

Bei einer faltigen Haut wirken zum Beispiel die eingestrahlten Quarks in der Form, dass sie schwache Atome in den Molekularstrukturen der Haut wieder so weitgehend füllen, dass diese energiemäßig neu regulierend beeinflusst werden können.

Sind dies Molekularstrukturen, die für den Funktionsablauf der Zelle verantwortlich sind, dann bewirkt dieser Vorgang, dass die Zelle so weit regeneriert wird, dass sie wieder im naturgegebenen ordnungsgemäßen Zustand funktioniert.

Voraussetzung ist also, dass die Kosmetik aus Atomen von Elementen besteht, aus denen die Zelle aufgebaut ist bzw. die von der Zelle verwertet werden können.

Erfüllt eine Kosmetik diese Voraussetzung, dann kann erwartet werden, dass eine schlaffe, faltige Haut wieder so weitgehend aufgebaut wird, dass sie ihr naturgegebenes Energieniveau besitzt, wodurch die Haut wieder normal funktioniert und straff und gesund aussieht.

Maßgebend sind dabei nicht nur die Atome der Elemente, sondern die gesamten Strukturen der Molekularverbindungen, aus denen das Mittel

256

besteht.

Ist diese Voraussetzung nicht gegeben, dann wirken die eingestrahlten Quanten nicht nur nicht regenerierend, sondern, im Gegenteil, wenn die körpereigene Abwehr nicht in der Lage ist, sie abzutransportieren, wirken sie funktionsstörend so weitgehend, dass spezifische und unspezifische Krankheiten entstehen können. Dies tritt dann ein, wenn eine größere Menge dieser frequenz- und amplitudenmäßig falsch aufgebauten Quanten gleich Quarks in der extrazellulären Gewebeflüssigkeit, das Medium der spezifischen Organzellen, sich an den Riesenmolekülen festsetzt.

Die Folge ist eine Veränderung der pH-Werte im Säure-Basen-Haushalt, da diese Quanten, gleich wie Elektronen, das Gleichgewicht dieses Haushaltes verändern. Außerdem belasten sie die körpereigene Abwehr, die für die Eliminierung von körpereigenen und körperfremden krankheitserzeugenden Noxen benötigt wird, unnötigerweise so stark, dass eine Schwächung der körpereigenen Abwehr auftreten kann. Auf welchem Wege und wie sie weiterhin Funktionsabläufe stören können, soll in dieser Niederschrift nicht ausführlicher beschrieben werden.

Nach dieser Erklärung werden Sie verstehen, dass nicht nur die Quanten zum Beispiel eines Parfüms, die frequenz- und amplitudenmäßig den Geruch, den Duft bzw. das Aroma in sich tragen, positive oder negative Wirkung besitzen, sondern dass die verwendeten Elemente und deren spezifische Molekularverbindung bei einer Kosmetik nicht außer acht gelassen werden dürfen.
Gerüche - Duft, Aroma - sind somit in der Lage, in den biologischen Systemen, so auch beim Menschen, Funktionsabläufe auszulösen, die gesundheitsfördernd oder gesundheitsschädigend sein können.
Genau festzulegen, welche Gerüche (Düfte, Aroma) positive oder negative Zustände bewirken, ist aufgrund der Technologie, die wir heute besitzen, nur ganz grobflächig möglich.
Maßgebend dabei ist immer der *Gesamtzustand des biologischen Systems,* in dem dieser Vorgang abläuft.

Der Geruch, der als Information Initialzünder ist für einen Funktionsablauf in der extrazellulären Gewebeflüssigkeit, bewirkt geruchsbezogen immer den gleichen Ablauf.

Das heißt, verschiedene Gerüche lösen im Medium der spezifischen Organzellen bestimmte Funktionsabläufe aus. Wichtig dabei ist, dass die Funktionsabläufe, die ausgelöst werden, grundsätzlich in die naturgegebene Ordnung passen bzw. in der Lage sein müssen, eine gestörte Ordnung regulierend zu beeinflussen. In diesem Fall bekommen uns diese Gerüche und wir befinden sie als angenehm.

Bewirken sie jedoch einen Funktionsablauf, der eine vorhandene Störung nicht regulierend beeinflusst, sondern zusätzlich noch verstärkt, reagieren wir Menschen, aber auch alle anderen biologischen Systeme, sofort darauf mit einem Gedankenbild oder einer organbezogenen Reaktion.

Alle Drogen wirken auf diesem Wege im Gehirn und in den Organbereichen.

Verdeutlichen wir uns dies an einem Beispiel.

Eine verdorbene Speise besteht aus Molekularstrukturen, die sich durch Einstrahlung von Energiequanten so weitgehend verändert haben, dass das gesamte Molekularsystem nicht mehr stimmt. Beziehungsweise es sind Einzelmoleküle in einer Größenordnung sowie in veränderten Verbindungen entstanden, die frequenz- und amplitudenmäßig und dadurch auch geruchsmäßig Quanten abstrahlen, die in der extrazellulären Gewebeflüssigkeit nicht nur nicht in die natürliche Ordnung passen, sondern energiepotentialmäßig große Störungen bewirken.

Das heißt die Information, die in die extrazelluläre Gewebeflüssigkeit eingestrahlt wird, ist manifestiert als Frequenz und Amplitude in den Quanten.

In dem Moment wo diese Quanten in die extrazelluläre Gewebeflüssigkeit einstrahlen, gleich Information, beginnen sie, Quarks, die eine, sagen wir schwächere Frequenz und Amplitude aufweisen, in ihre Frequenz einzuschwingen (sie ziehen sie in sich ein und strahlen sie wieder aus), was bewirkt, dass das Potential dieser Quanten in der Transmittersubstanz immer größer wird.

Da diese falsche Frequenz und Amplitude tragenden Quanten unreguliert im Körper existieren, gelangen sie automatisch auch in die

258

spezifischen Organzellen und können bis in die DNA Funktionsstörungen auslösen.

Bei einer verdorbenen Speise entstehen zum Beispiel in dem Moment, wo die Geruchspartikel unsere Rezeptoren treffen und die Information im Gehirn ankommt, Gedankenbilder aus der Erinnerung, die mit diesen Geruchsnuancen, in Verbindung stehen. Sind es negative Erinnerungen, so reagieren wir sofort darauf mit einer abwendenden Kopfbewegung meistens in Verbindung mit Worten, die einen negativen Inhalt haben wie z.b. "Pfui", "Das ist schlecht!" usw.

Besitzen die Geruchs-Partikel also -Quanten, eine stark veränderte Frequenz und Amplitude, dann kann die zweite Reaktion zusätzlich zu dem Gedankenbild, das in unserer natürlichen Seele gespeichert liegt, folgenden organbezogenen Ablauf bewirken und auslösen. Zum Beispiel Muskelkontraktionen, die sich durch Schütteln des ganzen Körpers bemerkbar machen einhergehend mit einem Ekelgefühlt das die körpereigene Abwehr so stark mobilisiert, das es zum Brechreiz kommt bzw. die Speise ausgebrochen wird.

Wenn Sie einmal selbst darüber nachdenken, so werden Ihnen unzählige Beispiele einfallen, wo bei Ihnen gleiche oder ähnliche Reaktionen abgelaufen sind.

Parfüm, das wir auf die Haut auftragen, wirkt also auf zweierlei Arten. Einmal als Geruchspartikel und zum anderen, da es als Quant in den Körper transportiert wird, auch organbezogen in den Regelkreisen, im Grundsystem bis hin zu den spezifischen Organzellen.

Am Parfüm, also am Duft, kann man am besten erkennen, dass kein Mensch gleich ist wie der andere. Eine unbestimmte Zahl von Menschen mag einen bestimmten Duft eines Parfüms und fühlt sich wohl, da dieser Duft in ihrem Körper auf irgendeine Art regulierend eingreift. Die anderen Menschen empfinden den gleichen Duft als unangenehm bis ekelerregend.

Gehen wir in unserer Überlegung weiter, so muss uns klar werden, dass alles, was wir auf der Haut tragen, zum Beispiel Schmuck, Schminke wie Lippenstift, Hautcreme, Puder, Nagellack usw., sowie das Material unserer Kleidung (auf Farbe kommen wir noch zu sprechen), quantenmäßig positive und negative Reaktionen im biologischen System unseres Körpers bis hin zur Seele bewirken kann. Das Gleiche gilt für alle Stoffe der Materie, mit denen wir uns umgeben.

Durch die "Einheitliche Theorie der gesamten Materie" sind wir zum Beispiel in der Lage zu erkennen, wie Aroma-Therapie, Bach-Blüten-Therapie, Farb-, Musik-, Edelstein-Therapie usw. wirken.
Das Gleiche gilt für Auflagen, Bäder, Salben, Creme etc., die als Heilmittel wohltuende regulierende gesundheitsfördernde Wirkung besitzen.
Wie schon einmal gesagt; es gibt nichts, was Sie auf der Grundlage dieser "Einheitlichen Theorie" nicht erklären können.
Wollten wir in dieser Niederschrift alles ausführlich beschreiben, würde es 20.000 Seiten und mehr füllen.
Wir wollen nur das Grundsätzliche offen legen, damit jeder normale Mensch erkennt, dass es nichts Geheimnisvolles gibt, sondern alles bio-physikalisch erklärbar ist.
*Verbleiben wir einen Augenblick in den angesprochenen Bereichen.*
Wir glauben, dass wir Ihnen nicht unbedingt noch speziell erklären müssen, welche Wirkungen Haarwaschmittel, Badezusätze, Dauerwellen, Gesichtsmasken und Schutzmittel im biologischen System des Menschen bewirken.
*Jeweils nach dem Gesamtzustand des Menschen kann alles eine positive, aber auch eine negative Wirkung haben.*

Die Wirkung der Farbe sowie des Tons läuft im Grunde genommen auf derselben Schiene ab.
In einem gesonderten Buch werden wir zum Beispiel auf Farb-Therapie, Musik-Therapie usw. näher eingehen und erklären, da dies hier zu weit führt, welche eminent wichtigen Wirkungen die Farbe und der Ton speziell auf uns Menschen besitzen.

Am Ende der Erklärungen von ein paar Beispielen soll noch einmal gesagt werden, dass immer durch die Verbindungen von Quarks in Elementareinheiten, Elementareinheiten zu Atomen, Atomen zu Molekülen und Molekülen mit Molekülen alle die Phänomene bewirkt werden, die der Mensch mit seinen 5 Sinnen wahrnimmt bzw. auch nicht wahrnimmt.

260

*Maßgebend dafür ist grundsätzlich die Frequenz und Amplitude, die durch die rotierenden Wellen entstehen, in denen sich die Ur-Plasma-Teilchen im Elektron-Neutrino und im Quark in den gesetzmäßigen Bewegungsabläufen bewegen.*

Im Grunde genommen ist dies die Schlüsselaussage der "Einheitlichen Theorie der gesamten Materie".

In wieweit die Wissenschaft diese Aussagen sowie die "Einheitliche Theorie der Materie" akzeptiert und ihr Denkschema daraufhin ändert, wissen wir nicht.

Bezieht man jedoch die Verflechtungen der Wirtschaft und des Militärs in die Wissenschaft mit ein, so kann man sich gut vorstellen, dass sich alle Fachbereiche der Wissenschaft die Erkenntnisse zunutze machen. Inwieweit es zum Wohle der Menschheit ist, kann man nur abwarten.

Viele Erkenntnisse, die wir und andere Wissenschaftler auf der Grundlage der "Einheitlichen Theorie der gesamten Materie" gefunden haben, werden wir nicht offen legen, da sie unserer Meinung nach zu einer Technologie führen könnten, die für den Menschen und seine Umwelt noch existenzbedrohender ist - wenn sie in falsche Hände kommen -, als die Technologien, die wir heute anwenden.

Wir tragen sie nur noch gespeichert in unserer Seele und in unserem Gedankenspeicher, da alle Unterlagen darüber von uns vernichtet worden sind.

Zu bemerken sei noch die Erkenntnis, auf die wir jedoch auch nicht näher eingehen wollen, dass die Elektron-Neutrinos, wenn sie zum Beispiel die Atome der Moleküle eines Gegenstandes durchlaufen, zwar nicht vom Atom integriert werden können, aber frequenz- und amplitudenmäßig die Form, die Farbe sowie den Ton des Gegenstandes übernehmen.

Auf dieser Grundlage funktioniert zum Beispiel die Fotografie, das Fernsehen sowie jede Art von technischer Tonübertragung.

Im folgenden 4. Buch mit dem Haupttitel "Die Suche nach der Seele ist zu Ende" beschreiben wir die Entstehung aller biologischen Systeme einschließlich des Menschen so, wie wir sie, stehend in den Jahrtausende alten Unterlagen, verstandesmäßig begriffen und so weit wie möglich theoretisch und experimentell überprüft haben.

# 4. BUCH

## Die ENTSTEHUNG
## ALLER BIOLOGISCHEN SYSTEME

## Die SUCHE nach der SEELE ist zu Ende

### Die "6. KRAFT"

Die Schlussfolgerung, die wir aus den vorhergehenden Erklärungen, eingebunden in die "Einheitliche Theorie der gesamten Materie", ziehen können, ist, dass unser Universum sowie alle Elemente auf der Grundlage physikalischer Gesetze entstanden sind. Also nichts Geheimnisvolles. Etwas, das wir mit unserem logischen Verstand gedankenbildlich nachvollziehen können und das letztendlich auch physikalisch beweisbar ist.

Dieses 4. Buch, das vor Ihnen liegt, wurde mit der Überschrift versehen "Die 6. Kraft".
Damit wollen wir sagen, dass eine 6. Kraft existieren muss, die verantwortlich ist für die Entstehung aller lebendigen biologischen Systeme und die gleichzeitig eingesetzt werden muss und eingesetzt wird, damit all die Formen, die der Mensch selbst erschafft und die wir in unserer Umwelt mit unseren 5 Sinnen wahrnehmen, entstehen können.
Etwas, das auch der dogmatischste Wissenschaftler nicht bestreiten kann, ist, dass alle Formen, die der physische Mensch aus der Materie erschaffen hat und erschafft, sowie alle Seinsabläufe, die sein Leben bestimmen, bevor sie in der Materie realisiert, also materialisiert werden, als GEDANKEN-BILD gedacht werden müssen.
Nehmen Sie zum Beispiel einmal die Gegenstände, die Sie in diesem Moment mit Ihren Augen sehen, und denken Sie kurz darüber nach, dann wird Ihnen klar werden, dass es nichts gibt, was - wenn von Menschenhand geschaffen - nicht vorher von einem Menschen gedacht worden ist. Als Gedankenform geschaffen, wenn nötig als Zeichnung oder Skizze auf Papier gebracht und nach diesem Plan aus den

Elementen der Erde geformt, so, dass es für die Sinne des Menschen real wahrnehmbar wird.

Wenn man sich den Ablauf einmal vergegenwärtigt, dann erkennt man, dass wir Menschen nicht nur die Erschaffer der materiellen Formen sind, sondern auch die geistigen Schöpfer unserer eigenen Umwelt.

Das Gleiche gilt für alles, was wir tun.

Von der Bewegung unseres Körpers angefangen, auch wenn uns das nicht mehr bewusst ist, da dieser Vorgang jetzt automatisch abläuft - das heißt, wir glauben es, in Wirklichkeit müssen wir es immer noch denken, doch nehmen wir diesen Denkprozess nicht mehr wahr (tiefe Reizschiene) -, bis hin zu all den Lebensabläufen, die unser Sein bestimmen, müssen wir, bevor wir sie realisieren, DENKEN, also in Gedankenbildern formen.

Erst nachdem wir sie gedacht haben, können wir sie TUN und in das physisch realitätsbezogene Leben umsetzen.

Dies ist ein GESETZ, das durch die "GEDANKEN-KRAFT", die wir als "Geist" bezeichnen, erfüllt wird.

Das bedeutet, dass die "6. Kraft", durch die unser Sein real existiert, die "Gedanken-Kraft" ist, die uns in die Lage versetzt, die Gedankenbilder und die daraus resultierenden Formen in der Materie zu schaffen, die wir real mit unseren 5 Sinnen wahrnehmen.

Akzeptieren wir, dass es ein Gesetz ist, auf dessen Grundlage alle Formen erschaffen und alle Seinsabläufe bewirkt werden, so müssen wir auch akzeptieren, dass dieses Gesetz KEINE Ausnahmen zulässt.

Das bedeutet dann aber auch, dass alle natürlichen Formen gleich biologischen Systeme - Bäume, Pflanzen, Tiere - sowie auch der Mensch als "Krönung der Schöpfung" - mit der gleichen Kraft, also der Gedankenkraft, die wir als 6. Kraft bezeichnen, gedankenbildlich als Form erschaffen wurden.

Da wir Menschen uns am Anfang der Evolution nicht selbst erschaffen haben können, setzt das Erschaffen der Menschen sowie der anderen biologischen Systeme einen Schöpfer voraus.

Es ist also eine logische Schlussfolgerung, wenn wir sagen, dass alles Sein, also alle lebendigen biologischen Systeme, zu denen auch der Mensch gehört, aus der stofflichen Materie von einer Wesenheit erschaffen wurden und nicht aus dem Nichts zufällig entstanden sind.

Denken wir einmal an all die vielfältigen Formen und Arten der Pflanzen- und Tierwelt - letztendlich auch an den Menschen -, bei denen wir keine zwei finden, die körperlich und geistig absolut gleichgeartet sind, dann muss uns klar werden, dass ein "zufälliges" Werden grundsätzlich auszuschließen ist.

Unabhängig von den uns übergebenen Unterlagen, aus denen das im nachfolgenden Beschriebene zum überwiegenden Teil entnommen wurde, gekleidet in unsere Worte, sind wir selbst aufgrund von vielen Beweisführungen aus dem Leben selbst, aus Überlieferungen, Hinweisen und Zeichen, denen wir nach wissenschaftlichen Kriterien nachgegangen sind, sowie durch wissenschaftliche Experimente davon überzeugt, dass der Ablauf, also die Entstehung aller biologischen Systeme, genauso stattgefunden hat, wie wir es im folgenden schildern.

Verdeutlichen wir uns gedankenbildlich noch einmal die Entstehung des Universums und der Materie, aus der alle materiellen Formen (Gegenstände) sowie alle biologischen Systeme entstanden sind. Wie wir Menschen aus der sogenannten "toten Materie", also aus den Elementen der Erde (Atome und Moleküle), Formen schaffen, ist ein Vorgang, den wir gedankenbildlich nachvollziehen können. Vorausgesetzt, wir akzeptieren, dass die vom Menschen geformten Gegenstände nicht das besitzen, was wir als "lebendig" bezeichnen.

### Aber was ist "lebendig"?

Um das verstandesmäßig genau einzuordnen, müssen wir erst einmal die 3 Arten der lebendigen Systeme kurz analysieren.
Wir kennen 3 biologische Systemarten, die wir mit dem Oberbegriff "lebendige biologische Systeme" umschreiben, die Pflanzenwelt, die Tierwelt und die Menschen.
Der Mensch kann denken und schafft durch die Kraft seiner Gedanken Gedankenbilder, auf deren Grundlage sein Leben, also sein Sein, so abläuft, wie er es denkt.
*Die Verantwortlichkeit seines Lebens trägt somit der Mensch als Individuum allein.*
Inwieweit das Tier denkt und sein Leben sowie die Form des Ablaufes seines Seins selbst bestimmt, haben wir so weitgehend analysiert, dass in diesem Bereich eine klare Aussage gemacht werden kann.

Dasselbe gilt in gleicher Weise für die Pflanzenwelt.
Der Begriff "lebendig" ist nach dem heutigen Stand der Wissenschaft nur ein Oberbegriff für etwas, das zurzeit von den Menschen GANZHEITLICH noch nicht erklärend beschrieben werden kann. Erst wenn der Mensch weiß, auf welcher Grundlage alle sogenannten lebendigen biologischen Systeme entstanden sind und entstehen, ist er in der Lage, den *Sinn und Zweck seines Erdenlebens* zu begreifen. Dann kann er auch verstehen, welchen Sinn und Zweck die Pflanzen- und die Tierwelt für den Menschen und für das gesamte Sein besitzen.

Wie im 3. Buch beschrieben, wurden am Anfang der Evolution unseres Universums aus einem Nachbar-Universum 5 Kräfte eingestrahlt, die in verschiedenen Abschnitten bewirkten, dass unser Universum und die Elemente der Materie so entstanden sind, wie wir sie heute wahrnehmen und erkennen.
*Der wichtigste Abschnitt während der Entstehung unseres Universums war der Abschnitt, in dem die "strukturierte Form" der "neutralen Neutrinos" entstanden ist.*
Wie geschildert verbanden sich nach der Bildung der neutralen Neutrinos diese Teilchen durch ihre Bindungskräfte an den 8 Ecken so miteinander, dass das "1. SYSTEM" in unserem Universum entstand. Um Ihnen die Form dieses 1. Systems noch einmal in das Gedächtnis zu bringen, haben wir das 1. System in der folgenden Grafik nochmals abgebildet.

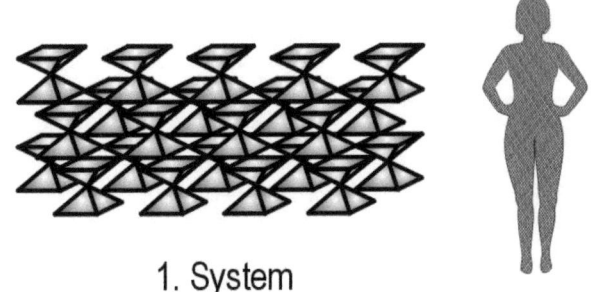

## 1. System

Der Systemaufbau dieses 1. Systems aus frequenz- und amplitudenveränderten neutralen Neutrinos ist die Grundlage, auf der alle Formen, die der Mensch denkt, als Gegenstand, bestehend aus den Elementen der Materie, nur aufgebaut werden können.

*Es ist aber auch die Grundlage, auf der die "natürliche materielle Seele" eines jeden biologischen Systems einschließlich der Mensch entstanden ist und entsteht.*

*Dieses 1. System ist das Gerüst aller materiellen Formen, die der Mensch erschafft und real wahrnimmt, da der Mensch erst die Form denken muss, bevor er sie aus der Materie erschaffen kann.*

Es bleibt sich dabei gleich, ob er sie erst auf einer Zeichnung bildlich darstellt oder aus dem Gedanken direkt aus der Materie erschafft.

*Zum anderen besteht die "natürlich materielle Seele" des Menschen aus diesem 1. System, aufgebaut aus frequenz- und amplitudenveränderten neutralen Neutrinos.*

Gleichzeitig mit der 5. Kraft - so geht es aus den uns übergebenen Unterlagen hervor - wurden Ur-Teilchen (neutrale Neutrinos) nach Plan aus dem Nachbar-Universum miteingestrahlt, die die gleiche dynamisch strukturierte Form der N.-Neutrinos hatten, die aber frequenz- und amplitudenmäßig andere vorprogrammierte Bindungskräfte besaßen.

Damit Sie den im Folgenden geschilderten Vorgang gedanken-bildlich genau nachvollziehen können, vorab eine Erklärung, welche Bedeutung diese Ur-Teilchen hatten.

Der menschliche bewusste Verstand, der sich zum größten Teil allein mit seinem Ich und raum-zeit-bezogen mit seiner nahen Umwelt befasst, wird meistens nur eingesetzt in den Grenzen Raum und Zeit, in denen der Mensch verstandesmäßig mit seinen 5 Sinnen etwas erfassen und werten kann.

Bei der Masse der Menschen sind die Grenzen ihrer Vorstellungswelt so eng gezogen - erziehungsmäßig geprägt -, dass Phänomene, die sie mit ihrem Verstandesdenken nicht erfassen können (da sie die Grenzen ihrer gedankenbildlichen Vorstellungskraft überschreiten), von ihnen als "geheimnisvoll" und "unerklärlich" bezeichnet werden.

Diese erziehungsmäßig bedingte Einengung ihres Verstandes hat dazu geführt, dass die Menschen *nur das glauben, was sie mit ihren 5 Sinnen wahrnehmen können.*

Aus diesem Grunde sagt sich der Mensch, da er sich die Grenze unseres Universums, die letztendlich strukturmäßig in der Unendlichkeit des Raumes existiert, nicht vorstellen kann,

"Unser Universum ist unendlich".

266

Akzeptieren wir jedoch eine Unendlichkeit, das heißt wir vergrößern einfach unseren Horizont des Denkens, dann ist es kein Problem, auch zu akzeptieren, dass im Raume der Unendlichkeit eine nicht bestimmbare Zahl an Universen existiert gleich wie unser Universum in der heutigen Form und ebenso in der Form, wie unser Universum am Anfang der Evolution unstrukturiert existierte.

Für uns Menschen der heutigen Zeit ist es trotz unseres Raum- und Zeit-Denkens denkbar geworden, uns gedankenbildlich vorzustellen, dass wir in Millionen Kilometer Entfernung auf einem anderen Planeten eine neue Zivilisation in der dort existierenden Materie errichten und aufbauen können. Das bedeutet also, dass wir Menschen der heutigen Zeit uns vorstellen können, in der Lage zu sein, unseren Lebensraum dadurch zu vergrößern, dass wir einen unbewohnten Planeten bewohnbar machen. Noch vor 100 Jahren wäre diese Vorstellung reine Utopie gewesen.

Gehen wir ein paar Milliarden Jahre zurück und stellen uns vor, dass in einem Nachbar-Universum eine Erde gleich wie unsere existierte, auf der Menschen wie wir lebten.

Im Laufe ihrer Evolution entdeckten sie die physikalischen Gesetze und erkannten, auf welchem Wege sie entstanden sind und ihr Universum mit lebendigen biologischen Systemen bevölkert worden ist.

Das heißt, sie erkannten, auf welchem Wege sie als geistige Wesenheiten, existierend in der Form einer natürlichen materiellen Seele, erschaffen wurden, und begriffen, dass

*der Sinn und Zweck ihres Seins*
*die Strukturierung der unstrukturierten Universen ist,*
*um sie dann - gleich wie ihr eigenes Universum -*
*geistig zu evolutionieren.*

So, wie sie auf gleichem Wege unter gleicher Voraussetzung erschaffen wurden.

Bevor sie evolutionsbedingt ihren heutigen hohen geistigen und technologischen Stand erreichten, gingen sie den gleichen Evolutionsweg wie die heutige Menschenrasse und so wie die vielen anderen Daseinsformen im Raum unseres Universums, die, für uns

Menschen heute noch undenkbar, in das Reich der Phantasie verbannt werden.

Die Menschen, die heute noch annehmen, wir seien die einzigen Lebensformen im Raum unseres Universums, sind Menschen, die nicht über ihren Horizont hinausblicken können

Die geistig erschaffenen Wesenheiten in unserem Nachbar-Universum, die auf dem gleichen Wege wie wir selbst erschaffen wurden, sind Wesenheiten gleich wie wir, in die zu irgend einem Zeitpunkt ihres Seins die Materie integriert wurde, damit sie die Gesetze allen Seins erkennen.

Erst nachdem sie die Gesetze erkannten, speziell das "Gesetz der Resonanz", war es ihnen möglich, die Materie wieder zu verlassen und als rein geistige Wesenheiten, manifestiert in der materiellen Seele, die Voraussetzung ist für die Existenz des Seins, gleich wie Lichtwesen in ihrem Universum zu leben.

Als Wesenheit gleich geistig materielle Seele gelang es ihnen, die Grenzen ihres Universums zu überwinden, die Unendlichkeit des Raumes zu erforschen und zu begreifen sowie Kontakt
zu anderen Daseinsformen aufzunehmen.

Nachdem unser unstrukturiertes Universum nach ihrem Plan auf der Grundlage der physikalischen Gesetze, die im 3. Buch beschrieben wurden, so strukturiert war, wie wir es heute mit unseren 5 Sinnen wahrnehmen, begannen sie, es, wie im folgenden beschrieben, geistig zu beleben.

Mit der 5. Kraft strahlten sie, wie schon gesagt, in den Raum unseres Universums Ur-Teilchen mit ein, die der geistig hochstehenden Wesenheit entstammten, die die Wesenheiten im
Nachbar-Universum als "Schöpfer" bezeichnen und die gemeinsam mit ihnen im Raum gleich Kraftfeld dieses Universums existiert und lebt.
*In diesen Ur-Teilchen gleich den neutralen Neutrinos sind, holografisch manifestiert durch Veränderung der Frequenz und Amplitude der N.-Neutrinos, die Form und das gesamte Wissen gleich Erinnerung dieser Wesenheit komplett gespeichert.*

Nachdem sich unser Universum in seine naturgegebene Ordnung eingeschwungen hatte und sich die eingestrahlte Kraft ausgleichend in den Regelkreisen der Sonnensysteme und der Galaxien bewegte, trat folgendes Ereignis ein.

Die eingestrahlten Ur-Teilchen der Wesenheit, die frequenz- und amplitudenbedingt an ihren 8 Ecken verschiedene Bindungskräfte aufwiesen, zogen N.-Neutrinos in sich ein, schleusten sie, nunmehr gleich einer Matrize eingeschwungen in die Frequenz und Amplitude des Ur-Teilchens der Wesenheit, wieder aus sich aus und banden sie so an den Ecken an, dass wie eine Matrize die Form und das Bild der Wesenheit entstand, der diese Ur-Teilchen entnommen worden sind.

Diese Wesenheit, der Ur-Schöpfer der Menschen, entstand im Raum unseres Universums in vielen Galaxien immer gleich in den würfelförmigen Einheiten, deren Mittelpunkt Planeten sind.

In unserer Galaxis entstand diese Ur-Wesenheit, die *wissende Allmacht,* unser Ur-Schöpfer, im Kubus einer würfelförmigen Einheit, die wir Menschen mit dem Namen "Sirius" bezeichnen,

In den Unterlagen wird der Planet, der im Sternbild des Hundes existiert, nicht "Sirius", sondern "SIRIS" genannt.

Diese Ur-Wesenheit, also unser Ur-Schöpfer war aber nicht nur als Form und Bild gleich dem Schöpfer des Nachbar-Universums entstanden, sondern er besaß auch in sich, manifestiert in der Frequenz und Amplitude der unzähligen Milliarden von Ur-Teilchen seiner natürlich materiellen Seele, die vor der Umwandlung ihrer Frequenz und Amplitude neutrale Neutrinos waren, an das Wissen gespeichert, das die Wesenheit, der Schöpfer unseres Nachbar-Universums, besitzt.

Wissen ist gleich Erinnerung und ist auch in der Wesenheit, der natürlichen materiellen Seele des Menschen unauslöschbar gespeichert.

Wie in den Unterlagen beschrieben, läuft diese Speicherung wie folgt ab.

Nach dieser Aussage und so, wie wir es beschrieben haben, besitzt das Ur-Plasma die gleiche Struktur - wenn auch in einer Größenordnung, die wir Menschen uns nicht vorstellen können

- wie das neutrale Neutrino selbst. Das heißt, in einem N.-Neutrino existieren Zigtausende von Teilchen, aus denen sich das N.-Neutrino aufbaut.

*Der Geist, die Gedanken-Kraft, die zum Beispiel von einem Menschen eingestrahlt wird in ein neutrales Neutrino, bewirkt das Gedankenbild holografisch in der Form in diesem N.-Neutrino, dass sie frequenz- und amplitudenmäßig die rotierenden Wellen, bestehend aus Ur-Plasma-Teilchen, so verändert, dass veränderte Bindungskräfte an den 8 Ecken bewirkt werden.*

*N.-Neutrinos, die in dieses das Gedanken-Bild tragende N.-Neutrino eingezogen und wieder ausgestrahlt werden, besitzen die Frequenz und Amplitude des Gedanken-Bildes und binden sich so lange nach der Form des 1. Systems aneinander, bis die reale Form des Gedanken-Bildes entstanden ist.*

*Auf diesem Wege entsteht die "geistige natürliche materielle Seele" einer jeden Form gleich Situation, die der Mensch denkt.*
*Auf dem gleichen Wege wurden, wie in Folge noch näher geschildert, von unserem Ur-Schöpfer und seinen "Söhnen" sowie generationsmäßig immer weitergehend alle "geistigen natürlichen Seelen" der Menschen als Wesenheit erschaffen.*

Nachdem unser Ur-Schöpfer in seiner real existierenden Form (1. System - geistig natürliche materielle Seele) entstanden war, setzte er seinen Geist gleich Gedanken-Kraft ein und bewirkte folgenden Vorgang.

Da er zu diesem Zeitpunkt allein im Kubus des SIRIS existierte, entstanden in seiner Erinnerung Gedankenbilder so, wie sie der Ur-Schöpfer im Nachbar-Universum gespeichert hat, da seine Wesenheit als Ur-Teilchen diesem Ur-Schöpfer entnommen war.

Jedes Gedankenbild, das beim physischen Menschen durch einen *Reiz von außen oder aus der natürlichen Seele* des Menschen entsteht, manifestiert sich als Matrize in einem N.-Neutrino bzw. in einem Quark, das dem Element (H) Wasserstoff oder (O) Sauerstoff entstammt, da das Quark dieser Elemente von der Gedanken-Kraft frequenz- und amplitudenmäßig verändert werden kann.

270

Dies bedeutet, in dem Moment, wo unser Ur-Schöpfer aus der Erinnerung, die in seiner geistig materiellen Seele manifestiert ist - ein Reiz von außen war zu diesem Zeitpunkt noch nicht möglich -, ein Gedankenbild erschuf, entstand eine Matrize in einem N.-Neutrino und wurde von unserem Ur-Schöpfer in das Umfeld abgestrahlt.

Im selben Augenblick, wo das das Gedankenbild tragende N.-Neutrino abgestrahlt wurde, entstand auf dem gleichen Wege, wie schon beschrieben, durch die Verbindung mit anderen umgewandelten N.-Neutrinos, die ein- und wieder ausgestrahlt wurden, die Form des Gedankenbildes als real existierende Wesenheit gleich "geistige natürlich materielle Seele",

Die ersten Gedankenbilder, die bei unserem Ur-Schöpfer entstanden, waren Gedankenbilder von Wesenheiten, die eng mit dem Ur-Schöpfer des Nachbar-Universums zusammenlebten, da das Wissen und die Erinnerung von diesem Ur-Schöpfer abstammen.

Geistige Wesenheiten, die nur in der natürlichen materiellen Seele, aufgebaut aus dem 1. System, existieren und in die nicht die Materie integriert ist - das 2. System, das im folgenden noch näher erklärt wird -, besitzen, da sie auf geistigem Wege mit der Gedankenkraft Formen erschaffen, nicht die Fortpflanzungsorgane, die der physische Mensch zur Erhaltung der Art benötigt.

Das bedeutet, eine Wesenheit, also die Seele, ist nicht weiblich noch männlich, sondern ein ES, das in sich als Dualität das trägt, was wir Menschen als feminin und maskulin bezeichnen.

Diese so entstandenen Wesenheiten, zu denen auch die Wesenheit gehört, die wir Menschen als JESUS CHRISTUS, Seinen erstgeborenen Sohn, bezeichnen, waren Wesenheiten, die am Anfang vollständig geistig rein - ohne jede Form von Wissen, also Erinnerung - existierten.

*Das Einzige, was ihnen unser Ur-Schöpfer mitgegeben hat, ist die Kraft der Gedanken, Gedankenbilder zu schaffen, wodurch sie Schöpfer wurden gleich unserem Ur-Schöpfer.*

Nachdem die ersten Wesenheiten auf diesem Wege als Söhne Gottes erschaffen waren, begann die geistige Evolution in unserem Universum bzw. in unserer Galaxis.

Da die von unserem Ur-Schöpfer geschaffenen Wesenheiten verschiedenartige Formen, also Gestalt und Aussehen, besitzen, entstanden bei diesen Wesenheiten nach einem kurzen Zeitraum *vergleichende* Gedankenbilder.

Solange sie beim Sehen einer anderen Wesenheit dieses Einzelbild als *Reiz* in sich aufnahmen und eine Matrize erschufen, strahlten sie die entstehende Matrize, da sie existierte und gegenwartsbezogen war, wechselwirkend immer nur in die natürliche materielle Seele der Wesenheit zurück. Es ist der Vorgang, der von Mystikern und östlichen Philosophen als Aka-Bindung bezeichnet wird.

Das *"vergleichende"* Gedankenbild bewirkte jedoch die Entstehung einer *"neuen"* Form, da es in dieser Form, *"gegenwärtig"* bezogen, nicht existiert. Das heißt, sie stellten sich zum Beispiel vor, dass der Kopf einer Wesenheit auf dem Körper einer anderen Wesenheit gut bzw. anders aussehen würde.

In diesem Moment wurde ein N.-Neutrino, ein Gedankenbild tragend, abgestrahlt, das eine Form in sich trug, die noch nicht existierte.

*Diese Form entstand nun mehr als real existierende eigenständige "individuelle" Wesenheit.*

Auf dem gleichen Wege wie die Wesenheiten selbst entwickelte sich diese Form und baute sich durch die Bindungskräfte als natürliche materielle Seele gleich Wesenheit auf. Wiederum, da sie *"nach dem Bild unseres Ur-Schöpfers"* erschaffen war, in sich die *Gedankenkraft* tragend.

Sollte bei Ihnen, bedingt durch Ihr Raum- und Zeit-Denken, bei dem Wort "Sehen" der Gedanke kommen, dass eine Wesenheit ohne physischen Körper nicht sehen kann, so möchten wir Sie bitten, kurz die Augen zu schließen und sich irgend wie gedankenbildlich etwas vorzustellen. Das Bild, das Sie dann sehen, ist letztendlich die Realität, bei dem Sie auch Ihre aus der Materie gebildeten physischen Augen nicht benötigen.

Ihre Augen sind nichts weiter als ein Reizempfänger des physischen Körpers, mit dem Sie selbst nichts sehen können.

Alle Reize, frequenz- und amplitudenmäßig integriert in N.-Neutrinos, die eine Form abstrahlt, werden von Ihrer geistig materiellen Seele analysiert und "gesehen".

Ihr Gehirn ist dabei nur die Apparatur, die den Reiz in den Bereich der geistig materiellen Seele transportiert, in dem vergleichbare Reize gleich Erinnerung existieren.

Alle Lebensvorgänge, die Sie wahrnehmen, werden von Ihrer geistig materiellen Seele, also von Ihrer Wesenheit, verarbeitet, die wie ein Gerüst bis in die äußerste Haarspitze Ihren gesamten physischen Körper durchzieht. Der physisch materielle Körper, das 2. System des Menschen, der sich aus den Elementen der Erde aufbaut, hat mit diesen Abläufen nichts zu tun.

Im Gegenteil. Er ist letztendlich ein störender Faktor für die Wahrnehmung der meisten Reize.

Aus diesem Grunde ist der physische Mensch auch nicht mehr in der Lage, geistig gedanklich zu kommunizieren, sondern benötigt, um die Gedankenbilder anderer zu übermitteln, einen

Sender, dem es möglich ist, Laute zu formen, durch die sein Kommunikationspartner erfahren kann, welche Gedankenbilder in ihm ablaufen.

Alle Phänomene, sagen wir, aus dem geistigen Bereich, um bekannte Begriffe zu benutzen, wie zum Beispiel Hellsehen, Geistheilen, Telepathie usw., sind Phänomene, die absolut real existieren.

Da der Mensch bis heute jedoch keine Grundlage besaß, auf deren Basis diese Phänomene verstandesmäßig erklärbar werden, bezeichnet er sie als "unerklärlich" und schiebt sie in den Bereich der Phantasie ab.

Würde er hinterfragen, was "Phantasie" letztendlich ist, würde er begreifen, dass sein - wie er glaubt – realitätsbezogenes Denken auf schwachen Füssen steht und er in diesem Bereich sehr "schwachsinnig" ist. Dies ist keine Herabsetzung oder Beschimpfung, sondern bedeutet: Seine Sinne können, bedingt dadurch, dass seine geistige materielle Seele durch den physischen Körper belastet ist, nur sehr schwach von ihm eingesetzt werden. Aufgrund seines Körpers können diese grundsätzlichen realen Sinne also nur schwach Reize aufnehmen und verarbeiten. Daher der Begriff "schwach-sinnig".

Da unser Ur-Schöpfer in seinen Erinnerungen aber nicht nur Wesenheiten, die gleich wie er beschaffen waren, gedankenbildlich

273

produzierte, sondern auch Formen, die im Nachbar-Universum existierten, zum Beispiel vielfältige Arten von Pflanzen, Bäumen, Tieren, Vögeln usw., entstanden immer mehr real existierende Formen, die als Reiz bei den von ihm geschaffenen Wesenheiten, seinen Söhnen, sowie bei den Wesenheiten, die von den Söhnen geschaffen waren usw., Gedankenbilder entstehen ließen. Dass zu diesem Zeitpunkt der Evolution der geistigen Wesenheiten ununterbrochen auch Formen entstanden, die gedankenbildlich mutierend zu Monstern ausarteten, ist eine logische Schlussfolgerung.

Tierköpfe wurden auf Menschenkörper gedacht und umgekehrt, Wesenheiten wurden widernatürlich vergrößert und verkleinert (Riesen und Zwerge) usw..

Am Anfang war dieses chaotische Geschehen wie ein Spiel.

Die geistigen Wesenheiten, die nach dem Bild unseres Ur-Schöpfers erschaffen waren und die die Kraft der Gedanken besaßen, erschufen, da sie nichts anderes kannten, gleich wie ein Spiel, ununterbrochen neue Gedankenbilder.

Mit der Zeit verbrauchte sich, da jedes Gedankenbild real aus den N.-Neutrinos erschaffen wurde, die Masse der N.-Neutrinos, die im gesetzmäßigen Bewegungsablauf für die Erhaltung des verdichteten Mittelpunkts, also für den Planeten SIRIS, benötigt wurden.

Unser Ur-Schöpfer, der diesen Ablauf kannte, da dieser Vorgang auf dem Weg der Evolution vorprogrammiert war und bei der Evolution aller strukturierten Universen so abläuft, setzte zu diesem Zeitpunkt folgenden Plan in Kraft.

Er weihte seine zuerst von ihm erschaffenen Wesenheiten so weitgehend in die physikalischen Gesetze ein, dass sie den Sinn und Zweck ihres Seins erkannten.

Es war der Zeitpunkt, an dem die Menschenrasse im Kubus der Erde sowie andere Lebensformen auf anderen Planeten als Wesenheiten ihre eigenständige Evolution begannen.

Alle Wesenheiten, die die Kraft der Gedanken besaßen, wurden jeweils nach den Arten ihrer Lebens- und Seinsformen gemeinsam mit den Wesenheiten, die nicht die Gedankenkraft besitzen - Bäume, Pflanzen, Tiere - und die in ihre Lebensform passten, als geistige Wesenheiten in Gruppen zusammengeschlossen.

274

Die Wesenheiten der heutigen Menschenrasse, in die zu diesem Zeitpunkt noch nicht das physisch materielle System, also der Körper des Menschen, integriert war, wurden mit den nicht die Gedankenkraft besitzenden Wesenheiten - Pflanzen, Tiere usw. - in den Kubus transportiert, dessen Mittelpunkt der Planet ist, den wir heute als "Erde" bezeichnen.

Die anderen Wesenheiten, die die Gedankenkraft besaßen, aber als Seinsform nicht mehr genau dem Bild unseres Ur-Schöpfers entsprachen (Gedankenmutationen), wurden in andere kubische Einheiten der Galaxis transportiert, in denen jeweils gleich wie die Erde ein Planet als verdichteter Mittelpunkt existierte.

Die vielen Mutationen und Monster, die existierten und die nicht die Gedankenkraft besaßen, wurden in der Form im Kubus des SIRIS eliminiert, dass sie geistig zusammen in eine Einheit verdichtet wurden.

Das heißt, sie wurden so stark verdichtet, gleich einer Kristallisation, dass das 1. und 2. System komplett mit Gedankenbilder tragenden N.-Neutrinos gefüllt waren. Diese Kristallisation wurde außerhalb des Kubus des SIRIS an eine Ecke des Kubus transportiert und dort bindungsmäßig festgehalten.

Es ist der sogenannte "weiße bzw. schwarze Zwerg", den vor 6.000 Jahren schon die Dogon kannten und der 1852 im Sirius-System als "Sirius B" vermutet, aber erst 1940 von den Astrokosmologen und Astrophysikern als solcher erkannt wurde.

Aufgrund von mathematischen Berechnungen nimmt man an, dass ein Kubikzentimeter der Sternenmasse der "weißen, roten oder schwarzen Zwerge" bis zu 50 Kilo wiegt.

Damit Sie die Geschichte der Menschenrasse als Wesenheit und als physischer Mensch auf der Erde gedankenbildlich nachvollziehen können und vor allem verstandesmäßig begreifen, warum die Materie, der physische Körper, in die geistige materielle Seele integriert wurde, möchten wir Ihnen vorab das 1. und 2. System, in denen alles Sein existiert, näher erklären.

Durch diese nachfolgende Erklärung werden Sie auch verstehen, warum die sogenannte "tote" Materie - also die Atome der Elemente - in biologischen Systemen zur sogenannten "lebendigen" Materie wird und welche Kraft existiert, die bewirkt, dass alle Formen und biologischen Systeme in ihrer Form bleiben.

Wie schon beschrieben, manifestiert sich jedes Gedankenbild in einem niederfrequentierten neutralen oder fast neutralen Neutrino. Bedingt durch die Frequenz- und Amplitudenveränderung, die die Kraft des Gedankens bewirkt, entsteht das Gedankenbild in realer Form durch die Bindungskräfte an den jeweiligen 8 Ecken. Es werden solange N.-Neutrinos frequenz- und amplitudenmäßig umgewandelt und angebunden, bis die endgültige Größe der gedachten Form entstanden ist.

Die so entstehende natürliche materielle Seele, in der die geistige Kraft zusätzlich wirkt, besitzt eine Form, die wir als 1. System bezeichnen und die als Ausschnitt in der folgenden Grafik nochmals dargestellt wird.

1. System

Wie an der Grafik erkennbar, sind alle N.-Neutrinos diagonal miteinander verbunden und bilden gemeinsam eine Systemeinheit.
Die N.-Neutrinos im 1. System besitzen, wenn 2 weitere N.-Neutrinos integriert werden, würfelförmige Gestalt.
Das heißt, wenn alle N.-Neutrinos im 1. System 2 weitere N.-Neutrinos erhalten, entsteht ein Gebilde, wie es in der folgenden Grafik dargestellt ist.

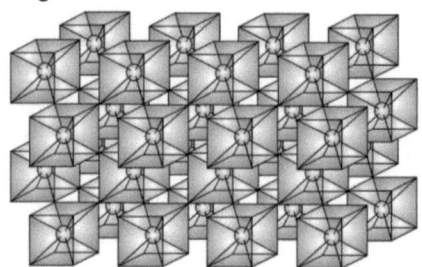

1. System-Würfelform

276

Der physische Körper des Menschen baut sich um die Form der natürlichen materiellen Seele auf. Das heißt, die natürliche materielle Seele des Menschen ist das Gerüst seines physischen Körpers, in dessen Freiräume sich die Elemente der Materie die Organbereiche, integrieren wodurch sie zu einer erkennbaren gestalteten Form wird. Das Gleiche gilt für alle anderen biologischen Systeme sowie für die Formen, die aus den Elementen der Materie erschaffen wurden und werden.

Außerdem ist die natürliche materielle Seele dafür verantwortlich, dass die Elemente der Materie *in der Form gehalten* werden, wie sie auf der Grundlage der natürlichen materiellen Seele erschaffen wurde.

*Alles Wissen gleich Erinnerung existiert und wirkt, abrufbar gespeichert und manifestiert, in der Frequenz und Amplitude der Ur-Plasma-Teilchen der N.-Neutrinos, aus denen die natürliche materielle Seele besteht.*
*Diese Speicherung beginnt in dem Moment, wo die Seele aus der Gedankenform erschaffen wird.*

Während des Erdenlebens benutzt der Mensch die Freiräume im 1. System seiner natürlichen materiellen Seele als "Gedankenspeicher".
Das heißt, jedes N.-Neutrino in der natürlichen materiellen Seele ist in der Lage, 2 im N.-Neutrino manifestierte Gedankenbilder in sein würfelförmiges Kraftfeld aufzunehmen und zu speichern.
In diesem "Gedankenspeicher" werden jedoch nur die Gedankenbilder gelagert, die *"nicht gegenwartsbezogen"* sind, wie zum Beispiel:

unreales Zukunftsdenken,
    gedankenbildliche Vorstellungen,
        wie eventuell etwas eintreten könnte,
    Probleme, gleich, ob sie eine positive
        oder negative Aussage besitzen.

Bei "gegenwartsbezogenen" Gedanken, zum Beispiel wenn uns die Abstrahlungen gleich N.-Neutrinos von Gegenständen aus unserem Umfeld, eingebunden in eine Lebensszene, die real existiert, treffen, wodurch in uns Menschen Gedankenbilder entstehen, werden von diesen Gedankenbildern keine Matrizen im

Gedankenspeicher abgelagert, sondern *direkt in die real existierende gegenwartsbezogene Form,* aus der sie abgestrahlt wurden, *zurückgestrahlt.*

*Sind im Gedankenspeicher keine Gedankenbilder, integriert in N.- Neutrinos, gespeichert, wird dieser Freiraum vom physischen Körper - Atome und Moleküle der Organe – funktionsmäßig mitbenutzt.*
Inwieweit eine Speicherung auf unser physisches Sein Einfluss besitzt (Gesundheit - Krankheit) - wenn der Gedankenspeicher sich durch psychisch isoliertes Problemdenken stark füllt -, wird im Folgenden noch näher erklärt.
Der Gedankenspeicher ist das System, in dem die Vorgänge ablaufen, die wir mit dem Oberbegriff "PSYCHE" umschreiben.
Die geistig materielle Seele selbst kann während unseres Erdenlebens psychisch nicht geschädigt werden.
Sie ist nur der "Wissensspeicher", in dem all das Wissen holografisch gespeichert liegt, das wir, seit unsere Seele erschaffen wurde, "erkenntnismäßig" erfahren und gelernt haben.

*Während unseres Erdenlebens, also in der Gegenwart, verarbeiten wir in der Seele gespeicherte Gedankenbilder, die von uns in der Vergangenheit »vorhergehender Leben« zukunftsdenkend erschaffen wurden.*

*Gedankenbilder, die wir nicht gegenwartsbezogen denken, sondern die Vorstellungen beinhalten, wie vielleicht etwas in der Zukunft ablaufen könnte - dabei spielt es keine Rolle, ob es positive oder negative Vorstellungen sind -, werden im Gedankenspeicher abgelagert.*
*Gleichzeitig wird das Gedankenbild in realer Form in den Bereich eingestrahlt, den wir mit dem Begriff "Jenseits" umschreiben, wo es für ein neues - zukünftiges - Erdenleben gelagert wird.*

Gleich wie die geistig materielle Seele im gesamten Körper bis zur äußersten Haarspitze existiert, so existiert auch das System des "Gedankenspeichers".
Jeweils nach Problemen gleich Lebenssituationen ist dieser Gedankenspeicher in einzelne Bereiche unterteilt.

Entstehen in einem bestimmten Lebensbereich viele nicht gegenwartsbezogene "problemhafte" Gedankenbilder, die im Gedankenspeicher des zuständigen Bereichs abgelagert werden, so wird in diesem Bereich eine starke Verdichtung bewirkt.

*Diese Verdichtungen = Kristallisationen - man kann sie auch als "starre Gebilde" umschreiben - bewirken Veränderungen im physischen Bereich des Körpers.*

*Da die Veränderungen Verengungen verursachen, kommt es zu Störungen in den Funktionsabläufen der spezifischen Organbereiche, die zu der Krankheits-Ursacheführen, die man mit dem Begriff "psycho-somatische Krankheitsbilder" umschreibt.*

Fassen wir noch einmal kurz zusammen, da diese Erklärung für unser physisches Erdenleben wichtige Aussagen beinhaltet.
Der physische Körper des Menschen (2. System) existiert durch die gitterartige Form der geistig materiellen Seele, das 1. System, das aus N.-Neutrinos besteht.

Als 3. System wird der Gedankenspeicher bezeichnet, der sich in den würfelförmigen Kraftfeldern der natürlich materiellen Seele befindet und in dem all die Phänomene ablaufen und bewirkt werden, die wir mit dem Oberbegriff "psychisch" umschreiben.
Im Bereich des "Solar Plexus" wird das 3. System als "Kurzzeit-Gedächtnis-Speicher" benutzt. Angelerntes Wissen, - also Wissen, das nicht für unser jetziges Erdenleben in der Seele gespeichert ist, wird in diesem Bereich, manifestiert als holografisches Gedankenbild in einem N.-Neutrino, gelagert.

Insgesamt besitzt der Mensch 32 problembezogene Lebensbereiche, die in seiner natürlichen materiellen Seele, jeweils organbezogen zugeordnet, existieren.

Sie sind unterteilt in die 4 lebensumfassenden Seinsbereiche

Wirtschaft    Physische Existenz
              Ich / Physisch-materielle Ebene

| | |
|---|---|
| Glaube | Wesenheit - Geistig Materielle Seele |
| | Ich / Geistig-Seelische Ebene |
| Politik | Karma/Schicksal |
| | Lebensablauf - Seele und Gedankenspeicher |
| Gesellschaft | Resonanz zur anderen Wesenheit- Umfeld und Umwelt |
| | Gesellschaftliche Hierarchische; Anerkennung (Lebensablauf) |

In diesen 4 Hauptbereichen laufen die Gedankenbilder ab, die unser physisches Sein bestimmen. Sie sind jeweils unterteilt in 4 Hauptareale und 7 Unterareale, die diesen Hauptarealen untergeordnet sind. Das Steuerorgan Hirn ist die Schaltzentrale, die die gleiche Anordnung besitzt wie die diesem Steuerorgan untergeordneten Organbereiche.

Das bedeutet, das Gehirn des Menschen besitzt 4 funktionelle übergeordnete Bereiche, die regulierend jeweils 7 untergeordnete Hirnbereiche funktionell überwachen. Außerdem besitzt das Gehirn als reiner Steuermechanismus die 4 Gebiete

*Hypophyse, Hypothalamus, Epiphyse und Marklager der Großhirnhemisphäre,*

in denen die Reize gleich N.-Neutrinos aus dem Umfeld eingestrahlt, sowie die Gedankenbilder-tragenden N.-Neutrinos zentral gesteuert werden.

Während der Zeit des Erdenlebens des Menschen im physischen Körper reguliert der Hirnbereich die geistigen und physischen Abläufe in der geistig materiellen Seele, im Gedankenspeicher und im physischen Körper. Das Gehirn ist nicht, wie heute von der medizinischen Wissenschaft angenommen, der Gedanken und Wissensspeicher, sondern nur Schaltzentrale für die Zeit, in der die Wesenheit als geistig natürliche materielle Seele, integriert in die Materie, auf Erden lebt.

Das Gehirn ist also nicht der Speicher unseres Wissens gleich Erinnerung, sondern nur ein Organ-Bereich, in dem die Abläufe aller 3 Systeme naturgegeben koordiniert werden.

Wird zum Beispiel im Gehirn des Menschen einer dieser Koordinationspunkte gleich zuständiger Bereich durch manuelle Manipulation zerstört, so kann in diesem Bereich die Koordination nicht mehr durchgeführt werden, und im Gesamt-System des

Menschen kommt es zum Ausfall der Reaktion, für die dieser Bereich koordinationsmäßig zuständig war.

Verdeutlichen wir uns wie an der Grafik von Seite 274 dargestellt bei der der Gedankenspeicher hypothetisch einmal gefüllt ist, so erkennen wir, dass in diesem System Hohlräume existieren, die eine wesentlich andere Bindung aufweisen.

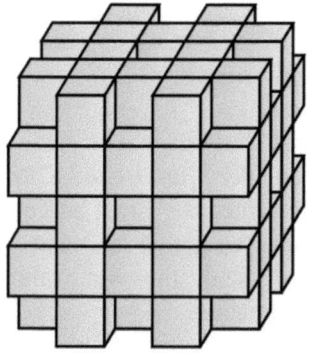

**2. System**
(Physisches System)
Mit dieser Grafik wurden diese Hohlräume als 2. System dargestellt.

Wie Sie selbst erkennen, besitzt dieses 2. System, in dem sich der physische Körper des Menschen aufbaut, eine wesentlich andere Struktur.

Die würfelförmigen Einheiten sind im 2. System nicht nur *diagonal,* sondern auch *waagerecht und senkrecht* miteinander verbunden.

Durch diesen speziellen Systemaufbau werden die Phänomene der Organprojektionen, die in den Segmentbereichen der Haut gemessen und palpationsmäßig nachgewiesen werden können, begreifbar. Auch das Akupunktursystem, der Elektro-Hauttest (EHT) sowie alle anderen manuellen und apparativen Diagnose und Therapieverfahren werden auf der Grundlage dieser Erkenntnis erklärbar.

O. und R. BERGSMANN zählen zu den wenigen Wissenschaftlern, die intuitiv erkannt und wissenschaftlich theoretisch sowie experimentell nachgewiesen haben, dass die Projektionssymptome auf Erkrankungen spezifischer Organbereiche hinweisen.

In ihrem Buch "Projektionssymptome", Facultas Universitäts-Verlag Wien, werden die bio-physikalischen Aspekte vorausschauend bereits so weitgehend mitberücksichtigt, dass man dieses Buch heute schon als "Lehrbuch einer NEUEN Medizin" bezeichnen kann.

Sehen wir uns das 2. System noch einmal etwas genauer an, so erkennen wir einen "kreuzförmigen" Aufbau.

Beziehen wir in diesen kreuzförmigen Aufbau auch noch die N.-Neutrinos des Gedankenspeichers mit ein, die inhaltsmäßig aus nicht real gegenwartsbezogenen Gedankenbildern bestehen gleich "psychische Seele" - der Gedankenspeicher, Bestandteil der natürlichen Seele -, so ergibt sich eine Form, wie sie in der folgenden Grafik dargestellt ist.

Das Kreuz, das der Mensch trägt

*Das Kreuz, das der Mensch trägt, ist also der physische und psychische Teil seiner Seinsform.*
Das heißt, das Kreuz besteht allein aus den Einheiten, aus denen der *physische Körper,* bestehend aus den Elementen der Erde, aufgebaut ist, sowie aus den Einheiten gleich N.-Neutrinos, in denen die *Gedankenbilder* manifestiert sind, die wir während unseres Erdenlebens gedacht, also erschaffen haben.

Unlogischerweise wird von den christlichen Religionen das Kreuz als Symbol benutzt, um Gott, unseren Ur-Schöpfer, zu verherrlichen.
Als Symbol wurde das Kreuz nach dem Tod Jesu Christi in die christliche Glaubenslehre aufgenommen und soll auf das Kreuz hinweisen, an das Jesus Christus, der erstgeborene und eingeborene Sohn unseres Schöpfers, geschlagen wurde.
Wie jedoch aus Überlieferungen bekannt, war das Kreuz, an das Jesus geschlagen wurde, ein senkrechter Balken, auf dessen Oberfläche ein Querbalken mittels eines Zapfens befestigt war und formenmäßig mit dem Kreuz, das heute von der christlichen Glaubenslehre bildhaft dargestellt wird, nichts zu tun hat.

Noch einmal sei bemerkt, dass die im Gedankenspeicher manifestierten Gedankenbilder nur abgelagerte Matrizen sind.
Matrizen von *nicht gegenwartsbezogenen* Gedankenbildern, die wir vorstellungsmäßig für "zukünftige", also nicht gegenwartsbezogene Abläufe gedankenbildlich selbst erschaffen.
Der Reiz, der zur Entstehung dieser nicht gegenwartsbezogenen Gedankenbilder führt, entstammt dem Kurzzeit-Gedächtnis.
In diesem Bereich sind all die Gedankenbilder gespeichert, die nicht zu denen zählen, die wir resonanz-bedingt für dieses Erdenleben als

Wissen in unserer geistig materiellen Seele, abrufbereit vorbereitet, gespeichert haben.

Von Gedankenbildern, die durch die Reize entstehen, die uns treffen, und die als Erinnerung gleich Wissen in unserer geistigen natürlich materiellen Seele für dieses Erdenleben abrufbereit existieren und gespeichert sind, wird keine Matrize hergestellt.

Diese Reize werden, für uns wahrnehmbar als Gedankenbilder im Gehirn, nur abgelichtet.

Eine Matrize wird, wenn das Gedankenbild uns bekannt ist, also nicht abgenommen, sondern das N.-Neutrino wird, nachdem das Gedankenbild entstanden ist, wieder aus dem Energiezentrum (Stirn-Chakra, "3. Auge") in die Form zurückgestrahlt, aus der es abgestrahlt wurde.

Das heißt, N.-Neutrinos, die von gegenwärtigen Formen (Form, Farbe, Ton) ununterbrochen abgestrahlt werden und die holografisch in sich die Form, die Farbe bzw. den Ton des sie abstrahlenden Gegenstands tragen, werden von den 5 Sinnen gleich Empfänger des physischen Menschen als Reiz aufgenommen. Im Gehirn werden sie in die zuständigen Problembereiche eingestrahlt, also koordiniert, und von da aus in die natürliche materielle Seele des dem Gehirn untergeordneten Organbereichs transportiert. Trifft das eingestrahlte N.-Neutrino in diesem Bereich auf ein gleiches N.-Neutrino – gleiche Amplitude, gleiche Frequenz, also gleiches Gedankenbild -, wird es in die Hypophyse eingestrahlt und entsteht, für uns wahrnehmbar, erkennend als Gedankenbild.

*Dies bedeutet, dass alles Wissen, das wir als Erinnerung besitzen, in unserer geistigen natürlichen materiellen Seele gespeichert liegt.*
*Das, was wir Menschen als "Lernen" bezeichnen, ist also letztendlich nur das Abrufen von Wissen, das in uns schon existiert und das nur wieder durch den Reiz als Erinnerung für uns erkennbar wird.*

Hat ein Mensch in seiner natürlichen Seele das Wissen nicht resonanz-bedingt für dieses Leben abrufbereit gespeichert, so wird das N.-Neutrino, da es kein Gedankenbild gleicher Frequenz und Amplitude gefunden hat, in die Epiphyse eingestrahlt, und es wird von diesem Gedankenbild eine Matrize abgenommen, die im Kurzzeit-Gedächtnis, also im Solar Plexus, gespeichert wird. Das N.-Neutrino, also der Reiz gleich Gedankenbild, das wir mit unseren 5 Sinnen aufgenommen haben, wird in die Hypophyse transportiert und, wie schon gesagt, in die Form, der es entstammt, zurückgestrahlt.

Dieser Kurzzeit-Gedächtnis-Speicher ist also das Lager der Gedankenbilder - die wir als Wissen lernen -, die nicht resonanzbedingt in unserer natürlichen Seele gespeichert sind.

Wissen, das wir auf diesem Wege erlangen und das nicht für unseren resonanz-bedingten Weg bestimmt ist, verdichtet einen Bereich in unserem physischen Körper, den wir auch als "Sonnengeflecht" bezeichnen.

Da der Mensch, wie im folgenden noch näher beschrieben, als Form selbst 2 an den Spitzen miteinander verbundene Pyramiden darstellt, kann eine Verdichtung des Mittelpunkts des Menschen dazu führen, dass sich sein Wesen verändert.

"Seine Mitte finden", "Loslassen", sind Begriffe, die diesen Bereich betreffen. Durch die hier niedergeschriebenen Erkenntnisse kann der Mensch die Begriffe "seine Mitte finden" und "loslassen" erstmalig gedankenbildlich nachvollziehen.

Verdeutlichen wir uns diesen wichtigen Ablauf, den wir auch als "Phantasie" (nicht real gegenwartsbezogenes Zukunftsdenken) bezeichnen, an einem Beispiel.

Es genügt als Reiz ein Wort, ein Ton oder eine Form, die im Kurzzeit-Gedächtnis Situationen als Gedankenbilder freisetzen, die im Gehirn ein Feuerwerk an Gedankenbildern entstehen lassen.

Die Kombination dieser Gedankenbilder entstammt dem Wissen, das in der geistig materiellen Seele gespeichert liegt sowie dem Wissen, das Bestandteil des Kurzzeit-Gedächtnisses ist.

Beispiel:

Wir sehen im Fernsehen ein Bild, wie ein Kind mit dem Fahrrad stürzt und von einem Kraftfahrzeug überfahren wird.

Wir besitzen selbst ein Kind, das zum gleichen Zeitpunkt, an dem wir dieses Bild aufnehmen, mit dem Fahrrad auf dem Weg zur Schule ist.

Da die Bilder - Fahrrad, Kind, Auto usw. - in uns gespeichert liegen und durch dieses Bild in der Hypophyse sichtbar geworden sind,

284

verbinden wir "Kind" gleichzeitig mit dem Bild unseres eigenen Kindes, so dass nicht nur das Bild des Kindes im Fernsehen gedankenbildlich in uns entsteht, sondern auch unser eigenes Kind. In dem Moment, wo dieses Bild entstanden ist, entstehen neue Reize, die nunmehr ununterbrochen in einer fast nicht mehr kontrollierbaren Folge - außer man zwingt sich mit Gewalt dazu - nicht real-bezogen in uns entstehen und als Szene ablaufen.

Von den Gedankenbildern, die auf diesem Wege entstanden sind, wird jeweils eine Matrize abgenommen, die, als N.-Neutrino in sich holografisch das Gedankenbild tragend, in dem Bereich des Gedankenspeichers abgelagert wird, der für diesen Bereich als Speicher vorgesehen ist. Das 2. Teilchen, also das N.-Neutrino des Gedankenbildes selbst, wird aus dem Energiefeld (Stirn-Chakra) in die Atmosphäre gestrahlt.

Betrifft es einen resonanz-bedingten Ablauf (Vorahnung, Hellsehen), dann tritt dieses Ereignis komplett oder in Teilbereichen real-bezogen ein.
Ist die Szene nicht resonanz-bedingt, so wird diese Szene gleich Form, manifestiert in N.-Neutrinos, als reale Form in realer Größe aus dem Erd-Kubus über eine bestimmte Diagonale ausgestrahlt und in den Kubus eingestrahlt, den wir als "Jenseits" bezeichnen. Dieser Ablauf wird im Folgenden noch näher geschildert. Die 3 möglichen Abläufe haben wir zum besseren Verständnis noch einmal grafisch, gedankenbildlich nachvollziehbar, dargestellt.

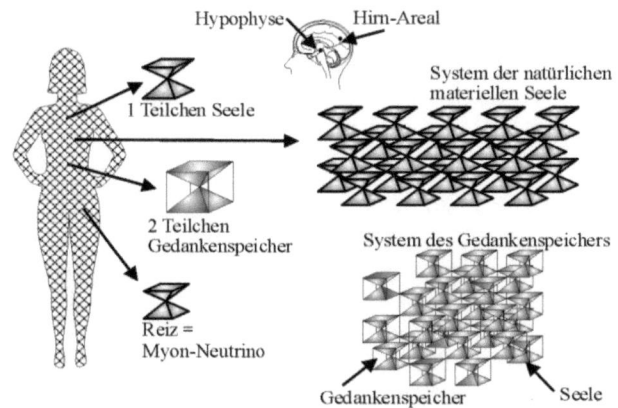

285

| 1 Ablauf: | Resonanz-bedingtes Leben (Karma) |
| --- | --- |
| | Speicherung in der Natürlich Materiellen Seele |

1. **Reiz/Ur-Teilch**en, abgestrahlt aus dem Umfeld
2. Eingestrahlt in den **Körper/Sinnesorgan**
3. Transportiert über die Diagonalen des physischen Systems in die **Epiphyse**
4. Klassifiziert und eingeschleust in das Problem-bezogene **Hirn-Areal**
5. Eingestrahlt in die **Natürliche Materielle Seele / Organ-bezogenes Areal**
6. **Reaktivierung des karmisch resonanz-bedingten Gedankenbildes durch Einschleusung des Reiz-tragenden Ur-Teilchens und Einschwingung in die Frequenz und Amplitude des gespeicherten Gedankenbildes**
7. Rückstrahlung in die **Hypophyse**
8. Übertragung der Frequenz und Amplitude der übernommenen Gedankenbilder auf Ur-Teilchen (Neutrale Neutrinos) = **Entstehung der für die Menschen wahrnehmbaren Gedankenbilder**
9. a) **Abstrahlung** von Matrizen in den **Körper**, durch die die **Energie** bewirkt wird, die **erkennbare Reaktionen** auslöst.
(Bewegung von Körperteilen, Sprache sowie nicht bewusst kontrollierbare Körperfunktionen) .
   b) **Abstrahlung** über das **Energiefeld** des Steuerorgans Hypophyse ("Stirn-Chakra","3. Auge") in das **Umfeld**
Diese Gedankenbild-tragenden Ur-Teilchen, als Reiz in das Umfeld abgestrahlt, bewirken die **Entstehung real ablaufender Lebenssituationen.**

**Reiz - Ursache / Ursache - Reiz / Reiz - Ursache usw.**

**Erkenntnis**

Ohne Aufnahme von Reizen in Form von Ur-Teilchen, gleich ob die Reize von der sogenannten "toten" Materie (Gegenstände) oder von Biologischen Systemen abgestrahlt werden, ist ein "biologisches Leben" nicht möglich.

Nur ein Reiz in Form eines Ur-Teilchens, aus dem Umfeld kommend, gleich ob in einem Energiequant oder einem Quark frequenz- und amplitudenmässig manifestiert, ist in der Lage "geistiges" sowie "biologisches Leben" zu bewirken.

Intuition, Eingebung, Träume, Phantasie, kurz: reale sowie nicht reale Gedankenabläufe können nur entstehen, wenn der Mensch von einem Reiz

getroffen wird, der von außen kommt.
Bewegung, gleich in welcher Form, materiell oder geistig, kann immer nur erzeugt werden durch etwas, das sich selbst in Bewegung befindet.

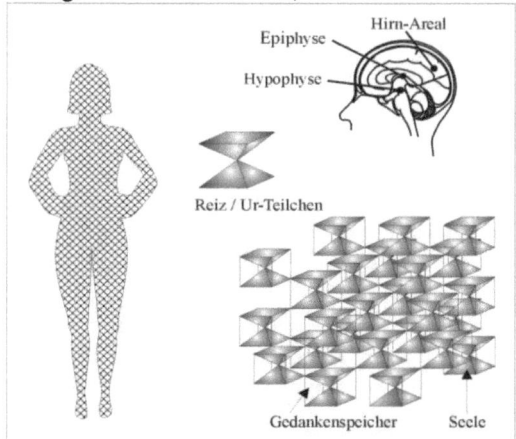

**2 Ablauf:**  **Resonanz-bedingtes Leben (Karma)**
**Speicherung in der Natürlich Materiellen Seele**
*nicht reaktivierbar,*
**da Verdichtung im Gedankenspeicher**

1. **Reiz/Ur-Teilchen**, abgestrahlt aus dem Umfeld
2. Eingestrahlt in den **Körper/Sinnesorgan**
3. Transportiert über die Diagonalen des physischen Systems in die **Epiphyse**
4. Klassifiziert und eingeschleust in das Problem-bezogene **Hirn-Areal**
5. Eingestrahlt in die
**Natürliche Materielle Seele / Organ-bezogenes Areal**
6. **Reiz / Ur-Teilchen kann, bedingt durch die Verdichtung, das gespeicherte Gedankenbild nicht reaktivieren.**

7. Rückstrahlung in die **Hypophyse**

8. **Entstehung von allen möglichen ähnlichen Gedankenbildern,**
die, integriert in Ur-Teilchen der Neutralen Neutrinos, körpereigene Abläufe bewirken (Sprache, Bewegung und sonstige Reaktionen).
9. **Reiz/Ur-Teilchen** – Rückstrahlung in das **Hirn-Areal**
10. Erneut eingestrahlt in die
**Natürliche Materielle Seele / Organ-bezogenes Areal**

287

11. Frequenz- und amplitudenmässige Überprüfung des
**Gedankenspeichers** = Kurz-Zeit-Gedächtnis
Angelerntes Wissen
Gespeicherte nicht resonanz-bedingte
Lebenssituationen (Schicksal)
12. Rückstrahlung in die **Hypophyse**
13. Erneute Entstehung von allen möglichen Gedankenbildern, die durch den Reiz aktiviert wurden.
= **Nicht-resonanz-bedingtes gegenwarts bezogenes Leben**
(Zukunftsdenken, Schicksal-bewirkendes Denken, Veränderung des resonanz-bedingten karmischen Ablaufes)
14. Übertragung der Frequenz und Amplitude der übernommenen Gedankenbilder auf Ur-Teilchen (Neutrale Neutrinos) =
**Entstehung der für den Menschen wahrnehmbaren Gedankenbilder**
a) **Abstrahlung** von Matrizen in den **Körper**, durch die die **Energie** bewirkt wird, die **erkennbare Reaktionen** auslöst.
(Bewegung von Körperteilen, Sprache sowie nicht bewusst kontrollierbare Körperfunktionen)
b) **Ablagerung von zusätzlichen Gedankenbildern in den Gedankenspeicher**
(Kombinationen von Gedankenbildern als Situation, die während des Denkprozesses entstehen und noch nicht im Gedankenspeicher gelagert waren)
c) **Abstrahlung** über das **Energiefeld** des Steuerorgans Hypophyse: ("Stirn-Chakra", "3. Auge") in das **Umfeld.**
Diese Gedankenbild-tragenden Ur-Teilchen, als Reiz in das Umfeld abgestrahlt, bewirken **die Entstehung real ablaufender Lebenssituationen.**

## Wirkung

Die Entstehung dieser real ablaufenden Lebenssituationen ist nicht karmisch resonanz-bedingt, sondern bewirkt schicksalhafte Veränderungen nicht nur des eigenen karmisch bedingten Lebensablaufes, sondern auch Veränderungen des karmisch bedingten Lebensablaufes bei denen, in die die Reize eingestrahlt werden. Dies gilt für den Lebensabschnitt dieses Erdenlebens sowie für Lebensabschnitte folgender Erdenleben.

Resonanz-bedingtes Leben (KARMA) bedeutet, die gespeicherten Gedankenbilder der Seele zu realisieren durch DENKEN und TUN.
Nicht resonanz-bedingtes Leben (SCHICKSAL) bedeutet Veränderung des karmisch resonanz-bedingten Lebensablaufes und Bildung von Gedankenbildern, die in zukünftigen Lebensabschnitten neuer Erdenleben resonanz-bedingt gelebt werden müssen.

Durch die Nicht-Realisierung der gespeicherten resonanz-bedingten Gedankenbilder (ordnungsgemäßer Lebensablauf) entstehen Spannungen in der Natürlichen Materiellen Seele.

**Folge:**
Unzufriedenheit, Ziellosigkeit, Depression, Aggression sowie viele andere psychisch (Psyche =Gedankenspeicher) bedingte Krankheitsbilder, die nicht nur in der psychischen Ebene, sondern auch im somatischen Bereich (physischer Körper) Krankheiten bewirken.

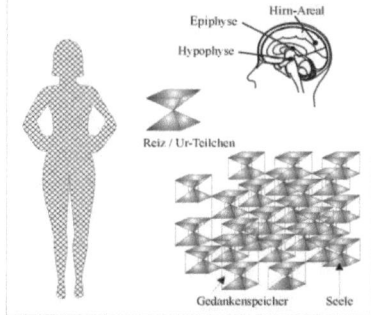

3 Ablauf: **Füllen des Gedankenspeichers bis zur Verdichtung, die verantwortlich ist für die Entstehung der sogenannten "Psycho-Somatischen Krankheitsbilder"**

1. **Reiz/Ur-Teilchen**, abgestrahlt aus dem Umfeld
2. Eingestrahlt in den **Körper / Sinnesorgan**
3. Transportiert über die Diagonalen des physischen Systems in die **Epiphyse**
4. Klassifiziert und eingeschleust in das Problem-bezogene **Hirn-Areal**
5. Eingestrahlt in die **Natürliche Materielle Seele / Organ-bezogenes Areal**
6. **Reaktivierung des karmisch resonanz-bedingten Gedankenbildes durch Einschleusung des Reiz-tragenden Ur-Teilchens und Einschwingung in die Frequenz und Amplitude des gespeicherten Gedankenbildes**

Wird das resonanz-bedingte (Karma) Gedankenbild in dem Moment, wo es in der Hypophyse wahrnehmbar wird, **akzeptiert**, unabhängig davon, ob die daraus entstehende Lebenssituation uns gefällt oder nicht, materialisieren wir **nach der naturgegebene Ordnung** das selbst geschaffene Gedankenbild gleich Lebenssituation aus vorhergehenden Lebensabläufen unserer Erdenleben.

**Die "Natürlich Materielle Seele" wird spannungsfrei, und wir bewegen uns näher auf unseren göttlichen Ursprung zu.**

a) **Akzeptieren wir** die aus dem Gedankenbild resultierende Lebenssituation, die resonanz-bedingt ist, jedoch **nicht**, da wir, durch Erziehung, gesellschaftliches Umfeld, Erlebnisse und Erfahrungen geprägt, **verstandesmäßig** versuchen, die Lebenssituation zu **analysieren**, schaffen wir durch dieses "Zukunfts-Denken" nicht- gegenwarts-bezogene resonanz-bedingte Gedankenbilder, die als Lebenssituation im Gedankenspeicher der "Natürlichen Materiellen Seele" sowie im Jenseits abgespeichert werden.

**Das bedeutet, wir verändern nicht nur unser resonanzbedingtes karmisches Leben durch Nicht-Annahme der für uns bestimmten Lebenssituation, die in einem unserer vorherigen Leben als Gedankenbild von uns selbst geschaffen worden ist, sondern wir schaffen zukünftige Lebensabschnitte, die wir in einem neuen Erdenleben resonanz-bedingt realisieren müssen.**

b) Reaktiviert der Reiz gleich Gedankenbild-auslösende Information eine Lebenssituation im Bereich des **"Selbst-Wertes"**, wodurch die **"Hierarchische Ordnung"**, in die man sich selbst eingeordnet hat, gestört wird, entstehen Verdichtungen, die nicht nur "Psychische" Krankheitsbilder, sondern immer auch "Somatische" - also körperliche (organ-bezogene) Krankheiten verursachen, angefangen von Allergien bis zu KREBS und AIDS.

**"Hierarchische Ordnung"** und **"Selbst-Wert"** sind zwei Begriffe, die folgendes beinhalten. Jeder Mensch wird nicht nur von den Menschen in seinem Umfeld gesellschaftlich eingeordnet, sondern er ordnet sich rangmäßig in die Hierarchie auch selbst ein.

Das heißt, beruflich, gesellschaftlich, bildungsmäßig, materiell usw. ordnet er sich entweder über oder unter andere ein.

Dieses Kriterium bestimmt in allen Bereichen seines Lebens seinen "Selbst-Wert", Gesellschaftlich ist er bestrebt, auf alle Fälle seinen Rang zu erhalten, bzw. er strebt nach einem höheren Rang = Einstufung.

Tritt eine Lebenssituation ein, bei der er annimmt, dass er in den Augen der anderen versagt hat, so bedeutet das für ihn ein Herausfällen aus der hierarchischen Ordnung, einhergehend mit dem Rangverlust, der bei ihm zu einem **"Selbst-Wert-Einbruch"** führt.

Ist dieser Fall eingetreten, denkt die betroffene Person Tag und Nacht über die Problematik nach.

Die in dieser Situation entstehenden Gedankenbilder sind "nicht gegenwarts-bezogen", sondern entspringen der **ANGST**, dass dies und das in der Zukunft als Folge entstehen und eintreten könnte.

290

Da diese Gedankenabläufe gleich Gedankenbilder nicht karmisch resonanz-bedingt sind, werden die Gedankenbilder, manifestiert in Ur-Teilchen, in den Gedankenspeicher der "Natürlich Materiellen Seele" und da in den organ-bezogenen Problembereich eingelagert.

Durch das hohe Aufkommen verdichtet sich die "Natürliche Materielle Seele" im Bereich des Gedankenspeichers so weitgehend, dass im psychischen System Verengungen in Form von Spannungszuständen auftreten.

In dem Moment, wo der Gedankenspeicher des betroffenen Bereiches so weit gefüllt ist, dass keine Ur-Teilchen mehr Platz finden, werden weiter ankommende Gedankenbild-tragende Ur-Teilchen an den Ecken der Diagonalen, an denen die würfelförmigen Einheiten der Natürlich Materiellen Seele verbunden sind, ausgestrahlt und füllen nunmehr das physische System.

Das heißt, sie bewirken nicht nur Stauungen im Energie-Haushalt, sondern sie behindern und verhindern auch den ordnungsgemäßen Transport von Atomen und Molekülen im zellulären sowie im extrazellulären Bereich.

Da die "Natürliche Materielle Seele" gleichzeitig der energiemässige Informationsgeber (Frequenz und Amplitude) für den Standort und die Bindung der Atome und Moleküle, aus denen sich zum Beispiel die Zelle aufbaut, ist und durch sie die Form der Zelle bewirkt und in Form gehalten wird, entstehen Schäden, die mit physischen Mitteln (Medikamente, physikalische Therapien) nicht in die naturgegebene Ordnung zurückgeführt werden können.

Die URSACHE der Entstehung zum Beispiel der meisten Fälle von KREBS muss diesem Ablauf zugeordnet werden.

Das bedeutet, dass alle auf diesem Wege entstehenden sogenannten "Psycho-Somatischen" Erkrankungen nur über die Psyche (Entleerung des Gedankenspeichers) mittels der "Psychischen Exploration" (Lösung der Problematik durch Gespräche) bzw. mittels "Feinstofflicher Energie" (Homöopathie, Farb-Therapie, Bach-Blüten-Therapie usw.) gebessert oder geheilt werden können.

(In dem Kapitel "Psycho-Somatische Erkrankungen und ihre Therapiermöglichkeit" werden wir noch ausführlich auf diesen Ablauf eingehen.)

**Tritt also, sagen wir, eine sogenannte "Schock-Phase", ausgelöst durch einen "Selbst-Wert-Einbruch", ein, dann entsteht durch das Nicht-Annehmen der resonanz-bedingten karmischen Lebenssituation eine URSACHE, die zur Entstehung vielfältiger spezifischer und unspezifischer Krankheitsbilder führt.**

### Resonanz-bedingtes Erdenleben (Karma)

An dieser Stelle möchten wir noch kurz erklärend auf die Begriffe "Resonanz-Bedingtes Erdenleben" sowie "Karma" eingehen.

"Karma" ist ein Begriff, der der östlichen Philosophie entstammt und im weitläufigen Sinne der Oberbegriff ist für den religiösen Glauben an die "Wiedergeburt".

In den meisten Religionen der Welt ist das "Karrnische Rad der Wiedergeburt der Seele in den physischen Körper"' die Grundlage, auf der diese Religionen aufbauen. In der christlichen Religion zählte dieses Wissen bis zum 5. Konzil in Konstantinopel, wie noch beschrieben wird, zur christlichen Glaubenslehre.

Da die Wiedergeburt in den christlichen Kirchen heute nicht mehr gelehrt wird, sehen die Menschen, die im Bereich des christlichen Glaubens leben, die Wiedergeburt einfach als ein Phantasieprodukt einer angeblich falschen Glaubenslehre an.

Im Grunde genommen ist dies eine Anmaßung, die mit einer Unverschämtheit gleichzusetzen ist, wenn man bedenkt, dass über 2/3 der Menschheit in ihrer Glaubenslehre von der Wiedergeburt der Seele in den physischen. Körper überzeugt ist.

Der Begriff "Resonanz-bedingtes Leben", was das Gleiche wie "Karma" bzw. "Wiedergeburt" bedeutet, ist ein Begriff, den wir nicht willkürlich selbst erschaffen haben, sondern er wurde aus den Unterlagen übernommen. In diesen Unterlagen wird das "Resonanz-bedingte Leben" wie folgt erklärend beschrieben.

Die "Geistige" Seele des Menschen, manifestiert in der "Natürlichen Materiellen Seele", existiert, einmal erschaffen, nur EINMAL, und das immer und ewig, unbegrenzt durch Raum und Zeit.

Die Integration eines physischen Körpers in die "Natürliche Materielle Seele" unterliegt dem "Göttlichen Plan", wodurch die "Geistige Seele", abgeschnitten vom "Göttlichen Wissen", individuell selbst erkennen soll ("geistige Evolution"), dass alles Sein physikalischen Gesetzen unterliegt, deren oberstes Gesetz die "Resonanz" » **Ursache - Wirkung / Wirkung - Ursache**«ist.

Das ewige Sein der "Geistigen Natürlichen Materiellen Seele" endet nicht, wenn der Mensch durch die Kraft seiner Gedanken Gedankenbilder schafft, die seinen physischen Leib so weitgehend störend beeinflussen, dass er nach der naturgegebenen Ordnung, die bestimmt wird durch die "Geistige Natürliche Materielle Seele", nicht mehr funktionell existieren kann.

Der sogenannte "Tod" des physischen Körpers des Menschen ist nur für den Menschen, bedingt durch sein Raum- und Zeit-Denken, eine Unterbrechung seines Seins.

In der Geistigen Raum- und Zeit-losen Dimension, in der die Seele existiert, ist die Unterbrechung des ewigen Lebens, die der Mensch durch das Sterben des physischen Körpers erlebt, ein Ablauf, den die Seele, in Zeit gemessen, gar nicht wahrnimmt.

Gleich ob mit oder ohne physischen Körper, erlebt die Seele ihr Sein im physischen Körper nur als einen Moment der Ewigkeit.

Solange sie ihren "Göttlichen Ursprung" nicht erkennt, schafft sie ununterbrochen NEUE Gedankenformen, die sie, eingebunden in Lebenssituationen, nach den physikalischen Gesetzen, die alles Sein bestimmen, in einem physischen Körper realisieren und materialisieren muss.

Aus Göttlicher Sicht gesehen, leben wir nur EINMAL auf Erden im physischen Körper, und zwar so lange, bis die Seele das Göttliche Gesetz der Resonanz erkannt hat und, ohne Schaden zu verursachen, zurückkehren kann in die Raum- und Zeit-lose Dimension, der sie entstammt.

Für die Seele ist der Tod des physischen Körpers ein Vorgang, den sie, real existierend, genauso erlebt wie das Schlafen des physischen Körpers. Die Seele, für sich Raum- und Zeit-los existierend, wirkt im Tod genauso weiter an ihrer geistigen Evolution wie in dem Moment, wo der physische Körper in die Ruhephase eintritt, die wir Menschen als Schlaf bezeichnen.

Der physische Mensch besteht also aus einer "geistigen Seele", die als Gedankenform durch die Kraft, die das Gedankenbild bewirkt, erschaffen wurde.

Das heißt, die Gedankenkraft hat die Frequenz und Amplitude eines N.-Neutrinos, das aus Ur-Plasma-Teilchen besteht, so verändert, dass holografisch das Gedankenbild in diesen Ur-Plasma-Teilchen manifestiert ist.

Durch die Bindungskräfte an den 8 Ecken bewirkt dieses N.-Neutrino in dem Moment, wo es das holografische Gedankenbild trägt, die reale Form in der Größe, wie sie als Gedankenbild erschaffen wurde.

Die geistige Seele bewirkt das Ur-Plasma der Ur-Plasma-Teilchen und ist mit der "natürlichen materiellen Seele" eine real existierende Einheit.

*Einmal erschaffen ist sie aufgrund ihrer Bindungskräfte für immer unzerstörbar und existiert ewig.*

Im physischen Körper, der aus den Atomen gleich Elementen der sogenannten "toten" Materie aufgebaut ist, bewirkt diese "geistige materielle Seele", dass die Atome und Moleküle an dem Platz gebunden werden, in dem diese Materie-Teilchen sein müssen, damit geregelte Funktionsabläufe bewirkt werden können.

Sie ist also verantwortlich für die Ordnung und das Bestehen des naturgegebenen Aufbaus des physischen Körpers des Menschen. Die Kraft, die sie für den Aufbau der Ordnung einsetzt und die als Bindungskraft wirkt, ist gespeichert in der Frequenz und Amplitude ihrer Teilchen.

Der "Gedankenspeicher", das 3. System, der in der geistig materiellen Seele seinen Platz hat, ist der Seinsbereich, in dem der Mensch durch nicht gegenwartsbezogene Gedankenbilder schicksalsbedingte Lebensabläufe schafft, *die verhindern, dass resonanz-bedingte in der Seele gespeicherte Lebenssituationen materialisiert, also gelebt bzw. verlebt werden können.*
Außerdem ist es der Speicher, in dem die Gedankenbilder abgelagert werden, die in einem neuen Erdenleben gelebt werden müssen.
Die "Psyche" des Menschen kann also nicht der Seele zugeordnet werden, sondern ist gleichzusetzen mit den Vorgängen, die im Bereich des Gedankenspeichers ablaufen.
*Ohne geistige materielle Seele ist die Existenz einer physischen, aus Elementen bestehenden Form gleich welcher Art nicht möglich.*
Das zählt nicht nur für den Menschen und für alle natürlichen biologischen Systeme, sondern auch für alle vom Menschengeist erschaffenen Gegenstände, die der Mensch während seines Erdenlebens erschafft.

In der Zeit, in der die Wesenheit, die geistig materielle Seele, im physischen Körper auf Erden weilt, unterliegt sie dem Raum- und Zeit-Denken. Alles, was der Mensch in der Gegenwart seines Seins während seines Erdenlebens
**DENKT und TUT,**
**dazu gehört auch das AUSSPRECHEN,**
ist - resonanz-bedingt - in der geistig materiellen Seele gespeichert.
Das bedeutet, unser zeitbedingtes Leben auf Erden im physischen Körper verläuft "nach Plan".

*Akzeptieren wir, ohne darüber nachzudenken ob er uns gefällt oder nicht - das heißt " ohne Wertung" -, unseren Lebensablauf, den wir selbst erschaffen haben, dann erreicht unsere Wesenheit zu irgend einem Zeitpunkt die geistige Reife und braucht nicht mehr in die Materie zu integrieren.*

Zu dem Zeitpunkt, an dem die Wesenheit dies erreicht, existiert sie als Wesenheit in einem würfelförmigen Kubus gleich dem Kubus, in dem die Erde Mittelpunkt ist.

In dieser Form ist sie in der Lage, mit unserem Ur-Schöpfer und den Wesenheiten, die bei ihm sind, sowie mit anderen Lebensformen gleich Wesenheiten in unserer Galaxis Kontakt aufzunehmen.

Wir Erdenmenschen haben, bedingt durch starres, dogmatisches, raum- und zeit-gebundenes Denken, den geistigen Kontakt zu unserer eigenen Wesenheit verloren.

Intuition, Ahnung, das tiefe Gefühl zu unserem "inneren Ich", zu unserer Wesenheit, wird durch materialistisches Ich-bezogenes Denken so stark überlagert, dass wir auf das, was unsere Wesenheit uns mitteilt, nicht mehr hören und es als Phantasieprodukt abqualifizieren, wenn in uns ein Gedankenbild entsteht, das nicht in die realistische Welt passt, die wir mit unseren 5 Sinnen wahrnehmen.

Erhalten wir Kontakt, sei es durch Krankheit oder Leid, zu unserer Wesenheit und es entstehen in uns Gedankenbilder, die wir nicht in unser reales Sein einordnen können, dann sagen wir, "Das ist ein Phantasieprodukt", ohne uns darüber klar zu sein, dass dieses angebliche Phantasieprodukt real existiert. Wäre es nicht so, könnte es als Gedankenbild nicht entstehen.

Unser physisches Leben ist immer in der Vergangenheit geschaffen, das heißt, in einer unserer *vorherigen* Inkarnationen auf dieser Erde.
Wie schon gesagt:
Alles, was wir "gegenwartsbezogen" *denken und tun,* dazu gehört auch das *Aussprechen,* ist resonanz-bedingtes Leben und stammt aus der Vergangenheit unserer vorhergehenden Leben.
Gegenwart ist also
  *"Aufarbeitung der Gedankenbilder der Vergangenheit".*
Gleichzeitig ist aber auch das gegenwärtige Leben der Zeitpunkt, an dem wir zukünftige Erdenleben nach diesem Erdenleben erschaffen.

Alles, was wir *denken und NICHT tun,* also auch *nicht aussprechen,* bewirkt in der Zukunft das MUSS einer neuen Inkarnation.

Zum besseren Verständnis ein Beispiel

Wenn Sie zum Beispiel darüber nachdenken, wie Sie einen Schrank über eine Treppe in das 2. Stockwerk transportieren können, dann sehen Sie gedankenbildlich den Schrank, das Treppenhaus und die eventuell möglichen Bewegungsabläufe, wie der Schrank nach oben transportiert werden kann. Dieser Denkablauf ist "gegenwartsbezogenes Planen" und wird, da der Schrank nach oben transportiert werden muss, zur Realität.

Die bei diesem Gedankenablauf entstehenden Gedankenbilder, die, in N.-Neutrinos integriert, abgestrahlt werden, strahlen in den real existierenden Schrank und in das Treppenhaus ein.

Läuft der Vorgang des Transportes genauso ab, wie wir ihn uns gedankenbildlich vorgestellt haben, dann war dieses, sagen wir, "planvolle Denken" ein "intuitives resonanz-bedingtes Denken".

Stossen wir zum Beispiel mit dem Schrank ein Loch in die Wand oder der Schrank fällt die Treppe hinunter - ein Gedankenbild, das wir bewusst, vielleicht aber auch nur unbewusst mitgedacht haben -, so ist dies, gleich ob bewusst oder unbewusst mitgedacht, ebenfalls ein resonanz-bedingter Ablauf.

War es jedoch, bewusst oder unbewusst, nicht mitgedacht, so war es auf alle Fälle ein *vorbestimmter karmischer Ablauf,* bei dem diese Szene zu irgend einem Zeitpunkt eines unserer Leben als Gedankenform gleich Szene gedacht und in dieses Leben von uns eingebunden wurde.

Auch dies ist gegenwartsbezogenes Denken, bei dem bewusst in Folge resonanz-bedingt GEHANDELT wird.

Wichtig ist, WIE wir darauf REAGIEREN.

Ärgern wir uns und versuchen wir, an diesem Vorgang einem der Beteiligten "die Schuld zu geben", so schaffen wir NEUE Gedankenbilder nicht nur für uns, sondern auch bei den anderen, die an dieser Lebenssituation beteiligt sind.

Akzeptieren wir jedoch den Ablauf, OHNE darüber nachzudenken, so akzeptieren wir unser karmisches Sein und schaffen kein neues "Schicksal", was gleichbedeutend ist mit karmisch bedingten Inkarnationen "nach dem Gesetz der Resonanz".

Das Gesetz der Resonanz bedeutet, dass Gedankenformen - Szenen, Abläufe - realisiert, also materialisiert werden müssen.

Erst wenn sie materialisiert sind, brauchen sie nicht mehr als reale

296

Form zu entstehen, sondern sie bleiben nur noch für alle Ewigkeit als Gedankenbild in unserer geistigen materiellen Seele enthalten.

Beweisführend dafür, dass dies so ist, sind die Abläufe von Lebenssituationen, die wir bei einer "Reinkarnation" (Rückführung) als Gedankenbilder erleben.

Durch viele experimentelle Rückführungen, die wir in Tiefenhypnose durchgeführt haben, bei denen die Aussagen überprüft werden konnten und diese sich als wahr erwiesen, sind wir davon überzeugt, dass der in den Unterlagen beschriebene Ablauf der Realität entspricht.

Resonanz-bedingte Gedankenbilder, die aus der Seele kommen, sind Einzelbilder, von denen keine Matrize abgenommen und im Gedankenspeicher gelagert wird.

Eine "nicht gegenwartsbezogene" Szene - gleich Gedankenbilder - ist folgende.

Bleiben wir bei dem Schrank.

Ein junger Mensch geht mit seiner Freundin Schaufensterbummeln. In einer Schaufensterauslage sieht er einen Schrank stehen, der ihm sofort gefällt.

Da das Verhältnis noch sehr jung ist und sie nur, um zusammenzusein, diesen Schaufensterbummel unternommen haben, sagt er seiner Partnerin nicht, dass ihm der Schrank gefällt, obwohl er sich gedankenbildlich schon vorgestellt hat, mit dieser Frau in einer Wohnung zusammenzuleben.

Als er abends in seinem Bett liegt, beginnt er, über den Ablauf des Schaufensterbummels nachzudenken.

Der gesamte Ablauf dieses Schaufensterbummels ist gedankenbildlich manifestiert - also gespeichert - in N.-Neutrinos.

Der Schaufensterbummel, das Sehen seiner Umwelt, das Wahrnehmen von Geräuschen, kurz der gesamte Ablauf des Schaufensterbummels, war das Verleben gleich Materialisieren einer resonanz-bedingten in der Seele manifestierten Lebenssituation - dadurch, dass es GETAN worden ist.

Alle anderen Gedankenabläufe, die in der Zukunft spielten, sind, wenn sie nicht resonanz-bedingt in der Seele gespeichert lagen, im Gedankenspeicher sowie im Kurz-Zeit-Gedächtnis gespeichert.

Während seines Nachdenkens können durch einen Reiz - ein Geruchsimpuls, bestehend aus N.-Neutrinos, eine Lichtreflexfon, ein Wort, ein Gefühl, zum Beispiel das Tasten eines Stoffes usw. - diese gespeicherten Gedankenbilder in die Hypophyse geholt und für den jungen Mann, wahrnehmbar als Bild erkennend, sichtbar werden.

Nachdem diese Gedankenbilder aneinandergereiht (= Nachvollziehen des vergangenen effektiven Ablaufes) für ihn erkennbar entstanden sind, beginnt er, sagen wir, "zukunftsträumend" NEUE Gedankenbilder zu schaffen. Diese Gedankenbilder, die jetzt entstehen, sind immer nur Gedankenbilder, die in ihm existieren.
Eine logische Schlussfolgerung. Denn was man nicht kennt, kann man nicht denken.
Aus den vielen in ihm gespeicherten Gedankenbildern baut er nunmehr Szenen auf und er schafft *Situationsbilder, die in der momentanen Gegenwart nicht existieren und nicht realisiert werden können.*
Zusammengestückelt aus unsagbar vielen in ihm gespeicherten einzelnen Gedankenformen formt er *nach seiner Vorstellung* ein Szenarium von Abläufen. Von allen Gedankenbildern, die er während dieses Gedankenablaufes denkt, werden Matrizen abgenommen und über das Energiefeld des sogenannten "3. Auges" (Stirn-Chakra) abgestrahlt.
Alle Gedankenbilder, die *real existierende Gegenstände* betreffen, werden als Matrize in die Atmosphäre abgestrahlt und strahlen in diese Gegenstände ein. Die Entfernung, in der diese Gegenstände existieren, spielt dabei keine Rolle.
Doch die nicht gegenwartsbezogenen Gedanken sind damit nicht aus der Welt geschafft.
Denn die Gedankenbilder, die aufgrund von real existierenden Gegenständen geschaffen wurden, tragen nicht nur die Form des Gegenstandes (in unserem Beispiel die Form des Schrankes) in sich, sondern diese N.-Neutrinos beinhalten - auch wenn es für uns Menschen mit unserem Raum- und Zeit-Denken unvorstellbar ist - die *gesamte Szene.*
*Das bedeutet, alle in dieser Szene nicht real existierenden Abläufe sind Gedankenbilder, die nirgendwo eingestrahlt werden können und deren Matrize in realer Form in das Jenseits transportiert wird.*

298

Vergessen wir dabei nicht, dass von den nicht real existierenden Abläufen jeweils ein Gedankenbild, manifestiert in einem N.-Neutrino, als Matrize in dem dieser Problematik zugehörigen Gedankenspeicher gespeichert wird.

In dem Raum, in dem der physische Körper (2. System und Gedankenspeicher) regelkreismäßig organisch existiert, werden durch diese N.-Neutrinos die Atome und Moleküle, die von der geistig materiellen Seele informationsmäßig an ihrem zuständigen Ort gehalten werden, verdrängt. Der Raum für die Elemente des physischen Körpers wird also kleiner.

Das bedeutet:

Wenn organbezogen in einem Gedankenspeicher ununterbrochen durch nicht gegenwartsbezogenes Denken (Situationsdenken) N.-Neutrinos eingelagert werden, wird zu irgend einem Zeitpunkt die naturgegebene Ordnung im sogenannten 2. System, im physischen System des Menschen, gestört, und es treten Veränderungen ein, die zu Funktionsstörungen führen, da die Atome und Moleküle nicht mehr die Information bekommen, die sie benötigen, um funktionsmäßig ihre Regelkreise aufrechtzuerhalten.

Die Krankheitsbilder, die bei diesem Ablauf entstehen, werden heute von der medizinischen Wissenschaft als "psycho-somatische" Krankheiten bzw. "Zivilisationskrankheiten umschrieben.

Das Verstehen dieses Ablaufes ist für uns physische Menschen sehr wichtig, doch auch sehr umfangreich. Näher werden wir in einem weiteren Buch "Krebs & Aids – Ursache der Entstehung des „bunten Bildes" der Krankheit, und die z.Z. einzig mögliche Therapie" auf diese Thematik eingehen.

Das heißt also, die N.-Neutrinos von nicht gegenwartsbezogenen - irrealen - Abläufen werden im Gedankenspeicher abgelagert und beeinflussen, da diese Gedankenbilder problembezogen in bestimmten Körperbereichen (organbezogen) gespeichert werden, das physische System des Menschen.

Zum anderen wird das N.-Neutrino, das als Gedankenbild in der Hypophyse vom Menschen erkennbar wird, aus der Hypophyse über das Kraftfeld der Stirn-Chakra in das Umfeld ausgestrahlt.

Beinhaltet das Gedankenbild die Form einer real existierenden Form, so wird, wie schon gesagt, dieses Teilchen, dabei spielt die Entfernung keine Rolle, in die existierende Form eingestrahlt und im Gedankenspeicher der Form - egal, ob ein biologisches System oder ein Gegenstand - gespeichert.

Wird das N.-Neutrino in das biologische System eines Menschen eingestrahlt und besitzt dieser Mensch eine hohe Sensibilität (bedingt durch die hohe Reizüberflutung der heutigen Zivilisation ist diese Sensibilität bei den meisten Menschen verlorengegangen), dann spürt der Mensch, wenn sehr stark an ihn gedacht wird und dadurch ununterbrochen Gedankenbilder tragende N.-Neutrinos in ihn eingestrahlt werden, die in sich ankommenden N.-Neutrinos und nimmt sie als Gedankenbilder gleich einem Impuls bzw. gleich einem Gedankensplitter wahr.

Leider reagieren wir Menschen auf diese Signale kaum noch. Da jedoch jeder Mensch die Fähigkeit besitzt, Gedanken wahrzunehmen, kann er sich die Sensibilität wieder aneignen und ist nach einer gewissen Zeit in der Lage, geistig mit anderen Menschen zu kommunizieren.
Dass dies der Realität entspricht, wurde in ungezählten, und auch leider unveröffentlichten, Experimenten bewiesen.
Menschen, die diese Sensibilität besitzen, sind in der Lage, sich auf den Empfang von Gedankenbildern einzustellen, und können auf diesem Wege - man benutzt den Ausdruck "Telepathie" - Informationen aufnehmen und erkennen.
Auf die gleiche Art wirken alle Suggestionen und Auto-Suggestionen.
Dabei bleibt es sich gleich, ob das Gedankenbild mit dem Laut als Energieträger übermittelt oder nur als Gedanke = Gedankenbild tragendes N.-Neutrino abgestrahlt wird.

Fassen wir das Gesagte noch einmal kurz zusammen, damit wir den Ablauf ganz genau verstehen.
Alle geistigen Seelen gleich Wesenheiten, integriert in die natürliche materielle Seele, entstanden durch Gedankenbilder, die durch die Kraft der Gedanken bewirkt werden, und formen sich in der Ordnung des 1. Systems.
Das bedeutet gleichzeitig, die geistigen sowie natürlich materiellen Seelen aller biologischen Systeme wurden am Anfang der Evolution

300

geschaffen und sind durch die existierenden physikalischen Kräfte nicht zerstörbar.

Die Leerräume im 1. System werden im physischen Körper des Menschen als Gedankenspeicher gleich psychisches System immer dann benutzt, wenn die Wesenheit, also die geistige Seele, manifestiert in der natürlich materiellen Seele, in den physischen Leib inkarniert ist, um Gedankenbilder gleich Gedankenabläufe zu speichern, die nicht realitätsbezogen materialisiert werden können.

Die würfelförmigen Freiräume, das 2. System - wobei bemerkt werden muss, dass auch die Freiräume in der geistig materiellen Seele, also der Gedankenspeicher, letztendlich mit dazugehören -, sind der Bereich, in dem sich evolutionsbedingt nach Plan der physische Körper des Menschen so weitgehend aufbaut, dass er vom physischen Menschen real durch seine 5 Sinne wahrgenommen werden kann.

Wird der Gedankenspeicher gefüllt, so verändert er das physische System.

*Das bedeutet, das Füllen des Gedankenspeichers durch N.-Neutrinos, die Gedankenbilder tragen, führt zur Verdichtung des physischen Systems.*

Dadurch erleiden die Regelfunktionen, die im 2. System, dem physischen Körper, ablaufen, Regulationsstörungen, die sich bei einer bestimmten Größenordnung der Verdichtung als sogenannte "Krankheit" (= Funktionsstörung) bemerkbar machen.

Die genauen Abläufe und Zusammenhänge wie zum Beispiel auch das Eindringen von N.-Neutrinos, die Gedankenbilder in sich tragen, in das reale 2. System, was die Ursache vieler Krankheiten ist, wird ebenso wie vieles andere noch näher geschildert werden.

Gehen wir zunächst zurück zu dem Moment, an dem unser Ur-Schöpfer die geistigen Wesenheiten, die nach seinem Gedankenbild aus der Erinnerung erschaffen waren, existierend in der Form der natürlichen materiellen Seele ohne physischen Körper, in die würfelförmige Einheit, deren Mittelpunkt die Erde ist, transportierte.

# Die ENTSTEHUNG des
## PHYSISCHEN ERDENMENSCHEN
### und die FUNKTION des physischen Körpers

Unser Ur-Schöpfer, der durch sein absolutes Wissen über die Gesetze, die unser Sein bestimmen, allmächtig ist und dem auch der Weg der Evolution der Erdenmenschen bekannt war, da er es schon unzählige Male bestimmend erlebt hatte, ließ die Evolution der geistigen Wesenheiten der Erdenmenschen, wie im folgenden beschrieben, ablaufen.

Die geistigen Seelen der Rasse der Erdenmenschen, die nach seinem Bilde erschaffen waren und die die Kraft der Gedanken besaßen, sowie die Seelen gleich Wesenheiten der Welt der Pflanzen, Bäume und Tiere existierten zu der damaligen Zeit der Evolution *ohne physischen Körper.*
Wobei zu beachten ist, dass nur die Wesenheit des Menschen die Kraft der Gedanken besitzt.
Die Bäume, Pflanzen und Tiere können zwar vom Menschen erschaffene Gedankenbilder gleich N.-Neutrinos in ihrem Gedankenspeicher speichern, aber sie besitzen nicht die Kraft, selbst Gedankenbilder zu erschaffen.
Wie Bäume, Pflanzen und Tiere durch Gedanken beeinflusst werden können, werden wir im Folgenden näher erklären.

Damit im Kubus der Erde von den Wesenheiten der heutigen Rasse der Erdenmenschen nicht noch einmal Gedankenbilder in der Form und der Menge erschaffen wurden wie im Kubus des SIRIS, wurde von unserem Ur-Schöpfer nach Plan folgender von ihm schon viele Male durchgeführter Ablauf in Gang gesetzt.
Die erste Generation der Wesenheiten, die von Gott und seinen Söhnen erschaffen worden sind - die physischen Erdenmenschen bezeichnen sie als "Engel" und "Cherubim" -, wurde eingeweiht in die physikalischen Gesetze, die alles Sein bestimmen, sowie in den Sinn und Zweck der geistigen Evolutionierung der strukturierten Universen.
Sie begleiteten die Wesenheiten der Erdenmenschen mit auf die Erde, aber sie lebten nicht mit ihnen zusammen.

302

Damit die Wesenheiten der Erdenmenschen mit der Zeit verlernten, dass sie selbst in der Lage sind, mit ihrer Gedankenkraft Formen zu erschaffen, hatte unser Ur-Schöpfer ein Areal auf dem Planeten Erde mit einer imaginären Grenze gleich Energiefeld umgeben. Dieses Areal wird in der Heiligen Schrift symbolhaft als "Garten Eden" gleich "Paradies" umschrieben. Das bedeutet, dass alle Wesenheiten auf der Erde zu diesem Zeitpunkt ohne physischen Körper existierten.

Immer dann, wenn die geistigen Wesenheiten der heutigen Erdenmenschen ein Gedankenbild erschufen, dessen Form noch nicht existierte, nahmen die Cherubim diese Gedankenformen, die sich außerhalb dieses Areals als natürlich materielle Seele, bestehend aus den N.-Neutrinos, in ihrer realen Größe aufbauten und transportierten sie über eine Diagonale aus dem Kubus der Erde in einen Kubus, in dem die von der Rasse der Erdenmenschen geschaffenen Wesenheiten ihren eigenen Evolutionsweg begannen. Zu dem Zeitpunkt, nachdem die Materie in die Wesenheiten integriert war, wurden sie miteinbezogen in den Evolutionsweg der Erdenmenschen.
Da die Wesenheiten mit der Zeit nicht mehr sahen, dass sie selbst Gedankenformen erschaffen können, da diese von den Cherubim immer direkt abtransportiert wurden, lebten sie absolut gegenwartsbezogen und vergaßen mit der Zeit, dass sie in der Lage sind, als Schöpfer gleich wie unser Ur-Schöpfer mit der Kraft ihrer Gedanken selbst reale Formen zu erschaffen.

Der Grund der Erschaffung immer neuer Formen ist der NEID.
Es ist also der gleiche Grund, aus dem auch die heutigen physischen Erdenmenschen nicht die "Innere Freiheit" der *Toleranz und Liebe* leben, die uns Erdenmenschen die physische Evolutionsstrecke beenden lässt, damit wir wieder mit unserem Schöpfer in Frieden und Liebe leben und existieren können und an der geistigen Evolution Anteil haben.
Das, was den heutigen Menschen prägt - *"besser sein"* und *"mehr scheinen"* als der andere, also der Neid -, war schon das Motiv der Wesenheiten, als sie noch im Kubus des SIRIS lebten.

Dadurch, dass in diesem Lebensraum auf der Erde alle gleich waren - nachdem die Wesenheiten neue Gedankenformen nicht mehr erkennen

konnten und eine *vergleichende Möglichkeit des Besserseins* nicht mehr bestand -, existierten sie nur noch *"gegenwartsbezogen" außerhalb der Dualität Liebe und Neid.*
Da jeder dasselbe konnte und das Gleiche hatte, lebten sie nur noch in der Liebe zu den anderen Geschöpfen, die gleich wie sie von unserem Ur-Schöpfer erschaffen waren.
Das einzige, was man ihnen verboten hatte, war, in die Nähe der imaginären Grenze gleich Kraftfeld zu kommen bzw. sie zu überschreiten, da die Cherubim, die für den Abtransport der Gedankenbilder verantwortlich waren, außerhalb dieser Grenze lebten, um die Gedankenformen, die sich außerhalb der Grenze in ihrer realen Größe bildeten, abzutransportieren.

Nach einer uns nicht bekannten Zeit, die auch nicht in den uns übergebenen Unterlagen beschrieben steht, verführte einer der Cherubim Wesenheiten, diese Grenze zu überschreiten.
Bei diesem Vorgang sahen diese Wesenheiten, dass sie in der Lage waren, mit der Kraft ihrer Gedanken Gedankenformen zu erschaffen, da sich die Gedankenformen ihrer Gedankenbilder in ihrer realen Größe manifestierten.
Der Cherubim, der dafür verantwortlich ist und die Wesenheiten zu diesem Schritt verführte, also der Verführer, wird in den Heiligen Schriften symbolhaft als "gefallener Engel" bzw. als "Teufel", "Satan" oder auch als "Anti-Christ" bezeichnet.
Auch die "Verführung Evas, Adam den Apfel zum Essen zu geben", bei der symbolhaft die "Schlange" als Übeltäter gleich Verführer hingestellt wird, beschreibt diesen Vorgang.
Der Autor, der diesen Teil der Heiligen Schrift aus Überlieferungen niedergeschrieben hat - in den uns überlassenen Unterlagen wird MOSES genannt -, will mit dem Symbol der Schlange als Verführer auf die Wiedergeburt, die Inkarnation, hinweisen.
Das Symbol liegt in der "Häutung" der Schlange, was hinweisend bedeuten soll, dass die geistig materiellen Seelen gleich Wesenheiten (symbolhaft: der Körper der Schlange) immer wieder in einen neuen physischen Körper (symbolhaft: die Haut der Schlange) schlüpfen müssen.
Der "Apfel vom Baum der Erkenntnis" bedeutet symbolhaft das Wiedererkennen, dass die Wesenheit, die nach dem Bild unseres

Ur-Schöpfers erschaffen wurde, selbst in der Lage ist, durch die Kraft ihrer Gedanken Schöpfer zu sein.

Als die Wesenheiten also erkannten, da ihre Erinnerung geweckt war, dass sie doch noch die Kraft der Gedanken besaßen, begannen sie wieder mit dem gleichen Spiel und schufen ununterbrochen nicht gegenwartsbezogene Gedankenformen.

Bedingt dadurch, dass auf einmal wieder große Mengen von Gedankenformen entstanden, die nicht real gegenwartsbezogen existierten, erkannte unser Ur-Schöpfer, dass die geistigen Wesenheiten der Erdenmenschen das Gebot, die Grenze nicht zu überschreiten, gebrochen hatten.

(Dieser Ablauf wird, wie schon gesagt, in den Heiligen Schriften als "Baum der Erkenntnis" beschrieben.)

Er erkannte, dass der Zeitpunkt gekommen war, da die Wesenheiten mit der formschaffenden Gedankenkraft ununterbrochen neue Formen schufen - ein unvermeidbarer Vorgang -, in die geistigen Wesenheiten die Materie zu integrieren.

Dies war nötig, damit sie nicht auch noch erkennen, dass sie als Wesenheit gleich Gedankenform gleich geistig materielle Seele das ewige Leben besitzen.

(In den Heiligen Schriften wird dieser Vorgang auf der Grundlage alter Überlieferungen als "Baum des Lebens" bezeichnet.)

Eingebunden zu sein in das Geheimnis des Lebens und Sterbens, ohne zu wissen, ob der Tod nur eine Unterbrechung oder ein ewiger Tod ist, verführt die in die Materie integrierte Wesenheit während ihres Erdenlebens dazu, über diese Problematik nachzudenken.

Diese "Ur-Angst vor dem Tod", bei dem der physische Erdenmensch nicht weiß, ob er für seine Taten, die er während seines Erdenlebens begangen hat, zur Rechenschaft gezogen werden wird, lässt ihn auf seine "innere Stimme" gleich Wesenheit hören. Sie wirkt wie eine Hemmschwelle, vor der er Angst hat, sie zu überschreiten.

Unbewusst spürt er auch als Verstandesmensch - es ist das intuitive Wissen, das in seiner Wesenheit gespeichert liegt -, speziell wenn er etwas älter geworden ist, dass Böses tun böse Folgen nach sich zieht.

Dabei spielt die Angst vor der Strafe auf Erden für das Begehen einer bösen Tat kaum eine Rolle.

Im Gegenteil. Nicht die "Verbote", die die Menschen erschaffen und in Gesetze eingebunden haben, sondern die "Gebote", die unser

Ur-Schöpfer uns durch Adepten und Propheten übermittelt und die in allen Heiligen Schriften der Welt niedergeschrieben stehen, verhindern letztendlich nur das böse Tun.
Das tiefe Gefühl, das wir mit dem Begriff "Moral" umschreiben, ist keine Hemmschwelle, die uns der Gesetzesgeber auferlegt hat, sondern es liegt als tiefes Ur-Wissen um die Schöpfungs-Gesetze in jeder Wesenheit gespeichert.

Nach Plan erschuf unser Ur-Schöpfer aus den Elementen der Erde das System der "Ein-Zeller", also die Zelle, und integrierte diese Einzeller in das 2. System der natürlichen materiellen Seele aller biologischen Systeme.
Also der Wesenheiten, die wir mit den Begriffen Pflanzen, Bäume, Tiere sowie als Menschen bezeichnen.
Im Laufe der Evolution füllte sich das 2. System, das physische System, das den Körper des Menschen bildet, komplett mit Einzellern, die sich nach den Plänen, die in ihrer DNA festliegen, in Regelkreisen und Organen zusammenschlossen, so, dass jeweils die artspezifischen Systeme, angepasst an die Umwelt, entstehen konnten.
Auf diese Weise entstanden aus den Elementen der Erde auf dem Wege der Evolution all die vielfältigen Formen und Arten der biologischen Systeme - Pflanzen, Bäume, Tiere usw. - so, wie sie der heutige Mensch mit seinen 5 Sinnen wahrnimmt.

Das bedeutet, alle biologischen Systeme sind absolut nach einem *vorgegebenen Plan* entstanden, aber sie tragen auch evolutionsbedingt planmäßig in sich die Voraussetzung, sich den jeweiligen Gegebenheiten der Umwelt anzupassen.
Eingebunden in den großen Kreislauf des physischen Lebens wirken nach diesem Plan alle Wesenheiten des physischen Seins gemeinsam für- und miteinander.
Ohne Pflanzen und Bäume ist das physische biologische System des Menschen nicht lebensfähig. Ohne Tiere könnten die Pflanzen und Bäume genauso wenig wie der Mensch existieren.
Dass diese Aussage, die in den Unterlagen niedergeschrieben steht, absolut der Realität entspricht, ist heute wissenschaftlich bewiesen, auch wenn man es aus dieser Sicht noch nicht betrachtet und erforscht hat.

Nehmen wir zum Beispiel das biologische System des Menschen. Wie schon einmal beschrieben, besteht, bis auf die oberste Hornhautschicht, also die Epithelien, der gesamte Körper des Menschen, gleich welchen Organbereich wir betrachten, ob Nervenfasern, Gefäß-System usw., aus *"einzelnen"* artspezifischen" Organzellen, die miteinander nirgendwo direkt Kontakt besitzen. Alle spezifischen Organzellen sind einzelne geschlossene Systemeinheiten, die aus Atomen und Molekülen aufgebaut sind.

*Diese Atome und Moleküle wurden und werden nach einem bestimmten Plan, der in der geistig materiellen Seele festliegt, so gebunden, dass die spezifischen Zellen, eingebunden in Organbereiche, entstehen.*

Nehmen wir als Beispiel eine spezifische Organzelle. Diese Zelle, die aus tausend und abertausend Atomen und Molekülen aufgebaut ist, entsteht auf folgende Weise.

Im Gitternetz der natürlichen materiellen Seele werden durch die Information - Frequenz und Amplitude - der einzelnen N.-Neutrinos Atome in der Weise zu Molekülen gebunden, dass die jeweilige spezifische Organzelle so entsteht, wie sie im Gesamt-System benötigt wird.

Dieser Vorgang läuft ortsgebunden so lange ab, bis die natürliche Größe eines Organs in der Form entstanden ist, dass es für die Funktion des Gesamt-Systems des Menschen funktionell ausreicht und die ihm zugeordneten Funktionen hundertprozentig erfüllen kann.

Auf diese Weise entsteht - wir bezeichnen es mit dem Begriff Wachstum - das physische biologische System des Menschen in der Größenordnung, wie sie als Plan in der natürlichen materiellen Seele des Menschen festliegt.

Ist die Zelle gebaut, so übernimmt die DNA - also die Gene der Doppelhelix -, die sich im Kern der Zelle befindet, die Steuerung der Funktionen und die Regulation der Zelle.

Diese Schaltzentrale mit ihren Genen reguliert die funktionelle Erhaltung, den weiteren Auf- und Umbau sowie die Produktionsabläufe in den spezifischen Zellen.

Gesteuert werden diese gesamten Abläufe durch Energiequanten verschiedener Größenordnungen (Photonen).

Jede einzelne Zelle ist eine in sich geschlossene Einheit, ein autonomes System, das von der Lieferung von Nahrungssubstrat (Atome und Moleküle) und Energie abhängig ist.

Ohne dieses Medium, aus dem sie also das Nahrungssubstrat und die Energie erhält, um ihre Funktionen zu erfüllen, ist sie nicht existenzfähig.

Alle spezifischen Organzellen schwimmen, wie wissenschaftlich effektiv nachgewiesen, in einer GEL-ARTIGEN extrazellulären Gewebeflüssigkeit, die nach PISCHINGER als "Grundsystem" bezeichnet wird.

Wie schon beschrieben, besteht dieses Medium, also die extrazelluläre Gewebeflüssigkeit, auch als mesenchymales Gewebe bezeichnet, aus ($H_2O$) Wasser, das die Zelle produziert, sowie aus Molekülen der Elemente (H) Wasserstoff, (O) Sauerstoff, (C) Kohlenstoff und (N) Stickstoff, aus Elektrolyten, Spurenelementen usw.. Die Viskosität dieser extrazellulären Gewebeflüssigkeit ist im Soll-Zustand *gel-artig*.

Das Wichtigste dabei ist, dass alle Zellen in einem Zellverband bzw. in einem Organbereich miteinander keinerlei Verbindung besitzen. *Jede Zelle existiert für sich allein.* Eine Kommunikation miteinander zum Beispiel durch Energiequanten (Photonen) oder auf bio-chemischem Wege existiert nicht.

Der Zellverband eines Organbereiches wird nur durch die Energie zusammengehalten, die die einzelnen spezifischen Organzellen und die extrazelluläre Gewebeflüssigkeit energie-potential-mäßig aufweisen.

Der von der Wissenschaft geprägte Begriff "mesenchymales Gewebe" bzw. "weiches Bindegewebe" ist nicht nur absolut falsch, sondern erweckt auch noch fälschlicherweise den Eindruck, als halte diese extrazelluläre Gewebeflüssigkeit die Zellen wie ein Gewebe zusammen.

Der ganze Körper des Menschen besteht also, wie schon gesagt, bis auf die oberste Hornhautschicht, die Epithelien, nur aus einzelnen spezifischen Organzellen, die in der extrazellulären Gewebeflüssigkeit - sagen wir einfach - schwimmen.

Auch wenn es für uns ein psychisches Problem ist, uns gedankenbildlich vorzustellen, dass der Körper des Menschen letztendlich ein Gefäß ist, in dem in einer gel-artigen Flüssigkeit Einzelzellen ortsgebunden existieren, so ist es doch die Realität.

*Ein Zellverband wird durch die Energie zusammengehalten, die die einzelnen spezifischen Organzellen und die extrazelluläre Gewebeflüssigkeit in diesem Zellverband aufweisen.*
In den Epithelien, also in den obersten Schichten der Haut, der Schleimhäute und der organabgrenzenden Oberflächen besitzen die Zellen ein Energie-Potential, das es ihnen ermöglicht, miteinander Verbindungen einzugehen.
Diese, sagen wir, Energiestrukturen, die planmäßig von der geistig materiellen Seele gesteuert werden, sind letztendlich, verantwortlich für die Existenz der Formen und der Gestalt der Organe und des Körpers des Menschen.

Wird durch Gedankenbilder der Gedankenspeicher der geistig materiellen Seele gefüllt (psychische Ebene), so entstehen Energiefeld-Veränderungen, die gleichzeitig verantwortlich sind für die Ausdehnung und Veränderung der Form und Gestalt der Organbereiche sowie des Körpers des Menschen.
Das heißt zum Beispiel, *"Dicksein"* ist ein psychisches "energieveränderndes" Problem, *das - durch die Bildung von falschen, nicht gegenwartsbezogenen" Gedankenbildern - im Kopf anfängt.*
Das Nahrungssubstrat, die Glucose, sowie Mineralstoffe, also Elektrolyte, Spurenelemente und ionisierter Atmungs-Sauerstoff werden aus den Kapillaren nur in diese extrazelluläre Gewebeflüssigkeit eingestrahlt. Keine Kapillare hat direkt Kontakt mit irgendeiner Zelle. Dasselbe gilt für die Nervenfaserenden.
Auch alle Informationen, die als Energiequanten, die die Informationsträger sind, aus dem Gehirn über die Nervenfaserenden abgestrahlt werden, gehen in die extrazelluläre Gewebeflüssigkeit, in das Medium der Zelle, da auch diese Nervenenden nirgendwo - wie elektronenmikroskopisch nachgewiesen – direkt Kontakt mit der Zelle besitzen.
Die Vermutung, dass die Zellen, auf bio-physikalischem Wege erklärt, mittels Bio-Photonen untereinander Kontakt besitzen, entspricht, wie schon einmal gesagt, nicht den Tatsachen.
Auch Informationen vom Gehirn zur Zelle oder von der Zelle zum Gehirn existieren nicht.
Es existiert nur eine Kommunikation mittels Bio-Photonen, also Energieträgern, die die Information als Frequenz und Amplitude,

tragen, zwischen den Hirnbereichen und der extrazellulären Gewebeflüssigkeit in dem Organbereich, der dem jeweiligen Hirnbereich untergeordnet ist. Das heißt, das Gehirn übermittelt nur die Information *Energien bestimmter Frequenzen.* Diese Energie gleich Information beeinflusst - auf Energiebasis - die Funktionen der extrazellulären Gewebeflüssigkeit.

*Maßgebend für die Reaktion der einzelnen Zellen im Zellverband ist also allein das Energie-Potential, das die extrazelluläre Gewebeflüssigkeit aufweist.*
Aus bio-chemischer Sicht ist der pH-Wert, der durch die Wasserstoff-Ionen-Konzentration und die Elektrolyte sowie die freien Elektronen bewirkt wird, maßgebend für die naturgegebene Ordnung des Energie-Potentials.
Aus bio-physikalischer Sicht sind die mit *Ionisations-Energie* geladenen ($H^+$) Wasserstoff-Atome die maßgebenden Energieträger.
Leider wurden die von uns und anderen Wissenschaftlern gefundenen bio-physikalischen Erkenntnisse von der forschenden medizinischen Wissenschaft bis heute noch nicht in ihr biochemisches Denkkonzept miteinbezogen.

Da die spezifischen Organzellen sowie die gesamte extrazelluläre Gewebeflüssigkeit, also letztendlich der gesamte Mensch, aus nichts anderem bestehen als aus Atomen und Molekülen, ist somit allein maßgebend für die Zustände, die wir mit den Begriffen "GESUNDHEIT" und "KRANKHEIT" umschreiben, die

### *"FREIE IONISATIONS-ENERGIE",*

die in Form von Elektron-Neutrinos Moleküle aufspalten und umgestalten kann.
Alle weitere Aussagen, die wir über diese Zusammenhänge geschrieben haben, sind so weitgehend wissenschaftlich und experimentell von uns und vielen anderen Wissenschaftsgruppen bewiesen sowie Bestandteil der wissenschaftlichen Literatur, dass man sich nur noch darüber wundern kann, dass die heute gültige Lehrschulmedizin diese Erkenntnis, die - zum Wohle der Patienten - einen *Paradigmawechsel* in der heutigen Medizin bewirken würde, noch nicht akzeptiert.

310

Leider ist es gang und gäbe, Aussagen - und das zählt nicht nur für die Wissenschaft - einfach nachzudenken und nachzuplappern, ohne über diese Aussagen "darüber hinaus" nachzudenken.

Würde man zumindest vergleichend nachdenken und die so viel gepriesene verstandesmäßige Logik einsetzen, so käme man sehr oft zu wesentlich anderen Ergebnissen als zu denen, die von der Wissenschaft zurzeit als Grundlage benutzt werden.

Ist die Grundlage falsch und beruht sie also auf falschen Modellvorstellungen, so können die Erkenntnisse letztendlich auch nicht richtig sein. Außer man manipuliert Modelle und Erkenntnis gemeinsam, bis das gefundene Ergebnis mit der vorgegebenen Modellvorstellung, also der Grundlage, übereinstimmt.

In der medizinischen forschenden Wissenschaft ist dies leider der Fall.

Im folgenden werden wir, logisch nachvollziehbar, beweisen, dass

a)      die Grundlage, auf der die medizinische Wissenschaft in allen Bereichen forscht, nicht stimmt und dass das

b)      auch für die Erkenntnisse gilt, die auf dieser Grundlage gefunden worden sind.

Nennen wir ein paar Beispiele.

Es ist wissenschaftlich absolut bewiesen und unwiderlegbar, dass die spezifische Organzelle eine autonome - selbständige - Einheit ist, die sich selbst funktionell steuert und reguliert.

Gleich wie das Medium, die extrazelluläre Gewebeflüssigkeit, aussieht, in dem die spezifische Organzelle existiert, die Zelle funktioniert so lange weiter, wie sie ein Medium zur Verfügung hat, das ihr Energie und Molekularstrukturen liefert, die sie verwerten kann. Dass dies stimmt, ist unzählige tausend Male in vitro, also im Reagenzglas, nachgewiesen worden.

Im biologischen System des Menschen funktioniert sie nach der naturgegebenen Ordnung unserer heutigen Umwelt, in der der physische Mensch lebt, für die Gesamtheit der Regelkreise des physischen Körpers nur dann absolut, wenn die extrazelluläre Gewebeflüssigkeit so beschaffen ist, dass der *"aerobe Stoffwechsel"*, *der durch den ionisierten ($O_2^{--}$) Atmungs-Sauerstoff bestimmt wird*,

311

gewährleistet ist. Ist dies der Fall, so umschreiben wir den Zustand des biologischen Systems des Menschen mit dem Begriff "gesund".

Existiert jedoch eine Zelle oder ein Zellverband - oder auch die spezifischen Zellen des gesamten Körpers des Menschen - in einer extrazellulären Gewebeflüssigkeit, die sich nicht, sagen wir einfach, im Gel-Zustand befindet, dann reagiert die autonome Zelle bzw. reagieren die autonomen Zellen im Zellverband auf folgende Weise.

Halten wir zunächst noch einmal fest:

Die Zelle ist eine absolut autonome - in sich geschlossene - Systemeinheit. Also, ein absolut individuelles System, das keinerlei Regelmechanismen hat, durch die sie erkennt. welche lebenswichtige Funktion sie im Gesamtverband des biologischen Systems des Menschen besitzt.

Sie erfüllt als einzelne spezifische Organzelle, gebaut durch die Information - Frequenz und Amplitude - der geistigen materiellen Seele, nach Plan, der in der DNA festliegt, ihre Aufgabe.

Voraussetzung, dass sie diese nach der naturgegebenen Ordnung im Gesamt-System des Menschen erfüllen kann, ist der Zustand der extrazellulären Gewebeflüssigkeit. Ohne dieses Medium ist sie nicht existenzfähig.

Befindet sich das Medium, der Lieferant für Rohstoff und Energie, nicht im ordnungsgemäßen Zustand (Gel-Zustand), ist es zum Beispiel zu dünnflüssig bzw. zu dickflüssig, dann reagiert die spezifische Organzelle in der Form, dass sie zum Beispiel auf Gärungsstoffwechsel umschaltet, oder so, wie im folgenden beschrieben.

## Zu dünnflüssig = zu hohes Energie-Potential

Durch das hohe Energie-Potential der extrazellulären Gewebeflüssigkeit entsteht eine Überproduktion von ($H_2O$) Wasser, was dazu führt, dass sich die extrazelluläre Gewebeflüssigkeit verdünnt.

In diesem Kreislauf werden gleichzeitig durch das Aufkommen der großen Mengen von Ionisations-Energie die Molekularstrukturen der Mukopolysaccharide usw. so weitgehend aufgespaltet, dass dadurch der Vorgang der Verdünnung noch verstärkt wird.

Auf der anderen Seite dehnen sich bei diesem Vorgang, wie wissenschaftlich nachgewiesen, die Kapillaren aus, wodurch übergroße Mengen an Glucose, Eiweißen und anderen Molekülen in die extrazelluläre Gewebeflüssigkeit gelangen.

Dieser Ablauf, der im 3. Buch schon näher beschrieben wurde, bewirkt, dass an den betroffenen Stellen Temperaturerhöhungen auftreten.

Hat das Energie-Potential der betroffenen Stelle einen gewissen Schwellpunkt erreicht, so schaltet sich das gesamte Grundsystem des Körpers regulierend ein.

Fassen wir zur Vertiefung noch einmal ergänzend zusammen.

Physiologisch, pathologisch sowie aus bio-chemischer und biophysikalischer Sicht gesehen, behauptet die medizinische Wissenschaft, dass das sogenannte mesenchymale Bindegewebe eine Gewebeform ist, die die einzelnen Zellen miteinander verbindet und in Zellverbänden zusammenhält.

Seit circa 1950 (PISCHINGER) weiß man definitiv, da man es elektronenmikroskopisch nachweisen konnte, dass das nicht der Fall ist, sondern dass das Grundsystem ein Gefäß-System ist, in dem die extrazelluläre, bleiben wir bei dem Term, "Gewebe"-Flüssigkeit, sich laufend struktur- und energiemäßig verändernd, fließt.

Es ist unbestreitbar, dass keine Kapillaren sowie Nervenfaserenden direkt in eine Zelle gehen, sondern dass die Nervenfaserenden ihre Information (energietragende Photonen) und die Kapillaren das Nahrungssubstrat, die Elektrolyte - ($Mg^{++}$) Magnesium, ($Ca^{+}$) Calcium, ($Na^{+}$) Natrium usw. - sowie den negativ ionisierten ($O_2^{--}$) Atmungs-Sauerstoff in die von der Wissenschaft als mesenchymales Gewebe bezeichnete extrazelluläre Gewebeflüssigkeit einstrahlen.

Diese extrazelluläre Gewebeflüssigkeit besitzt also keine Gewebeform die molekularmäßig die Zellen miteinander verbindet, sondern ist eine gel-artige Flüssigkeit, die aus ($H_2O$) Wasser besteht, das in der Zelle produziert wird. Ihren gel-artigen Zustand erhält sie durch Riesenmoleküle, die sogenannten Mukopolysaccharide (Proteoglykane), deren Bestandteile (C) Kohlenstoff, (O) Sauerstoff, (H) Wasserstoff und (N) Stickstoff sind.

Wie 1979 von HEINE und SCHAEG nachgewiesen, besitzen die Proteoglykane die Fähigkeit, Wassermoleküle zu binden.

Aufgrund ihrer verschiedenen negativen ($^-$) Ladungen (Elektronen-Energie-Einheiten) sind sie prädestiniert zum Ionen-Austausch mit ($Na^+$) Natrium, ($Ca^{++}$) Calcium und ($Mg^{++}$) Magnesium.

Das bedeutet, sie stellen den "regulierenden Faktor" für die Erhaltung der Größe des Energie-Potentials dar, da bei einem Ionen-Austausch Ionisations-Energie freigesetzt wird, die als "freie Energie" für die Aufspaltung von neutralen Molekülen eingesetzt werden kann.

Gleichzeitig sind diese Riesenmoleküle das Depot der großen und kleinen Retikulumzellen. Also der Histio- und Monozyten sowie der Lymphozyten der T- oder B-Form.

Außerdem haben sich in dem Verbund spezifische Antikörper eingebaut, die bei Bedarf freigesetzt werden.

Die genauen wissenschaftlich gefundenen Funktionsabläufe sowie der Aufbau der Struktur der extrazellulären Gewebeflüssigkeit sind im 2. Teilabschnitt genau erläutert.

Es ist also ein Gefäß-System, in dem die autonomen spezifischen Einzelzellen existieren, ohne dass sie miteinander in irgendeinem Kontakt stehen.

Betonen wir noch einmal: **Jede spezifische Organzelle ist eine in sich geschlossene Einheit, die absolut autonom funktioniert.**

Die Annahme von bio-physikalischer Seite, dass die spezifische Organzelle einen Kommunikationskontakt mittels Energiequanten, sogenannten Bio-Photonen, mit dem Gehirn aufrechterhält, entspricht nicht den Tatsachen. Genauso wenig haben die Zellen, wenn sich die extrazelluläre Gewebeflüssigkeit in ordnungsgemäßem Zustand befindet, direkt untereinander Kontakt.

Erst wenn in einem Zellverband die extrazelluläre Gewebeflüssigkeit nicht mehr den ordnungsgemäßen Zustand aufweist (Energie-Potential und Viskosität), also pathologisch ist, haben die Zellen über die Proteoglykane die Möglichkeit, untereinander Kontakt aufzunehmen.

Wie von HEINE nachgewiesen werden konnte, bilden die Proteoglykane, aus bio-physikalischer Sicht gesehen, ein, wie er sagt, variables Filter- bzw. *Molekularsieb,* das die Transmission, also den Transport zwischen Kapillare und Organzelle, bei pathologischer Veränderung beeinflussen kann.

314

Die Porengröße des Proteoglykanen-Molekularsiebs ist, wie HEINE schreibt, jeweils, von der Konzentration der gelösten Proteoglykane, deren Molekulargewicht, dem pH-Wert der Lösung und den anwesenden Elektrolyten im betreffenden Gewebsbereich abhängig. Das bedeutet, und wir schließen uns dieser Meinung absolut an, dass die Transmitterfunktion (Transport von Molekülen aus der Kapillare zur Zelle) vom jeweiligen Zustand der extrazellulären Gewebeflüssigkeit abhängig ist, da die Porengröße des Molekularsiebs die Durchgängigkeit der Grundsubstanz bestimmt. Das Gleiche gilt für die Information in Form von Energiequanten aus dem Gehirn.

Wie von KELLNER und PISCHINGER wissenschaftlich nachgewiesen, können die informationstragenden Energiequanten nur in die extrazelluläre Gewebeflüssigkeit einstrahlen. *Allein das Energie-Potential der extrazellulären Gewebeflüssigkeit sowie die daraus resultierende Viskosität bestimmen informativ den Funktionsablauf der Zelle.* Verändert sich zum Beispiel das Energie-Potential bzw. der pH-Wert, also die Elektrolyte, so verändert sich auch die Viskosität dahingehend, dass der Soll-Zustand nicht mehr den Naturgegebenheiten entspricht, und die jeweils betroffenen Zellen reagieren autonom, jede für sich, sich selbst schützend, regulierend.

Um es dem Laien leichter verständlich zu machen, ein Beispiel.
Die Transmitter-Funktion, einfach ausgedrückt, der Transport des Nahrungssubstrats zur Zelle, läuft nicht, wie angenommen, regelgebunden ab, sondern wird aktiv auf galvanischem Wege durch Energie bewirkt.
Das Nahrungssubstrat (Glucose-Molekül) wird aus der Kapillare in die extrazelluläre Gewebeflüssigkeit eingestrahlt.
Stimmt das Energie-Potential der Gewebeflüssigkeit, dann übernehmen "energie-tragende " Molekularstrukturen dieses Nahrungssubstrat und transportieren es zu der außen positiv ($^+$) geladenen Zellmembrane. An der Zellmembrane bindet nunmehr das energietragende Molekül das Nahrungssubstrat (Glucose) an und wartet, bis die Zelle das Nahrungssubstrat zur Weiterverarbeitung benötigt.

Das heißt, erst dann, wenn die Zelle ein Glucose-Molekül, bestehend aus (6 C  12 H  6 O), also aus 6 (C) Kohlenstoff-Atomen, 12 (H) Wasserstoff-Atomen und 6 (O) Sauerstoff-Atomen, in der Mitochondrie, dem Chemie-Werk der Zelle, aufgespaltet hat zu ($H_2O$) Wasser - das für die extrazelluläre Gewebeflüssigkeit bestimmt ist - und ($CO_2$) Kohlendioxyd und diese entstandenen Produkte energiemäßig mit der - vorhereingestrahlten - Energie, die für diesen Vorgang benötigt wird, aus der Zelle transportiert werden, kann das nächste Glucose-Molekül mittels Energietransport - *und nicht Diffusion*- in die Zelle gelangen.

Wenn das Energie-Potential der extrazellulären Gewebeflüssigkeit dahingehend nicht stimmt, dass sie das Nahrungssubstrat nicht transportieren kann, befindet sich die Gewebeflüssigkeit in folgendem Zustand.

Die Viskosität ist im Soll-Zustand gel-förmig und besitzt in diesem Zustand ein Energie-Potential, bei dem die Zellen naturgegeben funktionieren, das heißt, in der Zelle läuft ein "aerober Atmungssauerstoff-gebundener Stoffwechsel" ab.

Hat sich zum Beispiel durch eine Infektion die Gewebeflüssigkeit viskositätsmäßig so weitgehend verändert, dass sie sich, wie schon beschrieben, im flüssigen und nicht gel-förmigen Zustand befindet, dann besitzt sie ein so hohes Energie-Potential, dass der Transport des negativ geladenen ($O_2^-$) Sauerstoffs und des Nahrungssubstrats schneller abläuft und die Zelle sich in eine höhere Produktionsrate einschwingt. Das bedeutet, die Zelle produziert mehr Wasser, und innerhalb des betroffenen Zellverbandes bewirkt dieses hohe Wasseraufkommen eine Ausdehnung, also einen ödemalen Zustand.

Dieser Vorgang läuft zum Beispiel bei einer Infektion ab.

In dem Moment, wo beispielsweise ein Insektengift in die extrazelluläre Gewebeflüssigkeit einstrahlt oder ein toxisches Molekül, wie zum Beispiel Benzol, aus der Blutbahn über die Kapillare in die Gewebeflüssigkeit transportiert wird, lösen sich große Retikulumzellen aus der Grundsubstanz und bilden einen Histiozytenwall, um das weitere Eindringen in das Grundsystem zu verhindern. Existieren in den Riesenmolekülen Plasmazellen, dann lösen sich diese und setzen Antikörper frei.

Durch diesen Vorgang verändert sich die extrazelluläre Gewebeflüssigkeit dahingehend, dass im Bereich der Infektionsstelle die Gewebeflüssigkeit, da Molekularstrukturen abgezogen werden, *flüssiger* wird.

Das bedeutet, durch die Ummantelung der toxischen Substanz, werden Riesenmoleküle aufgespaltet, was dazu führt, dass sich die Viskosität in diesem Bereich zum Flüssigen hin verändert.

Dieser Ablauf, der ein *energetischer* Vorgang ist, bewirkt ein höheres Energie-Potential, was wiederum dazu führt, dass neutraler (O) Atmungs-Sauerstoff, der aus den Kapillaren in die extrazelluläre Gewebeflüssigkeit einstrahlt, schneller ionisiert wird.

Da der Transport des (O) Atmungs-Sauerstoffs regelsystemmäßig, das heißt proportional mit der Lieferung von Nahrungssubstrat einhergeht, erhält die Zelle große Mengen an Nahrungssubstrat und ionisiertem ($O_2^-$) Sauerstoff, was sie dazu zwingt, schneller - was gleichzeitig bedeutet "mehr" - Wasser zu produzieren.

Dieses hohe Wasseraufkommen ist die Ödemalisierung (einfach ausgedrückt: Wasseransammlung), die immer dann auftritt, wenn irgendwo Noxen, also toxische (giftige) Molekularstrukturen in das Grundsystem eingebrochen sind.

Das bedeutet, damit Sie es genau verstehen, durch die hohe mengenmäßige Anlagerung des negativ ionisierten ($O_2^-$) Sauerstoffs und des Nahrungssubstrats wird das Zellmembranen-Potential verändert und die Zelle reagiert funktionell in der Form, dass sie das Nahrungssubstrat produktionsmäßig schneller in ($H_2O$) Wasser und ($CO_2$) Kohlendioxyd umbaut.

Dies führt wieder dazu, dass, wie schon gesagt, ein höheres Wasseraufkommen die extrazelluläre Gewebeflüssigkeit noch flüssiger werden lässt.

Gleichzeitig bewirkt das höhere Aufkommen der negativ ($^-$) geladenen Moleküle der ATP (Adenosintriphosphat), die Elektronen in den extrazellulären Raum abgibt, dass sich das Energie-Potential so weit erhöht, dass starke Temperaturveränderungen im Bereich des Zellverbandes, an dem die Noxen eingebrochen sind, auftreten.

Fälschlicherweise wird von der forschenden medizinischen Wissenschaft immer noch angenommen, dass die Zelle in der Lage ist, durch die Aufspaltung von neutralen Molekülen *"Energie zu gewinnen"*.

Aus bio-physikalischer Sicht gesehen ist diese Behauptung, auf der viele Erkenntnisse beruhen, absolut falsch.

Die ATP (Adenosintriphosphat-Synthese) ist nicht der Träger von "Freier Energie", sondern sie transportiert *Sauerstoff-Elektronen,* die sie vom Atmungs-Sauerstoff übernommen hat, der für die Bildung von $(CO_2)$ benötigt wird, aus der Zelle in die extrazelluläre Gewebeflüssigkeit.

Erst in der extrazellulären Gewebeflüssigkeit, wenn diese Sauerstoff-Elektronen mit dem Reaktionspartner $(H^+)$ Kontakt eingehen, das heißt, wenn das $(H^+)$ Wasserstoff-Restatom das Elektron vom (P) Phosphat übernommen hat, wird die vorher zur Ionisation verwendete Ionisations-Energie in Höhe von 13,53 eV wieder frei.

Wie dieser Vorgang genau abläuft, haben wir im 2. Buch in Verbindung mit der Atmungskette ausführlich geschildert.

Ist ein größerer Zellbereich betroffen, so entsteht durch das auftretende hohe Energie-Potential in diesem Zellbereich eine Erhöhung der Körpertemperatur.

Hat sich das gesamte Grundsystem regulierend in den Vorgang eingeschaltet, da das Aufkommen der toxischen Molekularstrukturen zu groß war, um es lokal zu regulieren, verändert sich das Energie-Potential im gesamten Grundsystem.

Ist dies der Fall, so tritt, über das Gehirn gesteuert, der Zustand ein, den man mit dem Begriff "Fieber" umschreibt.

Das Grundsystem versucht nunmehr im ganzen Körper, das mehr entstehende Wasser über die Lymphspalten sowie über die Hautporen aus dem Körper zu transportieren. Diesen als Schweißabsonderung ablaufenden Vorgang hat jeder Mensch schon einmal in seinem physischen Erdenleben selbst erfahren.

Da das Wasser auch über das Lymphsystem abtransportiert wird - gleich wie über die Hautporen -, werden bei diesem Vorgang außerdem hohe Mengen an Stoffwechselschlacken, die sich in der extrazellulären Gewebeflüssigkeit befinden, mit ausgeschleust.

Dies ist einer der Gründe, warum Fieber ein heilender körpereigener Selbstregulationsvorgang ist.

Das Gleiche gilt, wenn wir unseren Körper Wärmequellen oder der Sonne aussetzen. Auch da verändert sich das Energie-Potential der extrazellulären Gewebeflüssigkeit, da ununterbrochen Energiequanten von der Wärmequelle - zum Beispiel Ofen, Sonne - in die extrazelluläre Gewebeflüssigkeit eingestrahlt werden. Der Ablauf ist dann im Grunde genommen der gleiche. Wir schwitzen und scheiden dabei die Überproduktion des Wassers in Verbindung mit Stoffwechselschlacken aus. Der Geruch, den wir beim Schwitzen absondern, entsteht durch Moleküle, die aus Atomen bestehen, die in dieser Verbindung vom menschlichen biologischen System nicht verarbeitet werden können und die in dieser Verbindung als Molekül Frequenzen und Amplituden besitzen, deren Abstrahlung, bestehend aus N.-Neutrinos, wir als unangenehm, da nicht naturgegeben, für den Riechsinn des Menschen empfinden.

Zusammengefasst bedeutet es also, wenn die spezifischen Organzellen zuviel Wasser produzieren, dass die extrazelluläre Gewebeflüssigkeit ein zu hohes Energie-Potential besitzt.
Hat das Energie-Potential einen gewissen Schwellpunkt überschritten, so entsteht der Zustand, den wir als "akutes" bzw. als "entzündliches" Krankheitsbild bezeichnen.

## Zu dickflüssig = zu niedriges Energie-Potential

"Degenerative" bzw. "chronische" Krankheitsgeschehen, also symptomatische Krankheitsbilder wie zum Beispiel KREBS, Herzinfarkt, Schlaganfall, rheumatischer Formenkreis usw., entstehen immer dann, wenn sich die extrazelluläre Gewebeflüssigkeit viskositätsmäßig so stark verdickt hat, dass man sie fast als unbeweglich - starr – bezeichnen kann.

In der heutigen forschenden medizinischen Wissenschaft versucht man nachzuweisen, dass alle Krankheiten durch die Veränderung der spezifischen Organzellen auftreten.
Dies ist einer der Gründe, warum die gesamte Forschung, speziell in den Bereichen der chronischen Erkrankungen sowie der Zivilisationskrankheiten, also der "Psycho-Somatischen" Krankheiten, stagniert. Wie schon mehrmals gesagt, ist jede spezifische Organzelle

eine aus sich heraus sich selbst regulierende autonom funktionierende Einheit. Ein System, das sich selbst erhält, gleich ob es den" Aeroben Atmungssauerstoffabhängigen Stoffwechsel" oder den "Anaeroben sogenannten relikten Stoffwechsel der Gärung" einsetzt.

Als biologisches System, evolutionsbedingt angepasst an unsere Umwelt, produziert die Zelle ($H_2O$) Wasser auf der Basis des "aeroben - Atmungsaktiven - Atmungssauerstoff-abhängigen Stoffwechsels".

Läuft dieser Arbeitsprozess auf der Grundlage des aeroben Stoffwechsels ab, so funktioniert die Zelle, aus der Sicht der gesamten menschlichen Einheit des physischen Körpers gesehen, biologisch ordnungsgemäß, und wir beschreiben diesen Zustand mit dem Begriff "Gesundheit".

Setzt sie gezwungenermaßen - Auslöser ist die Viskosität der extrazellulären Gewebeflüssigkeit - den "anaeroben relikten Gärungsstoffwechsel" ein, dann ist sie nicht mehr in der Lage, das Nahrungssubstrat ordnungsgemäß in ($H_2O$) und ($CO_2$) aufzuspalten.

Das bedeutet, dass beim Gärungsstoffwechsel größere Mengen an Abfallprodukten, also Stoffwechselschlacken, entstehen und sich dadurch das Energie-Potential der Zelle verändert.

*Die Veränderung des eigenen Energie-Potentials bewirkt wiederum strukturmäßige Veränderungen des gesamten Zellaufbaus der Zelle.*

Da die Stoffwechselschlacken nicht mehr regulär abtransportiert werden können, benutzt die Zelle diese Stoffwechselschlacken, um eine Tochterzelle zu bauen, was dazu führt, dass sich der Zellverband automatisch vergrößert.

Die Information für den Bau der Tochterzelle liegt als Plan gespeichert in den Genen der DNA.

Der Zustand, der eintritt, wird von der Medizin als "TUMORALES Geschehen" bezeichnet. Inwieweit dieses tumorale Wachstum - benutzen wir die gängigen Begriffe - "BÖSARTIG" (KREBS) oder "NICHT BÖSARTIG" (z.B. ein MYOM) werden kann und das biologische System funktionell so weitgehend stört, dass es nicht mehr FÜR das Gesamt-System des Menschen arbeitet und funktioniert, hat Gründe, die zu erklären in dieser Niederschrift der Platz nicht ausreicht.

Eine spezifische Organzelle kann nicht, wenn wir den gängigen Begriff benutzen, "erkranken", sondern sie verändert nur die Funktionen wie zum Beispiel den Stoffwechselumsatz (Aufspaltung und Umbau). Dass durch den Ausfall von Funktionen, der durch das tumorale Geschehen bewirkt wird, andere spezifische Funktionen (Arbeitsabläufe, wie sie zum Beispiel die Leber, die Nieren, die Pankreas besitzen) beeinflusst und regulativ gestört werden, ist eine logische Schlussfolgerung. Das Denkmodell, auf dessen Grundlage unsere heutige wissenschaftliche Medizin forscht, ist also vom Denkansatz her – und das soll kein Angriff sein - einfach falsch.

Nicht die spezifische Organzelle löst ein Krankheitsgeschehen aus, sondern maßgebend für die Entstehung eines jeden Krankheitsbildes, wobei wir nicht von der URSACHE der ENTSTEHUNG sprechen, sondern nur vom AUSLÖSER, ist die Veränderung der Viskosität der extrazellulären Gewebeflüssigkeit und die damit einhergehende Energie-Potential-Veränderung.
Stellen wir uns die Frage, "Was führt dazu, dass sich die extrazelluläre Gewebeflüssigkeit viskositätsmäßig so verdickt, dass das Energie-Potential nicht mehr in der Lage ist, die Zelle naturgegeben ordnungsgemäß mit ($O_2^-$) Atmungs-Sauerstoff und Nahrungssubstrat zu versorgen?", so gibt es dafür nur eine grundsätzliche Antwort:

*Mangel an "FREIER ENERGIE",*
*die für den Aufbau und Umbau von Molekularstrukturen im biologischen System des Menschen benötigt wird.*
Diese Antwort hilft uns jedoch nicht weiter, wenn wir nicht wissen und unterscheiden können, was "freie Energie" bzw., um den gegensätzlichen Term zu benutzen, "gebundene Energie" ist und wie sie wirkt.


## Die SEELE der TIERE und PFLANZEN

Es gibt nichts Geheimnisvolles mehr. Auf der Grundlage dieser Erkenntnis wird ALLES - verstandesmäßig erkennbar - erklärbar, und Glauben wird wieder zum "absoluten Wissen".
Nehmen wir zum Beispiel das Phänomen, das zurzeit die Wissenschaftler auf der ganzen Welt zu erforschen versuchen.

*"Haben Pflanzen und Tiere eine Seele*
*und können sie durch Gedanken beeinflusst werden?"*

Selbstverständlich haben Pflanzen und Tiere eine Seele. Es ist die Gedankenform, in der sich die Materie manifestiert, damit die Pflanze und das Tier, genauso wie der Mensch und alle Gegenstände, die ihn umgeben, für den Menschen sichtbar bzw. für seine 5 Sinne wahrnehmbar werden. Das, was Pflanzen und Tiere nicht besitzen, ist die Möglichkeit, die Kraft einzusetzen, also den Geist gleich Gedankenkraft, die eine Wesenheit benötigt, um selbst Gedankenformen zu erschaffen.

Was sie jedoch auch besitzen, ist der Gedankenspeicher.

Wie vorab schon ausführlich beschrieben, werden Gedanken in den Freiräumen der natürlich materiellen Seele gespeichert.

Das bedeutet, da alle Arten von Pflanzen und Tieren eine natürliche materielle Seele und dadurch den Gedankenspeicher besitzen, dass die Pflanzen und Tiere in der Lage sind, Information in Form von N.-Neutrinos, in denen holografisch das Gedankenbild manifestiert ist, zu speichern.

Die Speicherung wirkt im Bereich dieser biologischen Systeme wie das Kurzzeit-Gedächtnis, das beim Menschen im "Sonnengeflecht" arealmäßig besteht. Aus diesem Grunde reagieren Tiere, da ihr biologisches System ein Steuerzentrum (das Gehirn) besitzt, auf Reize, die sie aus ihrer Umwelt erhalten.

Das, was wie mit dem Begriff "Instinkt" umschreiben, ist also angelerntes gespeichertes Wissen, was z.B. ein Hund oder Delfin, aber auch alle anderen Tiere benutzen, um zu reagieren.

Das Tier reagiert auf mengenmäßige Reize. Diejenige Person, von der es die meisten Gedankenabstrahlungen erhält - beim Hund der Besitzer und die Personen, die sich mit ihm beschäftigen -, bewirkt, da die meisten Gedanken von dieser Person im Gedankenspeicher der Seele des Tieres gespeichert sind, auch die stärkste Reaktion bei dem Tier.

Das bedeutet, es reagiert auf Gedanken, Worte und Gesten des Besitzers, die es als Reiz treffen, direkt, da gleiche oder ähnliche Gedankenbilder, abgegeben von dieser Person, sich in großen Mengen im Gedankenspeicher der Seele z.B. des Hundes befinden.

Aber wie schon gesagt und noch einmal wiederholt, der Hund kann selbst keine *eigenständigen Gedankenbilder* erschaffen, da ihm die Kraft, Gedankenbilder zu erschaffen, fehlt, sondern er kann nur die in ihm gespeicherten Gedankenbilder in seinem Gehirn rekonstruieren und sie instinkt-, also reaktionsmäßig benutzen.

Die Pflanzen besitzen kein Steuerorgan Gehirn, aber sie besitzen eine geistig materielle Seele und den darin integrierten Gedankenspeicher.

Beschäftigt sich eine Person intensiv zum Beispiel mit einer Zimmerpflanze und strahlt gedanklich Gedankenbilder, holografisch in N.-Neutrinos manifestiert, in die Pflanze ein, so werden diese im Gedankenspeicher als N.-Neutrinos abgelagert.

Das Gleiche gilt für das Sprechen mit der Pflanze, da die Sprache nichts weiter ist als der Ausdruck von Gedankenbildern und das Transportmedium der N.-Neutrinos, die die Gedankenform tragen.

Im Gedankenspeicher der Pflanze abgelagerte Gedankenbilder bewirken eine Ausdehnung durch die Verdichtungen, die innerhalb der natürlichen materiellen Seele entstehen.

Das heißt, die Elemente des physischen Körpers der Pflanze bewegen sich in engeren Räumen, was einmal dazu führt, dass die Pflanze, sagen wir, ein stabileres Aussehen erhält.

Zum anderen werden Pflanzen, die, bedingt durch die Umwelt, elementarmäßig, also körperlich, nicht komplett ausgebildet sind, durch die Verdichtungen dazu veranlasst, sich in den Bereichen der natürlichen materiellen Seele zu manifestieren, die vorher nicht von Elementen gefüllt waren.

Der Vorgang des Nichtfüllens der natürlichen materiellen Seele wird dadurch bewirkt, dass das Angebot an Nahrungssubstrat, aufgenommen vom Boden oder aus der Luft, sich nicht im ordnungsgemäßen Zustand befindet. Aber im Grunde genommen ist dies zweitrangig, da die Frequenz und Amplitude der natürlich materiellen Seele, also das formgebende Gerüst, maßgebend ist für die Größe während ihrer physischen Existenz.

Auch die Pflanzen unterliegen den karmischen Gesetzen.

Das bedeutet, ihr Sein während der Zeit ihrer physischen Existenz ist von der vorherigen physischen Existenz vorprogrammiert.

Von der Landwirtschaft her weiß man, dass für die Größe der Pflanze und der Frucht der Samen maßgebend ist, also die 1. Zelle.

Pflanzen, die ein schlechtes Wachstum und eine schlechte Fruchtausbeute usw. besitzen, haben keine Störungen in der natürlich materiellen Seele, sondern die Störung befindet sich in den Genen, also in der Funktionssteuerung, die für die physische Ebene der einzelnen Zellen der Pflanze verantwortlich ist.

Resonanz-bedingte Abläufe sind somit nicht nur geistig-seelisch bedingt, sondern auch physisch-materiell.

Maßgebend ist das Medium, in dem die Pflanzen existieren.

Dazu zählt nicht nur die extrazelluläre Gewebeflüssigkeit, in der genau wie beim Menschen die Zelle existiert, sondern das Umfeld, also die Umwelt und die Reize, die sie aus der Umwelt erhält und im Gedankenspeicher speichert.

Nehmen wir ein Beispiel: Eine Person pflanzt einen Ableger, also einen abgeschnittenen Zweig, bei dem sich dadurch, dass er ins Wasser gelegt wurde, Wurzeln gebildet haben, in einen Topf mit Erde.

Jeder glaubt nunmehr, dass dies ein normaler Vorgang ist und dass der Zweig die Information in sich trägt, zur ausgewachsenen Pflanze zu werden. Dies ist nicht der Fall.

Nur der physische Teil, also die Elemente, aus denen dieser Zweig besteht, wurde von der Pflanze abgeschnitten.

Der seelische Teil - die geistig materielle Seele - ist unzerstörbar und existiert weiter in der Pflanze, von der der Zweig abgeschnitten wurde. Reicht ihre Lebenszeit aus, das heißt der Zeitraum ihrer Existenz in der physischen Verkörperung, dann füllt sich die geistig materielle Seele in diesem Bereich wieder, und der Zweig wächst, das heißt er materialisiert sich in der gleichen Form, wie er vorher existiert hat.

Beim Menschen, bei dem ein Körperteil, sagen wir ein Bein, amputiert wurde, funktioniert dieser Ablauf gleich wie bei der Pflanze. Nur der physische Teil des Beines wird bei der Amputation entfernt. Die geistig materielle Seele des Beines, das Gerüst, existiert weiter.

Schmerzen, die ein Patient in dem nicht real existierenden Bein spürt - die sogenannten "Phantom-Schmerzen" -, sind effektiv reale Schmerzen, die auf der psychischen Ebene (Gedankenspeicher) ablaufen und im Gehirn wahrgenommen werden.

Schmerzen, die eine Person, die beispielsweise ein amputiertes Bein besitzt, bei Wetterveränderungen wahrnimmt und empfindet, entstehen dadurch, dass zum Beispiel hohe Einstrahlungen von freier Energie (Ionisations-Energie) Molekularstrukturen - (O) Sauerstoff, (H) Wasserstoff, (N) Stickstoff usw. -, die in der geistig materiellen Seele des Beines von der Frequenz und Amplitude der N.-Neutrinos der materiellen Seele festgehalten werden, ionisieren oder in einen Singulett-Zustand versetzen.

Auch die geistig materielle Seele dieses Beines würde den physischen Teil des Beines neu aufbauen, wenn sie eine materielle Grundlage, also eine Ur-Zelle besitzen würde, aus der sie dieses Bein neu gestalten könnte.

Von einem Mikrochirurgen wurde in einem geheimen Projekt bei einem Hund ein Hinterbein amputiert. Von einem jungen Hund wurde ein Bein auf die gleiche Weise amputiert und mit den Funktionskreisen des ersten Hundes fest verbunden.

Das Bein, das circa ⅔ kleiner war, wuchs in der geistig materiellen Seele so lange, bis die originale Größe des Beines erreicht war, das dem ersten Hund amputiert wurde. Betont werden muss noch dabei, dass das Jungtier, das Kind des Mutterhundes war und das amputierte Bein aus diesem Grunde alle physiologischen Eigenschaften des Mutterhundes aufwies, so dass es nicht abgestoßen wurde.

Wir berichten darüber, auch wenn wir mit diesem Experiment nicht einverstanden sind. Von circa 30 experimentellen Versuchen in dieser Richtung gelang dieser Versuch nur einmal, und zwar bei dem Fall, den wir vorab geschildert haben.

Gehen wir zurück zu unserer Pflanze.

Durch das Gedankenbild der Person, die den Zweig abgeschnitten hatte, wurde eine geistig natürliche materielle Seele nicht *neu* gedacht, sondern eine existierende mobilisiert, in der sich nunmehr die vielen Zellen, also der physische Teil des Zweiges, integrierten und die Seele der Pflanze die physische Grundlage besaß, voll auszuwachsen.

Kommunikation mit Pflanzen ist also ein natürlicher Vorgang.
Aber es ist nur ein bio-physikalischer Ablauf, bei dem die im Gedankenspeicher gelagerten Gedankenbilder energetisch reagieren.

Alle Experimente, z.B. mit Bio-Feedback-Geräten, die weltweit von vielen Forschern durchgeführt wurden, funktionieren wie im Folgenden beschrieben. Nehmen wir zum Beispiel das den meisten bekannte Experiment, das von uns selbst mehrmals mit Erfolg nachvollzogen werden konnte.

4 Personen wurden veranlasst, ein Zimmer aufzusuchen, in dem sich 2 gleichartige Topfpflanzen befanden. Auf einem von 4 Zetteln, die als Los gezogen werden mussten, befand sich die Anweisung, in das Zimmer zu gehen und eine der Pflanzen zu zerstören. Alle Personen gingen nach der Auslosung in das Zimmer, und derjenige, der den Zettel mit der Aufschrift "Pflanze vernichten" erhalten hatte, zerstörte eine der Pflanzen.

Nach diesem Vorgang wurde die verbliebene Pflanze an ein Bio-Feedback-Gerät, ein galvanisches Hautwiderstands-Messgerät (eine Art "Lügendetektor"), das mit einem akustischen Wiedergabegerät und einem Oszillographen verbunden war, angeschlossen.

Nach dieser Vorbereitung mussten die 4 Personen den Raum noch einmal in der gleichen Reihenfolge betreten.

Bei allen Personen, die nichts mit der Zerstörung der anderen Pflanze zu tun hatten und auch keine Kenntnis davon besaßen, zeigte die nicht zerstörte Pflanze keine Reaktion.

Erst in dem Moment, als die Person, die die andere Pflanze zerstört hatte, den Raum betrat, heulte das Wiedergabegerät plötzlich mit auf- und abschwellenden Tönen laut auf, und der Oszillograph schlug bis zum Anschlag ununterbrochen aus.

Die Annahme, dass die Pflanze, im herkömmlichen Sinn gesehen, ein Gehirn besitzt und auf diesem Wege speichert und reagiert, entspricht nicht der Realität.

Die bio-physikalische Reaktion der Pflanze wird nur bewirkt und ist messbar durch die gespeicherten N.-Neutrinos gleich Gedankenbilder im Gedankenspeicher der Pflanze, die an das Gerät angeschlossen ist.

In unseren Experimenten haben wir auch die Teile der zerstörten Pflanze unter den gleichen Bedingungen an einem gleichen Geräteaufbau angeschlossen und erhielten von der zerstörten Pflanze akustisch und aufzeichnungsmäßig den Nachweis der gleichen Reaktionen wie von der unzerstörten Pflanze.

Dies bedeutet, es ist nichts Geheimnisvolles, sondern nur ein naturgegebener, auf der hier vorgestellten Grundlage erklärbarer biophysikalischer Ablauf bzw. ein energetischer wechselwirkender Ablauf von Resonanzen.

Im Grunde genommen ist es die gleiche Wirkung, wie wir sie vom "Stimmgabel-Effekt" her kennen.

Auch da werden gegenseitig N.-Neutrinos ausgetauscht, die die gleiche Schwingungsfrequenz besitzen und als Resonanzeffekt erkennbar werden. Gehen wir zurück zum Körper des Menschen, um die Frage zu beantworten,

*"Was ist die URSACHE, die zur Viskositätsveränderung (Verdickung bis zur Starrheit) der extrazellulären Gewebeflüssigkeit führt?"*

Die Ursache dessen, dass sich die extrazelluläre Gewebeflüssigkeit, das Leben-gebende Medium, viskositätsmäßig bis zur Starrheit verdickt, liegt in der *Verdichtung des Gedankenspeichers.*

Wie wir vorab beschrieben haben, werden nicht real bezogene Gedankenbilder, holografisch manifestiert in einem N.-Neutrino, im Gedankenspeicher abgelagert. Die N.-Neutrinos, die im biologischen System des Menschen für diese Zwecke Verwendung finden, sind N.-Neutrinos, die durch Ionisation vom $(O_2)$ Atmungs-Sauerstoff abgespaltet werden.

Dies erklärt auch den hohen Sauerstoffverbrauch des Gehirns.

Wobei bemerkt werden muss, dass es nur eine Annahme ist, dass das Gehirn den $(O_2)$ Sauerstoff "verbraucht". Denn, es verbraucht ihn nicht, sondern es braucht ihn nur, um eine gewisse Menge an N.-Neutrinos abzuspalten, die für die Integration von Gedankenbildern verwendet werden. Wie dies genau abläuft, werden wir in einem der nächsten Bücher offen legen.

Im Gehirn des Menschen existieren wie schon einmal beschrieben, 32 Hirnareale. Jedes dieser Hirnareale besitzt problembezogen die Steuerfunktion, die holografisch in N.-Neutrinos manifestierten Gedankenbilder (ankommende Reize) in den dem jeweiligen Hirnareal untergeordneten Organbereich einzustrahlen, jedoch nicht in den physischen Teil, sondern in die natürliche materielle Seele.

Existieren die ankommenden Gedankenbilder, die als Reize die Person getroffen haben, als Wissen manifestiert in der natürlichen materiellen Seele (Resonanz), so werden sie in das Gehirn, in die Hypophyse, zurückgestrahlt und, als Bild wahrnehmbar, für den Menschen erkennbar.

Existiert jedoch keine Speicherung in der natürlich materiellen Seele, dann wird eine Matrize im Gehirn erstellt und dieses Matrizen-Teilchen, das nunmehr holografisch das Gedankenbild trägt, im Gedankenspeicher abgelagert. Es verdichtet in diesem Organbereich die natürlich materielle Seele.

Verdeutlichen wir uns auch diesen Ablauf etwas genauer an einem Beispiel.

Durch einen Zufall erfährt ein Mann bzw. eine Frau, dass sein (ihr) Partner, mit dem er oder sie liiert oder verheiratet ist, fremdgeht.

Existiert eine starke seelische Bindung, dann denkt diese Person fast ununterbrochen über dieses Problem nach.

Das heißt, sie erzeugt ununterbrochen nicht gegenwartsbezogene Gedankenbilder (Vermutungen, Annahmen), die, da nicht gegenwartsbezogen, in den für diesen Problemkreis zuständigen Organbereich, also in den Gedankenspeicher der natürlich materiellen Seele eingestrahlt werden.

Da diese Problematik, meistens "Psychisch Isoliert", also ohne dass mit anderen darüber gesprochen wird, gedanklich abläuft, verdichtet sich gedankenspeichermäßig in dem zuständigen Organbereich die natürliche materielle Seele so stark, dass zu irgend einem Zeitpunkt kein Platz mehr vorhanden ist, um noch N.-Neutrinos zu speichern.

Weiter ankommende N.-Neutrinos, die Gedankenbilder dieses Problembereiches tragen, werden aus Platzmangel an den Ecken in das 2. *System, das physische System des Menschen,* eingestrahlt und verursachen nunmehr noch größere Störungen, die zu irgend einem Zeitpunkt zu Regulationsstörungen (Funktionsstörungen in der Zelle und in der extrazellulären Gewebeflüssigkeit) führen.

*Durch die Kristallisation der natürlichen materiellen Seele verändert sich der Fliess-Zustand der extrazellulären Gewebeflüssigkeit, da Riesenmoleküle nicht mehr die Möglichkeit besitzen, sich ordnungsgemäß durch diese Kristallisation zu bewegen.*

Es treten so weitgehende Verdichtungen auf, dass einmal die Transmitterfunktion der extrazellulären Gewebeflüssigkeit nicht mehr gewährleistet und zum anderen freie Ionisations-Energie nicht mehr in der Lage ist, neutrale Molekularstrukturen in ihrem Bereich aufzuspalten.

Die freie Ionisations-Energie wird immer weiter von der fließenden extrazellulären Gewebeflüssigkeit in andere Bereiche abgedrängt und verursacht in diesen Bereichen eine Verflüssigung des Mediums, also der extrazellulären Gewebeflüssigkeit.

Durch die Starrheit der extrazellulären Gewebeflüssigkeit hat sich das Energie-Potential so weitgehend verändert, dass die sonst negativ ($^-$) geladenen Moleküle an den Zellmembranen anlagern und die Zellmembranen energiemäßig verändern.

Da am Anfang dieses Geschehens durch die Utilisationsstörung der Zellmembran vermindert ionisierter ($O_2{}^{--}$) Sauerstoff in die Zelle gelangt, gehen die Mitochondrien (die normale spezifische Organzelle besitzt circa 50 - 300 Mitochondrien), die nicht mit ionisiertem ($O_2{}^{--}$) Atmungs-Sauerstoff beliefert werden, dazu über, den relikten Stoffwechsel der Gärung einzuschalten.

Die Rohstoffe, die sie nunmehr aus Mangel an Nahrungssubstrat (Glucose) benötigen, entnehmen sie den Riesenmolekülen, die an den Zellmembranen anlagern.

Durch die Utilisationsstörung (verändertes Membranen-Potential) gelangen ungeordnet (C) Kohlenstoff, (O) Sauerstoff und (H) Wasserstoff in die Zelle und werden durch den Gärungsstoffwechsel so weit wie möglich in ($H_2O$) und ($CO_2$) umgebaut.

Da bei dieser funktionellen Verarbeitung des Rohstoffes große Mengen an Molekularstrukturen entstehen (Stoffwechselschlacken = Verbindungen von Atomen zu Molekularstrukturen, die nur schwer von der Zelle aufzuspalten sind), geht die Zelle zu irgend einem Zeitpunkt (bestimmte Menge an Stoffwechselschlacken) dazu über, durch Teilung eine 2. Zelle, eine Tochterzelle, zu bauen, da sie diese Molekularstrukturen für den Bau der Tochterzelle verwenden kann.

Zu diesem Zeitpunkt, an dem die Zelle beginnt, eine Tochterzelle zu bauen, arbeitet sie, man kann sagen, zur Hälfte noch auf dem aeroben Stoffwechsel und zur Hälfte auf dem relikten Stoffwechsel der Gärung. In dem betroffenen Zellverband, der sich zu diesem Zeitpunkt Tumor-artig ausdehnt, läuft ein tumorales Geschehen ab, das von den Histologen noch als "Gutartig" eingestuft und bezeichnet wird.

*Erst dann, wenn die gesamte Zelle auf dem relikten Stoffwechsel der Gärung arbeitet, was dazu führt, dass sich die Molekularstruktur der Zelle strukturmäßig verändert (spiralförmiger Aufbau), entsteht das Tumor-Gebilde, für das man den Begriff "KREBS" verwendet.*

Der Vorgang, der von der Medizin als "pathologisch", also "krank" bezeichnet wird, bezieht sich auf die Störung der Gesamt-Funktionen des physischen Körpers des Menschen.

Für die Zelle selbst ist es ein ihr naturgegebener Vorgang, der zwar nicht in die naturgegebene Funktion des biologischen Systems des Menschen passt und Regulationsstörungen bewirkt, aber aus der Sicht der Zelle genauso normal ist, als wenn sie auf dem aeroben Stoffwechsel funktionieren würde.

Die URSACHE der Entstehung von chronischen Krankheiten bis hin zum tumoralen Geschehen, gleich ob gut- oder bösartig, ist ein "Psycho-Somatischer" Vorgang.

Er bleibt auch immer ein psycho-somatischer Vorgang, selbst wenn die Ursache - wie im Folgenden kurz erklärt - "Somatisch-Psychisch" ist. Wird dieser Vorgang nicht auf der psychischen Ebene ausgelöst, so läuft er wie im Folgenden beschrieben ab.

Wie schon einmal erklärt, gehen alle Noxen, also giftige - toxische - Moleküle, gleich ob über die Haut oder durch das Blut, in die extrazelluläre Gewebeflüssigkeit. In der extrazellulären Gewebeflüssigkeit werden sie von den großen Retikulumzellen eingeschlossen, und Antikörper, die von Plasmazellen freigesetzt werden, versuchen, diese Noxen zu neutralisieren. Gelingt die Neutralisation, so werden die beteiligten Molekularstrukturen über die Lymphspalten eliminiert und abtransportiert.

*Maßgebend dabei ist die Menge der eingetretenen toxischen Moleküle.*
Kurzfristige Belastungen der extrazellulären Gewebeflüssigkeit auf diesem Wege kann ein gesunder Organismus, ohne dass weitgehende Abwehrstörungen, also Mangel an Antikörpern, auftreten, ohne Schwierigkeit verkraften.

Ist jedoch die körpereigene Abwehr, speziell die Erst-Abwehr in der extrazellulären Gewebeflüssigkeit, nicht in der Lage, die toxischen Moleküle zu neutralisieren und zu eliminieren, dann führt das, was am Anfang ein akuter, also entzündlicher Vorgang war - (der umliegende

330

Teil der Noxen-Einbruchstelle weist eine starke Verflüssigung und ein hohes Energie-Potential auf, was zu einem Ödem und einer Erhitzung dieses Zellbereichs führt) - zur Verdichtung der extrazellulären Gewebeflüssigkeit, da sich immer mehr Riesenmoleküle an den ersten sogenannten Histiozytenwall anlagern.

Der weitere Verlauf ist, dass in diesem Zellbereich die Viskosität der extrazellulären Gewebeflüssigkeit nicht mehr den Gel-Zustand aufweist, sondern so stark verdichtet ist, dass

- das Energie-Potential zusammenbricht,
- die Transmitterfunktion nur noch ungeregelt abläuft,
- Utilisations-Störungen der Zellmembranen entstehen und
- in den Zellen Mitochondrien auf ihren relikten Stoffwechsel der Gärung umschalten, wodurch D($^-$)-linksdrehende Milchsäure - also Stoffwechselschlacken - entsteht.

Alle diese Regulations-Störungen führen dann zu den symptomatischen Krankheitsbildern, die der Medizin bekannt sind.

Da in dieser Niederschrift nur kurz die Entstehung des physischen Körpers und die Funktionsabläufe des biologischen Systems in einfacher Weise erklärend beschrieben werden können, sehen wir davon ab, weiter auf Detailaussagen einzugehen.

In einem der schon angesprochenen Bücher werden wir die Abläufe, wissenschaftlich definiert, genau schildern.

Zur praktischen Umsetzung sei noch auf folgende Erkenntnis hingewiesen.

Alle Körperstellen, die, wenn wir sie hautmäßig abtasten, kühler erscheinen als der übrige Teil des Körpers mit normaler Körpertemperatur, sind Zellbereiche, in denen das Energie-Potential nicht hundertprozentig stimmt und die extrazelluläre Gewebeflüssigkeit viskositätsmäßig Verdichtungen aufweist.

Bei allen Hautstellen, an denen mit der Hand festgestellt wird, dass sie heißer sind als der restliche Körper, läuft in den entsprechenden Zellbereichen ein hoher Stoffwechselumsatz ab, was bedeutet, dass das Energie-Potential in diesem Zellverband zu hoch ist.

Weitgehende lebenserhaltende Diagnose- und Therapieverfahren, die von uns auf der Grundlage dieser Erkenntnis entwickelt und seit vielen

Jahren in unseren Praxen eingesetzt werden, sind und werden in weiteren Niederschriften veröffentlicht.

Inwieweit die auf absolut wissenschaftlicher Grundlage gefundenen Erkenntnisse von der Lehrschulmedizin zum Wohle der Patienten eingesetzt werden, wissen wir nicht.

Wir wissen nur eins: Es wird Zeit, dass die betroffenen Patienten anfangen, vergleichend selbst einmal darüber nachzudenken, was die heutige Medizin - dabei möchten wir die Notfall- und Intensiv-Medizin sowie die Chirurgie ausklammern - letztendlich für Erfolge aufweisen kann gegenüber den sogenannten Außenseiter-Methoden.

Alle heute gültigen diagnostischen und therapeutischen Maßnahmen, die der Arzt beim Patienten anwendet, zählten am Anfang zur sogenannten Außenseiter-Medizin bzw. zur Erfahrungs-Medizin, die ihr Wissen empirisch gefunden hat.

Dogmatische Starrheit ist Starrheit der extrazellulären Gewebeflüssigkeit im Bereich des Steuerorgans, des Gehirns.

Es ist die Starrheit, die zum Holocaust, zur Massenvernichtung führt, wenn sie im Bereich dessen eingesetzt wird, was wir als "Lebendiges Sein" bezeichnen.

Bleiben wir aber noch einen Moment in dem oben angesprochenen Bereich. Einen leicht nachvollziehbaren Beweis dafür, dass grundsätzlich die extrazelluläre Gewebeflüssigkeit maßgebend für das Lebendige ist, liefert uns die Entstehung eines Hämatoms (Bluterguss).

In dem Moment, wo ein Hämatom beispielsweise durch einen starken Schlag entsteht, wird es dadurch bewirkt, dass Blutgefässe des venösen und arteriellen Systems zerstört werden, wobei, sagen wir es einfach, Blut freigesetzt wird.

Dieses Blut kann nicht in die Zellen eindringen, sondern wird Bestandteil der extrazellulären Gewebeflüssigkeit.

Die Zellen selbst werden davon, wie wir in unzähligen Experimenten nachweisen konnten, überhaupt nicht betroffen.

Zum Beispiel wurde in einem Experiment ein Hämatom im Bereich des Knöchels, an Bildern dokumentierbar, durch eine manuelle Therapie aus dem Fuß herausgezogen.

Mit leicht streichenden Bewegungen der Finger in Richtung der Zehen wurde das Hämatom immer weiter zu den Zehen hin transportiert.

Die Erklärung, wie dieser Vorgang abläuft, ist im Grunde genommen einfach.

Jeder Mensch strahlt ununterbrochen, speziell an den "Ausleitern", den Händen und Füssen, Energiequanten (E.-Neutrinos bis zu Photonen) ab. Diese Energiequanten strahlen in die extrazelluläre Gewebeflüssigkeit - in unserem Fall in die extrazelluläre Gewebeflüssigkeit, in der das Hämatom, also der Blut-Erguss, existiert - ein und bewirken durch die Energieeinstrahlung den Transport der extrazellulären Gewebeflüssigkeit, in dem sich das Blut als Molekularstruktur befindet, in die Richtung, in die der Therapeut zieht. Es ist eine Behandlungsart, die als manuelle Therapie bei allen Krankheitsbildern Erfolg zeigt, da sie das Grundsystem, also die extrazelluläre Gewebeflüssigkeit im Basis-Bio-Regulations-System, bewegend verändernd, transportiert. Manuelle Massage bewirkt im Grunde genommen nichts anderes.

Die Reize gleich Energiequanten, die der Masseur manuell einstrahlt, verursachen, dass sich die extrazelluläre Gewebeflüssigkeit stärker bewegt, wodurch Nervenenden Information gleich Energiequanten wieder ungehindert abstrahlen können.

*Dabei sei nochmals betont, dass "Schmerz" der Stau von informativen regulationsbewirkenden Energiequanten ist, die, vom Hirn abgestrahlt, nicht in die Zwischenzellsubstanz eingestrahlt werden können.*
All diese manuellen Therapien sind von jeder Person einsetzbar.

Das Gleiche gilt für eine Mutter, die ihr Kind in die Arme nimmt und streichelt. Nicht der Herzschlag bewirkt, wie angenommen, die Beruhigung, sondern die holografisch in N.-Neutrinos manifestierter Gedankenbilder, die die Mutter abstrahlt, und die Energiegrößen, die das Kind selbst von der Mutter erhalten und gespeichert hat und resonanz-bedingt wiedererkennt, bewirken den Entspannungsvorgang bis hin zur Schmerzbeseitigung.

Bis heute haben sich nur wenige Menschen Gedanken darüber gemacht, welche Struktur ein Hämatom aufweist und wie es Regulationsstörungen bewirkt.

Dass der funktionelle Ablauf so ist, wie wir ihn geschildert haben, ist auf der hier offengelegten Grundlage nicht nur gedankenbildlich leicht nachvollziehbar, sondern kann auch von jedem Histologen und Pathologen überprüft werden.

Fassen wir die Erklärung noch einmal kurz zusammen.

Der Zusammenhalt der Einzelzellen in Zellverbände, also in Organe, wird bewirkt durch die Energiespannung - das Energie-Potential - der extrazellulären Gewebeflüssigkeit. Also die Phänomene, die wir als pH-Wert, Säure-Basen-Zustand, Elektrolyse usw. bezeichnen.

Erzeugt und aufrechterhalten wird dieser Energiezustand hauptsächlich von den Elektrolyten

Magnesium $(Mg^{++})$, Calcium $(Ca^{++})$,
Kalium $(K^{+})$, Natrium $(Na^{+})$ und Chlor $(Cl^{-})$.

Bis auf Chlor $(Cl^{-})$ besitzen diese Elektrolyte eine sogenannte positive $(^{+})$ Ladung. Das heißt, es sind keine neutralen $(^{0})$ Atome, sondern IONEN, bei denen Elektronen fehlen, die aber Träger von Ionisations-Energie sind, also Elektron-Neutrinos.

Der Partner, der zur Energie-Erzeugung benötigt wird, sind negativ $(^{-})$ geladene Atome und Moleküle aus dem Nahrungssubstrat, die über die Kapillaren in die extrazelluläre Gewebeflüssigkeit geschleust werden.

In dem Moment, wo diese negativ $(^{-})$ geladenen IONEN und Moleküle mit den Elektrolyten zusammentreffen, geben sie ihre zusätzlich tragenden Elektronen an die Elektrolyte ab, was dazu führt, dass IONISATIONS-ENERGIE verschiedener Größenordnung freigesetzt wird.

Diese freigesetzte Ionisations-Energie spaltet neutrale $(^{0})$ Moleküle auf, die für den gleichen Vorgang wieder zur Verfügung stehen.

*Diese Wechselwirkung der Energie-Erzeugung ist verantwortlich für das Energie-Potential der extrazellulären Gewebeflüssigkeit und bestimmend für die Transmitterfunktion.*

Das heißt, für den Transport von Nahrungssubstrat in die Zellen sowie für den Transport von Stoffwechselschlacken zu den Lymphspalten.

Gleichzeitig bewirkt das Energie-Potential den Zusammenhalt der einzelnen Zellen zu den Organen, und es bewirkt außerdem, dass die

Zellen nicht miteinander Kontakt erhalten. Die letztgenannte Wirkung wird zusätzlich durch die positive ($^+$) Ladung, sagen wir, der äußeren Haut der Zellmembran erzielt.

Die Behauptung von Seiten der Biophysiker, dass die Zellen mittels Energiequanten miteinander kommunizieren, entspricht nicht den Tatsachen.
Jede einzelne Zelle ist eine in sich geschlossene Einheit, die vollständig unabhängig funktioniert. Es ist für sie vollkommen nebensächlich, in welchem Zustand sich die Nachbarzelle befindet.
Die angebliche Kommunikation innerhalb eines Zellverbandes, zum Beispiel bei pathologischen Abläufen, funktioniert nicht über Biophotonen, also Energiequanten, sondern wird ganz allein vom Ist-Zustand der Energiespannung - vom elektrischen Potential - der extrazellulären Gewebeflüssigkeit bestimmt, in der die Einzelzellen organbezogen miteinander existieren.
Erst wenn die medizinische Wissenschaft die Erkenntnisse der Grundlagenforschung in ihr Denkschema mit einbezieht, haben wir zum Beispiel die Möglichkeit, die Krankheit, die wir als KREBS bezeichnen, therapeutisch funktionell zu regulieren und zu heilen.

**Für die Entstehung aller Krankheiten ist allein der Zustand der extrazellulären Gewebeflüssigkeit verantwortlich.**
Das bedeutet, wenn wir "Zustand" definieren, einmal die Viskosität der extrazellulären Gewebeflüssigkeit - flüssig - gel-artig - fest -, zum anderen das Energie-Potential, also die Energie-Spannung, die die extrazelluläre Gewebeflüssigkeit aufweist.

Befindet sich die extrazelluläre Gewebeflüssigkeit in irgendeinem Organbereich in einem _extrem flüssigen Zustand_, so entsteht in diesem Bereich ein sogenanntes _"akutes - entzündliches"_ Krankheitsbild.
Befindet sie sich im <u>Gel-Zustand</u> (Soll), dann laufen die Funktionen der spezifischen Organzellen naturgegeben so ab, dass wir von "<u>Gesundheit</u>" sprechen.

Ist die Viskosität der extrazellulären Gewebeflüssigkeit molekularmäßig _so <u>stark verfestigt (starr)</u>_, dass in diesem Gefäß-System _Fliess-Störungen_ auftreten, dann können einmal keine

Informationen mehr über die Nervenfaserenden in die extrazelluläre Gewebeflüssigkeit eingestrahlt werden und wir sprechen von einer *"Degeneration"* bzw. von einem *"Chronischen Krankheitsbild"*.
(Die Informationen, die vom Gehirn über die Nervenfaserenden in die extrazelluläre Gewebeflüssigkeit eingestrahlt werden, sind Energiequanten, die als "Initialzündung" das Energie-Potential steuern.)

Existiert eine *Starre im extrazellulären Raum,* dann bedeutet das gleichzeitig *Veränderungen des Zellmembran-Potentials,* was dazu führt, dass sich Molekularstrukturen, die sonst in der extrazellulären Gewebeflüssigkeit schwimmen, an die Zellmembran festsetzen.
Die Zelle benutzt nunmehr die Molekularstrukturen, die an der Zellmembran fest hängen, um ihre Funktionen aufrechtzuerhalten.
Beim Gärungsstoffwechsel entstehen in großem Masse Stoffwechselschlacken.
Da diese Stoffwechselschlacken nicht mehr ordnungsgemäß abtransportiert werden können, baut die Zelle, sagen wir einfach, einen Lagerschuppen (Teilung der Zelle; Entstehung eines tumoralen Systems).
Für den Bau dieser sogenannten Tochter-Zelle benutzt sie die Atome und Moleküle der Stoffwechselschlacken.

Auch wenn diese kurze Aussage noch nicht Inhalt des heutigen wissenschaftlichen Denkmodells ist, so beschreibt sie doch die Realität.
Die Erkenntnis, dass es so abläuft, steht in den Unterlagen, die uns übergeben wurden. Viele von uns selbst und von einer großen Zahl anderer Wissenschaftler durchgeführte Experimente sowie die Einzelerkenntnisse vieler Wissenschaftler bestätigen sie.
Gehen wir zurück zur Entstehung des physischen Menschen.

## 2.Teil - ENTSTEHUNG des PHYSISCHEN MENSCHEN

Nachdem unser Ur-Schöpfer die Wesenheiten der Rasse der Erdenmenschen so in die Materie integriert hatte,
- und da er wusste, dass die Menschen im Laufe ihrer Evolution diesen Weg gehen müssen, da die Gedankenkraft (= Gedanke, =

336

Gedankenform, = Gedankenbild) die "individuelle Freiheit der Wesenheit" ist und Gedanken, durch die Gedankenformen entstehen, *mit keiner Kraft verhindert werden können* -,
band er sie ein in das Gesetz der Resonanz, also in das "karmische Rad der Inkarnation".

Menschen der christlichen Glaubenslehre werden an dieser Stelle sagen, dass die Wiedergeburt, also das resonanz-bedingte Sein, nicht Bestandteil der christlichen Glaubenslehre ist.
An dieser Stelle ist es angebracht, einmal darauf hinzuweisen, dass auf dieser Welt fast $^4/_5$ der Menschen nach einer Glaubenslehre leben, die die resonanz-bedingte Wiedergeburt beinhaltet.
Die Glaubenslehre gleich welcher Religionsgemeinschaft bestimmt immer nur eine Richtung, die vorgegeben ist.
Wichtig ist, dass wir dabei nicht vergessen, dass die einmal existierende Grundlage im Laufe von Tausenden von Jahren durch Gedankenbilder einzelner Menschen bzw. Menschengruppen verändert und der jeweiligen Zeit angepasst wurde.
Wenn wir die Geschichte der christlichen Religion zurückverfolgen und gehen zurück in das Jahr 553 n.Chr., so finden wir einen Beweis, der bestätigt, dass auch die heutige Glaubenslehre der christlichen Kirche eine Glaubenslehre ist, die von menschlichen Gedankenbildern beeinflusst wurde.
Einer der führenden Theologen der Welt, Dr. L.D. WEATHERHEAD, London, hat nachgewiesen, dass in der frühchristlichen Kirche zum Beispiel die Wiedergeburt der Seele des Menschen in einen neuen physischen Körper gelehrt wurde.
Wie Dr. WEATHERHEAD effektiv nachweisen konnte, wurde erst im Jahre 553 n.Chr. auf dem Konzil von Konstantinopel die sogenannte "Reinkarnation" des Menschen aus der Glaubenslehre herausgenommen und verworfen.
Die führenden Theologen jener Zeit waren der Meinung, dass dieses Wissen für das einfache Volk, das geistig evolutionsmäßig noch nicht sehr reif war, im Interesse der Evolution nicht wünschenswert sei. Die Kirche zwängte aus diesem Grunde den christlichen Glauben in eine einfache dogmatische Form.
So prägte also die Meinung ein paar Einzelner die heutige Glaubenslehre, da man annahm, dass die Menschen für die Wahrheit

noch nicht die geistige Reife besaßen. Aber auch das ist resonanz-bedingt und gehört zur Geschichte der Menschheit.
Es bleibt sich dabei gleich, ob es uns gefällt oder nicht.
Die heute gültige Glaubenslehre ist also eine den Menschen angepasste Glaubenslehre, was einer der Gründe für die Spaltung der Kirche Gottes in viele Glaubensrichtungen ist.
Für die Menschen der damaligen Zeit war es vielleicht eine weise Entscheidung. Doch nur die Menschen der heutigen Zeitepoche stellt diese verfälschte Glaubenslehre nicht nur ein bedeutendes Hemmnis in ihrer geistigen Evolution dar, sondern ist mitverantwortlich für die große Gefahr, in der die Menschheit heute lebt und auf dem Weg ist, sich selbst zu vernichten.

Bedingt dadurch, dass die Menschheit speziell im letzten Jahrhundert auf technologischem Gebiet, vor allem in den westlichen Ländern, gewaltige Fortschritte erzielt hat, genauso wie in der geistigen Entwicklung, ist die Gefahr umso größer, nicht nach den Gesetzen Gottes zu leben.
Das mechanistische materialistische Denken ist ein reales auf die Materie bezogenes Denken, in dem etwas nicht Reales, nicht Sichtbares, nicht Anfassbares wie Gott kaum noch Platz findet, da Gott bis heute mit dem Verstand nicht fassbar und nachvollziehbar war.
Es existierte keine mit dem Verstand real fassbare Grundlage, durch die wir die Existenz Gottes, also unseres Ur-Schöpfers, verstandesmäßig begreifen können.

Mit dieser Niederschrift, deren Erkenntnisse wir zur Offenlegung erhalten haben, existiert nunmehr eine Grundlage, auch verstandesmäßig zu erkennen, dass unser Ur-Schöpfer, also Gott, existiert. Inwieweit der Einzelne Kenntnis von dieser Grundlage erhält und sie akzeptiert, entscheidet seine geistige Reife, die sein resonanz-bedingtes Sein bestimmt.

Nehmen wir zum Beispiel die Heilige Schrift, die Bibel, deren Inhalt vor fast 2.000 Jahren in den 1. Jahrhunderten unserer Zeitrechnung niedergeschrieben wurde. Bestehend aus alten Überlieferungen, aus Niederschriften der Apostel und aus Überlieferungen aus der Zeit Jesu Christi, in den Worten und Sätzen der damaligen Zeit, verändert durch immer wieder neue Übersetzungen, ist sie für die meisten Menschen ein Buch, dessen Inhalt sie mit dem Verstand nicht erfassen können. Da verschiedene Berichte, angefangen bei der Genesis, bedingt durch ihre Satzformulierung, widersprüchlich erscheinen, ist die Bibel für die Masse der Menschen sehr oft nur ein Produkt, fußend auf Überlieferungen, die man glauben kann oder nicht. *Gefühlsmäßig trägt jedoch jeder in sich das Wissen, dass der Inhalt der Bibel die Realität beschreibt.*

Viele Menschen, die das Glück hatten oder begnadet sind und den Geist Gottes in irgendeiner Situation erfahren haben, leben in dem absoluten Wissen, dass Gott ein lebendiger Gott ist. Sie wissen, dass der Inhalt der Bibel Gottes Worte sind, die Gott Menschen übermittelt hat oder übermitteln ließ von Wesenheiten, die bei Gott leben. Diese Menschen brauchen keine mit dem Verstand nachvollziehbare Beweisführung, dass Gott IST.

Für die Menschen, die im absolut materiellen Verstandes-Denken leben und, bedingt durch ihr materialistisches Denken, gegen Gottes Gesetz
### *"Geist baut Körper"*
und gegen die physikalischen Gesetze der Natur verstoßen, für diese Menschen ist diese "Einheitliche Theorie der gesamten Materie einschließlich der Entstehung aller biologischen Systeme" ein Weg, mit dem *Verstand* zu begreifen, dass unser Ur-Schöpfer, also Gott, nicht etwas Abstraktes, das heißt, für den menschlichen Verstand nicht transparent ist, sondern eine Wesenheit, die für die geistige Evolution unseres Universums, für unser Sein, wirkt.

Diese Niederschrift eröffnet einen Weg, über die Vernunft zu erkennen, was der *Sinn und Zweck unseres Seins* bedeutet.

Durch diese Niederschrift, bezeichnen wir es einfach als Denkmodell, kann der Glauben an unseren Ur-Schöpfer zu *Verstandes-Wissen* werden.

Dies ist einer der Hauptgründe dafür, dass wir diese Ihnen vorliegende "Einheitliche Theorie der gesamten Materie einschließlich der Entstehung aller biologischen Systeme" offen legen und zur Diskussion stellen.

*Es ist der Grund, warum wir all diese fast nicht fassbaren Erkenntnisse erhalten haben.*

Für den gläubigen Menschen sei eins noch gesagt: Unsere Aussagen, die wir hier niederschreiben, sind kein Angriff auf die Kirche, gleich in welcher Glaubensrichtung sie lehrt. Denn es wäre ein Fehler, negativ über die heutige Kirche zu urteilen.

Durch sie wurde den Menschen der Glaube an Gott 2.000 Jahre lang erhalten, wenn auch durch menschliche Schwäche nicht immer in vollkommener Weise.

Wir können nicht den Theologen von heute die Schuld aufladen für etwas, was vor 1.500 Jahren begangen wurde. Wobei betont werden muss, dass "Schuld" resonanz-bedingtes Sein bedeutet.

Wir können auch nicht sagen, dass es ein Fehler war. Im Grunde genommen das Gegenteil.

Der Weg, den wir als Individuum, als Volk, als Menschenrasse gehen, ist, wie aus den uns überlassenen Unterlagen hervorgeht, und wie wir selbst erkannt haben, ein Weg des Gesetzes der Resonanz.

Letztendlich erfüllen wir die Worte unseres Ur-Schöpfers, die JOHANNES erhalten und in der "Offenbarung" (Offenbarung des Johannes) niedergeschrieben hat.

Jeder logisch denkende Mensch könnte sich jetzt sagen, "Warum hat der Ur-Schöpfer die Evolution so kompliziert nach Plan ablaufen lassen? Er hätte ja den Wesenheiten direkt sagen können, was der Sinn und Zweck ihres Seins in diesem unserem Universum ist."

Er hätte ihnen erklären können, "Wir denken nur - wir Menschen würden sagen - vernünftig und schaffen nur die Gedankenformen, die uns helfen, dieses Universum mit geistigen Wesenheiten zu bevölkern, um dann das nächste unstrukturierte Universum auf dem gleichen Weg geistig zu erschließen."

Wie schon einmal gesagt, das Einzige, was KEINE existierende Kraft verhindern kann, ist die *Erschaffung von Gedankenbildern,* da Gedankenbilder in erster Linie immer dann entstehen, wenn uns aus dem Umfeld REIZE treffen.

Durch die Gedanken wird der Mensch erst zum einzelnen Individuum, denn

*"GEDANKEN sind FREI".*

340

Die Probleme, die die Menschenrasse heute besitzt, sind entstanden, *obwohl wir wissen,* dass wir mit dem, was wir tun, auf dem Weg sind, unsere Umwelt, also das Medium, in dem wir als geschlossene Einheit, aufgebaut aus Einzellern, leben, zu *zerstören,* was gleichbedeutend ist mit der Beendigung des Evolutionsweges des physischen Menschen. Diese Probleme wurden nicht von den spezifischen Organzellen bewirkt und erzeugt, sondern entstehen durch die *Kraft unserer Gedanken* und durch nichts anderes.

Wir physischen Erdenmenschen wissen genau, und auch das läuft in unseren Gedanken ab, wie es richtig wäre zu leben.

Aber bedingt durch die Reize, die uns ununterbrochen treffen, handeln wir doch *gegen jede Vernunft* und verdrängen letztendlich die Gedankenbilder, die uns aus der Misere unserer vielfältigen Probleme herausführen würden. Resonanz-bedingt werden die Reize von Generation zu Generation immer mehr und größer.

Dabei bleibt es sich gleich, ob wir die Probleme unserer Umwelt betrachten oder unsere individuellen Probleme, mit denen in der heutigen Zeit zivilisationsbedingt jeder konfrontiert ist.

*Dies gilt für jeden Einzelnen.*

*Denn jeder Einzelne ist für sein Sein als Wesenheit und physischer Mensch sowie für das Sein der Allgemeinheit, also der Menschenrasse, und seine Umwelt ganz allein verantwortlich.*

Das bedeutet, unsere Wesenheit, jetzt integriert in den physischen Körper als Erdenmensch, hat sich in den 63 Millionen Jahren, seit der physische Mensch, physisch komplett existierend, nicht verändert.

*ERFAHRUNG, die zur Erkenntnis führt und durch die wir den Sinn und Zweck unseres Seins begreifen, ist der EINZIGE Weg, unsere Wesenheit dahin zu führen, dass sie ERKENNT welche ursächlichen Schäden sie durch ihre eigene Gedankenkraft im kosmischen Geschehen verursacht.*

Die Integration der Wesenheit in den physischen Körper des Menschen ist für die Wesenheit die einzige Möglichkeit, zu irgend einem Zeitpunkt zu lernen, *"gegenwartsbezogen"* – nicht dual, sondern NUR in der Liebe gleich Toleranz - zu denken und zu leben.

Dass das Erdenleben, wenn wir eine gewisse geistige Erkenntnis erreicht haben, der beste Helfer zum Erkennen ist, kann nicht bestritten werden.

Zusammenfassend heißt das:

Da die Kraft der Gedanken eine Kraft ist, die absolut allein NUR vom Individuum beherrscht wird, ist diese Kraft, wenn man ihre *"negative Auswirkung"* als Wesenheit *"nicht selbst erfährt"*, eine Kraft, die man benutzt, *ohne darüber nachzudenken,* inwieweit sie Schaden bewirkt oder nicht.

Erst wenn es der individuellen Wesenheit durch immer wiederkehrendes LEID klar geworden ist, dass sie durch die Kraft der Gedanken das gesamte kosmische Geschehen beeinflusst, erkennt sie die Grundlage und ist sie in der Lage, kosmisch evolutionsmäßig der göttlichen Schöpfung zu DIENEN.

*Die "Kontrolle der Gedankenkraft" ist also ein "Lernprozess", den die Wesenheit, also die geistige Seele, integriert in die natürliche materielle Seele, ohne physischen Körper nicht durchmachen kann.*

Die junge neuerschaffene geistige Seele erschafft mit der Kraft der Gedanken in dem Moment, wo sie andere Wesenheiten wahrnimmt, durch den Reiz gleich N.-Neutrinos, die diese Wesenheiten abstrahlen, automatisch neue Gedankenbilder, ohne zu begreifen, dass sie damit im kosmischen Gefüge etwas schafft, was *unzerstörbar ewig existiert.*

Dieser Vorgang ist für die junge, neuerschaffene Seele etwas absolut Natürliches, da ihr der göttliche Gedanke, die "geistige Evolutionierung der Universen", nicht bekannt ist, weil sie außerhalb der Dualität existiert.

Auch wenn es ihr bekannt wäre, so würde sie doch nicht in der Lage sein, diese Gedanken zu kontrollieren, da auch das Denken physikalischen Gesetzen unterliegt.

*Erst die "Erfahrung durch eigenes Leid" macht sie reif, "kontrolliert" mit den physikalischen Gesetzen gleich Erschaffung von Gedanken umzugehen.*

Die geistige Seele ohne physischen Körper, nur integriert in die Natürliche materielle Seele, kennt nicht den Schmerz, die Trauer und das Leid, da sie nur unbeschwert - ohne Zeit und Raum, geschlechtslos und nahrungsunabhängig, einfach seiend - existiert.

342

Erst wenn die geistige Seele einen bestimmten Reifungsprozess durchlaufen und *an ihrer eigenen Seele* die Dualität LIEBE und NEID *erfahren* hat, lernt sie zu erkennen und zu begreifen.

Dieser Lernprozess ist nur dann möglich, wenn die geistige Seele, manifestiert in der natürlichen materiellen Seele, in die Elemente der Materie eingebunden wird.

Es ist der Weg, der unzählige Male in den Universen, die in der Unendlichkeit des Raumes existieren, gegangen wurde, um die Universen zu beseelen und geistig zu evolutionieren.

Immer mussten alle Wesenheiten die Integration ihrer geistig materiellen Seelen in die Materie durchmachen.

Zurzeit sind wir die Wesenheiten, die diesen materiellen Weg gehen - die Menschenrasse.

Dass Wesenheiten in unserer Galaxis sowie in unserem gesamten Universum in gleicher und anderer Lebensform existieren, ist nicht nur anzunehmen, sondern nach dem heutigen Stand der Wissenschaft eine logische Schlussfolgerung.

Die Menschen, die, befangen in ihrem Raum-Zeit-Denken, noch annehmen, dass die Menschenrasse die einzige hochentwickelte Lebensform ist, die in der Unendlichkeit des Raumes existiert, sind entweder phantasielos oder so stark Ich-realitäts-bezogen, dass sie nur innerhalb ihres Horizontes leben.

Als biologisches System "physischer Mensch", bestehend aus der Seele und den Elementen der Erde, gebunden an die Gefühle, die nur im materiellen Bereich in der Dualität existieren, wie

| | | |
|---|---|---|
| Liebe | und | Neid, |
| Freude | und | Leid, |
| Wohlbefinden | und | Schmerz |

kann die Wesenheit nur nach dem Gesetz der Resonanz - immer wiederkehrende Inkarnationen, durch die sie reift und zur Erkenntnis gelangt -, begreifen, dass sie *mit der größten Kraft, die existiert und die sie besitzt,* den kosmischen Gesetzen, ohne Schaden zu verursachen, *dienen muss,* damit die kosmische Evolution nicht stagniert.

Die Masse der Wesenheiten gleich geistige Seelen, die zur Rasse der Erdenmenschen zählen, existiert als organisch voll ausgebildete physische Erdenmenschen, wie aus den Unterlagen entnommen, seit 63 Millionen Jahren auf der Erde.

Vier Mal wurde ihr Evolutionsweg in diesen 63 Millionen Jahren durch ihre eigene Schuld unterbrochen.

Immer dann, wenn die geistige und technologische Evolution einen Stand erreicht hatte, wo sich die Menschen entscheiden konnten, den Geboten der Schöpfung zu folgen, da sie durch Adepten und Propheten, gesandt von unserem Ur-Schöpfer, Kenntnis von den Gesetzen der Schöpfung erhalten hatten - genauso, wie jetzt wieder der Zeitpunkt gekommen ist, wo wir selbst Kenntnis von den kosmischen Gesetzen erhalten -, entschieden sich diejenigen, die zu dem Zeitpunkt die Macht besaßen, für den entgegengesetzten Weg.

Auch wenn durch die Entscheidung dieser Menschen der Evolutionsweg der Rasse der Erdenmenschen unterbrochen wurde, da ihre Technologien Katastrophen bewirkten, die die Zivilisation und den überwiegenden Teil der physischen Erdenmenschen vernichteten, so tragen diese Menschen, die die Macht besaßen, nicht allein die Schuld daran, dass die Evolution so verlief.

Jede individuelle Wesenheit, das heißt jeder Mensch trägt in sich das Wissen, dass unser Ur-Schöpfer existiert.

Auch wenn viele Menschen durch anerzogenes Ich-bezogenes materialistisches Denken sowie durch die große Reizbeeinflussung unserer heutigen Zivilisation so tun - bzw. in ihr kleines

Ich-bezogenes Denken so eingebunden sind, dass sie über den Sinn und Zweck ihres Lebens nicht mehr nachdenken - oder behaupten, dass ein Schöpfer nicht existiert, so ist das auch resonanz-bedingt.

Auch dies ist ein Geschehen, das zu unserem Sein gehört.

Am Ende ihres Lebensweges, vorausgesetzt, es ist kein Sekundentod, dringt das Wissen um unseren Ur-Schöpfer, auch wenn von Todesangst, der Angst vor dem Unbekannten, Unerklärlichen, geprägt, in das Bewusstsein dieser Menschen.

Kein Mensch wird als Ich-bezogener, negativer, materialistischer Denker geboren.

Das Umfeld, also das Medium, das aus der Dualität Liebe und Neid besteht und das resonanz-bedingt ist, sowie ihr karmisches Sein, in der Vergangenheit geschaffen, existierend in der natürlichen materiellen Seele, lässt diese Menschen so existieren.

Es prägt den Menschen und lehrt ihn, jeweils nach geistigem Stand - wir bezeichnen es auch als Charakter -, nach welcher Seite er dieses Erdenleben, das er zurzeit **ver-lebt**, ausrichtet.

Erst wenn sie resonanz-bedingt am Ende ihres physischen Lebens angekommen sind, finden diese Menschen wieder Kontakt zu ihrer eigenen Wesenheit.

In den Unterlagen steht – und das ist auch der Grund, warum wir diese Erkenntnisse erhalten haben - die Aussage, dass *der Evolutionsweg der physischen Erdenmenschen zu Ende geht.*

Dies soll keine Panikmache sein, auch keine Propheterie, die in einem Sendungsbewusstsein gipfelt, sondern nur die Wiedergabe einer niedergeschriebenen Aussage, die wir nicht überprüfen können. Die ZEICHEN, die vor Hunderten von Jahren schon niedergeschrieben wurden und die darauf hindeuten, dass der Evolutionsweg der physischen Erdenmenschen zu Ende geht, existieren jedoch genauso, wie sie in den Unterlagen beschrieben werden.

Inwieweit die Menschen erkennen und ihre Gedankenbilder in der Gegenwart für die Zukunft Veränderungen im Sinne des kosmischen Geschehens bewirken, entzieht sich unserer Kenntnis.

Wir persönlich sind überzeugt von den Aussagen und legen die uns übermittelten Erkenntnisse nur offen.

Es ist jeder einzelnen Wesenheit, deren Seele zurzeit integriert im physischen Körper auf der Erde weilt, allein überlassen, wie und wo sie den Sinn und Zweck ihres Erdenlebens sucht und findet.

Kein Mensch hat das Recht, einen anderen dahingehend zu beeinflussen, nicht das zu tun, was er aufgrund seiner geistigen Reife nach dem Gesetz der Resonanz tun muss.

Wenn diese Niederschrift einen Reiz für Sie beinhaltet, Ihr Leben *zu* ändern, so ist auch das resonanz-bedingt und allein Ihre Entscheidung.

Es spielt keine Rolle, ob Sie etwas glauben, also die Wahrheit eines anderen annehmen, oder nicht. Sie als individuelle Wesenheit müssen dies ganz allein entscheiden. Vergessen wir dabei nicht, dass die Entscheidung, zu einer Sache oder einer Aussage "Ja" oder "Nein" zu sagen, nach den physikalischen Gesetzen abhängig von der Größe eines Reizes ist, von dem man getroffen wird.

Wir möchten nur, dass Sie vielleicht gleich einer Initialzündung erkennen, was letztendlich der *Sinn und Zweck Ihres Erdenlebens* ist.

Wie schon gesagt, bis auf die christliche Glaubenslehre lehren alle Religionen in ihrer Glaubenslehre das "karmische Rad der Inkarnationen". Das heißt, der größte Teil der Menschen lebt im Glauben an die Wiedergeburt in den Körper.

Der Glaube an "einen Schöpfer", der allmächtig nach Plan die Rasse der Erdenmenschen erschaffen hat, ist eine Sache und liegt gespeichert in jeder Wesenheit.

Religion und Glaubenslehre dagegen sind Denkmodelle, die unterwandert sind vom Zeitgeist des menschlichen Verstandes.

Alle Gründer, Söhne unseres Ur-Schöpfers, die als Propheten dem physischen Erdenmenschen die Gebote des Ur-Schöpfers aller Erdenmenschen offenbarten, sprachen während ihrer Lebzeit, indem sie die Gebote verkündeten, immer von ein und demselben Schöpfer.

Die sich daraus entwickelnden Religionen wurden, wie schon gesagt, geprägt durch den Zeitgeist und die Gedankenbilder derjenigen, die diese Religionen in die Glaubenslehre eingebunden haben.

Es ist eine logische Schlussfolgerung, wenn wir sagen, dass diese Glaubenslehre dem geistigen Stand der Menschen der jeweiligen Epoche angepasst wurde.

Dies ist ein rein menschliches Verhalten, bei dem der Aspekt "Macht" logischer Weise dazu führt, die Masse der Menschen - leider durch die Angst und den erhobenen Zeigefinger - in eine Zwangsjacke = Glaubenslehre einzubinden.

Die ANGST bewirkt speziell in diesem Bereich, dass das logische Denken verloren geht und die Menschen den dogmatischen, sehr oft einfach zu widerlegenden Aussagen derjenigen Glauben schenken, die angeblich als "Vertreter Gottes auf Erden" dafür verantwortlich sind, dass die Menschen an unseren Ur-Schöpfer glauben.

### "WAHRHEIT ist LIEBE"

Das heißt, auf alle Glaubenslehren bezogen, erst dann, wenn diejenigen, die sich als Vertreter Gottes auf Erden bezeichnen, bereit sind, absolut tolerant die Widersprüche, die in der heute gültigen

Glaubenslehre existieren, zu diskutieren und sie zurückzuverfolgen, wenn möglich bis an die Ur-Quelle, um die Wahrheit zu finden, haben wir eine Chance, gemeinsam zum absoluten verstandesmäßig erfassbaren Glauben zu gelangen, und können als Menschenrasse zu einer Gemeinschaft werden, die die Dualität überwunden hat und in der Liebe lebt.

Solange jedoch die christliche Glaubenslehre durch ihre dogmatische Philosophie in ihren eigenen Reihen zersplittert ist - und die Anhänger aller anderen Religionsgemeinschaften als "Heiden" bezeichnet - sowie die dogmatische Zwangsjacke ihrer Glaubenslehre nicht aufknöpft, ist sie nicht FÜR sondern GEGEN die Gebote unseres Ur-Schöpfers und verstößt aufgrund ihrer Denkungsweise und ihres Tun gegen alle kosmischen physikalischen Gesetze.

Das Gleiche gilt für die Gesellschaftsform, in der die Rasse der Erdenmenschen zurzeit lebt.
Unser Ur-Schöpfer übermittelte uns, seit wir auf Erden weilen, durch Adepten und Propheten "Gebote" und gab uns die "individuelle Freiheit des Denkens" durch die Kraft, mit der wir Gedankenbilder bewirken, die unser aller Sein bestimmen.
In der heutigen von Einzelnen nach ihren Gedankenbildern geprägten Gesellschaftsordnung werden diese Gebote nicht nur behandelt wie eine Last, sondern sie wurden durch "Verbote", eingebunden in *Gesetz und Strafe,* außer Kraft gesetzt.

So, wie wir Menschen uns benehmen und leben, da wir aus den Gesetzen unserer Schöpfung gefallen sind, stellen jedoch die Verbote, die unser Erdenleben von der Wiege bis zur Bahre begleiten, logische Schlussfolgerungen unseres Tun dar.
Auch in diesem Bereich hilft es nicht, diejenigen, die uns diese Gesellschaftsordnung aufzwingen, mittels Gewalt zu eliminieren, um eine andere Gesellschaftsordnung zu schaffen, die, da mit Macht gleich Gewalt aufgebaut, wiederum nur in die falsche Richtung führen kann.

Auch hier zählt nur *Wahrheit, die Liebe ist* und letztendlich zu der Erkenntnis führt, die wir brauchen, um wieder nach den Gesetzen der Schöpfung zu leben und zu existieren.

Es reicht, wenn wir uns zusammenschließen und gemeinsam für die Zukunft Gedankenbilder schaffen, die von TOLERANZ, also *die Liebe zum Nächsten*, geprägt sind.

Reichtum ist keine Schande. Vorausgesetzt, wir wenden die Mittel an, um den Menschen zu helfen, die in Not sind. Aus Sicherheitsdenken materielle Werte horten, ist die Grundlage, auf der Neid und Hass erzeugt werden. Keiner von uns Erdenmenschen kann am Ende seines Erdenweges etwas Materielles mitnehmen.

In dem Bereich, in dem die Wesenheit lebt und existiert als geistig materielle Seele, den wir als Jenseits bezeichnen, existieren nur in *geistiger* Form die Werte, die wir nicht gegenwartsbezogen gedacht haben. Die Werte, die wir zurücklassen, sind materialisiert und für die Wesenheit verloren.

Das bedeutet aber auch, wenn wir zukunftsträchtig materielle Formen schaffen, werden wir immer wieder eingebunden sein in das "karmische Rad der Wiedergeburt", und die Leidensstrecke des physischen Menschen wird sich immer wiederholen.

Erst dann, wenn unsere Gedanken sich hinwenden zu dem Bereich, in dem unser Ur-Schöpfer mit den geistig reifen Wesenheiten lebt und existiert, werden wir das Rad anhalten können und zurückkehren in diesen Bereich, in dem die Dualität, durch die Leid verursacht wird, nicht existiert.

Unsere heutige wissenschaftliche Medizin, im Grunde genommen die gesamten wissenschaftlichen Disziplinen betrachten und erforschen immer nur den physischen Teil des Körpers, ohne die *geistige natürlich materielle Seele* in ihren Denkprozess mit einzubeziehen - bedingt dadurch, dass bis heute noch keine GRUNDLAGE existierte, durch die wir verstandesmäßig nachvollziehen konnten, WAS die Seele ist und WIE sie funktioniert.

Auch wenn wir die Begriffe "Körper - Geist - Seele", eingebunden in den Term "GANZHEI1LICH", wenden und versuchen, sie zu begreifen, so war dies ohne Grundlage immer nur ein abstraktes Denken. Es fehlte einfach die Transparenz, um zu erkennen, was "ganzheitlich", also "Körper - Geist - Seele", bedeutet.

Legen wir diese hier niedergeschriebene Erkenntnis, oder sagen wir einfach Theorie, jedoch zugrunde, dann haben wir die Möglichkeit, transparent und nicht nur abstrakt verstehend zu begreifen, dass "ganzheitlich" heißt:

**"Geist - materielle Seele - Gedankenspeicher (Psyche) - und Körper (Physisches System)".**

Die geistige Seele, durch die sich die natürliche materielle Seele in der Form des 1. Systems aufbaut, durchzieht den ganzen Körper des Menschen, was bedeutet, in jeder Zelle bis hin zu jeder Nervenfaser befinden sich die N.-Neutrinos, die diagonal miteinander verbunden sind.

Es ist ein System - das von der Wissenschaft bis heute noch nicht entdeckt werden konnte, da unsere Technologie noch nicht ausreicht, es nachzuweisen und zu analysieren -, das gleich einem Gitternetz den ganzen Körper des Menschen durchzieht und das "Lebendige Sein" in sich trägt.

Es reguliert funktionsmäßig mittels der Frequenzen und Amplituden seiner N.-Neutrinos, die in sich die Information, also die Pläne tragen, jeweils die Einheiten des physischen Systems, für die sie zuständig sind.

Und zwar in der Form, dass sie *energiemäßig* die Atome und Moleküle, aus denen sich als Einheit zum Beispiel die Zelle aufbaut, so weitgehend beeinflussen, dass diese bindungs- und energiemäßig in der Lage sind, sich derart zu binden, dass sie die Zellform annehmen.

*Dieses wechselwirkende Auf- und Abbauen* der Atome und Moleküle der Struktureinheiten des physischen Körpers, die wir Menschen mit unseren 5 Sinnen wahrnehmen, die auf die gleiche Weise von der natürlichen materiellen Seele aufgebaut wurden und funktionell beeinflusst werden, umschreiben wir mit dem Begriff "lebendig".

Das heißt also, nicht die Atome und Moleküle der Elemente der Erde, aus denen sich der Körper des Menschen aufbaut, verändern in irgend einer Form ihr Wesen und werden lebendig, sondern das, was die sogenannte "tote" Materie zur "lebendigen" Materie werden lässt, ist die *"Energie der geistigen natürlich materiellen Seele",* die, nach Plan steuernd, die Atome und Moleküle des physischen Körpers beeinflusst.

**Es ist der "GEIST IM ATOM", der die sogenannte "tote" Materie zur "lebendigen" Materie werden lässt.**

Nicht nur der Mensch, sondern alle anderen natürlich erschaffenen biologischen Systeme - Pflanzen, Bäume, Tiere -, die aufgebaut sind aus den Elementen der toten Materie, werden auf diesem Wege zur lebendigen Materie.

Erst wenn der GEIST aus der materiellen Seele des physischen Körpers entweicht und sich außerhalb erneut in den N.-Neutrinos manifestiert und die Form neu aufbaut, wird der physische Körper des Menschen wieder zur toten - unbeseelten - Materie.

Alles, was der physische Mensch denkt, nicht nur unsere Lebenssituationen und -abläufe, sondern jeder Gegenstand, der immer zuerst gedacht werden muss - was bedeutet, es wird im Menschen durch den Gedanken ein Gedankenbild erschaffen, das sich als Form, abgestrahlt aus dem Körper, aus den neutralen Neutrinos in der Atmosphäre, für die 5 Sinne des Menschen nicht wahrnehmbar, zu seiner realen Größe als Form aufbaut und manifestiert -, besitzt eine geistige natürlich materielle Seele. Das, was es nicht besitzt, ist die Kraft der Gedanken, um selbst Gedankenbilder, also Formen zu erschaffen.

Diese geistige natürlich materielle Seele, die als Grundform jeder Gegenstand besitzt, der aus den Elementen der Erde von Menschenhand gebaut wurde, hat jedoch einen Gedankenspeicher - genauso wie die geistige natürlich materielle Seele der biologischen Systeme.

Einfach ausgedrückt bedeutet das:

Der Computer, auf dem wir diese Erklärungen niederschreiben besitzt genauso eine geistige natürlich materielle Seele wie der Mensch.

Das Gleiche gilt für die Gegenstände, die sich in dem Raum befinden, in dem der Computer steht.

Die Informationen gleich Lebensplan, sagen wir, Geist oder Gedankenbilder oder auch Kraft der Gedanken, die in der natürlichen materiellen Seele, frequenz- und amplitudenmässig Veränderungen bewirkend, existieren, bewirken, dass sich die Atome und Moleküle, aus denen sich der physische Körper des Menschen aufbaut, struktur-, also frequenz- und amplitudenmässig so weitgehend verändern, dass sie in der Form wirken, dass wir sie als lebendig beschreiben.

Fassen wir noch einmal kurz zusammen, damit Sie es genau verstehen. Wenn Sie Wiederholungen feststellen, so möchten wir Sie noch einmal darauf hinweisen, dass diese absichtlich eingebracht wurden. Die Thematik, die in dieser Niederschrift beschrieben wird, ist neu und für den normalen Menschen so unvorstellbar, dass wir glauben, dass es nicht schaden kann - und auch dadurch, dass es für uns nicht einfach ist, die Zusammenhänge erklärend niederzuschreiben -, wenn wir verschiedene Begriffe und Abläufe wiederholend erklären.

Die geistige Seele, was gleichbedeutend ist mit der Kraft der Gedanken, benutzt, eingestrahlt in die Ur-Plasma-Teilchen der neutralen Neutrinos, die N.-Neutrinos als Trägersubstanz.

Bedingt durch die Frequenz und Amplitude, in die sie die Ur-Plasma-Teilchen der N.-Neutrinos einschwingt, entsteht holografisch zuerst in einem "Ur-Teilchen" das Gedankenbild und bewirkt an seinen Ecken Bindungskräfte.

Diese Bindungskräfte ziehen so lange N.-Neutrinos an und schwingen die angezogenen Neutrinos in ihre Frequenz und Amplitude ein, bis die reale Form (= reale Größe) des Gedankenbildes entstanden ist.

Am Anfang der geistigen Evolution in unserem Universum wurden auf diesem Wege alle Wesenheiten gleich Seelen erschaffen. Die natürlichen auf diesem Wege geschaffenen geistigen Seelen, die sich in den N.-Neutrinos gleich Trägersubstanz manifestierten, sind die Seelen, die wir physischen Menschen heute als biologische Systeme bezeichnen - Menschen, Tiere, Pflanzen usw..

Von all diesen natürlichen Wesenheiten besitzen nur die Seelen gleich Wesenheiten die Kraft der Gedanken, selbst Gedankenbilder zu erschaffen, die nach dem Bild unseres Ur-Schöpfers gleich oder ähnlich als geistige Lebensform erschaffen wurden.

Tiere, Pflanzen usw. besitzen die geistig materielle Seele, jedoch nicht die Kraft des Gedankens, um selbst Gedankenformen, zu erschaffen und zu bewirken. Auch zum jetzigen Zeitpunkt, an dem die geistig materiellen Seelen der Wesenheiten der Erdenmenschen, in die Materie integriert, auf Erden leben, gilt dieses Gesetz.

Nur die geistige Seele des Erdenmenschen ist in der Lage, durch die Kraft der Gedanken neue Formen gleich geistige materielle Seelen zu erschaffen.

Das bedeutet, alle Gegenstände und Lebensabläufe entstehen zuerst - gedacht durch die Wesenheit des Erdenmenschen - als geistig materielle Form, vorausgesetzt, diese Form existiert nicht schon absolut real gegenwärtig.

Erst wenn diese Form als geistige reale, also geistig materielle Seele existiert, kann sie in die Materie integriert werden.

Jeder Gegenstand besitzt als Grundform eine geistig materielle Seele, in die die Elemente der Erde integriert werden. Sie ist das Gerüst und die formhaltende Kraft, auf deren Basis jeder Gegenstand nur entstehen kann und *in der Form gehalten* wird.

Wenn Sie einmal darüber nachdenken, so werden Sie die Logik dieser Aussage begreifen.

Wichtig ist, dass Sie dabei berücksichtigen, dass jeder Gegenstand, den Sie mit Ihren 5 Sinnen wahrnehmen, aus Atomen und Molekülen besteht, die von sich aus als tote Materie gar nicht in der Lage sind, da sie letztendlich, sagen wir ruhig, aus Energie bestehen, also aus Ur-Plasma, sich selbstständig als Form zu formen, um zum Beispiel zu dem Sitzmöbel zu werden, auf dem Sie zur Zeit sitzen.

Durch die Kraft der Gedanken, die uns unser Ur-Schöpfer gegeben hat, um die geistige Evolution der Materie der Universen zu bewirken, sind wir unserem Ur-Schöpfer gleichgestellt und selbst Schöpfer, also, sagen wir, Gott gleich, wenn wir den Begriff Gott benutzen wollen.

Die Verantwortung, die wir gegenüber dem kosmischen Geschehen, eingebunden in die physikalischen Gesetze, tragen, ist also eine Verantwortung, die mit "Ich" letztendlich nichts zu tun hat.

Jeder Mensch - also jede Wesenheit -, der geistig evolutionsbedingt reif genug ist, um diese Aussage verstandesmäßig zu begreifen, muss erkennen, welche Verantwortung er gegenüber dem kosmischen Geschehen trägt, was gleichbedeutend ist, gegenüber seiner Umwelt, seinen Mitmenschen und den Wesenheiten, die ihn während seiner Evolution begleiten.

Eine noch "kleinkarierte", nicht reife geistige Seele - es sind die starren Dogmatiker, die wir in allen Gesellschaftsschichten finden -, wird, bedingt dadurch, dass ihr Geist starr ist, den Reiz, den sie durch diese Niederschrift erhält, leider nicht verarbeiten können. Diese Menschenkinder sind Wesenheiten, deren Seelen, genau wie alle anderen Seelen, am Anfang der Zeit erschaffen wurden.

Warum sie nicht die gleiche geistige Reife besitzen wie die Seelen, die einen schöpferischen Plan außer Frage stellen, soll eben kurz erläutert werden.

Wie schon gesagt, begann das Leben des physischen Erdenmenschen - nicht das Leben der Wesenheit - auf dem Planeten Erde vor 63 Mill. Jahren.

Es war der Zeitpunkt, an dem die Wesenheiten, in die die Materie integriert war, begannen, auf dem Weg ihrer Evolution, lebend in der Dualität, das geistige gedankliche Tun am eigenen Leib zu spüren.

*Das bedeutet, dass sie durch immer wiederkehrende Inkarnationen mit der Zeit geistig so reif werden, dass sie in der Lage sind, selbst zu erkennen, was sie mittels der Kraft ihrer Gedanken durch die Schaffung von Gedankenbildern verursachen.*

Auf die Frage, warum wir Menschen, wenn wir 63 Mill. Jahre lang die geistige Evolution gemeinsam durchlaufen haben, nicht alle die gleiche geistige Reife besitzen, gibt es eine einfache Antwort.

Wir physischen Menschen erhalten die *Reize,* die Gedankenbilder in uns bewirken, aus dem Umfeld, in dem wir leben.

Nehmen wir zum Beispiel einen Wissenschaftler, der effektiv eine Sache entdeckt hat, die einen Bereich absolut revolutionieren würde.

Da das zur Zeit gültige Modell, als Denkschema verwendet, jedoch von vielen Wissenschaftlern seit vielen Jahren gelehrt wird, akzeptieren diese Wissenschaftler, aus Ich-bezogenem Denken heraus, nicht, dass auf einmal das, was sie gelehrt haben, nicht mehr richtig sein soll.

Die Nicht-Anerkennung der Erkenntnisse erzeugt bei dem Wissenschaftler, der die Entdeckung gemacht hat, da er überall gegen Mauem stößt, ununterbrochen negative - nicht gegenwartsbezogene - Gedankenbilder.

Da diese Gedankenbilder weit unter seinem zur Zeit existierenden Niveau sind und er mit diesen Gedankenbildern gleich Gedanken-Situationen seine neue Inkarnation vorprogrammiert, wird er automatisch in seinem nächsten Leben auf einem tieferen Niveau leben und existieren müssen, um die vorprogrammierten Lebenssituationen, die negativ sind, leben zu können.

Hätte er die geistige Reife besessen zu erkennen, dass auch die Nicht-Akzeptanz seiner Erkenntnis resonanz-bedingt ist, und hätte er es angenommen, ohne negatives Gedanken-Potential zu schaffen, wäre er geistig gereift und würde er die Früchte seiner Erkenntnis Zeit- und Raum-gebunden in einem seiner nächsten Leben verwirklichen.

Charakter, was gleichbedeutend ist mit geistiger Reife, kann durch die Lebensumstände (Erziehung, Niveau der Familie, Bekanntenkreis) maßgebend schicksalsmäßig beeinflusst werden.
Aber auch das ist Karma, denn das Leben, das er als physischer Mensch auf Erden führt, ist resonanz-bedingt vorprogrammiert und kann letztendlich nur, sagen wir, in der "Karmischen Familie", also in dem resonanz-bedingten Umfeld, in dem die Lebenssituationen ablaufen, gelebt und verlebt, also materialisiert werden.
Geistige Seelen, also Wesenheiten, sind von dem Zeitpunkt an, seit sie auf der Erde existieren, "Gruppen-gebunden".
Das heißt, die Wesenheiten, die mit einer Seele am Anfang der Evolution auf Erden im näheren und weiteren Umfeld zusammen waren, sind gemeinsam mit ihr gebunden an das Rad der resonanz-bedingten Abläufe.
Das Gleiche gilt, nachdem in ihnen die Materie, aufgebaut als physischer Körper, integriert war.

Alle Menschen, mit denen sie im Laufe ihres Erdenlebens Kontakt erhalten, sind Bestandteil dieses resonanz-bedingten Kreislaufes. Das heißt nicht nur Familie, Freunde, Bekannte, Arbeitskollegen und Geschäftspartner gehören zur "karmischen Familie", sondern auch die einmaligen Begegnungen, bei denen es zu einem Kontakt bzw. zu Gesprächen kommt.
Dies gilt für eine Volksgruppe sowie für ein ganzes Volk.
Auch die Mischung der Völker untereinander ist resonanzbedingt.

In diesem resonanz-bedingten Kreislauf, den die Seelen auf Erden seit 63 Mill. Jahren im physischen Körper immer wieder vollziehen, bestimmt allein das resonanz-bedingte Gedankengut, ob eine Wesenheit als Mann oder Frau inkarniert.
Dass Feminine und das Maskuline besitzt jede Wesenheit zur Hälfte.
Ein geringfügiges Übergewicht an resonanz-bedingten Gedankenbildern reicht aus, um die Wesenheit männlich oder weiblich werden zu lassen.

Es ist dann ein Muss - nach dem Gesetz der Resonanz. War das Übergewicht wirklich nur geringfügig, sagen wir zum Beispiel, männlich zugeordnet, dann erkennen wir physischen Menschen sehr oft, deutlich wahrnehmbar, stark feminine Züge im Wesen eines Mannes.

Gleichgeschlechtliche Sexualität (homosexuell - lesbisch), sagt man - und, überprüft nach den heute gültigen wissenschaftlichen Kriterien stimmt es auch, da auf physischer Ebene gedacht -, ist nicht erblich und nicht pathologisch.

Die Wissenschaft sagt, und wir schließen uns der Meinung an, dass gleichgeschlechtliches sexuelles Verlangen - wobei wir betonen möchten, dass Sexualität das ganze Leben, also das verschiedenen Lebensumständen entsteht.

Zum Beispiel durch übergroße Mutterliebe, starke positive oder negative Dominanz der Mutter in der Familie, Lieblosigkeit der Eltern untereinander usw. Man könnte unzählige Beispiele aufführen.

Letztendlich sind jedoch auch diese Abläufe, die die betroffene Person erlebt und die in ihr das Verlangen nach einem gleichgeschlechtlichen Partner wecken, resonanz-bedingt vorbestimmte Abläufe.

Also nicht eine physisch bedingte Erbanlage, sondern ein geistig selbst in der Vergangenheit geschaffener Lebensablauf, der als Zustand real gelebt werden muss.

*Alle Lebens-Situationen - also das ganze Leben des Menschen - sind vorbestimmt und liegen in seiner natürlichen materiellen Seele als Gedankenbilder fest.*

Es sind die Gedankenbilder, die er, der Mensch, während seines letzten Lebens oder, als Reste, während seiner vorhergehenden Leben selbst erschaffen, also gedacht hat.

Wie schon einmal erklärt, gehen alle nicht gegenwartsbezogenen Gedankenbilder gleich Gedanken-Situationen in einen Kubus, dessen Mittelpunkt ein Planet ist, ein Bereich, den wir mit dem Begriff "Jenseits" umschreiben.

Alle nicht gegenwartsbezogenen Gedankenbilder, die wir erschaffen, manifestieren sich einmal als Matrize in unserem Gedankenspeicher und werden zum anderen, holografisch integriert (veränderte Frequenz und Amplitude der Ur-Plasma-Teilchen) in einem N.-Neutrino, das einem (O) Sauerstoff-Atom entstammt, über das "3. Auge", das Energiefeld der sogenannten "Stirn-Chakra" in die Umwelt abgestrahlt. Durch den gesetzmäßigen Bewegungsablauf, der im Erd-Kubus existiert, wird dieses das Gedankenbild tragende "Ur-Teilchen" aus der Atmosphäre in den Bereich transportiert, in dem N.-Neutrinos existieren.

Das Gedanken tragende Teilchen baut sich nunmehr, wie schon beschrieben, durch seine Bindungskräfte unter Verwendung der N.-Neutrinos zur realen Form, also zur effektiven Lebens-Situation auf.

Durch den gesetzmäßigen Bewegungsablauf in die Haupt-Diagonale gebracht, die mit dem Kubus des Jenseits verbunden ist, werden die aus N.-Neutrinos bestehenden real existierenden Gedankenformen in realer Größe in das Jenseits transportiert.

Eingestrahlt in das Jenseits, werden proportional zur Masse der umgewandelten N.-Neutrinos, die das Gedankenbild bilden, neutrale Neutrinos aus dem Kubus des Jenseits ausgestrahlt und in den Kubus der Erde eingestrahlt.

Der Tod, also die Beendigung des physischen Erdenlebens, ist bis auf einzelne Ausnahmen, die im Folgenden noch näher beschrieben werden, ein resonanz-bedingter Ablauf.

Das bedeutet, die geistige Seele des Menschen, nicht die natürlich materielle Seele, verlässt den physischen Körper des Menschen zu dem Zeitpunkt, an dem seine resonanz-bedingten Gedankenbilder gleich Lebens-Situationen ver-lebt sind.

*Bedingt dadurch, dass die Menschen immer mehr, materialistisch denkend, Ich-bezogen reagieren, ist bei den meisten Menschen der Gedankenspeicher so stark gefüllt, dass viele Reize, die eine Lebens-Situation aus der geistig materiellen Seele resonanz-bedingt freisetzen sollen, nicht in der Lage sind, den Ablauf freizusetzen.*

Dadurch werden viele vorprogrammierte resonanz-bedingte Abläufe, die das Leben des Menschen bestimmen, nicht als realitäts-bezogene Lebenssituation gelebt bzw. verlebt.

Dieses nicht gelebte, als Lebenssituation nicht verwirklichte Rest-Karma ist für die geistige Seele der Wesenheit sehr oft der Grund, der dazu führt, dass sie sich noch nach dem Tode erdgebunden in der physischen Ebene unseres Seins aufhält, um dieses Rest-Karma zu verleben.

Da diese geistig materiellen körperlosen Seelen die resonanzbedingten nicht gelebten Lebenssituationen jedoch nicht verleben können - für die Realisierung wird immer ein physischer Körper benötigt -, benutzen sie Körper von lebenden Menschen und versuchen auf diesem Wege, ihre nicht verlebten Lebenssituationen zu realisieren.

Dies ist einer der Gründe, warum speziell in den letzten 50 Jahren in unserer schnelllebigen, reizüberfluteten, hochzivilisierten Gesellschaft viele Menschen Handlungen begehen - aggressiv oder depressiv -, die man als "Psycho-Pathologisch" bezeichnen kann.

In vielen Psychischen Explorationen, bei denen wir unlogisch realisierte Lebenssituationen von einzelnen Personen überprüften, bei denen der Handlungsablauf, also die Tat, nicht in das Lebensbild der betroffenen Personen passte, stellten wir fest, dass keine dieser Personen in der Lage war zu erklären, warum sie sich so verhalten hat.

Verdeutlichen wir uns dies einmal kurz an ein paar Beispielen.

Eine junge Frau, verheiratet, von Haus aus sowie durch ihre Ehe - verheiratet mit einem Zeitungsverleger - finanziell absolut ohne Probleme, stiehlt in einem Kaufhaus über Jahre hinweg vollkommen unnütze Gebrauchsgegenstände, Kinderspielzeug und Toilettenartikel.

Nachdem sie zum drittenmal während der Tat festgenommen worden war, stellte sich heraus, dass sie seit 3 Jahren ein Appartement in einem Hochhaus angemietet hatte, das vollgestopft war mit dem Diebesgut.

Auf die Frage von Psychologen und Psychiatern, warum sie das getan habe, war sie trotz besten Willens, da sie selbst von der Sinnlosigkeit ihres Tuns überzeugt war, nicht in der Lage, diese Frage zu beantworten.

Sie erklärte, dass sie bei jedem Diebstahl große Angst gehabt habe, aber dass irgendetwas sie trieb, es zu tun.

Diese Frau war nicht nur hochintelligent, auch nicht willensschwach, sondern genau das Gegenteil. Willensstark hatte sie ihren Doktor in Medizin gemacht, ohne auf die sogenannten Freuden des Lebens zu verzichten. In ihrer normalen Umgebung wurde sie von jedem voll akzeptiert. Sie war eine gute Hausfrau, Gastgeberin und Mutter ihrer zwei Kinder und vor allem ein absolut toleranter, aufgeschlossener Gesprächspartner.

Alle neurologischen Untersuchungen, denen sie sich freiwillig unterzog, erbrachten keinen Hinweis auf ein pathologisches Geschehen.

Das Einzige, was sie immer wieder sagte, war, dass sie nicht in der Lage gewesen sei, sich dagegen zu wehren, und sie wie unter Zwang - "als wenn eine andere Person meinen Körper benutzt, um dies zu tun" - die Sachen gestohlen habe.

In einem anderen Fall, den wir übernommen hatten, ging es um die Spielleidenschaft eines Mannes, der durch diese Spielleidenschaft beinahe seine ganze Familie sowie sich selbst zerstörte.

Aufgewachsen war er als Einzelkind in einer Familie, bei der Sparsamkeit das prägende Merkmal war. Die Veranlagung dieses jungen Mannes entsprach absolut dem Elternpaar.

Schon von Kindheit an - und nicht allein durch die Erziehung geprägt - war er selbst von sich aus nicht nur sparsam, sondern übertraf auch noch die Eltern an Geiz.

Nachdem seine Eltern bei einem Autounfall ums Leben gekommen waren, heiratete er eine junge Frau aus dem Bekanntenkreis, die gleich wie er sparsam veranlagt war.

Durch die Sparsamkeit der Eltern und durch seine eigene Sparsamkeit, die in der Ehe noch extremer wurde, hatte er sich mehrere Mehrfamilienhäuser erworben und galt in den Augen seiner Mitmenschen als vermögender Mann. Allgemein war bekannt, vor allem bei seinen Mietern, dass sein Geiz, besser gesagt, der Geiz der Familie, da bei seiner Frau genauso ausgeprägt, schon als pathologisch bezeichnet werden konnte.

Sie lebten in einem der Mietshäuser in 2 Zimmern einer Dachwohnung, die mehr als karg eingerichtet war.

Ihr Kind, ein Junge, der zu dem Zeitpunkt, als das Geschehen begann, 8 Jahre alt war, trug immer nur Kleidungsstücke aus zweiter Hand.

Wie wir bei den Gesprächen feststellen konnten, wurde nur das Billigste gegessen. Nach Möglichkeit wurden alle Reparaturen am Haus selbst ausgeführt. Urlaub oder sonstige Freuden, die das Leben angenehm machen, existierten im Ablauf ihres Lebens zu keiner Zeit.

Ein uraltes Fernsehgerät wurde nur bei bestimmten Gelegenheiten - Nachrichten und Wetteransagen - eingeschaltet.

Abends führte die ganze Familie Heimarbeit aus.

Kurz: Diese Familie führte ein Leben, das man effektiv nicht als normal bezeichnen kann.

Wann und wie der Ablauf, der im folgenden geschildert wird, begonnen hat, war nicht mehr genau festzustellen, da uns der Betroffene bei den Gesprächen darüber keine Auskunft geben konnte.

Sagen wir, zu irgendeinem Zeitpunkt veränderte sich der Lebensablauf des Mannes dramatisch.

Er mietete in einer benachbarten Stadt eine Wohnung und richtete sie mit Hilfe eines Innenarchitekten absolut elegant ein.

Er kaufte sich einen großen Mercedes und ließ von Maßschneidern kostspielige Kleidung anfertigen.

Seiner Frau hatte er erzählt, da er immer mittags aus dem Haus ging, dass er in der Nachbarstadt eine lukrative Arbeit bekommen habe, bei der sehr viel Geld zu verdienen sei. Seine Frau, die ihm zu diesem Zeitpunkt absolut hörig war, glaubte ihm, zumal sie seine Sparsamkeit kannte, diese Aussage.

Mittags fuhr er mit dem Zug in die Nachbarstadt und betrat durch einen Hintereingang das Gebäude, um in seine Wohnung zu gelangen. Er kleidete sich um, holte den Wagen aus der Garage und fuhr ca. 100 km zu einem Spielcasino.

Die Person, die dieses Leben lebte, war nicht nur von der Kleidung her, sondern, auch von der Gestalt und der Ausstrahlung aus gesehen eine komplett andere Person.

Menschen, die den Mann nur flüchtig in seiner normalen Gestalt kannten, kamen gar nicht auf den Gedanken, ihn mit dieser Person in Verbindung zu bringen.

Eine Person aus unserem Team, die ihn seit ca. 20 Jahren näher kannte, stellte im Gesicht verschiedene Ähnlichkeiten fest, als sie ihn im Casino sah, kam aber erst dann auf den Gedanken, dass es ein und dieselbe Person war, als sie ihn sprechen hörte.

Als sie ihn ansprach, reagierte er absolut befremdend, so, als ob er sie noch nie gesehen hätte.

Er verblieb immer nur ca. 3 Stunden im Casino und spielte mit hohen Einsätzen an mehreren Tischen. Das Verblüffende war, wie wir bei Recherchen im Casino feststellen konnten, dass er das Spiel so absolut profihaft beherrschte, als habe er im Leben nichts anderes getan. Wie wir im Nachhinein während der Gespräche herausfanden, spielte er 5 Tage in der Woche von montags bis freitags in 3 verschiedenen Casinos. Abgesehen von ein paar einzelnen Gewinn-Tagen verspielte er täglich Summen zwischen 20.000 und 50.000 DM.

Nach ca. 1 Jahr hatte er mit allen möglichen Tricks, die wiederum nur ein Fachmann beherrscht und die, wie wir ihm in den Gesprächen nachweisen konnten, ihm als normale, sagen wir, Erst-Person überhaupt nicht bekannt waren, seine Immobilien an verschiedenen Banken mit gefälschten Grundbuch-Auszügen dreimal mit der maximalen Hypothekenbelastung beliehen.
Als sein letztes Geld aufgebraucht war - Wohnung und Fahrzeug waren genau wie die Immobilien mehrmals mit Privat-Darlehen notariell bei verschiedenen Notaren verpfändet -, stellte er sich in seiner Zweit-Person der Polizei und legte ein Geständnis ab.
Nachdem er das Geständnis abgelegt hatte, wurde er inhaftiert, aber vom Untersuchungsrichter, da keine Verdunkelungs-Gefahr vorhanden war und er einen festen Wohnsitz besaß, wieder freigelassen.
Das Unerklärliche an dieser Geschichte ist:
Als er aus der Haft entlassen wurde, ging er nach Hause und behauptete, nicht zu wissen, was mit ihm passiert sei.
Bei der Kriminalpolizei und im Anschluss beim Untersuchungsrichter widerrief er seine Aussage mit der Maßgabe, er habe mit diesen Sachen nichts zu tun und er könne sich an nichts erinnern.
Bevor wir die von uns gefundenen Erkenntnisse offen legen, möchten wir anhand von ein paar weiteren einfachen Beispielen von Patienten, die plötzlich Reaktionen zeigten, die man nicht als normal bezeichnen kann, die Sache etwas vertiefen.

Eine junge Frau, verheiratet, 1 Kind, nach Aussage der Familie nie aggressiv gewesen, prügelte das Kind ohne Anlass krankenhausreif.
Nach der Tat eingeliefert in die Psychiatrie, da auch Bisswunden an dem Kind festgestellt wurden sowie Verbrennungen durch Zigaretten - dabei muss betont werden, dass die Frau Nicht-Raucherin war -, wurde sie psychisch und neurologisch über 6 Wochen lang mit absolut negativem Befund untersucht.
Festgestellt wurde, dass nur sie als Täter infrage kam, sie aber stritt die

Tat ab. Sie behauptete, dass sie ihr Kind abgöttisch liebe, was auch von der Familie und der Nachbarschaft sowie von ihrem Ehemann hundertprozentig bestätigt wurde, und sie nicht wisse und sich auch nicht erinnern könne, wie das passiert sei. Nach diesen Vorfällen wieder aus der Psychiatrie entlassen, wurde sie aufgrund eines übermächtigen Schuldgefühls, da sie selbst glaubte, sie sei verrückt, stark depressiv.

Ihr Ehemann bat uns durch einen Bekannten um Rat, und so kam die Frau in unsere Behandlung.

In einem anderen Fall riss ein 12-jähriges Mädchen plötzlich ohne jeden Grund im Beisein von mehreren Erwachsenen ihre beste Freundin vom Fahrrad und schlug mit einer Limonadenflasche ununterbrochen so lange auf den Körper und das Gesicht des Mädchens ein, bis die Erwachsenen, als sie die Erstarrung überwunden hatten, es von dem Kind losreißen konnten.

Die beteiligten Personen sagten einstimmig aus - es waren Familienangehörige -", dass dieses Kind ein sehr liebes, hilfsbereites, immer freundliches Mädchen gewesen sei.

Sie sagten außerdem aus, dass sich der Gesichtsausdruck des Kindes in einer Form verändert habe, dass man ihn nur wie den eines reißenden Tieres bezeichnen könne.

Nach dem Wegreißen von dem geschlagenen Kind wurde das Mädchen wieder vollkommen normal und fragte ganz entsetzt, was passiert sei.

Auch bei diesem Kind wurde psychisch und neurologisch nach gründlicher Untersuchung nichts Außergewöhnliches - also keine geistigen oder physischen Abnormitäten - festgestellt.

Das Wissen um die Tat, die das Kind nicht verstehen konnte, die gesamten Untersuchungen und all die Umstände, die dabei abliefen - Schule, Nachbarschaft usw. -, verursachten bei dem Kind einen stark depressiven Zustand, was dazu führte, dass es kaum noch etwas aß, teilnahmslos dort Platz nahm, wo man es aufforderte sich hinzusetzen, oder einfach in sich gekehrt an der Stelle stehen blieb, an der es gerade stand: Da es kaum noch Nahrung zu sich nahm, magerte das Mädchen stark ab. In diesem Zustand erhielten wir es als Patientin.

Ein anderer Patient, der uns aufsuchte - im folgenden haben wir mehrere solcher Patienten gesucht und gefunden -, erklärte uns, genau wie die anderen Patienten, dass er oftmals Reaktionen zeige und an sich wahrnehme, die er im nachhinein nicht verstehen könne.

Zum Beispiel erklärte dieser Patient, der sich um Hilfe an uns wandte, er habe in der letzten Zeit die Anwandlung - wobei er sich immer nur mit Mühe und Not wieder in die Gewalt bekomme -, seiner Frau beim Geschlechtsverkehr Schmerzen zuzufügen.

Auf die Frage, wie dieser Vorgang ablaufe, erklärte er uns, dass er auf einmal in sich eine Kraft spüre, die ihn veranlasse, seine Frau zu würgen und seine Zähne in ihr Fleisch zu schlagen.

In der letzten Zeit war diese triebhafte Kraft so stark geworden, dass er den Geschlechtsverkehr unterbrechen musste, um diese Gedankenbilder, die in ihm entstanden, wieder loszuwerden.

Beim ersten Gespräch gemeinsam mit seiner Frau, der er sich offenbart hatte, erklärten beide übereinstimmend, dass nicht nur ihre sexuelle, sondern ihre gesamte Beziehung auf zärtlicher Liebe aufgebaut sei, wobei einer den anderen immer zu übertreffen suche.

Nachdem sie sich beide über die Sache ausgesprochen hatten und sie erneut zusammen schliefen, passierte es, dass der Mann versuchte, die Frau zu erwürgen, und sie zusätzlich in die Wange biss. Die Frau konnte sich losreißen, wobei im gleichen Moment, als sie sich von dem Mann entfernt hatte, der Mann sofort wieder in seinen normalen Zustand zurückfiel.

Weil sie beide mit dem Geschehen nicht fertig wurden, kamen sie zu uns, nachdem sie von einem Bekannten gehört hatten, dass wir in diesem Bereich forschten, und baten uns um Hilfe.

Alle diese Fälle und viele andere wurden in langen, mehrere Stunden dauernden Psychischen Explorationen, also Gesprächen, abgeklärt, so dass anschließend klar feststand, dass nach den herkömmlichen Erkenntnissen eine Erklärung nicht möglich war.

In einfachen erklärenden Worten wurden die Betroffenen in unsere Erkenntnis -Geist und materielle Seele sowie Gedankenspeicher - eingeweiht, damit sie das verstehen, was unserer Meinung nach mit ihnen passiert war.

Wir erklärten, dass unserer Erkenntnis nach Wesenheiten, die noch

Rest-Karma zu verleben haben, ihren Körper benutzten und benutzen, um dieses Rest-Karma real als Lebenssituation zu verleben, da sie als Wesenheit, nur im Besitz einer geistig materiellen Seele, nicht in der Lage sind, ihr Rest-Karma zu realisieren und zu verleben.

Wir erklärten ihnen weiterhin, dass diese Wesenheiten oft eines plötzlichen Todes gestorben und vom geistigen Wesen her stark Ich-bezogene materialistisch denkende Wesenheiten sind, die meistens wissen, dass sie keinen physischen Körper mehr besitzen. Ihr geistiges Wesen ist so stark an die materielle Ebene gebunden, dass sie einfach nicht akzeptieren wollen, dass sie tot sind und ohne physischen Körper keinerlei Einfluss mehr auf das physische Geschehen haben.

In den Momenten, wo der Mensch absolut materialistisch Ichbezogen - abgekoppelt von seiner Wesenheit - verstandesmäßig denkt, schlüpfen sie in den Gedankenspeicher der natürlich materiellen Seele dieser Person und benutzen entweder für einen kurzen Augenblick oder auch für längere Zeit den Körper dieses Menschen, um ihr Rest-Karma zu leben.

Ist eine dieser nicht mehr im physischen Körper existierenden Wesenheiten geistig stärker als die Wesenheit, in deren Körper, also in deren Gedankenspeicher sie eingedrungen ist, dann kann es passieren, dass sie für dauernd Besitz von diesem Körper ergreift. Da sie resonanz-bedingt einen ganz anderen Lebensrhythmus gleich Resonanz hat als die Wesenheit, von der sie Besitz ergriffen hat, führt das bei der Wesenheit, deren Körper in Besitz genommen wurde, zu einer absoluten Wesensveränderung.

*Die Psychiatrien sind voll von solchen Personen.*

Der Nachteil, diese Personen in der Psychiatrie zu behandeln, sind die Psychopharmaka, die die Patienten erhalten.

Die Gabe von Psychopharmaka führt dazu, dass die Steuerzentrale Gehirn blockiert sowie das Nervensystem ausgeschaltet wird, das im physischen Körper der Sender der Informationen der Wesenheit ist.

*Das bedeutet, dass beide Wesenheiten nicht mehr in der Lage sind, resonanz-bedingt auf Reize naturgegeben zu reagieren.*

Beide Wesenheiten - diejenige, die in den Gedankenspeicher der geistig materiellen Seele eingedrungen ist, sowie die Wesenheit, der der Körper gehört - sind blockiert und nicht mehr in der Lage, dahingehend zu reagieren, dass zum Beispiel die eingedrungene Wesenheit den Körper verlässt.

Von nicht Eingeweihten wird der auch heute noch von der katholischen Kirche praktizierte Exorzismus als Spinnerei oder Menschenverdummung hingestellt.

Besessenheit, also das Inbesitz nehmen eines anderen Körpers, ist genau so Realität wie all das, was wir mit unseren 5 Sinnen wahrnehmen und was von uns Menschen als Realität bezeichnet wird.

Leider wird durch unsere angeblich so realen naturwissenschaftlichen Wissenschaften die Anerkennung dessen, was nur am Erfolg gemessen werden kann, verhindert, da es "wissenschaftlich nicht beweisbar" ist.

*"Wissenschaft" heißt "Wissen schaffen"*, wozu unserer Meinung nach auch das empirische Wissen zählt, das auf Ergebnissen aufbaut.

In Zusammenarbeit mit dem Oberarzt einer Psychiatrie ist es uns gelungen, auf der Grundlage unserer Erkenntnis - wie es abläuft, soll im folgenden beschrieben werden - 3 angeblich geistig absolut gestörte Personen wieder in die Normalität zurückzuführen.

Nachdem wir dem leitenden Professor der Psychiatrie von diesen 3 erfolgreichen Experimenten Kenntnis gegeben hatten, wurden diese Patienten wieder unter Psychopharmaka gesetzt.

Dem Oberarzt wurde angedroht, dass er, wenn er dieser "Scharlatanerie" und diesem "nicht bewiesenen Unsinn" weiter Vorschub leiste, mit einer Strafanzeige rechnen müsse.

Trotz vieler Bitten war der Oberarzt, da er Familie besaß, nicht bereit, den Erfolg schriftlich zu bestätigen, so dass die Sache von uns nicht beweisführend offengelegt werden konnte.

Alle Personen der Fälle, die vorab kurz geschildert wurden, nahmen, von ihren Ärzten verordnet, Psychopharmaka. Jeweils nach einem längeren Aufklärungsgespräch war unser nächster Schritt, diese Mittel langsam abzusetzen bzw. gegen Placebos auszutauschen.

Nachdem gewährleistet war, dass sie durch diese Mittel nicht mehr blockiert waren, begannen wir - immer 3 Personen zusammen - mit der Kontaktaufnahme, um die Wesenheit zu erreichen, die den Körper des Patienten in Besitz hat bzw. in Besitz genommen hatte. Wir wussten aus vielen Experimenten, dass Wesenheiten, die einmal einen Körper benutzt haben, geistig, auch wenn sie zurzeit nicht in der Wesenheit sind, immer in Kontakt mit der Wesenheit stehen.

Der Vorgang der Kontaktaufnahme lief gedanklich ab, ohne dass gesprochen wurde. Das Gedankenbild, das wir vorher abgesprochen hatten, war die gedankliche Vorstellung, wie eine Wesenheit, die wir uns formenmäßig nicht vorstellten, in den Gedankenspeicher des Patienten einstrahlt.

Das Erkennen, ob eine Wesenheit in den Körper eingestrahlt ist oder bereits im Körper war, ist einmal eine intuitive Wahrnehmung, einfach ein Gefühl, das man nicht genau beschreiben kann. Zum anderen ist es jedoch auch ein wahrnehmbarer realer Ablauf, der durch folgende Merkmale an der betroffenen Person beobachtet werden kann.

Meistens haben wir bei der Beobachtung der Person festgestellt, dass mit ihr, wenn sie mit geschlossenen Augen vor uns saß, eine Veränderung in der Form vorging, dass sie sich steiler aufrichtete bzw. ein angespannter Ausdruck im Gesicht und in der gesamten Körperhaltung zu erkennen war.

Auch wenn es sich für die sogenannten Realisten komisch anhört, bevor wir mit der Behandlung begannen, versenkten wir uns ca. 10 Minuten lang gemeinsam in ein Gebet und baten unseren Ur-Schöpfer für unsere Arbeit um Hilfe, bzw. wir baten die Wesenheiten der Karma-Familie der eingedrungenen Wesenheit, uns zu helfen, die Wesenheit ohne physischen Körper zum Verlassen der physischen Ebene zu bewegen.

Dass das Gebet eine Kraft ist, die physisch messbar gemacht werden kann, wurde von führenden Wissenschaftlern sowie auch durch uns in vielen Experimenten real bewiesen.

In unserem Gebet baten wir die Wesenheiten der Karma-Familie (z.B. verstorbenes Elternpaar, Geschwister oder Freunde, die nicht mehr im physischen Körper verweilten), der Wesenheit klarzumachen, dass es besser für sie ist, die physische Ebene, in der sie nichts mehr zu tun hat, zu verlassen, damit sie nicht noch mehr Schaden verursacht und Schuld auf sich lädt.

In dem Moment, wo wir annahmen, dass die Wesenheit in dem Patienten gesprächsbereit war, begannen wir, uns mit dieser Wesenheit so zu unterhalten, als sei sie eine real physisch anwesende Person.

Wir erklärten ihr die geistigen und physikalischen Gesetze, durch die unser Sein bestimmt wird, und machten ihr klar, dass das nicht verlebte Karma, das sie in der physischen Ebene festhält, ohne Schwierigkeit von ihr in ein neues Erdenleben eingebaut werden kann.

Wir sagten ihr, dass sie sich einmal umsehen solle, denn dann würde sie Verwandte, Freunde und Bekannte sehen, die ihr gern helfen würden, die physische Ebene zu verlassen.

Erst nachdem wir die Situation, in der sich die Wesenheit befand, ausführlich geschildert hatten, fragten wir sie, ob sie wisse, dass sie keinen physischen Körper mehr besitzt und dass sie für die Menschen als gestorben gilt.

In dem Moment, wo wir dieses Thema anschnitten, zeigten sich bei fast allen Patienten die Reaktionen, die wir erwartet hatten.

Die eingedrungene Wesenheit nahm mit uns Kontakt auf. Entweder machte sie sich durch bizarre Körperbewegungen bemerkbar, wobei sie den physischen Körper des Patienten benutzte, meistens in Verbindung mit Grimassenschneiden, oder sie gab uns mittels der Stimme des Patienten Antwort. Wenn sie den gleichen Stimmfall des Patienten benutzte, konnte man zwar hören, dass es die Stimme des Patienten war, aber die Intervalle, in denen die Sätze ausgesprochen wurden, waren nicht so, wie der Patient uns im normalen Zustand geantwortet hätte.

War es eine Wesenheit, die nicht akzeptieren wollte, dass sie keinen physischen Körper mehr besaß, also verstorben war, dann veränderte sich die Stimmlage in eine Form, die nichts mit der Stimme des Patienten zu tun hatte, hohl und blechern klang sowie harte, aggressive Worte benutzte. Die Stimme wirkte dann, als komme sie aus einer Röhre, in der sie sich durch Schallschwingung veränderte.

War der Kontakt hergestellt, entwickelte sich ein Gespräch, das bei allen Patienten verschieden war. Nehmen wir eines dieser von uns aufgezeichneten Gespräche heraus, damit Sie den Gesprächsablauf nachvollziehen können.

Die betroffene Person, bei der das Gespräch, wie im folgenden geschildert, ablief, nennen wir sie H.D., war ein junger Mann von 28 Jahren, dessen physischer Körper sporadisch ein bis zweimal im Monat von einer körperlosen Wesenheit benutzt wurde.

Die Vorgeschichte:

Im Alter von 24 Jahren wurde dieser zur damaligen Zeit durchschnittliche normale junge Mann mit einer guten Allgemeinbildung, der einer geregelten Arbeit nachging, Fußball spielte und sehr viel las, von Freunden zu einem gemütlichen Abend eingeladen.

Im Verlauf des Abends kam man auf einen Artikel einer Illustrierten zu sprechen, in dem über Poltergeister berichtet wurde, die in vielen Ländern ihr Unwesen trieben und die von einer Gruppe von internationalen Wissenschaftlern, die mit dem Oberbegriff "Parapsychologen" bezeichnet werden, untersucht worden sind. Der sehr positiv gehaltene Artikel wurde vorgelesen und anschließend diskutiert.

Der junge Mann, der, wie man so schön sagt, "mit beiden Beinen auf der Erde stand" und der in einer Familie groß geworden war, in der dieser angeblich "okkulte Quatsch" grundsätzlich abgelehnt wurde, war der einzige in dieser Runde, der, spöttisch lächelnd, laufend abfällige Bemerkungen machte und ganz klar erklärte, dass das Humbug sei und dass dieser wissenschaftlich unbewiesene Quatsch nur von alten Weibern und Spinnern als real existierend angesehen werde.

Nach einer heißen Debatte behauptete einer der Anwesenden, er kenne eine Person, die in diesem Bereich experimentiere und in der Lage sei, zu jeder Zeit Geister zu rufen. Der Geist, der mit ihr Kontakt aufnehmen würde, benutze den Körper einer der anwesenden Personen, um mit ihnen zu kommunizieren.

Unser junger Mann lachte über diese Aussage, war aber nach langem Überreden bereit, gemeinsam mit den anderen diese Person einzuladen und selbst an einer Sitzung teilzunehmen.

Ungefähr 3 Wochen später fand diese Sitzung statt.

8 Personen und das Medium, eine Frau von ca. 30 Jahren, setzten sich auf Stühlen in einem Kreis zusammen, wobei das Medium in der Mitte des Kreises saß. Das Medium verlangte, dass sie sich an den Händen fassten und die Augen schlossen.

Dann machte sie mit ihnen Atemübungen, die bei den teilnehmenden Personen eine Ruhetönung bewirken sollten.

Nach ungefähr 5 Minuten begann das Medium zu fragen, ob ein Geist anwesend sei, der bereit wäre, mit Hilfe des Körpers eines der Beteiligten zu ihnen zu sprechen bzw. etwas aus dem Reich der Geister mitzuteilen.

Wie unser junger Mann uns erzählte, war die ganze Situation etwas gespenstisch, und seine anfängliche Überheblichkeit nicht Realem gegenüber wich, wie er sich ausdrückte, einem komischen Gefühl - wie eine überhöhte Spannung in seinem Körper, die, wenn er ehrlich sein soll, an der Grenze der Angst war.

Nach weiteren ca. 5 Minuten spürte er, dass irgendetwas mit ihm passierte. Aus Angst versuchte er, sich von den Händen der neben ihm Sitzenden zu lösen und die Augen aufzuschlagen, aber diese Versuche scheiterten.

Ihn überfiel eine unbeschreibliche Angst.

Plötzlich, er sagte, wie einen Stromschlag spürte er, dass eine nicht zu beschreibende Kraft seine Hände aus den Händen seiner Nachbarn riss und er mit einer nicht wiederzuerkennenden Stimme die anderen mit obszönen Worten beleidigte.

Wie er von den anderen, die erschrocken die Sitzung unterbrachen, anschließend erfuhr, habe er mit großen aufgerissenen Augen und verzerrtem Gesicht die Anwesenden mit Worten betitelt, die man zum Teil schon einmal denkt, die aber von den meisten Menschen auch bei höchster Erregung nicht ausgesprochen werden. Die Beschimpfung habe 2 bis 3 Minuten angehalten, und plötzlich sei der Spuk vorbei gewesen.

Er erklärte uns, dass er als Person die Worte selbst wahrgenommen habe, auch die anormale Gestikulierung seiner Hände und seines Körpers sei ihm bewusst gewesen. Jeder Versuch, das Aussprechen der Worte zu verhindern, sei jedoch ein vergebliches Unterfangen gewesen.

Nachdem der ganze Spuk vorbei war, versuchte das Medium noch, das Geschehen zu erläutern, aber der Schreck saß den Teilnehmern immer noch so in den Gliedern, dass jeder mit sich selbst beschäftigt war.

Der junge Mann verließ nach einer Viertelstunde allein die Sitzung, da er jedes weitere Gespräch verhindern wollte, und fuhr mit seinem Kraftfahrzeug nach Hause.

Wie er uns schilderte, waren die nächsten zwei Wochen für ihn wie ein Horrortrip. Ununterbrochen habe er über diesen Vorfall nachdenken müssen. Er hatte Angst vor dem Schlafen, da er mehrmals in der Nacht, aufgeschreckt durch Alpträume, aufwachte.

Seiner Familie und den anderen gegenüber, er war unverheiratet, benahm er sich so, als sei gar nichts passiert.

Angesprochen darauf, dass er die letzte Zeit - sei es am Arbeitsplatz oder in seinem Bekanntenkreis - immer geistig so abwesend wäre, dass er nicht höre bzw. nicht reagiere, wenn etwas zu ihm gesagt wurde, erklärte er den anderen, er würde in der letzten Zeit unter Kopfschmerzen und Schlafstörungen leiden.

Mit den Personen, die an der Sitzung teilgenommen hatten, hat er nach diesem Vorfall keinen Kontakt mehr aufgenommen.

Der Versuch von ihrer Seite, mit ihm in Kontakt zu treten, wurde von ihm in jeder Form abgeblockt.

Ca. 4 Wochen nach der Sitzung passierte an seinem Arbeitsplatz - er war Kfz-Schlosser in einer großen Reparaturwerkstatt - folgendes.

Wie er uns schilderte, war er mit der Reparatur eines Scharniers an der Vordertür eines Kraftfahrzeuges beschäftigt.

Plötzlich habe er gespürt, wie sein Körper starr wurde und er irgendwelche koordinierten Bewegungen nicht mehr habe ausführen können. Sein Körper sei plötzlich in stehende Haltung aufgerichtet worden, und ein großer Schraubenzieher, den er in der Hand hielt, wäre, ihm aus der Hand gerissen, durch eine Scheibe der Werkhalle geflogen.

Plötzlich sei er mit starren Schritten auf 2 Arbeitskollegen zugegangen, hätte sie hochgradig obszön beschimpft, einen Werkzeugwagen, der fast 1 ½ Zentner wiegt, mit einer Hand hochgehoben und nach den Kollegen geworfen.

Die Kollegen, die wie erstarrt stehen geblieben waren, konnten nur noch abwehrende Bewegungen mit den Händen machen und wurden von den herumfliegenden Werkzeugen sowie von dem Werkzeugwagen am Körper, am Kopf und an den Händen stark verletzt.

Der Ablauf dieses Geschehens habe höchstens 1 Minute gedauert.

Plötzlich sei wieder alles ganz normal gewesen, und er habe seinen Körper, seine Hände und seine Füße wieder normal benutzen können.

Alles, was vorgefallen war, habe er bewusst wahrgenommen, ohne sich dagegen wehren zu können.

Im ersten Moment habe er versucht, eine Erklärung für diesen Vorfall abzugeben, aber als er die erschrockenen und feindseligen Blicke der Kollegen gesehen habe, sei er weggerannt.

Mehrere Stunden sei er durch die Stadt gelaufen, ohne hinterher noch genau zu wissen, wo er war, was er gedacht und getan habe. Als ihm wieder genau bewusst wurde, was passiert war, entschloss er sich, nach Hause zu gehen und seine Eltern in die Angelegenheit einzuweihen.

Da bei einem der von ihm angegriffenen Kollegen durch ein Werkzeugteil ein Auge so stark verletzt war, dass mit dem Verlust des Augenlichts gerechnet werden musste, hatte der Firmeninhaber die Polizei eingeschaltet, und die Kollegen hatten den Vorfall zu Protokoll gegeben.

Als er zu Hause ankam, warteten 2 Polizeibeamte auf ihn, die ihn baten, zur Vernehmung mitzugehen. Bei er Vernehmung erklärte er - aus seiner Sicht wahrheitsgemäß -, dass nicht er, sondern ein Geist, der seinen Körper in Besitz genommen habe, dies getan hätte. Als der vernehmende Beamte aufgrund dieser Aussage 2 weitere Beamten herbeirief und sie, nachdem er die Aussage wiederholt hatte, anfingen zu lachen, passierte das, was sein ganzes Leben verändern sollte.

Im Grunde genommen war es fast der gleiche Ablauf wie in der Werkstatt. Unkontrollierte Körperreaktionen, ein verzerrtes Gesicht, ein Schwall von obszönen Schimpfworten. Am schwerwiegendsten war, dass er mit einer unvorstellbaren Kraft einen Schreibtisch hochhob und damit sowie in Folge mit anderen Gegenständen die Beamten verletzte. Der ganze Vorfall lief auch wiederum nur in einem Zeitraum von 1 bis 2 Minuten ab.

Nach dem Anfall ließ er sich ohne Widerstand Handschallen anlegen und wurde noch am selben Tag in eine nahegelegene Psychiatrie eingeliefert.

In den 6 Monaten, die er in der Heilanstalt verbrachte, wo er neurologisch untersucht und unter Psychopharmaka gesetzt wurde, hatte er nie einen Anfall. Das heißt, während dieser Zeit hat die Wesenheit nie seinen Körper missbraucht.

Da nichts Pathologisches gefunden werden konnte und seine Reaktionen alle normal waren, wurde er nach 6 Monaten aus der Heilanstalt entlassen und, da im Vollbesitz seiner geistigen Kräfte, für die unter Strafe stehenden Taten zu 1 Jahr Gefängnis auf Bewährung verurteilt.

Nach den 6 Monaten wieder zurückgekehrt zu seiner Familie, ohne Arbeit, zog er sich immer mehr in sich zurück und gab nur noch auf Fragen einsilbige Antworten. Durch Zufall erfuhren seine Eltern über einen Bekannten von unserer Arbeit und konnten ihn überreden, mit uns ein Gespräch zu führen.

Nach 3 Gesprächen und nachdem er die Literatur, die wir erstellt haben, gelesen hatte, konnten wir ihn davon überzeugen, dass wir seiner Geschichte Glauben schenkten.

Die Hoffnung, dass wir ihm helfen konnten, ihn von dieser Wesenheit zu befreien, die nach seiner Entlassung aus der Heilanstalt vor 1 Jahr erneut 7- oder 8-mal Besitz von seinem Körper genommen hatte, veränderte ihn schon so weitgehend, dass er wieder ohne große Angst auf die Strasse gehen konnte.

Die Anfälle, die er in diesem Jahr hatte, ereigneten sich zum Glück immer dann, wenn er zu Hause oder mit Menschen zusammen war, die ihn schon länger kannten und über die Sache Bescheid wussten, so dass keine Strafanzeige erstattet wurde.

## Behandlungs-Ablauf

Nachdem wir auf der Grundlage des Bio-Rhythmus einen für den Patienten günstigen Tag festgelegt hatten, begannen wir zu Dritt mit der Behandlung.

Der Patient war damit einverstanden, dass er liegend festgeschnallt wurde, damit er keinen Schaden anrichten konnte, falls die Wesenheit, wenn wir sie in seinen Körper holen würden, aggressiv reagierte, womit wir rechnen mussten.

Da seine Erwartungshaltung verkrampft war - dies ist bei allen Patienten der Fall -, begannen wir erneut mit einem erklärenden Gespräch, in dem wir ihm noch einmal den Behandlungsablauf schilderten.

Zwei von uns hatten sich rechts und links neben den Patienten gesetzt und Kontakt mit seinem Körper dadurch hergestellt, dass einer die rechte und der andere die linke Hand auf den Solar-Plexus und die zweite Hand jeweils auf einen Oberarm legten.

Der Dritte von uns saß am Fußende und hielt mit beiden Händen die Unterschenkel im Bereich der Füße.

Nach Beendigung des Beruhigungsgespräches baten wir unseren Ur-

Schöpfer bzw. eine von ihm beauftragte Wesenheit in Gedanken, uns bei unserer Arbeit zu unterstützen und uns selbst zu schützen. Diese Bitte, die wir als Gebet bezeichnen, besaß folgenden von uns vorher abgestimmten Wortlaut:

"Vater, Ur-Schöpfer allen Seins, gib Deinem Geschöpf, der Wesenheit, die ohne physischen Körper in der physischen Ebene lebt, den Gedankenspeicher von *H.D.* benutzt und ihn dadurch an Seele und Körper schädigt, die Kraft zu erkennen, dass ihre Zeit auf Erden im physischen Körper zu Ende ist. Sende ihr Deine Wesenheiten, die Dir dienen, damit sie ihr helfen zu erkennen, welche Schuld sie durch ihr Tun auf sich lädt. Gib uns durch Deine Wesenheiten, die Dir dienen, die Kraft und die Worte, so dass wir Kontakt aufnehmen können mit der Wesenheit, um ihr in Liebe zu helfen, aus der physischen Ebene in die Ebene des reinen Geistes, in der die Seelen in natürlich materiellen Seelen leben und existieren, zu gelangen. Gib uns die Kraft, durch, die wir Kontakt aufnehmen können mit der karmischen Familie der Wesenheit, der wir helfen möchten."
Nach diesem Bittgebet fügten wir ebenfalls gedanklich das "Vater Unser" an.

Schon während des Ablaufs der Gedankenformulierungen spürten wir, wie sich der Körper des Patienten absolut entspannte.
Vielleicht noch besser ausgedrückt - es war mehr ein Gefühl, als würden wir 4 zu einer Einheit, die absolut entspannt, losgelöst von der Umwelt, in einer anderen geistigen Ebene existierte.
Nachdem wir alle wieder die Augen geöffnet hatten, begann der rechts Sitzende, der zum Gesprächsführer bestimmt worden war, wiederum mit geschlossenen Augen, die Wesenheit, wie im folgenden beschrieben, aufzufordern, in den Körper von H.D. einzudringen, damit wir mit ihr Kontakt aufnehmen könnten.

Die Zeit, die wir benötigten, um Kontakt zu erhalten, war bei allen Patienten verschieden. Bei manchen Patienten, bei denen wir annahmen, dass sich die Wesenheit immer im Körper des Patienten aufhielt, war der Kontakt meistens direkt da. Bei anderen Patienten dauerte es von 1 Minute bis zu max. 30 Minuten, bis wir in Kontakt mit der Wesenheit treten konnten.

372

# Gesprächs-Ablauf

"Wesenheit, wir wissen nicht, wer Du bist, der den Körper von H.D. unerlaubt benutzt. Wir möchten mit Dir sprechen, um zu erfahren, wer Du bist, und Dir helfen.

Mit unserer Hilfe und dem Körper von H.D., der Dir diesmal erlaubt in seinen Gedankenspeicher einzutreten, kannst Du Deine Wünsche so äußern, dass sie, wenn möglich, erfüllt werden können.

Trete ein in den Gedankenspeicher von H.D. und mach Dich bemerkbar, wenn Du da bist!"

Ca. 3 Minuten Sprechpause.

Nach dem 2. Satz der Wiederholung des Gesagten tritt eine plötzliche Verkrampfung des Körpers von H.D. ein. Die Fäuste ballen sich, und der Körper von H.D. schleudert nach rechts und links, wobei sich der Kopf extrem nach der anderen Seite verdreht. Plötzlich eine absolute Starrheit. Der Kopf schnellt nach oben, und die Augen werden übergroß aufgerissen.

In einer kehligen Sprache kommen die Worte aus dem Mund von H.D., "Was macht Ihr Mistkerle? Warum habt Ihr mich festgebunden? Macht mich sofort los, sonst schlage ich Euch den Schädel ein."

Bei diesen Worten war das Gesicht fratzenhaft verzogen und strahlte eine Wut aus, bei der jeder erschrecken würde, der nicht auf diesen Ausbruch vorbereitet ist.

Durch die Reaktion hatte auch der Gesprächsführer, der sonst grundsätzlich die Augen geschlossen hält, die Augen für einen kurzen Moment aufgerissen und die Reaktion gesehen.

Einen Augenblick lang hörte man nur noch wutschnaufendes Atmen, bei dem die Luft tief eingezogen und in kurzen Stößen ausgeatmet wurde.

Nachdem der Gesprächsführer sich wieder gefangen hatte, bedankte er sich mit den Worten, "Wir danken Dir, dass Du zu uns gekommen bist, um mit uns zu sprechen."

Die Antwort war ein tiefes, kehliges verächtliches Lachen mit einer anschließenden Flut von obszönen Worten, die mit dem Satz endete, "Ich mache, was ich will, und lasse mir von Euch Säcken nicht befehlen, was ich tun soll"

Im Folgenden wird der Ablauf so niedergeschrieben, wie er protokolliert wurde.

W. ist die Wesenheit, die den Körper von H.D. in Besitz genommen hatte, und G. der Gesprächspartner.

G.: "Entschuldige bitte. Wir wollen Dir keine Befehle geben, sondern nur ein Gespräch führen, um Dir zu helfen."

W.: "Ich brauche Eure Scheiß-Hilfe nicht. Ich kann mir selbst helfen. Ich habe noch nie jemanden gebraucht."

G.: "Das mag für Dich richtig gewesen sein zu dem Zeitpunkt, als Du noch einen physischen Körper besessen hast. Aber jetzt verstößt Du gegen die kosmischen Gesetze, wenn Du weiter tust, was Du für richtig hältst."

W.: "Das bestimme ich allein."

G.: "Du weißt, dass Du keinen physischen Körper mehr besitzt, dass Du also gestorben bist und hier in der physischen Ebene nichts mehr bewirken kannst."

W.: Kurzes Gelächter. "Das stört mich nicht. Ich nehme mir einfach einen Körper und benutze ihn, um das zu tun, was ich will. Ich bin stärker als die anderen. Ich mach, was ich will."

G.: "Warum willst Du Dir nicht helfen lassen? Du weißt doch, dass Du andere mit Deinem Tun schädigst. Sieh Dich einmal um, dann wirst Du deine Familie, Freunde und Bekannten sehen, die Dir helfen wollen und die Dir den Weg zeigen in die Ebene, in der jetzt Dein Zuhause ist."

W.: "Ich brauche niemand. Ich habe immer getan, was ich wollte. "

G.: "Sieh Dich trotzdem einmal um und spüre, wie glücklich die Wesenheiten sind, die Dir helfen wollen. Du brauchst keine Angst zu haben. Es ist ganz einfach. Sie werden Dich begleiten und Dich einführen, und sie werden Dir helfen, das Rest-Karma, das Du mit aller Gewalt noch verleben willst, einzubinden in ein neues Sein."

- Kurze Pause. Keine Antwort von W.

G.: "Warum willst Du Dich nicht lösen aus der materiellen Ebene?"

- Pause. Keine Antwort von W.

G.: "Wer bist Du? Wenn Du uns Deinen Namen nennst und uns sagst wer Du bist, wann und wo Du gelebt hast, dann können wir Dir vielleicht helfen und Sachen in Ordnung bringen, die Dich noch belasten."

W.: mit leicht veränderter Stimme: "Ich existiere für die Menschen nicht mehr, und das, was war, ist geschehen und vorbei."

374

G.: "Warum willst Du uns nicht sagen, wer Du warst, als Du noch einen physischen Körper besaßest?"

W.: "Es ist vorbei."

G.: "Wenn Du das weißt, warum willst Du dich dann nicht lösen von der materiellen Ebene?"

W.: "Ich habe noch zu tun."

G.: "Das, was Du getan hast, war nur Aggression und nichts Produktives. Warum tust Du dann nicht das, was Du glaubst, noch tun zu müssen?"

W.: "Ich hasse sie alle. Sie haben mir laufend wehgetan. Jetzt habe ich die Macht, es ihnen heimzuzahlen und sie zu zerstören."

G.: "Hat Dir die Wesenheit, deren Körper Du nutzt, wehgetan?"

W.: "Nein. Das spielt auch keine Rolle. Sie sind alle gleich. Die Lebenden haben mich zerstört. Sie sind schuld, dass ich noch so viele geistige Reste besitze."

G.: "Mit dem, was Du tust, schädigst Du Menschen, die mit Deinem Erdensein nichts zu tun hatten. Und das, was man Dir angetan hat, war Resonanz dessen, was Du getan hast. Das weißt Du doch."

W. plötzlich schnell gesprochene Sätze wie: "Ich kann nicht anders. Ich habe Angst. Ich weiß nicht, was kommt. Ich weiß, dass ich vieles getan habe, was nicht gut ist.
Ich habe Angst. Angst vor Strafe. Ich habe sie gehört. Als ich tot war, haben sie gesagt, 'Den hat der Teufel geholt.' Ich war nicht schlecht. Alles, was ich getan habe, habe ich gar nicht gewollt. Keiner hat mich verstanden. Keiner hat mich geliebt."

Die Stimme wird immer weinerlicher. Die Sätze überschlagen sich fast, sind kaum noch zu verstehen.

W.: "Ich möchte alles wieder gutmachen, aber sie lassen mich nicht. Ich habe keinen Körper mehr, um es zu tun. Wenn ich einen anderen Körper benutze, so wehrt sich die Wesenheit, und ich muss genauso kämpfen wie früher. Keiner versteht mich. Keiner begreift mich. Ich habe Angst. Angst vor dem, was kommt. Helft mir! Helft mir!"

Ein Zittern geht durch den Körper von H.D., dann ein Weinen und Schluchzen, und Tränen treten aus H.D.'s Augen.

G.: "Sieh Dich wieder um! Sieh die vielen Wesenheiten! Sie alle wollen Dir helfen. Du siehst, dass Dir keiner von denen Böses

antun will. Sie werden Dir sagen, wie alles zusammenhängt. Du wirst es verstehen und wirst erkennen, dass es das Sein ist. Dass es keine Schuld gibt. Jetzt machst Du dich schuldig, denn Du verstößt, wenn Du den Körper eines anderen Menschen benutzt, gegen die kosmischen Gesetze.
Wir wollen Dir helfen. Geh aus dem Körper, und geh mit den anderen mit, und es wird alles gut werden!"
Längere Pause. Das Einzige, was wir wahrnehmen können, ist ein leises Wimmern, das aus der Kehle des Körpers von H.D. kommt. Die Augenlider sind geschlossen, und Tränen laufen die Wangen hinunter.

G.: "Tu es! Geh mit den anderen mit! Sie werden Dich hinüberbegleiten, und alles wird gut werden. Verlasse den Körper, und kehre nicht mehr zurück! Tu es *für* Dich und Deinen Schöpfer! Es wird alles gut werden, wenn Du es tust."

W.: Ein leises "Ja, ich gehe. Die anderen haben mich überzeugt, dass alles gut wird. Ich spüre ihre Liebe und habe Vertrauen."

G.: "Es ist gut so, und wir danken Dir, dass Du uns und H.D. geholfen hast."

Eine kurze Pause, bei der keinerlei Reaktion mehr im Körper wahrnehmbar war. Das Einzige, was wir spürten, war eine tiefe erschöpfte Ruhe, so, als wäre alles heller geworden.

In der Zwischenzeit, als wir keine weiteren Reaktionen mehr feststellten, hatten wir alle die Augen geöffnet und sahen, wie auch H.D. die Augen aufschlug und lächelte.
Keiner von uns sagte etwas. Wir öffneten die Gurte, mit denen H.D. angeschnallt war, und halfen ihm, sich hinzusetzen.
Nachdem ca. 2-3 Minuten vergangen waren, sagte H.D.:
"Es war unvorstellbar. Jetzt begreife ich, was dieser Mensch während seiner Lebzeit gelitten hat. Das, was ich erlebt habe, kann man nicht beschreiben. Ich bin froh, dass es vorbei ist."
In dem folgenden Gespräch, das ca. 2 Stunden dauerte, erzählte uns H.D., dass er alles so miterlebt habe, als wenn es real passiert sei. Auf die Frage, ob er noch Angst habe vor dem Leben mit den Menschen, gab er uns zur Antwort:
"Nein, jetzt habe ich verstanden, was das Leben ist und dass jeder Einzelne von uns ganz allein das, was er lebt, selbst bewirkt hat."
3 Monate lang besuchte uns H.D. noch alle 14 Tage. Er berichtete, dass

er in eine andere Stadt gezogen sei und sein Leben wieder ganz normal verlaufe, dass er einen neuen Freundeskreis besitze und die Absicht habe zu heiraten.

In den mehr als 10 Jahren, die seit dieser Zeit verstrichen sind, haben wir noch 2 - 3 Mal etwas von ihm gehört und telefonisch erfahren, dass alles in Ordnung ist. Bei seinem letzten Anruf sagte er uns auf die Frage, ob über diese Sache noch in seinem Bekanntenkreis gesprochen werde, "Nein. Seit meine Eltern verstorben sind, mit denen ich geistig immer in Kontakt stehe, habe ich von keiner Seite aus irgendeine Anspielung auf das, was damals passiert ist, gehört."

Alle Psychischen Explorationen, das heißt Gesprächsführungen, die wir in diesem Bereich mit Patienten hatten, verliefen so bzw. so ähnlich wie vorab geschildert.

Auch wenn es dem normalen Menschen schwer fällt, die Existenz der Wesenheiten zu akzeptieren, die im Volksmund als "Geister" bezeichnet werden - sie existieren real, wenn auch mit unseren 5 Sinnen nicht direkt wahrnehmbar.

Exorzismus in der Kirche wird leider nur noch selten durchgeführt und schamhaft verschwiegen.

- Dabei ist es eine der besten psychischen Behandlungsmethoden, die wir Menschen besitzen, um einem anderen zu helfen, wieder gesund zu werden und als Individuum das Gesetz der Resonanz so zu leben, wie er es muss. -

Wäre das nicht der Fall, würden unsere Wissenschaftler und Ärzte die seelischen und psychischen Komponenten bei den erkrankten Patienten wesentlich mehr berücksichtigen, als es zurzeit der Fall ist. Während unserer langjährigen Forschung haben wir festgestellt, dass wir immer dann, wenn wir privat mit einzelnen Wissenschaftlern über diese Thematik gesprochen haben, nur ganz selten auf Menschen gestoßen sind, die der Faszination des Unerklärlichen nicht erlegen waren. Nur die Dummen, also die Menschen, bei denen die extrazelluläre Gewebeflüssigkeit im Bereich ihres Gehirns schon starr ist, glauben, dass allein die naturwissenschaftlichen Erkenntnisse die Realität beschreiben.

Dass die meisten wissenschaftlichen Disziplinen diesen Bereich in ihre Forschung nicht miteinbeziehen, liegt nur daran, dass der Mensch zum einfachen Nach-Denker erzogen wird.

Bis auf einzelne Ausnahmen - und das ist in allen Forschungsbereichen so - wird auf der vorhandenen Grundlage, also der vorgegebenen Modellvorstellung, geforscht.

Das heißt, wenn ein Wissenschaftler auf der Grundlage der vorgegebenen Modellvorstellung, also nicht realitätsbezogen, etwas entdeckt hat, was in diese Modellvorstellung passt, dann wird es, als der Wahrheit letzter Schluss bezeichnet und jeder versucht, so gut wie er es kann, weitergehend auf der nunmehr existierenden angeblich realen Grundlage neue Erkenntnisse zu finden.

Können Phänomene auf der Grundlage der existierenden Modellvorstellung nicht erklärt werden, dann hat es sich eingebürgert, nicht etwa zu sagen, "Das Denkmodell ist falsch", sondern man behauptet ganz einfach, dass diese nicht erklärbaren Phänomene "Phantasieprodukte" sind und "nicht existieren".

Dieses speziell in der Wissenschaft weitverbreitete Tun ist einer der Gründe, warum die geistige Evolution der physischen Erdenmenschen nicht nur stagniert, sondern rückläufig ist.

Wir Menschen sind heute in der Lage (Stand der technischen Evolution), Atome zu spalten und Energie freizusetzen, die wir angeblich benötigen, um unseren Wohlstand in dieser Zivilisationsgesellschaft nicht nur zu erhalten, sondern noch zu steigern - um das Chaos unserer Zivilisationsgesellschaft auch, wenn möglich, in die unterentwickelten Länder zu bringen.

Bei diesem Menschen verdummenden Denken, aufgebracht von einzelnen Führern der Zivilisationsgesellschaft und nachgeplappert von den sich intelligent wähnenden Befehlsempfängern, ist man sich jedoch der Folgen für die Menschheit noch nicht einmal bewusst.

Die Wissenschaftler, angefangen bei Otto HAHN bis zu den Wissenschaftlern der heutigen Epoche, haben forschend technologisches Wissen entschlüsselt, das die menschliche Evolution in diesem Bereich ein großes Stück nach vorn gebracht hat.

Ein evolutionsbedingter richtiger und richtungsweisender Vorgang.

Gefährlich dabei ist nicht das gefundene Wissen, dass Atome spaltbar sind und dass man die freigesetzten Kräfte in die Gewalt bekommen hat und technologisch einsetzt.

Das Gefährliche ist die Ignoranz, daran festzuhalten, es weiter zu tun, also diese Technologie einzusetzen, obwohl man in der Zwischenzeit weiß, dass sie Nebeneffekte besitzt, die unser Umfeld und die Menschheit vernichten können. Diese Nebeneffekte bezeichnet man einfach nur begrifflich, um sie namentlich zu nennen, z.B. als "radio-aktive Strahlungen", ohne genau zu wissen, was sie sind.

Unsere heutige angeblich so reale Naturwissenschaft hat keine Grundlage, auf der sie aufbauen kann, um zu forschen, sondern sie benutzt als Ausgangspunkt erkannte Wirkungen und versucht nachzuweisen, wie und durch was diese Wirkungen entstehen. Es ist ein gefährlicher Weg, den die Wissenschaft geht. Die Erkenntnisse, die als Nebeneffekte auf dem Weg dieser Forschungsstruktur (Wirkung - durch was und wie) gefunden werden, betreffen wiederum nur Wirkungen, die, wenn für den Menschen nutzbar, eingesetzt werden, ohne zu hinterfragen, welche Nebenwirkungen sie aufweisen. Werden nach einer gewissen Zeit der Anwendung bzw. des Einsatzes Nebenwirkungen festgestellt, die für die Umwelt und für die Menschheit schädlich sind, so wird nicht etwa diese Technologie eingestellt, sondern man versucht dann, um nicht zugeben zu müssen, dass die eingesetzte Technologie gefährlich ist, die Wirkung abzuschwächen. Dies gilt nicht nur für die Atomspaltung oder für die chemischen Produkte, die unsere Umwelt zerstören - das Medium, in dem der Mensch lebt -, sondern auch für die Anwendung von Diagnose- und Therapieverfahren in der Medizin. Beispiele braucht man gar nicht anzuführen, denn jeder Mensch, der eine gewisse Intelligenz besitzt, weiß, dass die Technologien, die wir einsetzen, und das Ich-bezogene Leben, das wir führen, ohne die Umwelt in unser Denken mit einzubeziehen, uns oder die nachfolgenden Generationen zerstören werden.

Auch wenn immer mehr Menschen dazu übergehen, unsere Lebensform zu verurteilen, und sich von dem gefährlichen Tun abwenden - die Masse der zur Zeit auf dieser Erde lebenden Menschen besitzt leider einen sehr niedrigen geistigen Evolutionsstand, der nicht ausreicht, ihren Verstand so weit zu beflügeln, dass er die Gefahr erkennt, in der die Menschheit schwebt. Sie wollen einfach nur "gut leben" und begreifen bei dieser Forderung nicht einmal, dass das angeblich so "gute zivilisierte Leben" das Sinnloseste ist, was das Erdenleben bietet. Keiner kann, wenn er seinen physischen Körper verlässt und seine

Wesenheit ins Jenseits geht, etwas mitnehmen von dem, was er ein Leben lang erkämpft und krampfhaft festgehalten hat.

In dem Bereich, in dem er nach seinem Tod existiert, wird er an Werten gemessen, die nicht aus Materie sind.

In der medizinischen Wissenschaft, von der Lehrschulmedizin bis hin zum praktischen Allgemein-Arzt, existiert bis auf ein paar einzelne Ausnahmen im Grunde genommen die gleiche Denkvorstellung über den Sinn und Zweck unseres Lebens wie bei der Masse der Menschen.

Auch sie sind geprägt vom Ich-bezogenen materialistischen Denken und glauben, schon fast hörig, an das Ordnungs-Prinzip unserer Zivilisationsgesellschaft.

Sie vollziehen das nach, was man sie lehrt, und weisen die Schuld von sich, wenn beim Patienten die therapeutischen Maßnahmen, die sie, von der Lehrschulmeinung übernommen, einsetzen, nicht greifen und keine Besserung in dem symptomatisch betrachteten Krankheitsbild bringen.

Die wenigsten hinterfragen, an was es liegt, dass sie nicht in der Lage sind, mit den vorhandenen Therapiemodellen in dem Masse zu helfen, wie es der Arzt eigentlich sollte.

Eingebunden in die Ordnung unserer Gesellschaft, erziehungsmäßig geprägt, benutzen sie die gleichen Schlagwörter wie die Masse der Menschen, "Ich muss leben, also essen und trinken, Miete bezahlen, mein Wohlstands-Image aufrechterhalten und habe gar keine Zeit dazu, mich um die Ursache, warum eine Therapie nicht wirkt, zu kümmern."

Dies soll kein Vorwurf sein gegen unsere Ärzteschaft, sondern nur eine Feststellung, denn im Grunde genommen trifft auch auf sie der Satz aus der Bibel zu, "Vergib ihnen, denn sie wissen nicht, was sie tun."

Gesellschaftlich erziehungsmäßig geprägt, wandern sie mit auf der breiten Strasse, die die Masse geht.

Ganzheitliches Denken in bezug auf den ihnen anvertrauten Patienten - Geist - materielle Seele - Psyche / Gedankenspeicher - physischer Körper / Materie - ist ihnen fremd, da das Denkmodell der heutigen Lehrschulmedizin auf den physischen Körper; unterteilt in spezielle Bereiche, ausgerichtet ist.

Dieses heute gültige Spezialistentum hat dazu geführt, dass zum Beispiel ein Hals-, Nasen-, Ohren-Spezialist in der Lage ist, in diesem

Bereich ein symptomatisches Krankheitsbild so weitgehend zu beeinflussen, dass er von Besserung und Heilung - in diesem Bereich - sprechen kann.

Das, was er jedoch nicht weiß und was ihn im Grunde genommen auch nicht interessiert, ist, dass er nicht das symptomatische Krankheitsbild beseitigt, sondern es nur in einen anderen Bereich des physischen Körpers verdrängt, damit der Kollege von der anderen Fakultät auch seinen Lebensunterhalt bestreiten und sein Image pflegen kann. Aber wie schon gesagt, "Vergib ihnen, denn sie wissen nicht, was sie tun." Erst dann, wenn sie es wissen - auch wenn sie nicht darüber sprechen -, jedoch nichts ändern, ist der Moment da, wo sie schuldig werden. Schuldig ihrer Wesenheit und nicht den anderen gegenüber. Aber auch das ist ein Vorgang nach dem Gesetz der Resonanz.

Ohne das Wissen, dass alles Sein auf der Grundlage physikalischer Gesetze abläuft, die uns verschlüsselt offengelegt wurden durch die Gebote, die uns unser Ur-Schöpfer durch Adepten übermittelte, niedergeschrieben in den Heiligen Schriften aller Glaubensrichtungen, kann die Menschenrasse nicht überleben und wird sie sich letztendlich selbst zerstören. Erst wenn wir diese Gesetze in unsere Denkvorstellung wieder miteinbeziehen, hat die Masse der Menschen die Chance, eine Änderung zu bewirken, und der Mediziner wird wieder zu dem Priester-Arzt, der er sein sollte.

Nur wenn er den Menschen GANZHEITLICH betrachtet und behandelt - Geist - Seele - Psyche - Körper -, kann er regulierend eine Initialzündung bewirken, damit der aus der naturgegebenen Ordnung gefallene Mensch aus dem Chaos in die Ordnung zurückfindet.
Dies gilt speziell für die Neurologen, Psychiater und Psychologen, die das Krankheitsgeschehen bei ihren Patienten in der Materie des Gehirns suchen, obwohl sie wissen, dass "psychosomatische" Erkrankungen, die, wie effektiv wissenschaftlich bewiesen, real existieren, den ganzen Körper betreffen.
Psychopharmaka sind Sand im Getriebe des physischen Körpers, der verhindert, dass die Wesenheit die Maschine selbst reparieren kann.
Um das Repairsystem des physischen Körpers des Menschen sowie das Immun-System, also die körpereigene Abwehr, zu mobilisieren, braucht der Mensch seine Wesenheit, seine geistige und natürliche

materielle Seele.

Wird sie durch Psychopharmaka bei ihrer Arbeit blockiert und kann sie ihr resonanz-bedingtes Leben nicht ordnungsgemäß nach dem Gesetz der Resonanz verleben, so hat sie nur 2 Möglichkeiten:

- den Körper zu verlassen und belastet mit altem Karma zurückzukehren in die geistige Ebene, die wir begrifflich als "Jenseits" bezeichnen, damit sie unter erschwerten Umständen ein neues Leben beginnen kann,

- oder so lange sinn- und zwecklos, als "geistig umnachtet" oder "schizophren" bezeichnet, abzuwarten, bis ihre physische Kraft, die den Körper des Menschen bewirkt, verbraucht ist und ihre Wesenheit den Körper verlassen muss.

Auch wenn die Wissenschaft heute noch sagt, dass "Geister", also Wesenheiten, *Phantasieprodukte von gestörten Gehirnen* sind und angeblich nicht real existieren, und die Masse der angesprochenen Wissenschaftler und Mediziner diese Aussage nicht akzeptieren werden - sie sind Schuld daran, dass immer mehr Wesenheiten erdgebunden die physischen Körper der zur Zeit lebenden Menschen benutzen, um doch noch Teile ihres in ihrer Seele gespeicherten Karmas zu verleben.

*Es ist einer der Gründe, warum in unserer Zivilisations-Gesellschaft Aggressionen bis zur Gewalt sowie Depressionen bis hin zum Selbstmord usw. immer mehr überhand nehmen.*

Würden die betreffenden Wissenschaftler und Mediziner einmal gegenüber sich selbst ehrlich und wahr sein und genau darüber nachdenken, warum speziell im psychischen Bereich so wenig Heilungserfolge bewirkt werden, dann würden sie erkennen, dass die Grundlage, auf der sie therapieren, nicht nur falsch sein muss, sondern dass sie auch, auf dieser falschen Grundlage aufbauend und handelnd, ein so weitgehend gegen die kosmischen Gesetze verstoßendes Geschehen bewirken, dass sie sich gegenüber unserem Ur-Schöpfer schuldig machen.

In Ihrem eigenen Interesse sollten Sie ruhig einmal darüber nachdenken. Vielleicht begreifen Sie, dass Sie nach dem Gesetz der Resonanz all das, was Sie *nicht* zum Nutzen der anderen Wesenheiten tun, auf alle Fälle psychisch isoliert "nicht gegenwartsbezogen" denken und nach dem Gesetz der Resonanz leben müssen.

Das heißt, nach dem physikalischen Gesetz der Resonanz programmieren Sie sich jetzt in der Gegenwart schon als Opfer, das sie in der Zukunft erdulden und leben müssen.

Exorzismus ist nicht etwa etwas Obskures, sondern eine Behandlungsform, eingebunden in den christlichen Glauben, die nicht den Körper, sondern die Wesenheit so weitgehend beeinflussend bewirkt, dass sie in der Lage ist, ihr Fehlverhalten zu erkennen.

Es ist die Kraft, die durch die Befolgung der Gebote unseres Ur-Schöpfers bewirkt wird und die wir Menschen auch mit den Begriffen "Nächstenliebe", "Verständnis" und "Toleranz" umschreiben.

In vielen Experimenten, bei denen wir für den Nachweis dieser Erkenntnis Messgeräte einsetzten, haben nicht nur wir den Beweis erbringen können, dass die Wesenheit real existiert, sondern auch viele andere bedeutende wissenschaftlich untadelige Wissenschaftler auf der ganzen Welt.

Nachfolgend zitieren wir 2 dieser Beweisführungen, die in orthodoxen medizinischen Zeitschriften veröffentlicht wurden.

## *"Die KRAFT des GEBETS - wissenschaftlich bewiesen"*

N.J. STOVELL, ein großer amerikanischer Wissenschaftler, war früher als Atheist bekannt. Mit anderen Wissenschaftlern arbeitete er jahrelang, um in die verborgenen Geheimnisse der Atomwissenschaft Licht und Klarheit zu bringen. Dabei ging er manchmal Wege, die bis dahin unbekannt waren, und machte Entdeckungen, die nicht nur der Wissenschaft dienten, sondern die auch seine Lebensanschauungen veränderten.

Wir lassen ihn selber etwas von seinen Erlebnissen erzählen:

'Ich war ein zynischer Atheist, der glaubte, dass Gott nichts anderes sei als eine Gedankenvorstellung der Menschen. An ein lebendiges göttliches Wesen, das uns alle liebt und das über uns Macht besitzt, vermochte ich nicht zu glauben.

Eines Tages arbeitete ich in dem großen Laboratorium einer Klinik. Ich war mit der Aufgabe beschäftigt, die Wellenlänge und die Stärke der menschlichen Gehirnstrahlungen zu messen.

So einigte ich mich mit meinen Mitarbeitern auf ein heikles Experiment. Wir wollten untersuchen, was bei dem Übergang aus dem Leben in den Tod innerhalb des menschlichen Gehirns vor sich geht. Zu diesem Zweck hatten wir uns eine Frau gewählt, die an todbringendem Gehirnkrebs litt.

Die Frau war geistig und seelisch völlig normal.

Allgemein auffallend trat ihre liebenswürdige Heiterkeit zutage.

Doch körperlich stand es umso schlimmer mit ihr. Wir wussten, dass sie im Sterben lag, und sie wusste es auch.

Wir hatten davon Kenntnis genommen, dass es sich um eine Frau handle, die im Glauben an den persönlichen Erlöser Jesus Christus gelebt habe.

Kurz vor ihrem Tode stellten wir einen hochempfindlichen Aufnahmeapparat in ihr Zimmer. Dieses Gerät sollte uns anzeigen, was sich in ihrem Gehirn während der letzten Minuten abspielen würde.

Über dem Bett brachten wir zusätzlich ein winziges Mikrophon an, damit wir hören konnten, was sie spräche, falls sie überhaupt noch ein Lebenszeichen von sich geben würde.

Inzwischen begaben wir uns in den angrenzenden Nebenraum.

Wir zählten fünf nüchterne Wissenschaftler, von denen ich wohl der nüchternste und verhärtetste war. Abwartend und doch von innerer Spannung erfasst, standen wir vor unseren Instrumenten. Der Zeiger stand auf Null und konnte bis zu 500 Grad nach rechts in positiver Wertung und 500 Grad nach links in negativer Wertung ausschlagen.

Einige Zeit vorher hatten wir unter Zuhilfenahme des gleichen Apparates die Sendung einer Rundfunkstation gemessen, deren Programm mit einer Stärke von 50 Kilowatt in den Äther strahlte. Es handelte sich um eine Botschaft, die rund um den Erdball getragen werden sollte. Bei diesem Versuch stellten wir einen Wert von 9 Grad positiver Messung fest.

Der letzte Augenblick der Kranken schien herbeigekommen.

Plötzlich hörten wir, wie sie zu beten und Gott zu preisen begann. Sie bat Gott, all den Menschen zu vergeben, die ihr in ihrem Leben Unrecht getan hatten.

Dann verlieh sie ihrem festen Glauben an Gott Ausdruck mit den Worten:

"Ich weiß, dass Du die einzige zuverlässige Kraftquelle aller Deiner

Geschöpfe bist und bleiben wirst."

Sie dankte Ihm für Seine Kraft, mit der Er sie ein Leben lang getragen hatte, und für die Gewissheit, Jesu Eigentum sein zu dürfen.

Sie bekundete Ihm, dass ihre Liebe zu Ihm trotz allem Leid nicht wankend geworden sei. Und im Hinblick auf die Vergebung ihrer Sünden durch das Blut Jesu Christi klang aus ihren Worten eine unbeschreibliche Wonne. Sie brach schließlich, in Freude darüber aus, dass sie bald ihren Erlöser werde schauen dürfen.

Erschüttert standen wir um unser Gerät. Längst hatten wir vergessen, was wir eigentlich untersuchen wollten. Einer sah den anderen an, ohne dass wir uns unserer Tränen schämten. Ich war derart gepackt von dem Gehörten, dass ich weinen musste wie seit meiner Kindheit nicht mehr.

Plötzlich, während die Frau noch weiter betete, hörten wir einen klickenden Ton an unserem Instrument.

Als wir hinüberblickten, sahen wir den Zeiger bei 500 Grad positiv anschlagen und immer wieder gegen die Abgrenzung wippen. Die Strahlungsenergie musste den Wert unserer Skala überschreiten; nur hinderte der kleine Abgrenzungspfahl den Zeiger am Höherklettern.

Unsere Gedanken jagten sich. Jetzt hatten wir durch technische Messungen erstmals eine ungeheuerliche Entdeckung gemacht:

Das Gehirn einer sterbenden Frau, die mit Gott in Verbindung stand, entwickelte eine Kraft, die 55mal stärker war als jene weltweite Ausstrahlung der Rundfunkbotschaft.

(Man erinnert sich hierbei an den Ausspruch des Nobelpreisträgers Dr. med. Alexis CARREL, der einmal gesagt hat: "Das Gebet ist die stärkste Form von erzeugbarer Energie.")

Um unsere Beobachtungen weiterzuführen, einigten wir uns wenig später auf einen neuen Versuch. Dieses Mal wählten wir einen nahezu geisteskranken Mann. Nachdem wir wieder unsere Geräte aufgebaut hatten, baten wir eine Schwester, den Kranken in irgendeiner Form zu reizen. Der Mann reagierte darauf mit Schimpfen und Fluchen. Ja, nicht genug, er missbrauchte dabei sogar den Namen Gottes auf lästerliche Art.

Und wieder klickte es an unserer Apparatur. Gespannt hingen unsere Augen an der Skala. Wie waren wir bewegt, als wir feststellen mussten, dass sich der Zeiger auf 500 Grad negativ befand und am

Abgrenzungspfahl aufgeschlagen war.

Damit standen wir am Ziel unserer Entdeckung.

Durch instrumentale Messung hatten wir festgestellt, was im Gehirn eines Menschen vor sich geht, wenn er eines der Zehn Gebote Gottes übertritt. Es war uns gelungen, auf wissenschaftlichem Wege die positive Kraft Gottes wie auch die negative Kraft des Widerwirkers einwandfrei zu beweisen.

Wir gewannen sehr schnell Klarheit darüber, dass ein Mensch, der nach den göttlichen Geboten sein Leben ausrichtet und mit Gott in Verbindung steht, Kraft Gottes ausstrahlt.

Setzt man sich jedoch über den göttlichen Befehl "Du sollst nicht" hinweg, so findet man die Folgen in der Ausstrahlung negativer, das heißt satanischer Kräfte.

In jenem Augenblick begann meine atheistische Weltanschauung zusammenzubrechen. Die Gedanken bestürmten mich: 'Sollte es nicht doch einen Gott geben, dem es möglich ist, die Botschaft zu empfangen, die durch das Gebet zu Ihm gesandt wird? Dann stand ja auch ich vor dem Angesicht des allwissenden Gottes!'

Die Lächerlichkeit meines Unglaubens wurde mir immer klarer.

Weil ich ehrlich gegen mich selbst bleiben wollte, konnte ich mich der auf mich eindringenden Wahrheit nicht verschließen.

So wurde ich ein glücklicher Jünger Jesu, der an Jesus Christus als seinen persönlichen Heiland glauben lernte.

Heute weiß ich, dass der Lichtglanz, den die Künstler oft um das Haupt Jesu gemalt haben, nicht künstlerische Phantasie, sondern göttliche Wirklichkeit ist. Welche befreiende Kraft ging doch damals von Jesus aus und geht noch heute von Ihm aus. Dieselbe Kraft soll sich im Leben der Erlösten offenbaren, denn ER hat gesagt: "Ihr sollt die Kraft des heiligen Geistes empfangen und Meine Zeugen sein." (Apg. 1,8)

Wie nötig haben wir alle im Kampf gegen die Mächte der Finsternis gerade diese Gotteskraft!

Als früherer Atheist danke ich Gott, dass Er mich, dem Unwürdigen, mit Seinem Heiligen Geist und mit Seiner Kraft erfüllt hat.

Stellen wir uns die Frage, *"Was ist das für eine Kraft, die die, sagen wir, positiven Gedankenbilder und Worte so stark beeinflusst, dass sie messbare Wirkungen besitzen?"*

Der Geist, also die Kraft, durch die Gedankenbilder holografisch in einem N.-Neutrino bewirkt werden, bedingt dadurch, dass sie die Frequenz und Amplitude der rotierenden Wellen der Ur-Plasma-Teilchen verändert, ist eine Kraft, die wir von unserem Ur-Schöpfer erhalten haben. Sie ist die Kraft, die unsere Seelen, unsere Wesenheiten, unzerstörbar macht.

Wäre es diese Kraft, die die Messgeräte bewirkt, dann müsste man davon ausgehen, dass zu irgendeinem Zeitpunkt der Mensch, der betet, seine Kraft verlieren und seine Seele (=Wesenheit) zerbrechen würde.

Es muss also eine Kraft sein, die ZUSÄTZLICH existiert und die verwendet wird, wenn wir gedankenbildlich unseren Ur-Schöpfer (Gott) und seinen erstgeborenen Sohn JESUS CHRISTUS (Vater der Menschenrasse), eingeschlossen in das Gebet, anerkennen, ihm für seine Hilfe danken und ihn um seine Kraft bitten.

Als JESUS, die ersterschaffene Wesenheit unseres Ur-Schöpfers, eingeboren wurde in die Materie, um uns die Gebote vorzuleben, damit wir die physikalischen. Gesetze mit unserem Verstand erkennen und begreifen, besaßen die Menschen noch nicht diese Kraft, die für den Menschen *heilende Wirkung* besitzt.

*Erst als er am Kreuze starb, setzte er diese KRAFT frei, die zusätzlich eingestrahlt wurde in die Ur-Plasma-Teilchen unserer natürlich materiellen Seele, die als Einheit die Form der Wesenheit ist.*

In menschlicher Gestalt war JESUS CHRISTUS, wir würden heute sagen, ein einfacher armer Mensch, der nicht mit materiellen Gütern gesegnet war. Nach seiner Ausbildung in der Glaubenslehre bei den Essenern offenbarte sich ihm Gott und erklärte ihm seine Mission, wonach JESUS zu den Menschen ging, um ihnen in Gleichnissen die Gebote zu erklären und die Gesetze offen zulegen.

Alle seine Taten, die uns in der Heiligen Schrift überliefert wurden, bewirkte er *mit der Kraft seiner Gedanken, die alles bewirkt.*

Mit dieser Kraft regulierte er Kristallisationen im Gedankenspeicher und entfernte sie aus dem 2. System.

Auf diesem Wege heilte er Blinde, Lahme und Aussätzige, die fühlten, also glaubten, dass er der gesandte Messias ist.

Mit der gleichen Kraft erweckte er Tote zum Leben in der Form, dass er den Wesenheiten die Erlaubnis gab, in den Körper zurückzukehren.

Mit diesen Demonstrationen wollte er ihnen beweisen, dass

*die Kraft der Gedanken, verbunden mit dem Glauben an unseren Ur-Schöpfer, in der Lage ist, ALLES zu bewirken,*

und dass Gott, unser Ur-Schöpfer, ein lebendiger Gott ist, der uns erschaffen hat, um dieses unser Universum geistig zu evolutionieren.

In seinen Gleichnissen sprach er letztendlich nur von der allumfassenden Liebe zum Nächsten, was gleichbedeutend ist mit TOLERANZ *für alles, was in unserem Sein abläuft.*

Die Masse des Volkes, das nicht wusste, was es tat, und das geistig evolutionsmäßig zurückgeblieben war, richtete ihn und schlug ihn an das Kreuz. Aus menschlicher Sicht, in symbolische Worte gefasst, sagt die Heilige Schrift,

### *"Er gab sein Blut für unsere Sünden".*

Mit dem Verstand ist diese Erklärung nicht zu erfassen. Denn, wie kann sein Blut eine Schuld von uns nehmen, wo wir Menschen doch wissen, dass das Blut nichts anderes ist als eine aus Atomen und Molekülen bestehende Substanz?

Nach den Erkenntnissen, die wir erhalten haben, ist dieser Vorgang, von jedem nachvollziehbar, physikalisch wie folgt zu deuten.

Er erneuerte die Gesetze und opferte sein Leben für uns, seine Brüder im Geist, aus Geist erschaffen als Wesenheit.

Der Begriff "Er gab sein Blut für unsere Sünden" heißt nichts anderes, als das, was im Folgenden geschrieben steht.

Als er zurückging zu seinem Vater, dem Ur-Schöpfer allen Seins, erhielten die Menschen, eingestrahlt in die Ur-Plasma-Teilchen ihrer natürlichen Seelen, noch einmal *dieselbe Menge an Geistes-Kraft, durch die ihr Sein bewirkt wird.*

*Diese Kraft bewirkt, wenn sie, verwendet zum Beispiel durch positives Denken und das Gebet, in ein negatives Gedankenbild, das in unserem Gedankenspeicher lagert, einstrahlt, dass das negative Gedankenbild nicht nur im Gedankenspeicher sondern auch im Jenseits neutralisiert wird.*

*Das heißt, diese Kraft bewirkt die Auslöschung des holografischen Gedankenbildes im Gedankenspeicher und im Jenseits, da sie in der Lage ist, die Frequenz und Amplitude des Gedankenbildes zu neutralisieren und es dadurch zu löschen.*

Damit Sie dieses wunderbare Gottes-Geschenk, das jeder Mensch besitzt, genau begreifen und es in Zukunft einsetzen können, um Ihre Seele leicht zu machen und um auszusteigen aus dem karmischen Rad, möchten wir diesen Ablauf an einem Beispiel näher erklären.

Beispiel:
Wenn Sie, sagen wir zum Beispiel, gegenüber einer Person negative Gedankenbilder, gleich aus welchem Grund, erschaffen haben, so müssen Sie sich zuerst einmal darüber klar sein, dass Sie dieser Person mit Ihren negativen Gedankenbildern dadurch Schaden zufügen, da diese negativen Gedankenbilder in die real existierende Person eingestrahlt und in der natürlichen Seele dieser Person abgelagert werden.

Wenn Ihnen durch diese Niederschrift bewusst geworden ist, dass auch Sie diese Kraft besitzen, und Sie Ihren Gedankenspeicher entleeren und Ihr zukünftiges karmisches Schicksal verkleinern oder aus der Welt schaffen wollen, dann brauchen Sie nur folgendes zu tun.

Legen Sie die Handflächen aneinander, so, dass die Fingerspitzen nach oben zeigen. Mit dem Zusammenlegen der Hände, die Abstrahlungsantennen sind, schließen Sie den energetischen Kreislauf Ihres Körpers.

*Bitten Sie in dieser Haltung - absolut davon überzeugt zu sein, ist Vorausbedingung - unseren Ur-Schöpfer, Ihnen zu helfen, die Kraft, die Sie besitzen, einzusetzen.*

*Seien Sie wahr gegen sich selbst und denken Sie nach über Lebenssituationen, bei denen Sie gedanklich in Verbindung mit anderen Personen Gedankenbilder geschaffen haben, die negativ waren.*

*In dem Moment, wo in der Schaltzentrale Ihres Gehirns diese Gedankenbilder entstehen, bitten Sie um Verzeihung - im Namen JESU CHRISTI, unseres Vaters.*

Meinen Sie es absolut ehrlich, dann wird die zusätzliche Kraft, die uns JESUS CHRISTUS hinterlassen hat, aus Ihrer natürlichen materiellen Seele in diese Gedankenbilder, die in Ihrem Gedankenspeicher existieren, eingestrahlt.

Sie NEUTRALISIERT in Ihrem Gedankenspeicher und in dem

Gedankenspeicher der betroffenen Person sowie im Jenseits diese negativen real existierenden Gedankenbilder gleich zukünftigen Lebenssituationen.

(Der Vorgang der Beichte, der leider nur noch in der katholischen Kirche vollzogen wird, unterliegt im Prinzip dem gleichen Gesetz. Auch auf diesem Wege existiert die Möglichkeit, seine Seele zu reinigen. Vorausgesetzt, Sie bereuen aus absolut ehrlicher Überzeugung das Unrecht, das Sie getan haben.

Da Sie dies aus der psychischen Isolation, das heißt, einem anderen - in der Beichte dem Beichtvater - offen legen, läuft physikalisch der gleiche Vorgang ab wie zuvor beschrieben.)

*Dies ist der Weg, um die Kraft, die uns unser Ur-Schöpfer von seinem erstgeborenen Sohn hat überbringen lassen, einzusetzen und uns frei zumachen - frei von der "Sünde" die die Schuld ist, die wir uns gegenüber unserem Ur-Schöpfer aufladen.*

Wenn wir in einem Gebet das "Vater Unser" sprechen und sagen, "Vergib uns unsere Schuld, wie wir vergeben unseren Schuldigern", dann bedeutet das, dass wir unseren Ur-Schöpfer bitten, uns die Schuld zu vergeben, die wir durch negative Gedankenbilder bewirkt haben.

Denn diese nicht gegenwartsbezogenen negativen Gedankenbilder, erschaffen in der psychischen Isolation,

*- Gedankenbilder, die wir nicht aussprechen und nicht tun -*

zwingen uns immer wieder zu neuer Inkarnation nach dem Gesetz der Resonanz, was dazu führt, dass die geistige Evolution in unserem Universum stagniert.

Dies ist die Schuld, die wir auf uns laden gegenüber unserem Ur-Schöpfer und Vater und die er uns, wenn wir unsere Bitte in dieses Gebet einkleiden, verzeihen und vergeben soll, was nicht gleichbedeutend mit *löschen* ist.

Die Worte "wie wir vergeben unseren Schuldigem" heißen nichts anderes, als dass wir den Menschen vergeben, die unseren Gedankenspeicher mit negativen Gedankenbildern gefüllt haben, die uns an das karmische Rad binden.

Dieses Gebet ist nur die Bitte um *Verzeihung*, wobei die Gedankenspeicher nicht geleert und holografische Gedankenbilder nicht annulliert werden.

*Die Neutralisation von negativen Gedankenbildern, die wir erschaffen haben, wird nur bewirkt durch den Einsatz der zusätzlichen Kraft, die uns JESUS gebracht hat und mit der wir uns von der Schuld - das, was man als "Sünde" bezeichnet - befreien können.*

Die Freiheit, die der Mensch sucht, ist eine Freiheit, die wir nicht in der materiellen Ebene finden, sondern es ist eine "Innere Freiheit", also das *"Frei-Werden" des Gedankenspeichers.*

Erst wenn diese Gedanken-Schuld in uns gelöscht ist, werden wir frei sein und ohne Schuldzuweisungen unser Programm so verleben können, wie wir es selbst erschaffen haben.

Es ist ein Lernprozess, den wir damit beginnen können, dass wir NUR "gegenwartsbezogen" DENKEN und TUN und das akzeptieren, was uns das Leben gibt.

Wobei akzeptieren heißt, den Tag leben, gleich ob uns die Lebenssituation gefällt oder nicht.

Denn *alles, was wir erleben,* gleich ob wir es als schön und gut oder als schlecht und bös bezeichnen, ist das Leben, das uns zusteht, da *wir es SELBST als Individuum durch nicht gegenwartsbezogene Gedankenbilder in der Vergangenheit erschaffen haben.*

*Keine andere Wesenheit und kein anderer Mensch ist in der Lage, Einfluss darauf zu nehmen.*

Einem anderen oder einer Sache die Schuld für negative Lebenssituationen zuzuweisen, ist ein sinnloses Unterfangen und bewirkt wiederum nur negative Gedanken.

Denn - auch wenn es so aussieht, als ob ein anderer oder eine Sache an einer negativen Lebenssituation schuld seien - es entspricht nicht den Tatsachen. Der andere oder die Sache ist nur der Reizgeber für das Programm, nach dem unser aller Leben individuell sowie Karma-familien-gebunden abläuft.

Dass diese Kraft, eingebunden in das Gebet, absolut wirkt, dafür steht auch der nachfolgende Bericht, der in der MEDICAL TRIBUNE veröffentlicht wurde.

## Doppelblindstudie - *BETEN LASSEN HILFT !*

San Francisco
Beten hilft Kranken, gesund zu werden. Wer bisher noch daran gezweifelt hat, sollte sich von Dr. Randy BYRD, einem Kardiologen aus San Francisco und früheren Professor der University of California, eines Besseren belehren lassen. Er hat es wissenschaftlich hieb- und stichfest nachgewiesen.
In einer doppelblinden, randomisierten Studie organisierte Dr. BYRD für 192 Patienten der Koronarstation des San Francisco General Hospital Gebetsgruppen.
201 vergleichbare Patienten bildeten die Kontrollgruppe. Den im ganzen Land mobilisierten Fürbittern - Protestanten, Katholiken und Juden - wurden die Namen, die Diagnose und der Gesundheitszustand der Patienten mitgeteilt, für die sie beten sollten.
Auf jeden Patienten der "Verumgruppe" entfielen schließlich 5-7 allein oder in Gruppen Betende.

Und Gott erhörte die Gebete.

Patienten, die bei der Randomisierung Glück hatten und nicht in die Kontrollgruppe gerieten, benötigten laut Dr. BYRD signifikant seltener Antibiotika (3 gegenüber 16), erlitten seltener Lungenödeme (6 gegenüber 18) und mussten (im Gegensatz zu 12 Patienten der Kontrollgruppe) in keinem einzigen Fall intubiert werden.
"Diese Studie liefert den wissenschaftlichen Beweis für das, was Christen seit jeher glauben - dass Gott sie erhört", erklärte Dr. BYRD, heute medizinischer Direktor der Fellowship for World Christians (FWC).
Zwei weitere amerikanische Kardiologen, Dr. Arthur KENNEL, Mayo Medical School, Rochester, und Dr. John E. MERRIMAN, ehemals Professor an der University of Saskatchewan School of Medicine und jetzt am Doctors Medical Center in Tulsa, Oklahoma, finden Dr. BYRD's Ergebnisse keineswegs erstaunlich. Beide beten regelmäßig für ihre Patienten und haben, wie sie versicherten, durchaus den Eindruck, dass es hilft. Laut Dr. MERRIMAN schnitten Patienten, die in Gebete eingeschlossen worden waren, besser ab als solche, für die niemand an Gott appelliert hatte. Wie die Bibel sagt (Jakobus 5, 16), "Betet füreinander, dass ihr gesund werdet.

Des Gerechten Gebet vermag viel, wenn es ernstlich ist."
Die Fakten der Untersuchung wurden von der American Heart Association als Vortrag angenommen.

Die Wirkung der Kraft, eingebunden in die Glaubenslehre, ist, wie Sie selbst erkennen konnten, unbestreitbar. Auf die gleiche Art heilt der "Geist-Heiler".

Auch bei ihm ist der wissende Glaube an die Kraft JESU CHRISTI das therapeutische Mittel, das er einsetzt, um anderen helfend, beizustehen und Heilung zu bewirken.

Sie sehen, es ist nichts Geheimnisvolles, Unerklärliches, sondern etwas real Existierendes, das physikalisch mess- und wägbar ist. Warum die naturwissenschaftliche Medizin diese nicht nur auf Erfahrung beruhende Erkenntnis bis heute noch nicht in ihr Denkschema eingebunden hat, liegt einfach daran, dass es sehr schwer ist zuzugeben, wenn man Unrecht hat.

Fassen wir das Gesagte mit zusätzlichen Erkenntnissen nunmehr kurz zusammen, damit wir genau verstehen, was der Sinn und Zweck des physischen Erdenlebens der Menschenrasse ist.

## SINN und ZWECK
## des physischen Erdenlebens

Der Sinn und Zweck des Erdenlebens ist, dass jedes Individuum der Rasse Mensch im Laufe seiner geistigen Evolution erkennt,

- dass er allein verantwortlich ist für die Erschaffung der Seinsformen, die nicht zu den natürlichen von Gott geschaffenen Wesenheiten gleich Formen zählen, und

- dass er mit der Kraft seiner Gedanken in der Lage ist, Ordnung oder Chaos im Rahmen der natürlichen physikalischen Naturgesetze nicht nur für sich zum Nachteil, sondern auch zum Nachteil der Ordnung unseres Universums zu verursachen.

Ihm soll bewusst werden,

- dass seine Seele als Geistige Seele, integriert in die Natürliche Seele, unzerstörbar, ewig existierend, das heißt also nur einmal und das immer und ewig, lebt, und

- dass die Probleme, die er, als Wesenheit integriert in die Elemente der Erde, hat, ein zeitbedingtes Geschehen sind, das, gemessen an der Ewigkeit, nur einen Moment der Ewigkeit darstellt.

Der Mensch soll erkennen,

- dass die *Veränderung der neutralen Neutrinos* aus denen die natürliche Seele besteht, durch ihn bewirkt wird.
  Alle aus der Materie geschaffenen Formen benötigen, gitternetzartig aufgebaut, neutrale Neutrinos zur Gestaltung und Erhaltung ihrer materiellen Form.
  Der Mensch bewirkt also mit der Kraft seiner Gedanken, dass die "Ordnung" gleich Neutralität "energiemäßig" so verändert wird, dass die neutralen Neutrinos, einmal die Schwingung in sich tragend, fast gleich werden den Quarks, den Teilchen, aus denen die Elemente bestehen.

Erkennen muss er vor allem auch,

- dass er aufgrund seines materialistischen Denkens, das materielle Formen schafft sowie nicht gegenwartsbezogene Abläufe verursacht, die Neutrinos innerhalb des würfelförmigen Kraftfeldes, dessen Mittelpunkt unsere Erde ist, energiemäßig - dabei brauchen wir die Umweltverschmutzung nicht zu betonen, denn alles ist Umweltverschmutzung - in ein so hohes Energieniveau bringt, dass eines Tages der Lebensraum, in dem der physische Mensch existiert, zerstört wird.

Inwieweit allein die Erde als rotierende Einheit schon Schäden aufweist, erkennen wir an den vergangenen, an den derzeitigen und an den - wie wissenschaftlich nachgewiesen - zukünftig zu erwartenden Umweltkatastrophen.

394

Kommt es, wie schon mehrmals im Laufe der 5 Evolutionsstrecken, die die Menschheit bisher durchwanden hat, wieder aufgrund der Katastrophen zu einer Polarveränderung der Erde, dann werden diesmal, bedingt durch die hohe Energiedichte innerhalb unserer Atmosphäre und Stratosphäre, nicht nur die physischen Körper der Menschen zerstört, *sondern auch die natürlichen Seelen in ihre N.-Neutrinos auseinandergerissen.*

Da bei einer polaren Veränderung der Erde unvorstellbar hohe Energiemassen freiwerden, entstehen so starke Turbulenzen im Bereich unseres Kubus (Inhalt des Würfels), dass die nunmehr in Einzelteilen existierenden natürlichen Seelen der Menschen aufgrund des gesetzmäßigen Bewegungsablaufs im Kubus unserer Erde mit in die Erde eingestrahlt werden und für eine nicht berechenbare Zeit die Menschheit ausgelöscht wird.

Alle Religionen der ganzen Welt beschreiben diesen Vorgang mit "Hölle" und "Fegefeuer". Dies entspricht, wenn auch nur symbolisch begrifflich erklärt, absolut diesem Ablauf, denn in dem Moment, wo die N.-Neutrinos der natürlichen Seele auseinander gerissen werden, beinhaltet jedes Teilchen wie ein Hologramm das Ganze.
*Das heißt, jedes N.-Neutrino ist für sich im Besitz des gesamten Bewusstseins seines Seins sowie des gesamten Seins und weiß, in welcher Form es existiert.*
Was ein bewusstes Wesen, das nunmehr unzählige Milliarden Male existiert, bewusstseinsmäßig erduldet, kann man wirklich mit den Begriffen "Hölle und Fegefeuer" umschreiben.

Unzählige Male in der Geschichte der Evolution hat unser Ur-Schöpfer uns durch seine mit ihm lebenden Wesenheiten gewarnt und so weitgehend geholfen, dass die Katastrophe nicht zur endgültigen wurde, sondern Restgruppen von physischen Menschen die Katastrophenphysisch, also körperlich überlebten, wenn sich die bis dahin entwickelte Zivilisation selbst zerstört hat.
Fünfmal hat die Evolution der Menschheit neu begonnen. Im Buch "Atlantis- Das Legat der Hegoliter" haben wir dies, übernommen aus den uns überlassenen Unterlagen, geschildert (siehe Anhang).

Dass wir wieder einem selbst verschuldeten chaotischen Untergang entgegengehen, ist, wenn wir uns die heutige Gesellschaft und die Umwelt ansehen, kaum noch wegzuleugnen. Dafür eine Beweisführung niederzuschreiben und wissenschaftliche Erkenntnisse vorzulegen, ist unserer Meinung nach nicht nötig.

Da die Menschen von dem hier Niedergeschriebenen in seiner ganzen Tragweite keine Kenntnis besitzen, ist es selbstverständlich, dass wir bewusst, wenn wir nicht selbst in irgendeiner Situation betroffen sind, diese Gedankengänge verdrängen.

Bedingt durch den Aufbau unserer Gesellschaftsform, in der wir leben, ist es ein normaler Vorgang, dass die Masse der Menschen Ich-bezogen denkt und ihr Gedankengut auf ihr leibliches, körperliches, physisches Wohlbefinden ausrichtet.

Also ein resonanz-bedingter Ablauf, der zu irgendeinem Zeitpunkt zur negativen Ich-bezogenen materiellen Seite umkippte und seitdem von Inkarnation zu Inkarnation - bis auf Ausnahmefälle - immer neue » stärkere « negative Abläufe verursacht.

Dies betrifft nicht nur individuell die Wesenheit, sondern auch die Karma-Familie und speziell das Volk, in dem die karmischen Gruppen existieren.


Wenn z.B. in Deutschland die Frage gestellt wird, wo plötzlich der nazistische Rechtsradikalismus herkommt und immer mehr junge Menschen diese Richtung einschlagen, so gibt es dafür eine einfache Antwort. Auch wenn viele sagen werden, dass die Behauptung, die im folgenden steht, ein Phantasieprodukt bzw. eine unbewiesene Behauptung ist - wir wissen es besser, da die angeführten Beispiele aus der Geschichte, die in den uns übergebenen Unterlagen niedergeschrieben stehen, die folgende Aussage beinhalten -, sie ist Realität.


In den uns überlassenen Unterlagen ist in Bezug auf diesen Ablauf die Geschichte analysiert worden.

Bei dieser Analyse hat man festgestellt, dass der Aufstieg und der Fall einer Volksgruppe nur karmisch, also resonanz-bedingt sein kann, da der Ablauf der eingeschlagenen Richtung der Gesellschaftsform von Generation zu Generation eine Steigerung erhalten hat, bei der der vorhergehende Ablauf immer die tragende Grundlage für die kommende Generation darstellte.

Das bedeutet, dass eine Volksgruppe, die Ich-bezogen materialistisch denkt, von Generation zu Generation stärker zunimmt.

Materialistisches Denken führt zur wachsenden Brutalisierung im Denken und Handeln.

Das physische Ich steht durch die nicht gegenwartsbezogenen Gedankenabläufe bei einer neuen Inkarnation im Vordergrund.

Auf diesem Wege entstanden die Wurzeln des Hasses, der zu Zynismus gegenüber den anderen führt und zu der Quelle wird, den Verfall der Kultur der betroffenen Volksgruppe vorprogrammiert.

Jeder, der die Geschichte kennt, weiß, dass dies stimmt.

Erst wenn uns Menschen klar wird, dass ALLE nicht gegenwartsbezogenen Gedanken - die sich als Gedankenbild frequenz- und amplitudenmäßig verändernd in einem N.-Neutrino manifestieren, das aus der Hypophyse über den Energieausgang gleich Energiefeld der Stirn-Chakra, das "3. Auge", abgestrahlt wird, sich in realer Größe aufbauend, in das würfelförmige Kraftfeld des "Jenseits" eingestrahlt - im Jenseits gespeichert existieren und wir diese Gedankenbilder nach dem Gesetz der Resonanz, eingebunden in ein Leben, realisieren und materialisieren MÜSSEN, ist die Menschheit reif und erkennt den Sinn und Zweck ihres Erdenlebens.

Der Ablauf ist nichts Geheimnisvolles. Es ist ein physikalisches Geschehen. Es ist auch verkehrt, wenn wir bei diesem physikalischen Gesetz der Resonanz von "Schuld" und "Sühne" sprechen.

Es ist keine Schuld, was wir unter "Schuld" verstehen und als solche interpretieren, die wir in unserem nächsten Leben *als Strafe sühnen* müssen, sondern es ist lediglich ein physikalischer Vorgang, bei dem eine Energieeinheit, die durch die Gedanken gleich Gedankenform entstanden ist, in die Materie integriert wird, damit sie als Eigenexistenz gleich Wesenheit gleich Lebenssituation verlebt und neutralisiert werden kann.

Im weiteren Sinne ist es, wie schon gesagt, Gott gegenüber eine Schuld, die wir auf uns laden.

Denn Gott-Vater, der in dieses Universum gekommen ist, um es zu beseelen, hat erst dann seine Aufgabe erfüllt, wenn der Geist *aller* Wesenheiten, integriert in die natürliche Seele, bewusst gegenwärtig, ohne neue Formen zu schaffen, gemeinsam mit Gott-Vater und allen anderen Wesenheiten in der Liebe lebt.

*Unsere Schuld ist, dass wir durch die Schaffung immer neuer Gedankenformen, die realisiert werden müssen, ihn daran hindern, dieses Ziel zu erreichen.*

Das mystische Wort "Karma" ist also nichts anderes als die "Erfüllung des physikalischen Gesetzes der Resonanz". Ein logisch nachvollziehbarer Ablauf.

Wenn wir Menschen, bleiben wir bei dem mystischen Wort Karma, nur karma-bedingt leben würden, könnten wir in ganz kurzer Zeit den Teufelskreis der Inkarnationen, also der ewigen Wiedergeburt in den physischen Körper, unterbrechen, gemeinsam mit unserem Gott-Vater, unserem Ur-Schöpfer, leben und geistige Kontakte zu den Wesenheiten pflegen, die in den unzähligen Universen in der Unendlichkeit des Raumes existieren.

Karma-bedingt leben heißt nichts anderes, als *gegenwartsbezogen denken und "ohne Wertung" tun.* Das heißt "ohne Wertung anderen gegenüber" in jeder Beziehung TOLERANT leben.

Nächstenliebe ist nichts anderes als Toleranz, denn jeder Mensch hat nach dem Stand seiner geistigen Evolution "seine eigene Wahrheit".

Wir sind nicht berechtigt, diese Wahrheit voreingenommen zu werten, weil wir glauben, wir wüssten es besser.

Akzeptieren wir die Wahrheit, die Aussage, des anderen ohne die geringste Wertung, sagen wir unsere Meinung, die gleich unsere Wahrheit ist, ohne Überheblichkeit, ohne Anspruch auf Wertung und ohne dass sie gewertet wird, so entsteht aus der These und der Synthese beider Wahrheiten als Quintessenz eine neue Wahrheit, ohne dass negative Gedankenformen geschaffen werden.

*Alles, was ein Mensch denkt und tut - gegenwartsbezogen -, ist ein Ablauf nach dem Gesetz der Resonanz.*

*Also ein karma-bedingtes Geschehen.*

Wenn ein Mensch stirbt, so geht nicht seine natürliche Seele, das Stützgerüst des 2. Systems des physischen Körpers, aus dem Körper des Menschen, sondern nur die geistige Seele. Diese geistige Seele manifestiert sich beim Austritt aus dem Körper sofort wieder in eine natürliche Seele, fortlaufend sich neu aufbauend aus N.-Neutrinos, und wird, eingespeist in die Hauptdiagonale des Kubus der Erde, in das Jenseits transportiert. Angekommen im Jenseits, nimmt sie die Mutterteile der Gedankenformen aus den real existierenden von ihr selbst geschaffenen Gedankenformen und integriert sie für ein neues resonanzbedingtes Leben in die N.-Neutrinos ihrer natürlichen Seele, eingebunden in den karmischen Ablauf der Karma-gebundenen Familie.

Gefüllt mit einem neuen Lebensablauf, wartet sie auf den Moment, wo ein Spermatozoon (Samen des Mannes) mit einer Oozyte (Ei der Frau) zusammentrifft und die erste Zelle entstanden ist, die, integriert im 2. System ihrer natürlichen Seele, den Körper, proportional gleichlaufend mit der natürlichen Seele, zu der Form aufbaut, wie sie durch die Erbinformationen, den Plan, in dieser ersten Zelleinheit festgelegt liegt.

Gespeist durch die Energieeinheiten der Mutter, baut sich jetzt nach dem Plan, den die Gene enthalten, im 2. System der Körper der Wesenheit auf.

Alle nicht gegenwartsbezogenen Gedankenbilder, die die Mutter während des Aufbaus denkt, werden nicht nur im Gedankenspeicher der natürlichen Seele der Mutter gespeichert, sondern auch im Gedankenspeicher der natürlichen Seele des werdenden physischen Menschen.

Sie bewirken in starkem Masse in Verbindung mit den Erlebnissen in den Kindheitsjahren bis zur Pubertät die Entwicklung der sogenannten Charaktereigenschaften dieser Wesenheit.

Wenn der werdende Mensch nach 9 Monaten das Licht der Welt erblickt und von den Regelkreisen der Mutter abgenabelt wird, ist das nicht nur einer der wichtigsten Augenblicke für seinen physischen Körper und für seine natürliche sowie geistige und psychische Seele, weil er zum eigenständigen physischen Menschen geworden ist, sondern der wichtigste Grund ist folgender.

Wie in der Erklärung der Entstehung der Planeten und Elemente schon beschrieben, werden ununterbrochen neutrale Neutrinos aus der Sonne ausgestrahlt. Auf dem Weg zur Erde verbinden sie sich mit Reaktionspartnern zu größeren Einheiten und werden dadurch zu Elektron-Neutrinos.

Durchdringen diese auf dem Weg zur Erde Sterne und Planeten, so übernehmen sie die Frequenz und Amplitude der Elemente dieser Himmelskörper.

Bevor ein Kind von der Mutter abgenabelt wird, befand es sich, angeschlossen an die Regelkreise der Mutter, auch in der ihr eigenen Schwingungsfrequenz, in die die Mutter am Tage ihrer Geburt eingeschwungen wurde, und benutzte für die Erhaltung des Lebendigen die Energiequanten der Mutter.

Das heißt, indem das Kind abgenabelt wird, wird es von den E.-Neutrinos getroffen, die die Frequenzen der Sternkonstellation in sich tragen, die an dem Tag und in dem Moment vorherrschen.

Das Sternbild, unter dem es geboren wird, prägt also das Kind frequenz- und amplitudenmäßig in eine Gesamt-Schwingungsfrequenz, die im Nanometerbereich messbar ist.

Die Schwingungsfrequenzen aller Sternbilder liegen in Nanometerbereichen, die gleich denen der 3 Primär- und 3 Sekundärfarben des Farbspektrums sind.

Wird zum Beispiel ein Kind im Sternbild Krebs (22.6.-22.7.) geboren, dann liegt es, jeweils quartalsmäßig berechnet, zwischen 530 und 560 nm.

Die Farbe **Grün** besitzt dieselbe Frequenz, das heißt 530-560 nm.

Durch das Wechseln der Sternbilder im monatlichen Rhythmus ist zum Beispiel die Person, die unter dem Sternbild Krebs geboren wurde, im nächsten Quartal vom 23.7.-23.8. einer Schwingungsfrequenz von 600-650 nm ausgesetzt. Das heißt, ihr Bio-Rhythmus, ihr körperliches Gesamtbefinden, schwingt nicht mehr in der ursächlichen Schwingung, sondern in einer höheren Schwingungsfrequenz, was sich auf ihr Wohlbefinden positiv oder negativ auswirkt. Inwieweit positiv oder negativ, ist wieder an verschiedene Kriterien gebunden, auf die wir hier nicht näher eingehen wollen.

Die Erkenntnisse der Astrologie sind also nicht in den Bereich der Scharlatanerie abzuwerten, sondern besitzen, wissenschaftlich betrieben, eine absolute Existenzberechtigung zum Beispiel im Bereich der Medizin sowie im Bereich aller Lebenssituationen, auf die der Mensch sich, wenn er Kenntnis von diesen Erkenntnissen hat, regulierend einstellen kann.

Dass diese Grundfrequenz bei einem Menschen absolut bestimmend ist für die grundsätzlichen Charaktereigenschaften, insbesondere in Verbindung mit der Erziehung, müsste jedem logisch denkenden Menschen einleuchten.

Wenn wir zwischendurch kurz das bis hierhin Gesagte einmal zusammenfassen, dann heißt das, bis auf die geistige Seele, die durch Gedankenkraft unseres Ur-Schöpfers als Gedankenbild erschaffen wurde und die in der natürlichen Seele integriert ist, sind wir physischen Menschen einschließlich der Psyche, also unserer eigenen Kraft, durch die wir Gedankenformen erschaffen, physikalischen Naturgesetzen unterworfen und werden von diesen absolut prägend beeinflusst.

Inwieweit wir - mittels unserer eigenen Gedankenkraft - auf diese physikalischen Gesetze Einfluss nehmen können, sowie der Vorgang, der abläuft, wenn wir Gedankenbilder schaffen,
was "Wissen" ist, "Erinnerung", "Intuition", "Reize", durch die wir erst in der Lage sind, zu denken und zu tun, soll im nächsten Kapitel kurz dargelegt werden.

## Die KRAFT der GEDANKEN,
### die unser individuelles SEIN bewirkt

Nehmen wir als Beispiel Ihr Sein. Es spielt keine Rolle, ob Sie weiblich oder männlich sind, denn Ihre geistige und Ihre natürliche Seele sind geschlechtslos.
Sie sind ein erwachsener Mensch. Ihr physischer Körper ist komplett ausgebildet. Sie haben eine normale Lebensstrecke hinter sich.
Ihr 1. und 2. System, also die natürliche Seele und Ihr Körper, Ihre Organbereiche, schwingen in einer einheitlichen Grundfrequenz, und

zwar in der Frequenz des Monats gleich Sternzeichen gleich Sternenkonstellation, unter der Sie geboren sind.

Sie sind auf diese Erde gekommen und haben aus Ihrer vorhergehenden Erdenzeit Gedankenbilder gespeichert sowie alles Wissen Ihrer vielen Leben, die Sie seit 63 Millionen Jahren auf Erden in vielerlei Gestalt, männlich oder weiblich, eingebunden in Ihre Karma-Familie bis hin zur Volksgruppe, verbracht haben.

Ihr gespeichertes Wissen gleich geistige Evolution ist die Grundlage Ihrer geistigen hierarchischen Stellung während dieser Inkarnation auf Erden im physischen Körper.

*Alles, was Sie gelebt haben, gleich ob schön oder problemhaft, waren Abläufe nach dem Resonanzgesetz, also karmisch bedingtes Leben, das Sie selbst in Ihren vergangenen Leben geschaffen haben.* Wenn Sie glauben sollten, dass Sie irgendeine Entscheidung aus dem Verstand heraus getroffen und in die Tat umgesetzt haben, dazu zählt auch das Aussprechen, dann war das in Wirklichkeit eine Realisierung gleich Materialisierung eines Gedankenbildes, das in Ihnen gespeichert war.

**Denken und Tun, wie schon gesagt, dazu zählt auch das Aussprechen, ist Gottes Gesetz und resonanz-bedingt.**

Haben Sie eine Entscheidung getroffen und sie nicht ausgesprochen und hat sie nicht zur Tat geführt, dann tragen Sie eine Matrize dieser Entscheidung *psychisch isoliert* in sich.

Einmal ist sie manifestiert als N.-Neutrino im Gedankenspeicher, und zum anderen wird das N.-Neutrino, das dieses Gedankenbild in sich trägt, von der Hypophyse über das Energiezentrum, das von der mystischen Seite aus als Stirn-Chakra bezeichnet wird, in die Atmosphäre abgestrahlt, wo sich die Gedankenform in realer Form aufbaut als rein gestaltende Form oder als Situation.

Über eine der Hauptdiagonalen unseres Erdkubus wird sie dann, wie schon gesagt, in den Kubus des Jenseits eingestrahlt.

**Wissen kann man nicht lernen.**

Es liegt in jedem, auch in Ihnen, gespeichert. Wir brauchen jedoch eine Lernzeit, um das Wissen anzuregen, um es uns für das Bewusstsein abrufbereit zu machen.

Das bedeutet, wenn wir Ihnen jetzt zum Beispiel eine etwas schwerere mathematische Aufgabe vorlegen und das Wissen darüber ist nicht in ihrer geistig materiellen Seele gespeichert, dann können Sie diese Aufgabe mit einer gewissen Anstrengung zwar erlernen, aber dieser Lernprozess ist nicht in der Lage, da nicht gespeichert, als Reiz in Ihnen das Wissen so zu mobilisieren, dass es immer vorhanden ist.

Dieses, sagen wir, angelerntes Wissen wird in Ihrem Gedankenspeicher abgelagert, in dem Bereich, den die Wissenschaft als "Kurzzeit-Gedächtnis" bezeichnet.

Das heißt, kurzfristig bleibt dieses Wissen in einem speziellen Gedankenspeicher im Bereich des Solar Plexus existent, wird aber dann durch viele Reize dieser Art so überlagert, dass ein Reiz, zum Beispiel die Frage nach dieser mathematischen Berechnung, nur durch Zufall und nur bruchstückhaft wieder mobilisiert werden kann, wenn eine Zeit verstrichen ist.

Es ist einer der Grunde, warum wir Menschen, wenn wir etwas lernen müssen, das in uns nicht gespeichert ist, Angstgefühle haben, die bis zum Erbrechen führen können.

Jeder Ton, jede Farbe, jede Form strahlt ununterbrochen N.-Neutrinos ab, da aus dem Umfeld ununterbrochen N.-Neutrinos eingestrahlt werden.

Diese N.-Neutrinos treffen Ihren ganzen Körper, werden von den Sinnesorganen aufgenommen und in die Epiphyse transportiert.

Von der Epiphyse aus werden sie über die Hypophyse in das zuständige Hirnareal eingebracht und von da, nachdem sie frequenz- und amplitudenmäßig eingeordnet wurden, in den Organbereich eingestrahlt, in dem das Wissen über diese Problematik in der natürlichen Seele gespeichert liegt.

Findet dieses N.-Neutrino das Wissen gespeichert, das heißt also, es trifft auf ein N.-Neutrino mit gleicher Frequenz und Amplitude (Resonanz), dann kann es in dieses N.-Neutrino der natürlichen Seele, in dem das Wissen gespeichert liegt, eindringen und wird, mit gleicher

Frequenz wieder ausgestoßen, in die Hypophyse zurückgestrahlt.

In dem Moment, wo es in der Hypophyse ankommt, entsteht das Gedankenbild und bewirkt nunmehr die Antwort.

Es ist der Vorgang, den wir begrifflich als "Erinnern" umschreiben. Die Antwort kann zum Beispiel nur ein Gedankenimpuls für uns selbst sein, ein Kopfnicken, eine Handbewegung, oder es werden die Stimmbänder stimuliert, und die Antwort wird in das Wort gefasst.

Nennen wir ein anderes Beispiel. Da wir nur auf Reize, bestehend aus N.-Neutrinos, reagieren können, kann folgende Situation eintreten.

Jemand erklärt Ihnen irgendetwas. Sie verstehen genau, was er meint, aber Sie finden nicht die richtige Antwort. Dann kann einmal das Wissen Bestandteil des Kurzzeit-Gedächtnisses sein, wovon nur geringfügige Informationen wieder zurückgekommen sind, die nicht ausreichen, um eine Antwort zu formulieren, oder die Satzstellung war begrifflich so gefasst, dass der Reiz nicht ausreicht, um bei Ihnen das gespeicherte Wissen voll zu reaktivieren.

Wir sagen dann, "Ich spüre und fühle und weiß auch, dass ich es weiß, aber ich kann es nicht ausdrücken."

Nehmen wir noch ein weiteres Beispiel. Wir sehen durch eine Doppelfensterscheibe in circa 200 m Entfernung einen Baum sowie ein weißes Gebäude mit Fenstern und einem roten Ziegeldach. Ununterbrochen werden von der Form und von der Farbe N.-Neutrinos bzw. Quarks abgestrahlt. Da ununterbrochen neue Neutrinos eingestrahlt und, wenn innerhalb der Elemente Platz vorhanden ist, im Element integriert und in die Schwingungsfrequenz der Farbe und der Form, also der Elemente, eingeschwungen werden, ist dies der Grund, warum ununterbrochen N.-Neutrinos oder Quarks abgestrahlt werden.

Diese Teilchen treffen auf unsere Netzhaut und erzeugen jetzt nicht etwa auf der Netzhaut das Bild, sondern sie werden über die Epiphyse in die Hypophyse eingestrahlt. Von der Hypophyse gehen sie den gleichen Weg, wie vorab schon beschrieben, und "sehen nach", gleich *Erinnerung,* ob Ihnen das Gesehene bekannt ist oder nicht. Zurückgestrahlt in die Hypophyse, werden sie als Bild sichtbar.

Der gleiche Vorgang läuft über die restlichen 4 Sinne - Hören - Riechen - Schmecken - Tasten - ab.

Fragen wir uns, "Wie entsteht ein Gedankenbild bzw. wo nimmt unsere Hypophyse das N.-Neutrino her, um das Gedankenbild in diesem N.-Neutrino frequenz- und amplitudenmässig zu integrieren?"
Im Grunde genommen ist die folgende Erklärung gleichzeitig auch die Erklärung für die sogenannte Hirn-Blut-Schranke sowie für den hohen Sauerstoffverbrauch im Bereich des Gehirns.

Wie vorab schon beschrieben, laufen innerhalb unseres Körpers ununterbrochen Ionisationsvorgänge ab. Es sind die Ionisationsvorgänge, die das Lebendige bewirken und aufrechterhalten.
Der wichtigste Ionisationsvorgang ist die Ionisierung des (O) Sauerstoffs und des (H) Wasserstoffs. Die Quarks des (O) Sauerstoffs und (H) Wasserstoffs werden benutzt als "Träger der Gedankenbilder".

Um ein Gedankenbild gleich welcher Art zu formen, brauchen wir den *Reiz* in Form eines N.-Neutrinos, in dem die *Form*, der *Ton* oder die *Farbe* - etwas anderes gibt es nicht – gespeichert liegt. Das heißt also, wir selbst sind gar nicht in der Lage, *ohne Reiz* ein Gedankenbild zu erschaffen.
Das Gedankenbild selbst ist eine Reduplikation, bestehend aus einem oder vielen Reizen.

Nehmen wir zum Beispiel ein weißes Blatt Papier. Ein weißes Blatt Papier kann uns nur die Information geben: Blatt, weiß, und eventuell noch die Information, dass wir uns denken, wie ein Blatt Papier oder die Farbe Weiß entstanden ist.
Es kommt immer auf das gespeicherte Wissen an gleich geistige Hierarchie, inwieweit ein Mensch mit seinem Denken in die Tiefe geht.
Ist ein schwarzer Punkt auf diesem weißen Blatt Papier, dann erkennen wir die Farbe Schwarz. Wir erkennen die Molekularstruktur der Druckerfarbe und noch die Form des Punktes.
Sind wir jedoch des Schreibens mächtig und aus der gleichen Druckerschwärze wurde ein Buchstabe geformt, dann haben wir eine zusätzliche Information, eine Form.

Das heißt also, ist die Form ein Symbol, das wir unzählige Male, zum Beispiel als Anfangsbuchstaben eines Wortes, das jeweils eine Sache oder einen Ablauf beschreibt, wahrgenommen haben, oder es ist nicht nur der Buchstabe A, sondern es sind unsagbar viele Worte, auch wenn wir sie so schnell nicht fassen können, - dann werden sie in unserem "Wissen" abgerufen und gehen in unsere Hypophyse.

Dort werden sie uns, wenn wir darauf achten, nicht nur als Symbol, sondern, wenn es einen Gegenstand oder einen Ablauf betrifft, als Gegenstand oder Ablauf bewusst.

Wenn wir auf einmal, während wir zum Beispiel einer Tätigkeit nachgehen, irgend ein Gedankenbild im Kopf haben, das nun absolut nichts mit dem zu tun hat, was wir gerade tun, so ist auch dafür ein Reiz verantwortlich.

Es kann ein Tastgefühl, ein Geruch, ein Laut, irgendein Reiz, der uns getroffen hat, gewesen sein, der in uns Wissen abgerufen hat gleich Erinnerung.

Ist dieser geringfügige Reiz gleich Erinnerung stark genug, weil es für uns wichtig ist, dann entstehen komplette Gedankenbilder, die uns letztendlich sogar von dem, was wir tun, ablenken können.

Das Gleiche gilt für Träume. Träume werden meistens, wenn es nicht ein Reiz von außen ist, aus dem Bereich des Kurzzeit-Gedächtnisses ausgelöst. Es kann ein Druck sein, von außen oder von innen, zum Beispiel von den Därmen oder vom Magen usw., der einen Reiz gleich Information gleich gespeichertes Gedankenbild löst und in die Hypophyse transportiert.

In der Hypophyse geht nun dieses Gedankenbild, gleich einem Reiz, der von außen eingestrahlt wird, im N.-Neutrino manifestiert, in das zuständige Hirnareal sowie von da aus in den untergeordneten Organbereich und sucht sich alle möglichen Gedankenbilder zusammen, die uns teilweise nachvollziehbar als Traum bewusst werden oder nicht mehr ins Bewusstsein treten.

"Gegenwartsbezogene" Gedanken über Situationen oder Gegenstände, die existieren, erzeugen keine *neue* Form aus dem Gedankenbild, sondern diese N.-Neutrinos werden in die real vorhandenen Formen eingestrahlt.

Wie wir aus dem Vorhergehenden wissen, besitzt nur der Mensch als

"Krönung der Schöpfung" die Kraft der Gedanken und ist in der Lage, gedankenbildlich auf Reize zu reagieren. Er ist aber auch in der Lage, neue nicht existente Formen zu erschaffen.

Sagen wir zum Beispiel, jemand hat etwas Neues entdeckt oder etwas Unerklärbares begrifflich erklärbar gemacht, dann ist das nicht, wie die Menschen annehmen, seinem hohen Intelligenzgrad zuzuschreiben und vom Verstand zu reden, sondern es lag als Wissen gespeichert in seiner natürlichen Seele. Dieses intuitive Wissen bedarf genauso eines Reizes, damit es aufgedeckt wird.
Dieses Wissen, das aufgedeckt wird und für die Epoche eine absolute Neuheit darstellt, ist wiederum nur ein karmisches Geschehen nach dem Gesetz der Resonanz, durch das die Gedankenbilder realisiert und materialisiert werden.

Alle natürlichen sowie alle vom Menschen aus der Materie geschaffenen Formen Besitzen eine geistige Seele durch die Einstrahlung der Gedankenkraft, die die Form geschaffen hat, die in der natürlichen materiellen Seele die Bindungskräfte bewirkt, wodurch die Form des Gedankenbildes entsteht, in der gleich wie um ein Stützgerüst die Materie eingebaut ist.

Nehmen wir zum Beispiel eine Topfpflanze. Diese Topfpflanze besitzt eine geistige Seele, eine natürliche Seele und, wie alle Formen, einen Gedankenspeicher.
Das heißt also - wir haben dies in Hunderten von Experimenten überprüft -, wenn wir eine Pflanze einfach normal. in einem Gewächshaus wachsen lassen, ohne uns weiter darum zu kümmern, so wächst sie in ihrer normalen Form nach dem Plan, der in ihrem Samen, also in der 1. Zelleinheit vorhanden ist.

Gehen wir nun zum Beispiel her und nehmen 2 Pflanzen der gleichen Sorte - wir können sie im selben Zimmer halten -, um folgenden Versuch zu unternehmen.
Beide Pflanzen erhalten die gleichen Mineralstoffe, werden gleich begossen, bekommen das gleiche Sonnenlicht und gleiche

Raumtemperatur. Es besteht also, aus physikalischer Sicht gesehen, keinerlei Unterschied.

Mit einer dieser Topfpflanzen beschäftigen wir uns von dem Moment an, wo wir aufstehen, bis zum Schlafengehen immer wieder zwischendurch in der Form, dass wir uns gedanklich positiv mit dieser Pflanze unterhalten.

Wir säubern ihre Blätter mit einer gewissen Zärtlichkeit, wir bewundern ihren Wuchs, erzählen ihr, was für eine wunderbare Blütenpracht sie besitzt usw. Kurz, wir nehmen sie in unser Seelenleben auf.

Die andere Topfpflanze beachten wir überhaupt nicht. Sie wird lediglich gegossen und gesäubert. In dem Moment, wo sie beginnt, im Wuchs zurückzubleiben, sprechen wir abfällig über sie und bezeichnen sie z.b. als Kümmerling. Ansonsten findet sie keinerlei Beachtung.

Nach einer gewissen Zeit wird folgendes eintreten.

Die Topfpflanze, mit der wir laufend kommunizieren, die wir voller Liebe behandelt haben, wird uns für diese Behandlung in der Form belohnen, dass sie zu einer wunderschönen mit großen Blüten und strahlendem Blattwerk versehenen Pflanze aufgeblüht ist. Sie ist wesentlich größer als die andere Topfpflanze.

Diese nicht von uns beachtete Topfpflanze kann, wenn sie aus einem guten Erbstamm kommt, eine Pflanze sein, die einfach aussieht wie alle Pflanzen dieser Art, oder aber sie ist zu einem degenerierten Gewächs geworden. Dieser Vorgang ist einfach zu erklären.

Alle positiven Gedankenbilder, die wir für die erste Pflanze gedacht haben, werden in den Gedankenspeicher eingestrahlt und wirken für die Pflanze auf der gleichen Ebene, wie es vorab geschildert wurde.

Bei den Pflanzen ist es der gleiche gesetzmäßige Ablauf wie beim Menschen. Da alle möglichen Informationen im Gedankenspeicher der Pflanzen abgelagert werden, die von der Blume aufgenommen wurden, wirken die positiven Gedanken, die Sie der Pflanze zuwenden, genauso wie das tiefe ehrliche Bedauern eines Fehlverhaltens.

Mit der doppelten Kraft, die alle Wesenheiten von JESUS CHRISTUS erhalten haben, bewirken Sie bei der Pflanze durch Ihre LIEBE, dass diese Kraft freigesetzt wird und alle negativen gespeicherten Gedanken aus dem Speicher neutralisiert und entfernt werden. Die organischen Regelkreise der Pflanze funktionieren dann wieder in der absoluten Ordnung und bewirken ein vollendetes gottgegebenes Wachstum. Zum Abschluss dieses Kapitels möchten wir noch einmal kurz auf das Gesetz der Resonanz eingehen, das heißt auf das karmisch bedingte Leben.

Wir, Menschen der heutigen Zeit, reizüberflutet, aufgrund der Gesellschaftsform von Kindheit an erzogen zum reinen sogenannten realistischen materialistischen Denken, leben kaum noch so, dass wir in der Lage sind, unser Karma auslaufen zu lassen.
Durch das viele Problemdenken in allen Bereichen ist unser Gedankenspeicher so stark gefüllt, dass wir schon mit jungen Jahren unter psychisch-somatischen Krankheitsbildern leiden.
Dies ist auch der Grund, warum die Masse der Menschen geistig immer mehr verarmt.

Die wenigsten Menschen leben noch nach dem Gefühl, nach der "Intuition", da diese Verdichtungen im Gedankenspeicher so stark sind, dass kaum noch jemand, wenn der Reiz freigesetzt wird, diesen als Gedankenbild wahrnimmt und verwertet.
Da Gefühl, Intuition und Phantasie in dieser Zeitepoche des angeblich so realistischen Denkens von den meisten Menschen als unrealistisch und als Spinnerei abgetan werden und die Menschen Angst haben, darüber zu sprechen, wenn etwas Außergewöhnliches in ihren Gedankenbildern erscheint, da sie fürchten, als unrealistische Spinner eingestuft zu werden, verdrängen sie diese Gedankenbilder, was dazu führt, dass sie, da nicht realisiert und materialisiert, karma-verändernd in ein nächstes Leben eingebaut werden müssen.

Bedingt durch diese negative Situation - zum Beispiel eine Krankheit, angeborene Körperschäden, angebliche materielle Not und der dadurch entstehende Neid auf Bessergestellte -, beginnen wir, negative Gedankenbilder aufzubauen, die als Gedankenformen gleich Schicksal unser nächstes Erdenleben nach dem Gesetz der Resonanz bestimmen.

*Karmaveränderungen
und neues Schicksal Bewirkendes
entstehen immer dann,
wenn wir eine Situation,
die uns negativ erscheint,
nicht akzeptieren.*

Anhang:   Atmungskette der Mitochondrie

# Ablauf der ATMUNGSKETTE

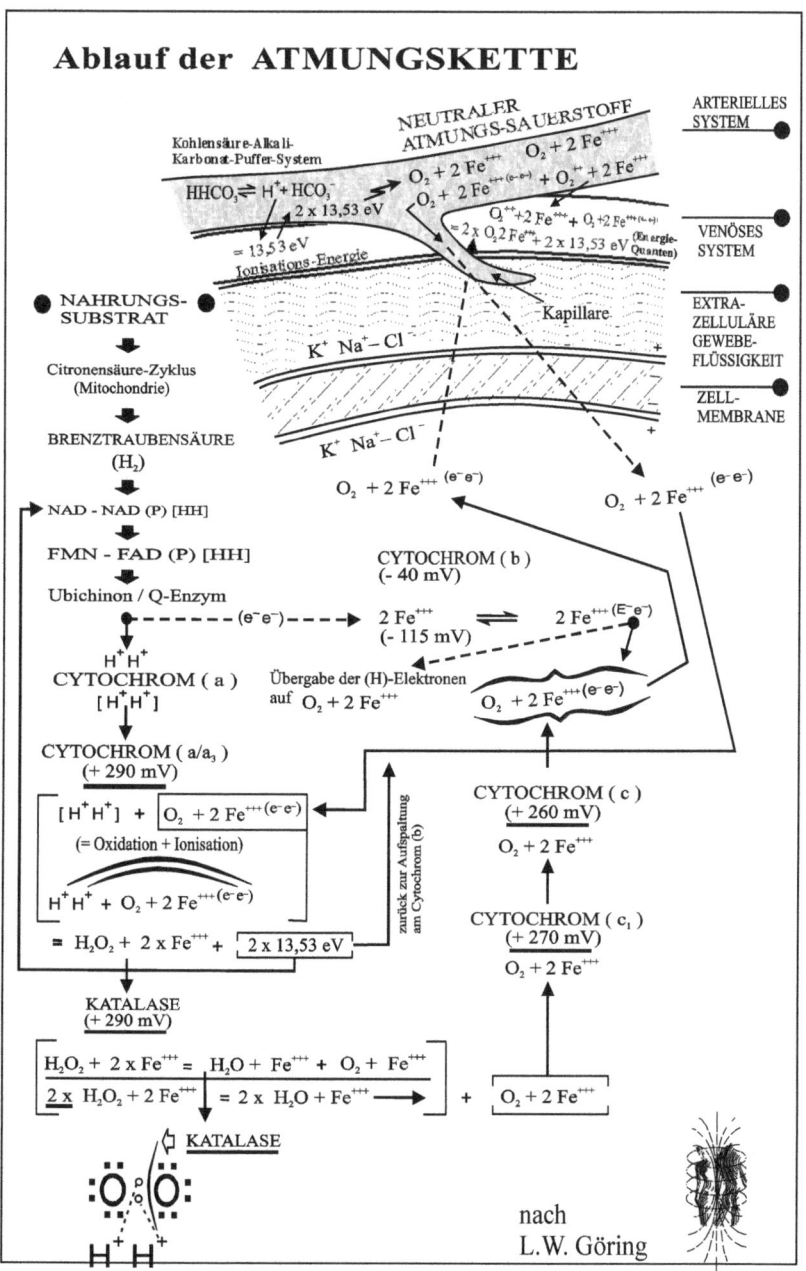

nach
L.W. Göring

411

Mit "Das A-Omega-Projekt", dem ersten Teil von " Apokalypse Seele" hat der 1998 verstorbene Autor alle Grenzen, die das Denken des Menschen einschränken, überschritten. Da, wo andere aufgehört haben zu denken, weil nach den heute gültigen Theorien ein Weiter-denken nicht mehr möglich war, hat der Autor erst angefangen. Mit seinen Denkmodellen, eingebunden in eine "Einheitliche Theorie der gesamten Materie" einschließlich der Theorie der "Entstehung der Wesenheiten und Seelen bis hin zur Entstehung aller biologischen Systeme", stellt er ein Denkmodell zur Diskus-sion, das einmalig ist auf der Welt.

ISBN 978-3-7528-4319-4

*Apokalypse "Seele"*
1. Buch
Das A-Omega-Projekt

L.W. Göring

Im 2. Buch "Apokalypse Seele - Enthüllung einer Wahrheit" schildere ich, wiederum komplett übernommen aus den Unterlagen, nur in meine Worte gekleidet, den Sinn und Zweck **ALLEN** Seins. Dies beginnt mit einer Behauptung, die mich in der tiefstenSeele getroffen hat. Genauso, wie es die Menschen treffen wird, die dies lesen.

*Apokalypse "Seele"*
2. Buch
- Enthüllung einer Wahrheit

L.W. Göring

ISBN 978-3-7494-7990-0

Atlantis - Was geschah vor 12.600 Jahren?
Das die Templer im Besitz des "Heiligen Grals"
gewesen sein sollen, darüber haben viele
Autoren seit Gründung des "Templer-Ordens" bis
in die Jetztzeit spekuliert.
Der Suche nach dem "Heiligen Gral" weihten
viele Menschen, die nur vermuten konnten, ihr
Leben.
Das was der "Heilige Gral" tatsächlich bedeutet,
war bis heute ebenso wenig bekannt, wie der
wahre Hintergrund der "Kreuzzüge".
Auch der Mythos des "Templer-Ordens" selbst,
welche Aufgaben die Templer in Wirklichkeit
hatten und "wie und warum" sie zu ihrem
unermesslichen Reichtum kamen, war bis jetzt
ein Rätsel.
Die Geschichte der 5 "Ur-Templer" und das
Geheimnis der "Bundeslade".
Der französische Wissenschaftler und Forscher R.
Lhamoy stieß 1946 in der alten Templerburg
"GISOR" auf Unterlagen, die über eine Zivilisation
berichten, die vor 12.600 Jahren zerstört wurde
und uns heute unter Dem Namen "ATLANTIS"
bekannt ist.

ISBN 978-3-7528-4256-2

Der Ursprung allen "SEINS",
Sowie, der "SINN und ZWECK"
Des Erdenlebens des Menschen
ist kein Geheimnis mehr.

Mit diesem Buch wird eine neue
Sichtweise für Pyramiden-Energien
aufgezeigt.
Die Cheops-Pyramide beispielsweise
ist dazu eine gigantische Manifestation.

Ein arabisches Sprichwort sagt:
Wer das Geheimnis der Pyramide löst,
erkennt die Seele des Menschen.

ISBN 978-37504-2230-8

414

## Was ist die SEELE ?

Bis heute wird von der Wissenschaft die Seele,
da man sie, wenn überhaupt,
bis jetzt noch nicht materiell nachweisen konnte,
als etwas geistiges - Immaterielles angesehen.
Also als etwas, das der Mensch
mit seinem Verstand nicht erklären kann.
**Dies entspricht nicht der Realität.**
Die Seele ist ein materielles System,
aufgebaut aus Myon-Neutrinos.
Also ein Gerüst, das aus winzigen
nicht sichtbaren Teilchen besteht.
Innerhalb dieser Teilchen befindet sich
die sich selbst bewußte Wesenheit,
das "ICH BIN",
holografisch manifestiert als Bild.

 © VES-TA Tachyonen

Das Spezialistentum der Ärzte und Kliniken
besitzt eine Seite, die unser resonanz-
bedingtes Leben (= Karma) benötigt, damit
das Gesetz der Resonanz, das in der
Progression die geistige Evolution bewirkt,
gelebt wird.
In der Allgemein-Medizin, gleich ob
praktischer oder klinischer Arzt, sieht im
Grunde genommen die Situation
jedoch immer noch so aus, wie sie
VOLTAIRE vor vielen Jahren schon
beschrieben hat:

**Ärzte schütten Medikamente,
von denen sie wenig wissen,
zur Heilung von Krankheiten,
von denen sie noch weniger wissen,
In Menschen hinein,
von denen sie gar nichts wissen.**

415